城市设计治理
——英国建筑与建成环境委员会（CABE）的实验

马修·卡莫纳

[英]克劳迪奥·德·马加良斯　著

露西·纳塔拉扬

唐燕　祝贺　蔡智　等译

U0300589

中国建筑工业出版社

著作权合同登记图字：01-2018-6132 号

图书在版编目（CIP）数据

城市设计治理：英国建筑与建成环境委员会（CABE）的实验 /（英）马修·卡莫纳，
（英）克劳迪奥·德·马加良斯，（英）露西·纳塔拉扬著；唐燕等译.—北京：中国建筑
工业出版社，2020.3
书名原文：Design Governance：The CABE Experiment
ISBN 978-7-112-24824-7

Ⅰ.①城… Ⅱ.①马…②克…③露…④唐… Ⅲ.①城市规划—建筑设计—研究—英国
Ⅳ.① TU984.561

中国版本图书馆 CIP 数据核字（2020）第 022518 号

Design Governance: The CABE Experiment, 1st Edition/Matthew Carmona, Claudio De Magalhães, Lucy Natarajan, 9781138812154

Copyright © 2017 Taylor & Francis

Authorized translation from English language edition published by Routledge, part of Taylor & Francis Group LLC; All Rights Reserved.

本书原版由 Taylor & Francis 出版集团旗下 Routledge 出版公司出版，并经其授权翻译出版。版权所有，侵权必究。

Chinese Translation Copyright © 2020 China Architecture Publishing & Media Co., Ltd.

China Architecture Publishing & Media Co., Ltd. is authorized to publish and distribute exclusively the Chinese (Simplified Characters) language edition. This edition is authorized for sale throughout Mainland of China. No part of the publication may be reproduced or distributed by any means, or stored in a database or retrieval system, without the prior written permission of the publisher.

本书中文简体翻译版授权由中国建筑出版传媒有限公司独家出版并限在中国大陆地区销售，未经出版者书面许可，不得以任何方式复制或发行本书的任何部分。

Copies of this book sold without a Taylor & Francis sticker on the cover are unauthorized and illegal.

本书贴有 Taylor & Francis 公司防伪标签，无标签者不得销售。

责任编辑：董苏华 孙书妍
责任校对：张 颖

城市设计治理——英国建筑与建成环境委员会（CABE）的实验
　　马修·卡莫纳
[英] 克劳迪奥·德·马加良斯 著
　　露西·纳塔拉扬
唐燕 祝贺 蔡智 等译
＊
中国建筑工业出版社出版、发行（北京海淀三里河路 9 号）
各地新华书店、建筑书店经销
北京雅盈中佳图文设计公司制版
北京中科印刷有限公司印刷
＊
开本：880×1230 毫米 1/16 印张：18 字数：455 千字
2020 年 9 月第一版 2020 年 9 月第一次印刷
定价：89.00 元
ISBN 978-7-112-24824-7
（35356）
版权所有 翻印必究
如有印装质量问题，可寄本社退换
（邮政编码 100037）

目　录

中文版序

全世界现正处于一个前所未有的城市化进程当中，其快速性与复杂性在中国表现得尤为明显。压力与挑战接踵而来，当地政府不仅需要在短期内，快速实现满足社会需求并创造大量收益的目标，而且在长期可持续发展方面也面临巨大挑战，如创建社会财富、健康、经济活力、对环境影响较小的幸福社区等。

本书介绍了一项在英国开展的国家实验，展示了国家和地方治理机制通过持续、认真地关注城市设计，可以在调和设计和治理之间的矛盾上发挥关键作用。虽然法律、金融、治理等专业背景会因国家而异，甚至因城市而异，但许多设计治理的基本工具——就像其挑战一样，是可以比较、借鉴并应用的。此外，正如本书中所阐释的，设计治理最有效的工具并不一定需要新的官僚体系或法定权力来运作它们。相反，它们是非正式的，专注于建立一种文化变革，在这种变革中好的设计将成为常态，而不是例外。

通过系统而又持续的设计管理途径，公共部门可以用正确的工具武装自己，积极塑造更好的建筑环境。虽然中国和欧洲的环境可能大不相同，但良好的城市设计具有同等的正面效益。两者都需要一种长期的视角，都需要对设计治理的各种工具加以投资，以增强关键决策者的能力——尽管这样的投资及其成效或许不会很快实现。

马修·卡莫纳（Matthew Carmona）教授

2018 年于伦敦

致 谢

自 1992 年我在诺丁汉大学（University of Nottingham）读博士以来，城市设计治理成为我个人的兴趣与热情所在。在很多方面，本书代表了迄今为止相关努力的积累汇总，它汇集了诸多思考并将其应用于独特的城市设计治理情景之中，为我们提供了深远而重要的经验与教训。

我要感谢我的共同作者们，克劳迪奥·德马加莱斯博士（Dr Claudio de Magalhães）和露西·纳塔拉扬博士（Dr Lucy Natarajan），他们对本书实证要素部分作出的贡献弥足珍贵。最初，这项工作看起来如此庞大而几乎难以完成，但是他们的持续支持、优秀灵感和鼓励让我们渡过了难关。

我们在研究期间还获得了两位研究者的帮助，没有他们，我们将无法完成这项工作：温迪·克拉克（Wendy Clarke）和瓦伦蒂娜·乔达诺（Valentina Giordano）。非常感谢他们两位！

我也要对安德鲁·伦宁格（Andrew Renninger）协助我收集第 3 章材料所做的工作表示感谢。

过去数年，有数以千计的人参与了建筑与建成环境委员会（Commission for Architecture and the Built Environment，CABE）的实践，他们或作为 CABE 的工作人员、委员，或是提供赞助的政府部门的成员或负责人，或是宽泛的"CABE 家族"的一分子。数百万人因 CABE 的各种计划和项目而受其影响，这种影响持续在整个英格兰扩大，甚至影响到了整个英国乃至全球。

我要对所有参与这项特别实践的人表示感谢，他们慷慨地利用自己的时间去宣传和加入我们的工作，这仅仅因为他们认为这个故事需要被准确地讲述给未来的研究者及子孙后代。很多人（绝大部分）对 CABE 的实践持积极态度，少数人对此持有批判。因此，对于我们来说，记录和反馈这两种观点是至关重要的。我们尽了所有努力来确保报告能忠实、精准、公正地反映我们听到和读到的内容，如果出现了任何错误，我对此说抱歉。我仅有的理由是我们收集到的材料（包括文字、视觉和听觉材料）数量极其巨大，以及我理解它们时的局限性。

我还要诚挚感谢理查德·西蒙斯（Richard Simmons）博士和伊兰诺·沃里克（Elanor Warwick）博士。他们在公共资金资助下的 CABE 濒临解散的时候，有远见地提供了 CABE 的归档途径，并资助我去申请"艺术与人文研究委员会"（Arts and Humanities Research Council，AHRC）的立项。最后，我要感谢 AHRC，感谢它对"建成环境设计治理评估"[1]项目的资助，使得本书能够开始，并在 CABE 解散后的五年中得以完成。

马修·卡莫纳
2016 年 4 月于伦敦

注释

1. 首席研究员马修·卡莫纳教授，参见：www.researchper-spectives.org/rcuk/8C846D2D-E672-40B1-B00B-511B65A9B9C2_Evaluating-The-Governance-Of-Design-In-The-Built-Environment-The-CABE-Experiment-And-Beyond.

前言　探索设计治理

简言之，本书关注我们如何设计人们生活、工作和休闲空间的建成环境，以及在这一过程中国家（政府）的作用。我们将这种活动称为"设计治理"，其定义为：

"在建成环境设计手段和过程中介入的国家认可的干预过程，从而使设计过程与结果更符合公众利益。"

（Carmona 2013a）

这部分会介绍本书的目的和意图，并对全书结构进行简要的陈述与探讨。

CABE 视角下的设计治理

虽然过去几年有很多相关内容的研究，本书还是尝试通过总结一项独特的设计治理实验——1999年至2011年在英国实施的国家层面的实践经验，来对相关主题及其组成过程进行全面的再评估。

托尼·布莱尔（Tony Blair）和戈登·布朗（Gordon Brown）主持的新工党（The New Labour）政府在其执政期间的大部分时间内，跟踪进行了一项次级的小规模实验，这项实验在英格兰城镇系统中产生了潜在的长远影响。它试图通过系统的政府行动来解决建成环境中的设计问题。其最重要的表现是"建筑与建成环境委员会"（Commission for Architecture and the Built Environment，CABE）所做的工作，该委员会在很大程度上基于非正式（非法定）基础[1]，为国家能更好地实现建筑、城市和公共空间的设计而寻求认知、动员和解决办法。

从1999年诞生到2011年作为政府资助组织而结束，CABE在英格兰掀起了一场全国性的运动，推动了更好的建成环境设计。尽管没有在国内获得普遍支持，但其视野、雄心和影响力令人印象深刻。并且作为一个组织来说，它在全球范围内是独一无二的。因此，这项优秀的实验提供了一个无与伦比的机会，使人们可以看清设计治理中一些深不可测的过程。通过这些途径，本书揭示出一系列关于如何治理建成环境设计的重要概念和无形经验，其影响远远超出了英国范围。

本书目标与结构

本书主要分为三部分及一篇后记，每一部分关注不同的基本目标：

1. 设计治理作为现代化政府的动力和愿景的理论建构。

2. 讲述CABE经历的一切故事，将之设定在前有皇家美术委员会（Royal Fine Art Commission，RFAC），后有设计治理市场的工作语境中。

3. 解读CABE的"非正式"工具库：设计治理的方法与过程。

4. 从研究中得出结论，反思设计作为政府工具的有效性与合法性。

viii　第一部分包括核心的理论章节。第 1 章阐述了设计治理的主体，然后从范围、目的、挑战等综合理论上加以重新定义。第 2 章关注设计治理的"工具"，以此建立从国家到地方的全面的设计治理思考框架。

　第二部分从历史视角审视英国国家层面的设计治理。这里的 3 章分别讲述了前 CABE 时期、CABE 时期和后 CABE 时期的设计治理环境，并与当时盛行的政治经济、治理过程、国家对建成环境设计表述的变化等进行关联分析。

　第三部分关注实践。目前该领域的讨论（第 2章）主要聚焦在政府为"规范"设计所采用的法定或"正式"途径，但本部分的 5 个章节则关注 CABE如何使用其他的——更加"非正式"的工具指导城市设计议程。每一章都遵循相同的写作结构，强调

CABE"为什么""怎样"，以及"何时"去使用这些工具。

　本书以"后记"结尾并得出总结论。后记回顾并评价了 CABE 的实验。首先，在判断这个组织的影响力多大，以及为了实现政府设计愿景所使用的"非正式"工具的范围方面，是基于其自身语境开展评价的。其次，关于设计治理的合法性建议已经得到一般性的探讨，但这种干预的道德性或社会性事实又会如何？

　本研究运用了归纳研究法，对书中提及的具体实践到广泛的设计治理理论进行组织。研究方法在附录中列出。

注释

1. 在本书中，对 CABE 的引用和讨论仅涉及 1999 年 8 月至 2011 年 4 月期间存在的政府资助机构，而不涉及继承了 CABE 某些功能的"设计理事会 CABE"。"设计理事会 CABE"在本书中会以准确的全称出现(参见第 5 章)。

第一部分
设计治理

第1章
设计治理（为什么、是什么以及如何做的理论）

本章介绍了建成环境中的设计治理概念[1]，并探讨了为什么公共部门应该设法介入设计。本章分为三部分。第一部分通过研究为什么我们的设计、开发和管理过程会不断导致低于标准的建设结果，以及是否可以在建成环境中构思出一种基于不同品质理念的替代的设计视角，进而明确设计治理的动机。第二部分和第三部分分别讨论了"定义"和"途径"的问题，通过剖析设计治理的概念，并调查文献中反复出现的一些争论，揭示贯穿这个主题的关键概念线索和问题。本章探讨的问题和想法为本书后续部分探讨的经验和实践提供了基础理论支撑。

1.1 为什么我们总是设计品质不达标的场所？

1. 设计知识

我们在欧洲被宠坏了。欧洲漫长而又精彩的城市历史为欧洲大地留下了丰富多样的城市遗产。世界各地的游客都来欣赏和体验我们的历史城市中心，我们（通常）花费巨大的精力来保护它们。它们的个性和连贯性都很强，并且让人感到舒适和迷人；这些典型的空间是混合的、密集的和可步行的；同样，通常它们都受到居民和游客的喜爱和重视。它们是具有个性和连贯性的"场所"（图1.1）。

然而，在这些中心和那些围绕它们的树叶状的、中等密度的、19—20世纪早期的街道之外，图景并

图1.1　哥本哈根市中心，一处有特色并具连贯性的场所
资料来源：马修·卡莫纳

非如此美好。相反，它折射出的是遍及全球的郊区主义。事实上，一项由欧盟资助的项目探讨了欧洲大陆的住房设计和开发过程，得出如下结论：

> "看起来，无论制度如何，无论治理如何，无论我们的规章制度如何，无论我们如何组织运用我们的专业知识，无论我们的历史传承如何，在我们历史悠久的市中心外部，无场所感的设计似乎成为发展过程的必然结果。此外，尽管你所遇到的几乎每一位建成环境专业人士都在普遍谴责这些环境不达标，事实依旧如此。"

（Carmona 2010：14）

这种批评确实很广泛，它们适用于第二次世界大战后规划的大多数郊区和当代的城市扩建，及大

多数边缘地区的办公、零售和休闲公园，市中心的地产，一般的城郊地区（包括沿市区干线和环路分布的大片土地），以及整体地区中的新居住点（它们存在的地方）。几乎在任何地方，连贯统一的以人为中心的城市结构都可以被允许打断，甚至一开始就根本不具备这种空间结构。这类环境被一些人称为"无场所感之地"，且在全球范围内普遍存在：它们是游客从不想前往的城市部分（至少不会特意去），不引人注目，不连贯，往往不受喜爱，而且通常要求居民采用高碳的生活方式来满足出行需求。我们都知道这样的环境，还很可能生活或工作在其中。这些场所越来越多地成为世界许多地方的城市标准，而非为数不多的例外。在不远的将来，它们甚至有可能压倒和取代你我如今如此小心翼翼地守护着的许多历史中心。

那为什么会有这样的地方呢？从设计的角度来看这个问题，我们可以逻辑推导出一些可能的原因。

1）我们根本不是在"设计"场所

有些地方显然是由一些临时的、不协调的力量网络所塑造，这些地方各自的物质空间干预——例如一栋建筑或一段基础设施——可能是被设计过，但是设计只与狭义的功能需求有关，而没有对连贯的宏观整体作出贡献。从这种意义上说，整体不是被设计出来的，是无意中拼凑得到的。虽然这反映了我们最珍视的历史性城市的形成模式——各个部分逐渐增长，没有预先的"宏伟计划"，却产生了强烈的内在一致性。但是如今变化的规模、速度和复杂性已经大大增加，我们可以利用的建造技术也同样如此。我们的基础设施需求，以及许多开发、政治、专业和个人的利益对开车而非步行的城市形式的偏好也在增加。所有这些因素都大大降低了无意识地产生连贯空间的可能性，并可能引发出一个问题：由此产生的建成环境中是否存在任何真正意义上的城市设计？

2）我们不知道如何设计出"好"的场所

当然，今天很少有发达社会依靠这种不协调的渐进发展来满足其发展需求。相反，这些场所是由来自不同背景学科的、最有名的建筑师、规划师、土木工程师、景观设计师和开发商等经过高度培训的专业人士所塑造的。相关工作通过一个规划或战略来协调，以确保个人干预能在更大尺度（如社区）上作出贡献。然而，尽管看似我们拥有毋庸置疑的"专业知识"，但传统的学科教育往往忽略了城市设计的关键知识和技能，而这些知识和技能是整体地、协调地塑造场所所必需的。因此，确保场所整体设计良好且连贯所需的技能和知识可能（而且往往）是被低标准地传授了。所以场所虽经过设计，但并不是很好。俗话说，"一知半解可能是件危险的事情"，在这个领域，应用不良的低标准技能和知识有可能造成深远和长期的损害。

3）我们知道如何设计"好"的场所，但我们做不到

场所设计失败的最后一个原因可能是我们无法执行好的设计，尽管我们已经精心构建了规范的框架，并对地方应该是什么样子有了清晰的愿景。在这种情况下，我们所缺乏的并不是设计技能或知识，而是许多其他本地影响因素。它们可能阻碍，甚至摧毁最优秀设计想法的实现。这些因素可能包括经济上的变革障碍、不敏感和专横的调节过程、土地所有权或土地供应障碍、缺乏政治领导、"邻避"（NIMBY）压力，或者在关键的开发角色（开发商、政治家、社区和建成环境专业人员）之间，对应该构建什么可能存在不同的期望。

简单地说，我们可以将这些三位一体的障碍概括为：设计知识缺失、设计知识差异和设计知识无效。今天，这些障碍中的一个或多个，或许可以给大多数不合标准的地方设计给出解释。这就提出

了另外三个问题：（1）对于城市场所，我们所说的"设计"意味什么？（2）如果设计过程是低标准的，什么可以填补这一裂缝？（3）在这种情况下，我们的设计"品质"到底是什么意思？

2. 我们所说的"设计"意味什么？

对于许多人来说，"设计"一词通常狭隘地与绘画或构思"设计"特定对象的创造性活动联系起来。当这个词用于设计建成环境时，许多人会联想到创作出规划和提议，来展示特定建筑物、景观或城市风貌应该如何，换言之，即展示它们的美学品质。然而，在这本书中，"设计"在两方面具有更广泛的含义。

首先，设计涉及构成城市环境的所有场所元素——土地用途、活动、环境资源和物质元素（建筑、空间、基础设施和景观），这些元素超越了建筑、城市规划、景观建筑和城市工程的专业范畴。简而言之，就是城市设计。其次，从这个意义上来说，设计不仅仅是指来自任何一种专业的"设计师"的活动，而是所有共同塑造建成环境的活动的总和（有意的和无意的）——一个被描述为场所塑造连续体的元过程（Carmona 2014b）。

场所塑造连续体（图1.2）认为如果不了解共同作用于塑造过程的各种影响，也不了解城市变化的结果，就无法掌握（从而控制）场所塑造的过程。这意味着这样一种过程：场所塑造受过去定义的规范和因地而异的开发实践的影响；处于当地当代政治经济背景（或国体）之中并被其影响；由一组特定的，因地而异甚至因发展而异的利益相关者的权力关系来制约。

在这种宏观背景中，还需要理解图1.2中四个

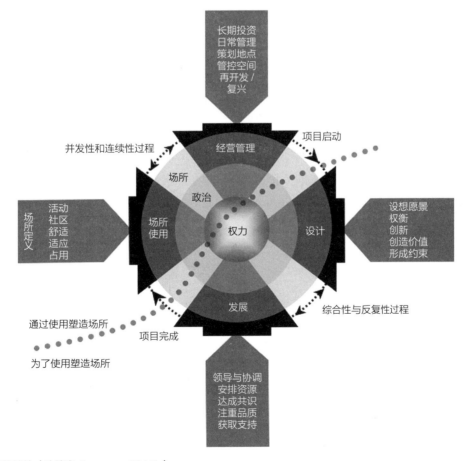

图 1.2　场所塑造连续体（改编自 Carmona 2014b）

相互关联的过程维度中的建成环境的创建、重新创建和性能。因此，并不仅是设计，甚至也不是开发过程塑造了空间体验，而是以下各项之间组合和互动的结果：

- 设计——关键愿望和愿景，以及当地文脉和利益相关者对特定项目或提案的影响。
- 发展——特定项目或一组提案的权力关系、谈判过程、管控与交付使用。
- 场所使用——谁在使用一个特定的地方？如何使用？为什么使用？何时使用？以及会产生什么后果和冲突。
- 经营管理——场所的管理、安全保障、维护和持续资助等方面的责任。

这不是一系列独立的事件和活动，而是一种连续的整合过程或连续体；有时侧重于特定的项目或干预措施（设计和开发），以塑造供使用的物质环境；有时在日常的"场所过程"（使用和管理）中，通过实际使用和打理场所的方式来塑造社会环境。由此我们可以得出结论，整个建成环境的设计代表着一个持续的过程，通过这一过程，场所在空间、社会和经济上不断地被塑造和重新塑造——借助定期有计划的干预、日常的使用和对空间的长期监护等。这个过程，它是多维的、多角色的，并且常常不被理解。这种内在的复杂性构成了本书所有后续讨论的重要背景。

3. 低标准的场所有什么共同点？

虽然在发达国家，完全缺失自觉的设计过程，即"设计知识缺乏"的情况是极其罕见的，但是可以说"差的设计知识"和"无效的设计知识"是常态。以罗马为例，它或许是欧洲历史最悠久的首都，拥有令人羡慕的城市遗产，例如纳沃纳广场（Piazza Navona）、科尔索广场（Via del Corso）、坎皮多利奥广场（Piazza del Campidoglio）、罗通达广场（Piazza della Rotonda）和文托广场（Via Vento）。但是越过古城，进入其不断扩张的郊区，我们发现很少有证据表明城市设计过程是经过仔细考虑的。相反，在这些地区，开发商和建筑师关注的是建筑物（典型的标准建筑类型在不同地方重复），而城市规划的重点是制作二维分区图。没有人注意中间部分，即公共领域，这些空间在很大程度上仍然是没有被设计的。因此，我们看不到鼓励步行和经济社会交流的整体而连续的城市肌理，看到的只是在不同地块上建造的建筑物，地块之间则被停车和马路所占据，几乎很少有别的内容（图1.3）。这些新郊区不再有街角小店或咖啡馆，而是依靠私有化的购物中心来为低密度的"边缘城市"社区服务。

考虑到罗马的历史背景，其结果就更加令人惊讶，也许结果不应该如此。联合国人居署告知大家的全球规范——伴随房地产开发商在城市之外打造"世界级生活方式"的举动，正在迅速席卷许多发展中国家和发达国家（2010：10）。例如，他们报道称，从1970年到2000年，墨西哥的瓜达拉哈拉（Guadalajara）的表面积增长速度是人口的1.6倍，而类似的城市蔓延正在诸如塔那那利佛

7

图1.3 边缘城市，罗马风格
资料来源：马修·卡莫纳

（Antananarivo）、北京、约翰内斯堡（Johannesburg）、开罗（Cairo）、墨西哥城（Mexico City）等城市中消耗大量的土地。

1）代替设计的规范

在发达的欧洲、北美、澳大利亚和远东，是什么统一了所有的场所及其对应措施？一个主要因素似乎是通过粗略的标准和规范来塑造城市，以取代实际上以场所营造为核心的设计过程。最终是规范规定了停车规则、道路宽度和等级、土地用途、密度要求、健康和安全问题、建筑和空间标准等内容。通常，这类控制的范围是有限的，目标上以技术为导向，他们不是基于场所愿景而产生，并被强加于项目之上，而不考虑结果（Carmona 2009b：2649）。而且，一旦被采纳，这种标准就趋向于成为普遍适用的规范，甚至在历史名城核心区也是这样（图 1.4）。

伊万·本–约瑟夫（Eran Ben-Joseph）追溯了北美城市中被他称为"隐藏代码"的演变情况（2005a）。在工作中，他认为这些规范的最初目的和价值常常被遗忘，因为作为执行这些规范而建立的官僚机构在行动的时候，几乎没有考虑到其实际理由，更没有考虑到它们导致的连锁效应。埃米莉·塔伦（Emily Talen）同意这一观点，认为追求

图 1.4　利物浦历史码头区皮尔希德（Pier Head）的郊区式开发项目，配有标准化的停车、道路坡度和缓冲绿植
资料来源：马修·卡莫纳

公共健康等有价值的社会目的被接二连三的技术修正案（2012：28）压垮了。相反，这些规范是针对全面达到最低要求而制定的（不管场地环境如何），而在许多情况下，盲目遵守规范就导致了场所的平淡无奇。

在英国，对此的批评至少可以追溯到 20 世纪 50 年代，彼时城镇景观运动兴起，关注因标准化的住宅布局所引发的"草原规划"（prairie planning）现象（Cullen 1961：133—137）。可以说这是规范监管（而非市场）失败的典型案例，但这种失败的蔓延远远超出了郊区，也超出了公共部门发布的这类标准。伦敦东部边缘泰晤士河畔的小城镇伊里斯（Thames-side town of Erith）就是一个很好的例子。

伊里斯（Erith）起源于中世纪的港口，曾多次作为海军船坞、锚地、滨河度假村和工业基地。这个城镇在第二次世界大战中被严重轰炸，但恰恰是在和平时期，在缺乏连贯设计框架和不关注场所品质的情况下进行的渐进式开发，全面系统地瓦解了这个社区的内核（图 1.5）。反面地，从这个镇上可以看到：

- 麻木的公共发展：小镇自 1966 年开始对市中心及其附近居民区进行全面再开发，以实现现代主义的设计愿景。在此过程中，小镇清除了紧密的城市肌理和复合的用途，代之以巨大的单一用途街区和高层住宅塔，而这达到了当时国家"设计手册"中给出的最新标准（Carmona 1999）。

- 市场机会导向不佳：1998 年在购物区临近的地方强加了一个"大盒子"式的外来形态的超市，不仅对购物区造成了分离，且随着时间的推移，购物区几乎完全被吞食。

- 基础设施优先于人：在战略尺度和地方尺度下高强度地增加高速公路基础设施，包括 20 世纪 70 年代将 A2016 道路升级为主干道标准，

这个过程导致城镇中心与居住腹地被隔绝。

8　● 管理不善：典型做法是将市场迁移到城镇边缘的停车场地区，以保障紧急车辆通过主要购物街（码头路）的路线，此过程导致市场以及和市场具有共生关系的码头路沿线的大部分零售商倒闭。

2）实践的专制

与世界上许多其他城镇一样，在伊里斯，没有人有意识地去进行场所设计，只有部分场所的建设受到三种专制化元素的驱动：创意、市场和监管（Carmona 2009b：2645—2647）。这些专制要素起源于这些地方三大类建成环境参与者的意愿：建筑师、开发专业人员和监管者，他们的行为背后都有一套截然不同的动机。通常，这些动机分别为同行认可、利润和定义狭隘的公共利益。他们的工作方式和相关的专业知识领域亦各不相同，分别为：设计、管理或金融、社会或技术专业知识。在伊里斯，20 世纪 60 年代（图 1.5i）毫无场所感的公共设计计划、20 世纪 90 年代和 21 世纪前十年（图 1.5ii）的市场机会主义、第二次世界大战后密集建设的基础设施（图 1.5iii），以及今天（图 1.5iv）迟钝的管理方式完美地概括了专制的含义。

今天，项目实践中这些创造性、市场驱动、规范模式管控的几股力量之间的相互作用，或多或少 9 地影响着场所的形成，而且这些力量之间经常无法

图 1.5（i-iv）伊里斯（Erith）（伦敦），被专制实践塑造和摧毁
资料来源：马修·卡莫纳
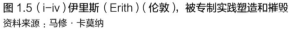

图 1.6（i-iii）在日本的城市里，不同的专制统治着不同的场所
资料来源：马修·卡莫纳

达成平衡。就像在英国经常发生的那样，这可能激化不同文化背景下不同专业人士之间产生严重而根深蒂固的冲突。更大的危险在于，塑造场所的解决方案是基于城市不同观点之间的摩擦，通过冲突、妥协和延迟形成的，而不是基于特定的地方性的正确观点。

在不同地方，特殊的专制统治不同程度地占据主导地位，这被"写入"我们的城市基本结构中。这正如休·费里斯（Hugh Ferris 1929）一系列绘画所展示的一样，1916 年《分区条例》（the 1916 Zoning Ordinance）对纽约建筑的影响——简单的管控规则与开发商最大限度开发的愿望共同交织，直接导致了 20 世纪 20—30 年代典型的阶梯式摩天大

楼设计。在日本的城市中，专制的影响尤其显著（Carmona & Sakai 2014）。例如，东京由于缺乏形式的视觉控制，建筑师们可以自由地创作狂野而奢侈的建筑姿态，导致城市的某些地方被建设成为充满视觉竞争的建筑"动物园"（图 1.6i）。其他一些地方，商业力量占据了主导地位，包括大阪（图 1.6ii）在内的许多日本城市的中心，都挤满了炫目的标志和灯光，以争夺顾客的注意力。还有一种更为僵化的情况，在日本城市的普通街道上最为明显，尤其是像京都（Kyoto）（图 1.6iii）这样的历史名城：严格的分区和建筑法规占据主导地位，导致建筑之间呈现出严格呆板的不舒适关系。

虽然日本的城市景观在视觉上无疑是混乱的，但它也拥有世界上最具活力和感官刺激的城市特色。这就引出了一个棘手的问题：我们所说的建成环境中的设计品质究竟意味着什么？"设计品质"总是一个充满疑问的概念，它对于不同的人意味着不同的东西，对参与开发项目的不同专业人员，以及受其影响的社区中的许多人来说尤其是这样。

4. 我们所说设计中的"品质"是什么意思？

正如前面已经提到的，对设计的讨论会立即在许多人脑海中引发出视觉外观问题。例如，在 20 世纪 90 年代之前的英国，通过规划过程对设计进

行规范被称为美学控制，这主要是因为"设计"在很大程度上被视为一种美学问题。事实上多年来，特别是在20世纪80年代，中央政府的设计议程在很大程度上仅限于告诉地方政府避开"干预"（如他们所见）这类问题。然而，如日本案例所表明的那样，建成环境的品质不仅仅是视觉问题，因为即使是视觉上最混乱的城市空间也可以通过其他方式发挥作用：它们可能是舒适的、迷人的、安全的、社交的、高效的、可持续的等等。即使从美学角度来说，被一个人认为是令人满意的视觉和谐，对另一个人来说可能只是无聊。在这方面，正如已经讨论过的，我们最好要全面考虑"场所"，而不是特定在较为狭义的品质概念上。

从概念上解剖这个议题，我们可以设定出与建成环境相关的四个设计品质级别，其中每一个都比上一个更复杂：

①美学品质：这是最为局限的设计概念，但常常也是建筑、城市或景观设计讨论中的"头条"，这主要是因为建筑师和其他设计专业人员的培养对物质"视觉"非常重视，通常会首先从艺术和美学层面对此加以理解和批判。

②项目品质：这是从更大的视角来看待设计，涵盖了维特鲁威（Vitruvian）的坚固、经济和美观原则（又名：坚固、契合目标、有吸引力）。因此，这个概念包含了功能的重要方面以及美学思考，但从不同的途径来说其依然具有局限性。无论项目是一座建筑、一座桥梁，还是一片绿色基础设施，其重点都是孤立地去看待项目。因此该视角通常都是将项目置于明确定义的场地范围内，对独立对象进行品质评估。

③场所品质：这个级别再次扩大了关注范围，已经超越项目及其场地，达到了早已讨论过的更宏观的空间，包含了场所的使用、活动、资源和物质组件等所有复杂交互的维度。这个概念涉及特定的干预（例如个别项目）如何与整体及其复杂环境的各个部分相互作用和影响。

④过程品质：最终的这个类型与前面的概念有很大不同，它涉及设计的"为什么""如何"和"何时"，而不仅仅"是什么"。换句话说，即场所、项目或愿景是如何形成或被塑造的，出于什么目的，以及由谁塑造；为什么在影响场所的所有其他变化过程中，干预是正确的；以及何时发生变化，过程如何促进或破坏变化。这个过程品质的概念，构建了本书第三部分的讨论。

最后，虽然在任何给定的环境中对设计品质进行判断，永远不会在某个人或组织与其他个人或组织之间取得一致意见，但是每种品质概念完全都能够被定义为标准术语，这取决于美学视野、项目、地点或过程的确切性质。在英国，皇家美术委员会（RFAC）对于"什么创造了好的建筑"定义出了六项标准，以指导其设计审查活动，它们分别是：秩序与统一、（建筑功能的）表达、（设计中的）完整性、（可靠的三维结构）平面图与剖面图、（赏心悦目的）细节、（与环境的）融合。虽然一座建筑可以体现以上每一项标准，但仍然可能不是"好的"建筑，相反在不符合任何标准的情况下也可以是"好的"建筑，这些支撑原则主要来自对美学成果的关注（Cantacuzino 1994）。

在2001年和2006年，建筑与建成环境委员会（CABE）更新了设计审查标准，这次的重点是"明确什么样"才能被称为好项目。新的标准更加广泛：清晰的组织（场地和建筑规划）、秩序、表达和表征、恰当的建筑目的、完整可靠、建筑语汇（连贯和引人注目的，而不是任意的）、规模、一致性和对比、方向和前景、细节和材料、结构环境服务和能源使用、灵活性和适应性、可持续性、包容性设计和美学（CABE 2006a）。虽然这些建议也概述了背景的

11　重要性，以及如何在环境中理解项目、如何规划场地，但关切的仍然是项目本身各种复杂、交织的特性，而不是更宏观的场域。

　　当转向更广泛的场所概念，而不只是项目品质，一系列规范性框架概括了场所的理想组成部分。例如，《公共空间项目场所图示》定义了成功场所的四个"关键属性"：社交属性、可达性和联系、用途和活动、舒适性和形象[2]；英国政府对设计和规划系统的指导在整个 21 世纪前十年对英国城市设计政策和实践产生了重大影响，同时政府推动了一项由 7 部分组成的议程：特点、连续性和封闭性、公共领域品质、移动便利性、易用性、适应性和多样性。这种框架表明，对场所的关注从空间的本体和品质延伸到空间使用中固有的实际经验和实用性。

　　除了对设计结果进行规范的概念外，还有另一种想法，即设计过程也有品质维度，这最终也会影响场所的形态。这种"过程"的概念是可以被影响的，这也是本书讨论的核心，过程是连续的，而不仅仅是与设计行为有关。至关重要的是，它还包括发展过程、长期管理，甚至场所的使用，换句话说，包括已经描述为场所塑造连续体的所有过程。因此，这些过程不仅与吸引媒体眼球的自身设计方案有关，还与不断塑造和重塑周围建成环境的城市适应和变化的无意识过程有关。

　　齐里卜·班纳吉（Tridib Banerjee）和阿纳斯塔西亚·卢凯图伊 - 西代里斯（Anastasia Loukaitou-Sideris）观察到"没有多少研究关注城市设计的过程及其与最终设计成果之间的关系"（2011：275）。他们认为虽然有些人把设计看作一个"玻璃盒子"，即完全可以被解释，能够被理解和分解，但更多的时候，它被认为是一种"黑箱"，被设计想象深不可测的复杂性和深度所掩盖。他们的结论可能介于两者之间，换句话说，它是可以解释的，但又深不可测。要理解这一过程，当然需要对政治上界定的

历史和当代的变化过程有全面的理解，并且需要对塑造场所的所有过程，以及如何通过利益相关者之间复杂和不断变化的权力关系塑造场所的过程有着长期的关注和观点。这并不容易理解，更不用说去影响了，这也许可以解释为什么设计过程品质的规范模型不如设计结果相关的模型丰富。

　　总之，这里可以列出许多与"品质"相关的原则，但重要的一点是需要理解任何概念都具有局限性，以及判断和解释如何评估什么是好的，什么不是好的因素。当这样的判断是为了公众利益时，那么就需要一种程序来执行这些判断（更宏观的场所塑造过程的一部分），本文讨论的正是这个问题。

1.2　设计治理概念：是什么？

1. 治理转向

　　尽管"治理"这个概念仍然很模糊，而且在政治学家中也引起了激烈的争论，但从 20 世纪 90 年代开始，这个术语越来越多地与我们对如何管理社会事务的理解联系在一起。因此，虽然传统上对公共权力的看法是指挥和控制，即权力集中与分级行使，但通常治理的概念从分权开始，因为政府单独行动时实现变革的能力会受到严重限制。相反，在治理中公共权力通过不同层次的政府，通过广泛的政府和类政府机构，以及通过私营部门的资源和活动来运作。在这方面，治理可以说是"使有效的权力由不同的力量和机构共享、交换和博弈"（Held et al. 1999：447）。

　　当代关于治理的讨论衍生出许多细分领域的变化：全球、公司、项目、环境、监管、参与性、城市等等。针对最后一个问题，城市治理这块蛋糕可以从多个方面进行分割和理解：对政府界定的正式的垂直层级来说，包括从超国家层面到地方层　12

面，与地理上定义的单位有关的地方，如城市、地区、街区等；特定类型的地区，例如迅速变化的地区、环境或历史敏感地区、多重贫困地区等；不同政策范畴，包括规划、公路维修、公园管理等的管治，提供服务所面对的特别挑战，甚至是提供服务的特定子领域，比如可以作为规划的子集——高层建筑的治理。治理已经被以所有这些方式讨论过，而且更多的是其经常被放在更宏观的政治经济学讨论中，并因此产生了大量且不断增多的研究。

乔恩·皮埃尔（Jon Pierre）认为，城市治理应该被理解为"一个融合并协调公共和私人利益的过程"，并提到，政权理论家们认为："治理城市及其与私人行为者的交流是一项过于艰巨的任务，公共组织无法独自处理"（1999：374）。相反，城市治理相当简单地代表了公共机构与私人利益和民间社会一起寻求加强共同目标的所有不同进程："一个由政治、经济和社会价值体系塑造的进程，城市政权的正当性来自这些体系"（Pierre 1999：375）。同样，戴维·亚当斯（David Adams）和史蒂夫·蒂斯德尔（Steve Tiesdell）认为，"成功的场所是通过参与其生产和消费的不同行为者之间的有效协调来实现的"，并且"这一任务本质上是治理的工作之一"（2013：106）。其被分为三种常见的模式：

- 第一，通过科层进行治理：其中权力集中在公共部门和最高层（政府），而那些更下层的科层，例如地方政府，则遵守进一步建立的规则。

- 第二，通过市场进行治理：在市场中，政府的任务是让市场发挥作用，国家机构让位于那些尽可能实际提供城市服务和便利设施的私营部门。

- 第三，通过网络治理：公共、私人和志愿部门之间的合作和伙伴关系安排，试图找到一条中间道路，尽管由于寻求复杂城市问题的网络解决方案而使得治理变得更加复杂，也要避免出

现等级制度的"大政府"和市场的分裂。

大体上，这三种管理模式归纳了第二次世界大战后英国和其他地方以福利国家为标志的政府时期：（1）福利国家；（2）20世纪80年代以后撒切尔主义或里根主义所激发的新自由主义；（3）在以英国新工党和美国比尔·克林顿（Bill Clinton）政府为代表的"第三条道路"政治基础上进行改良。皮埃尔（Jon Pierre 1999）深入研究了城市治理，并根据它们的普遍特征定义了四种不同的"理想"模型：

①管理主义治理：在这种情况下，与其把政府视为解决政治冲突的渠道，不如把重点放在提供高效、有成本效益和专业的公共服务上，这些服务通常是由独立于政府的非官方组织来提供的。可以说，从20世纪80年代开始，这种模式已经开始在新自由主义时代主导政府的行为，并反映了一种意识形态，即市场式的供求机制应该影响消费者和公共服务生产者之间的关系，而不是政治偏好和问责制。

②社团主义治理：同管理主义治理相比，它通过集体行为给予参与式民主的理想以优先地位，政策的讨论和解决取决于有关各方之间的谈判进程，目的在于达成协商一致的意见和协调公共与私人行动。在这个模型中，决策是集体的、包容的，但通常也很缓慢，可能仅限于那些参与政治的组织和个人。

③促进增长的治理：其特点是公共和私人部门之间密切互动，特别是为了增强经济。这些形式的治理很少是参与式的，而是直接让政治精英与商业伙伴接触，目的是促进增长，而不是重新分配增长。在这种模式中，公私伙伴关系被制度化，由此产生的组织享有相当大的运营自主权。

④福利治理：在经济增长有限的城市中占主导地位。居民的主要收入来源是国家福利，从而导致对国家特别依赖，进一步使政府具有主要提

供者或推动者的主导地位。通常这些政府部门敌视作为服务供应商的私营部门，而这种治理的主要实施者是政府官员本身。

在现实中，不同的治理形式可以同时存在，甚至在同一区域内，因为不同的问题和不同的环境会产生不同的场所关系，从而产生不同的治理形式。正如最近对城市治理的比较研究得出的结论："没有一种治理模式能凌驾于其他模式之上。各种各样的治理机构和决策模式反映了当地的背景和历史，以及待解决问题的复杂性"（Slack & Côté 2014：5）。

解构这些不同的模式，并联系供给政策后，可识别出三重基本特征，所有类型的城市治理都将处于其考量范围内。其包括：运作模式：无论是意识形态（针对特定的政治目标），还是管理风格；公共权力的相对集中：不管是集中的还是分散的，包括政府出资的非官方机构；以及交付的权力：无论是公共的还是市场指引的。这些在图 1.7 中被表示为三个连续体。但是在现实中，城市治理很少出现极端的情况，例如完全市场或完全公共化，而是在每个轴线上都介于平衡之间。这个框架将贯穿本书的第二部分。

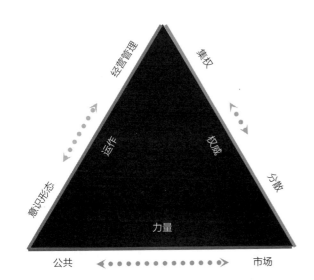

图 1.7　城市治理的三大基本特征（见书后彩图）

2. 为什么需要设计治理?

自古以来，人类的信仰和哲学就反映在各种各样的地方法规中，这些法规规定了建筑物、纪念碑和居民点的形式和布局。这些法规或与（地球上或星球上）自然现象有关，或与人类或精神起源的迷信、信条和实践有关。中国从公元前 4000 年开始崇尚风水；公元前 3000 年英国出现巨石阵等仪式景观的布局；今天基督教、伊斯兰教和印度教世界都具有独特的宗教建筑设计。在古埃及、古希腊或安第斯（Andean）伟大文明中的神圣场所布局，每一个都共同使用特定的设计准则来赋予信仰实践以意义和形象，无论对象是君主还是神灵。

在宗教当局的法律之外，设计也一直是政府活动的主题，各个时代的社会出于多种原因对设计的各个方面进行规范。例如，在古代中国，黄色与帝国尊严相关联，在许多朝代，黄色在建筑上的使用仅限于皇权。在中世纪的英格兰，建筑物上使用雉堞的权利由国王控制，因为他们与防御工事的建造有关联，12 世纪起那些想要使用雉堞的人必须获得许可。从 13 世纪开始，锡耶纳（Siena）的发展受到当时锡耶纳共和国（the Republic of Siena）新政府对建筑高度、材料、窗户形状和建筑线的控制。在 1666 年的大火之后，《1667 年重建法》（Rebuilding Act of 1667）为伦敦城的重建制定了一系列建筑和城市法规。这是英国第一次制定这样全面的设计规范，其中包括七种类型的街道、四种类型的房屋和一系列被认可的建筑类型（图 1.8）。很久以后，1894 年伦敦颁布了 80 英尺（约 24.4 米）的高度限制，紧接着美国首次在华盛顿特区通过颁布了 1899 年的高度限制条例。此外，从 1910 年起（至今仍在运作），国会在华盛顿特区成立了一个艺术委员会，就雕像、喷泉和纪念碑的选址提供咨询，随后为哥伦比亚特区（District of Columbia）所有公共建筑的 14

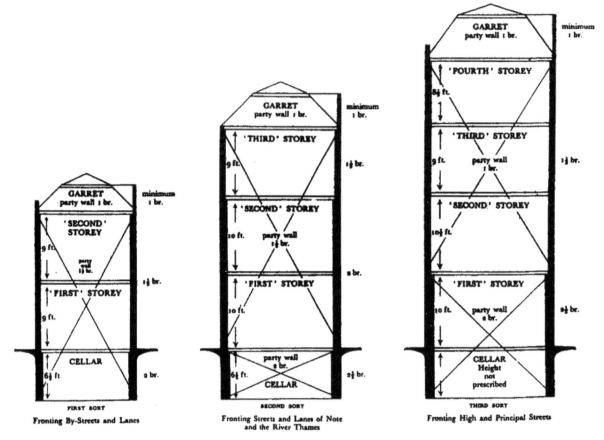

图 1.8　根据 1667 年伦敦大火后的重建法案，建筑类型导引生成了街道形式

设计提供咨询。正是这一点为 1924 年成立的英格兰和威尔士皇家美术委员会提供了借鉴（参见第 3 章），而 20 世纪规划和分区系统的发展和推广都以控制土地使用布局和开发容量为核心，这两者都是我们所熟知的城市设计的基本方面。

这些只是国家干预设计的一小部分例子，在现代，随着社会与行政部门试图干预和塑造公共和私人建成环境以实现一系列主要的"公共利益"动机，这些设计干预已经变得越来越广泛。其中最突出的是：

- 福利动机：在最基本的情况下，许多设计法规只是试图保护公众和个人免受人为和自然的健康及安全问题的影响。范围从火灾防范到结构稳定，再到获得所需的光和空气，以及道路安全，到避免污染和疾病等。

- 功能动机：这些涉及建成环境的用途适用性和日常效率，例如鼓励行人和车辆的自由流动，同时进行不同用途的行为和活动，为生活提供基础设施和便利设施，以及对建筑物和空间进行日常管理。

- 经济动机：经济结果一直是一个关键的政治问题，有很多人认为任何形式的控制都是对经济活动和市场自然运行的抑制。然而，对设计的精细化控制也被视为通过促进特定地区的特定类型、形式和发展密度来刺激当地经济增长的一种手段，并被视为一种提供经济红利的手段。证据表明设计良好的开发行为可以带来这种经济红利（Carmona et al. 2002）。

- 促进动机：这涉及领导者对某个地方的特定形

象的期望，或许是为了在特定地方和城市鼓励投资，或许为了吸引特定类型的公司和个人，但也是为了建立和促成一种地方特性。这种特性能够被用户识别，并明确反映出（或好或坏）世界观以及它们最终承载的权力和遗产。

- 公平动机：单独行动的个人或公司可能试图最大化自己的利益，这可能是以牺牲他人或共同拥有的资源为代价的（有时被称为共同的悲剧；参见 Webster 2007）。规章可以试图在不过度影响他人权利或共同拥有资源的情况下保障私人财产权。

- 保护动机：保护重要的历史、自然资产和环境是一个关键问题，近年来，面对大规模的快速变化，这个问题变得更加突出。它不仅包括保护，而且包括加强积极的地方性特质，无论它们是历史的还是当代的。

- 社会动机：这里的理由（可以说）涵盖了所有其他类别，但更具体地说，包括了设计得更好的公共环境能够带来的一系列可居住性、更好的舒适性、公民自豪感和参与度、减少犯罪、包容性以及健康和社会福利。这种关注可能是国家对设计感兴趣的最令人信服的原因。

- 环境动机：此类论点日益成为城市治理议程的核心，而建成环境的设计在实现这一议程方面具有潜在的重要作用，它可以通过对适应性、节能 / 效率、公共交通、混合和使用强度、绿化等方面的设计来实现（Carmona 2009c）。

- 美学动机：尽管在讨论"设计"时，视觉关注常常是首要因素，但由于它们是无形的，所以也属于最难评估的因素之一。尽管如此，由于与开发如何融入其环境有关，许多建筑师渴望创新和建造"当代"的事物，以及人类对美的基本敏感性，美学问题仍然极其重要（尽管经常有争议）（CABE 2010d）。

反映这些不同动机和广泛目的（已经阐明）

的行为早已存在，但是在现代和后现代时期产生的许多空间环境已经证明其低于应有标准，试图影响设计结果的程度也随着时间的推移而增加。尽管有人暗示这种对设计的控制在一定程度上与空间质量的普遍恶化有关，但少数几个关于使用城市法规的国际研究显示，它们现在具有普遍性。当以保护固有本地建设形式和环境的方式对设计施加影响时，它们同样可能具有两面性（Marshall 2011）。"设计治理"一词涵盖了开发设计中所有国家批准的干预措施。本章稍后将讨论此活动的范围；在此之前，将研究这些过程所带来的一些挑战和矛盾。

3. 设计问题及其治理

尽管促使公共当局参与设计治理有历史渊源和广泛的动机，但设计作为国家行动的对象本身就存在问题。例如，关于城市治理的国际文献确立了一些与"良好的城市治理"有关的规范性原则。其中包括积极的愿望，例如，必须承担相应责任和透明、鼓励参与并建立共识、对不断变化的需求作出反应，同时保持高效和公平。然而，设计作为政府活动的一个主题，长期以来一直受到一系列固有挑战的困扰，这些挑战揭示出设计与许多重要政策领域（如卫生、国防、福利或警务）有着深刻的不同（Carmona 2001：58—68）。这些问题可以归结为 8 个核心问题，揭示设计的良好治理为什么如此困难，因为完全不同的专业观点和思考（专制）都可以向设计领域提出挑战和发表异见，并且设计领域本身不容易被总结简洁、高效和可预测的事项来进行考虑。

1）责任分散与内在分歧

在大多数国家，设计 / 开发领域在三种情况下被撕裂，第一个存在于公共利益和私人利益之间，正如已经提到的；第二个存在于由专业组织代表的众多专业部门之间；第三个是跨越空间尺度的政府内部对这一领域的责任。因此，它通常没有在其他政策领域更常见的那种强有力的统一部门声音，例如在卫生、法律或商业领域。这个领域是支离破碎的，可以沿着已经描述的那种"专制"路线进行激烈争论。其中，关于什么是"好"设计的一致意见将更多地取决于关键角色的主要动机，例如经济利益、获得政治支持、在建筑学杂志上发表等，而不是在给定的资源和约束条件下，如何提供最佳的场所品质。地方政府的情况当然是这样，伊桑·肯特（Ethan Kent）曾对此提出过论点："当代政府内部支离破碎又看似井然有序的结构，及其无数的部门和官僚程序，往往直接阻碍了成功公共空间的创造。"而且，即使不是这样，责任也常常是分散的，以至于难以实现在设计上的协调行动。

2）"专家"判断的边缘化

争论的一个方面涉及非专业人士在公共利益评判工作中的特殊作用（Imrie & Street 2009：2514）。因此，虽然建筑师、风景园林师和城市设计师通常经过训练多年，以设计作为他们关注的核心焦点，但不得不接受很少或没有经过设计培训的其他人有权对他们的设计作出判断。这些人包括：规划师，他们参与设计通常只是他们培训中涉及的多种因素的一小部分；工程师，对于他们来说，设计是更有限的技术活动；开发商，对于他们来说，设计不可避免地是利润算式中的一个子集，以及政治家，他们通常根本没有受过设计培训。相反，每家企业都会寻求平衡其"非专家"判断与其他公共和私人目标之间的矛盾，包括权衡雇佣聘请设计专家的成本（财务和时间）。在这种情况下，专家和非专家之间的冲突可能是不可避免的，非专家可能比专家本身对结果产生更大的影响，并且外行和专家的品位往往会有分歧（Hubbard 1994）。

3）"优秀设计"概念的争论

尽管早期讨论过并广泛用于评估发展建议的规范框架种类繁多，但良好设计的可复制性和易于识别的特征仍然是一个有争议的论点。当然，建成环境中的某些设计维度总是比其他维度更加主观。因此，尽管诸如能源评级或包容性访问等技术问题可以被客观地验证（尽管在可交付的标准方面存在争议），但诸如建筑风格和美学等其他问题就远没有那么容易验证了。此外，城市设计的解决方案将因地而异，取决于已经讨论过的利益相关者的各种不同愿景，而不是简单的"一刀切"方案。在这样的背景下，见多识广、经验丰富的设计判断，以及对当地发展环境的仔细理解可能是判断设计质量的关键，而对于大多数城市设计问题，总是有多种可能（和可接受）的解决方案。同样地，总是会有许多明显不正确或不符合标准的解决方案。尽管对于任何给定的设计问题，就什么是"正确"的解决方案达成一致可能是具有挑战性的，但对于什么是不正确的解决方案达成一致通常会更加直接。

4）设计的无形性与设计价值

与界定什么是好设计的困难相关的是设计概念的挑战性和无形性，这意味着许多决策者（和一些专业人士）对设计理解不深，他们继续将设计等同于狭隘的美学辩论，或者认为设计是一种奢侈品，在经济糟糕的时候可以被削减。同样，许多设计目标（和过程）难以度量，影响也难以确定，因此不适合采取集中评价的绩效管理方法或目标，也不适合加入政策或指导性规范中。举个其他领域引用的例子（Carmona 2014c：6），投资于一种抗肥胖药物似乎可以从一种单一的、定义明确的产品中获得切实和直接的好处，这种产品具有明显的商业利益。相比之下，为了鼓励用户多做运动不发胖而设计的建成环境，似乎要复杂得多，这涉及许多相互关联的元素、分散的责任和难以追踪的影响。同样，在建成环境中追求更好的设计将是一个长期项目，需要许多年才能从政策决定或设计过程的创新中感受到实际的影响，并需要长期的付出和专门的资源，这些资源自然不是短期内的政治优先事项。因此，设计很难在政策中进行探讨或界定，更不用说鼓励采取一致行动来解决这些复杂的无形问题了。

5）权力的适当限度

在新自由主义时代，政府越来越多地退出直接开发项目。即使最终责任仍然是公共的，例如提供监狱、学校、医院和许多大型基础设施，越来越多的私营部门提供和运营这些设施，而公共部门则随着时间的推移为它们支付费用。在这种情况下，公共政策对涉及新经济领域的设计的期望在很大程度上需要通过在市场上运作的私营部门的支持来实现，在这方面公共部门没有能力实现特定的成果。这个问题引起了人们长期以来的关注，即国家对私有财产权的适当限制，以及控制设计的目标（在没有直接交付的情况下）是否等于不当干预或合法追求公共利益（Case Scheer 1994）。这是一个令人不安的问题，即国家要在这种情况下影响设计品质，就必须通过间接手段（指导其他人的行动）来实现，而这意味着国家权力受到了限制。这也意味着限制了社区保持其公共代表责任和直接参与此类事务的能力。

6）市场现实与超然状态

在相关的类别中，存在公共设计可能要求增加开发成本的问题，它们通过扩展和深化开发过程本身（例如在过程早期要求更详细的设计建议），或者提高建设成本（例如要求更高的公共领域规范或者更高的能源效率）来增加总开发成本。由于这些成本可能由开发商收回，也可能无法收回，因此它们将直接影响方案在市场上的可行性。尽管有大量证据表明，公共领域的设计同样要求降低建造成本（例如，用更便宜的多孔渗透表面代替昂贵的不渗透表面）或在销售或租赁价值上产生设计溢价（Carmona 2009b：2664），但是在许多私人开发行为者参与公共设计的时候，成本问题和国家脱离这些市场现实的性质将会变得更加突出。

7）干预的范围？

干预又会导致另一个问题：如果干预被认为是适当的，那么其合适范围在哪里，何时会被视作干预过度；或者换句话说，国家的要求应该具有多大刚性？归根结底，尽管它同时具有政策和程序的影响，这终究是一个政治和民主判断的问题，并且会因地而异。从政策角度来说，设计政策和设计导则的干预过度与干预不足问题，是干预设计的公共部门在合法性或其他方面的主要问题，尤其是当这被认为影响了建筑师（尤其是）创新设计的能力时（Imrie & Street 2011：85）。同样，涉及太多决策方并导致达成最低标准共识的"委员会设计"或使用折中解决方案以替代清晰愿景和创造性设计过程也同样具有破坏性。虽然对这些问题不可能有正确或错误的答案，但在某种程度上，加大或减少干预的合法性将取决于干预的质量以及结果是否得到公众的支持。

8）平衡确定性和灵活性？

此外，关于决策的确定性和一致性的相关问题，当这些决策涉及更大程度的自由裁量权的制度时，如在英国（参见第 2 章）就产生了许多批评，因为当缺乏明确的政策或指导作为决策的基础时，可能导致决策看似武断。对于市场参与者来说，这对于他们决策的计划是否能够运行具有决定性的影响。同样，如果在不断变化的市场中运作的灵活性受到损害，例如由于（对他们而言）对其项目过度干预，强加公共设计要求，他们可能迅速提出反对。对于设计的干预究竟应有多强或多少，这是一个不可能有简单或一致答案的问题。

总之，这些问题意味着设计本身先天并不适合受到公众意见、国家和地方政策的简单解决方案或短期政治周期的约束。同时，在不同时期、不同语境下，设计也遭到了政治派别双方的批评。右翼人士担心过度考虑设计会破坏自由市场的运作，以不必要的拖延和"繁文缛节"束缚地方发展的主动性和创造性。例如，活动家曼敦休曼（Mantownhuman）曾认为，"我们必须在建筑领域内寻求一种新的人文主义精神，一种拒绝屈服于保护、规范和调停的精神，着手为以人为本的雄心勃勃的探索、实验和创新目标争取支持"（2008：3）。左派人士批评说，设计品质是精英主义者所关心的问题，在很大程度上是寻求保护其资产价值或希望提高其资产价值的开发商所关注的问题。减少社会经济不平等，而非改善当地环境品质才是优先事项。正如亚历山大·卡斯伯特（Alexander Cuthbert）就公共部门试图影响设计成果所评论的那样："他们最多只能回顾过去，在这个过程中，寻求保护财产价值……自我利益和对设计过程的自主控制"（2011：224）。

这两种观点都基于相同的根本性误解，即好的设计主要是为了公共/私人分界线一方的利益而牺牲另一方的利益，不管是社会利益还是特定的私人利益。事实上，好的城市设计基本上是符合社会整体利益的，它避免了那些已经描述过的低于应有标准场所的问题，而是渴望创造艾伦·罗利（Alan Rowley）所谓的"可持续品质"而不是"适当品质"（1998：172）（图1.9）。换言之，无论是基于经济机会还是基于社会需要，发展都具有长期的社会、经济和环境价值，并超越短期语境。

4. 设计治理难题

设计治理的多种方法最终都是通过一方面限制私有产权，另一方面授予开发权来实现的。前者（限制产权）限制了关键利益相关者设计的自由，以及那些认为自己受到最直接影响的参与者，即设计师和开发者，他们可能最难抵御这种干预。戴维·沃尔特斯（David Walters）甚至认为，面对这种情况，"许多建筑师对设计标准的下意识反应是，宁愿保持生产劣质建筑物的'自由'，也不愿被要求提高设计标准以符合规范"（2007：132—133）。后者（授予开发权）同样经常被批评对不符合标准的开发仍加以支持，有些人认为规划者无法定义和提出公共设计议程，而这就是问题所在："远见是一般规划师很难具备的特质"（Building Design 2013）。

威特·雷布钦斯基（Witold Rybczynski）表达了更积极的看法："类似锡耶纳、耶路撒冷、柏林和华盛顿特区这样特色鲜明的城市的存在，表明建筑设计的公共规范并不一定会抑制创造力，甚至完全相反。在整个城市环境中，它具备某种潜质……会有更高的品质"（1994：211）。并且，世界各国投入此类活动中的公共资源，可以反映公众对设计治理发挥作用的过程的认可，并且这些过程在很大程度上与政治无关。例如，在英国，民意调查显示，

图1.9　在格林尼治（Greenwich）的泰晤士河畔的这个场所虽然可以获得规划许可，但它却没有什么社会价值（围合使其对公众封闭）、经济价值（这是一个持续存在的管理问题）或者美学价值（它使用廉价材料粗糙建造而成）
资料来源：马修·卡莫纳

在政治立场中只有 2% 的右翼、4% 的左翼、3% "其他"类别的群体对建筑物、街道、公园和公共空间的外观以及使用意愿完全没有兴趣（CABE 2009c）。这样的结果或许是不可避免的，但在这个领域，它当然不代表对公共部门的全权委托。

例如，凯尔文·坎贝尔（Kelvin Campbell）和罗伯·考恩（Rob Cowan，2002）认为，"规则手册"（指代各种设计标准和随之而来的官僚机构）往往是粗暴的，因此很难针对各地情况作出正确反应，从而积极塑造场所品质。尽管如此，一旦监管体系建立，就很难被改变，因为它很快就产生了大量的既得利益者，其主要关注点（可以说）是维持系统本身而不是毁掉或改变它。一个典型的例子是区划官员负责在美国制定和管理更复杂的区划条例。与他们相对立，并且在维持现状方面享有同等的利益的是土地使用区划律师队伍，他们的工作是挑战规则并找到解决方法（Carmona 2012）。

虽然常常有人断言这些系统的内在价值，但就像发生的争辩所表明的那样，很少人会质疑的是，一旦系统形成，公共当局往往非常擅长应用其制定的"技术"标准和法规。例如，在英格兰，每年收到并评估近 50 万份规划申请，其中大多数是诸如家庭改建等的"二流结果"，其中绝大多数（约 75%）会通过审批，并且在 8 周内生效。[3] 鉴于情况确实如此，有必要考虑是否有可能提高标准，而将这些官僚主义工作更加协调地聚焦于确保高品质城市设计成果上。这是设计治理的难题：

国家对建成环境设计过程的干预能否积极塑造设计过程和结果，如果是，如何塑造？

南·艾琳（Nan Ellin）从另一个角度指出："我们应该袖手旁观，让城市在没有任何指导的情况下成长和变化吗？不，这只会让市场力量驱动城市发展。市场只从短期利益分配资源而不考虑

那些没有明显金融价值的东西，比如我们的空气和水的纯度或我们社区的质量"（2006：102）。建成环境的设计正属于这一类没有短期价值的事物。许多参与者在交付方面有潜力，但是在制度真空中行动的市场力量往往会导致参与者之间的恶性竞争，这种竞争追求的是狭隘的市场优势，而不是追求额外价值的合作。郊区零售和商业园区的"环形和棒棒糖式"（loop-and-lollipop）景观代表了一类例子，为了与邻居竞争，运营商通常关注其场地内建筑物吸引力的最大化（例如，大型和明显的停车场和高度惊人的标牌），而不是与他们的竞争对手联合。结果是相邻地块之间的交通通常不采取步行的方式，而需要驾驶汽车绕外围行驶。这种布局的例子在全球普遍存在（图 1.10），属于典型的市场失灵案例。

在这种情况下，为了纠正市场失灵，国家干预似乎是合理的，但我们还需要注意不要违背"涅槃谬误"（nirvana fallacy），即解决不完善市场必然需要政府的更多参与。正如布拉德利·汉森（Bradley Hansen）所说，"因为政府管理者并非完人，政府监管不可能是完美的"（2006：117）。因此，正如市场失灵一样，政府也是如此。虽然公共干预可能

图 1.10　市场失灵的设计，不连通的环形和棒棒糖式景观（从一个地方越过栅栏看到另一个地方）
资料来源：马修·卡莫纳

被视为对糟糕的场地营造的适当反应，但出于多种原因，断言更多干预会带来更好的设计或者假设"好的"设计指导能够创造好的场所，此类说法都应该被极其谨慎地对待：

- 首先可能不存在市场失灵。例如，大多数历史悠久的城镇和城市都是有机地发展起来的，几乎没有规范规定建筑物、用地和公共空间布局的位置和方式，甚至形成了一些当今城市景观中最著名和最人性化的空间。

- 解决方案可能比问题更糟糕。例如，伯纳德·西根（Bernard Siegan，2005）提出反对区划的建议，认为这种做法通过限制供应来提高房价；通过对用地功能、密度和高度施加限制来鼓励蔓延，并且这种做法具有排他性，因为区划通过扭曲市场来满足他们的需求，违背弱势群体的需要。

- 它可能会给变革和创新带来障碍。例如，建筑师长期以来一直认为，设计控制过程倾向于"安全"，甚至是历史主义的设计解决方案，并会破坏他们为回应时代做出的场所营造，无论是在美学上，还是因此受到青睐的建筑技术方面（Cuthbert 2006：193—194）。

- 可能导致不正当的结果。过于粗糙的设计规范导致意外结果的故事并不罕见，著名的案例包括，纽约在 1961 年引入一些新规定（Kayden 2000）的最初几十年内，纽约的区划激励做法导致产生了一批质量糟糕的公有公共空间（Publicly Owned Public Spaces）。另一个知名度较低的案例发生在英国，从营销和销售的角度出发，有关地方政府因为后续面临维护义务，不愿意"采用"[4] 带有行道树的道路，有时会将行道树从住区方案中移除。

- 区别对待的风险。控制设计的过程可能会支持某些文化群体的品位和价值观，（有意无意间）排斥那些具有不同文化价值观或仅仅希望以不同方式使用空间的文化群体。一个有记录的案例是在北美郊区开发"麦克曼森"（McMansions）。[5] 这些开发通常受到评论家和活动家的指责，因为它们粗暴、浮夸并与周围环境"巨大"的不协调，但威洛·龙马姆（Willow Lung-Amam，2013）认为这只是反映了所有者的不同文化规范。他们通常是富裕的移民群体，并且控制他们的政策强化了精英、白人、中产阶级对于优秀设计的看法，这些设计标准通常被常住居民（和城市官员）定义，并过分排斥那些具有不同观点的人。

规制经济学家认为，规范本质上是昂贵且低效的，但很难被挑战，这是因为存在右翼 CATO 研究所的皮特·范·多伦（Peter van Doren）提出的所谓的"盗窃者"（Bootleggers）（从现存的监管中获得经济利益的特殊利益群体）和"浸信会"（Baptists）（因不喜欢他人行为，而希望政府限制监管的人）（2005：45—64）。对于这样的意见人士来说，市场而非国家监管是一种适当的机制，通过这种机制可以实现最好的发展结果，个体可以最好地表达、满足和保护他们的利益。为了支持这些论点，美国的休斯敦经常被认为是内部社区能够满足其需求的城市，尽管它是美国唯一没有区划系统的主要城市。然而，休斯敦已采用其他种类的法令来缓解由此造成的土地使用问题，包括禁止滋扰行为、加强街边停车，以及规范最小地块、密度和土地使用要求（Siegan 2005：227）。因此，即使是发达国家中受监管最少的城市，也会对空间的开发和利用施加某种控制。

虽然正如我们将看到的那样，私有化的替代品确实存在，并且在美国获得了一些推动力，但对于大多数城市地区而言，公共部门的某种干预似乎是不可避免的。同样，总会有好的和坏的干预。因此，与干预本身的错误无关，与不正当结果相关的问题可能仅仅是不良干预的结果。由此产生了两个关键问题。首先，不是"如果"，而是"如何"干预设计？其次，在哪个时间点——"什么时候"干预最有效？

5."何时"问题

第一个问题将取决于对可用"工具"的选择和我们使用它们的能力，但应当首先考虑第二个问题，追问"何时"对公共部门设计治理的性质进行关键的概念区分是很重要的，这与私营部门项目设计相反。在这个问题上，瓦尔基·乔治（Varkki George 1997）对一阶和二阶设计过程进行了重要划分："在一阶设计中，设计师通常可以控制，参与或直接负责所有设计决策……二阶设计 [相比之下更] 适合于以分布式决策为特征的情况，因为设计解决方案是在更抽象的层面上被指定的，因此适用于更广泛的情况。"他认为大多数城市设计属于后者——以分布式决策为特征。这与通常属于前一情形中的建筑设计形成鲜明对比。

由于其运营的长期视野，超出单个建筑物的任何规模的设计，通常都需要处理变化和复杂的经济、社会、政治、法律和利益相关者环境，以及这些环境在某些长期视野下如何适应和改变。二阶设计特别适合这种不稳定的决策环境，因为它本质上更具战略性，理想化地明确了哪些定义很关键，从而忽略不重要的部分。因此在某些方面，一阶和二阶之间的区别令人困惑，因为如果城市设计是关于设定其他更详细设计——建筑、工程和本地景观的发展框架，那么它应该首先出现。

将这种潜在的困惑暂作搁置，乔恩·朗（Jon Lang，2005）区分了城市尺度下的四种关键设计过程：

- 总体城市设计：由一个设计团队完成大面积的区域设计与整体把控，包括建筑、公共空间和实施。
- 一体化城市设计：根据城市总体规划进行协调，将项目分配给不同的开发 / 设计团队。
- 拼接式城市设计：在机会或市场允许的情况下，以区域目标和政策为指导，独立且不需要协调的开发过程。
- 插件式（Plug-in）城市设计：在新的或建成区域内设计和构建基础设施，并且以后可以将各个开发项目插入其中。

除了第一项之外的所有活动都是二阶活动，甚至在"总体设计"的情景中，城市设计提供的框架将在单体建筑物或空间的详细设计之前出现。在这个层面上，设计可以与塑造决策发生的环境一样重要；或者，换句话说，越是偏离设计实际的东西（建筑物、道路、景观特征等），决策需要考虑的内容就越多，而不仅仅是制定设计决策规则。这里面临的挑战是设计的决策环境，从而积极影响设计决策的制定方式以及最终成果塑造。然而我们不是将其视为二阶设计，而是视为设计过程的治理，换言之，视作设计治理。

因此，设计治理不会像项目设计周期一般受到时间的限制，而应该是连续的，在一个无限的管理周期中围绕场所形成的连续体（如已经描述的，参见图 1.2），并不断变化。从这个角度来看，设计治理有可能塑造项目从开始到完成的所有阶段：塑造他们构思的决策环境，影响他们通过设计和开发过程，并指导他们如何在建设完成后发展成熟。[6]

因此，要直接回答前面提出的第二个问题——何时应该进行干预？答案是连续不断，因为设计决策环境的塑造将是一个持续的过程。与此同时，对于任何特定项目，在项目开发设计的关键决策作出之前，最重要和最有效的干预措施应当提早介入。

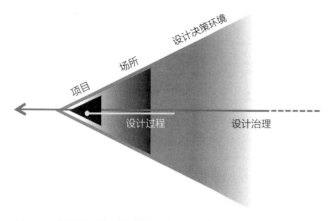

图 1.11　设计治理行动领域（见书后彩图）

通过确保在设计过程之前，期间和之后都能清楚地了解公众期望，有助于避免冲突、紧张、延误和项目失败，从而可以将其纳入开发过程（Carmona 2009b：2665）。从这个意义上说，设计过程质量对于优化设计质量的其他方面——审美、项目和地点至关重要。如前所述，关键关系在图 1.11 中以图示方式表示。

1.3　详解设计治理

1. 如何进行干预?

回到之前提出的"如何"问题——干预应该如何发生？这个问题是本书的核心所在，并且不可能给出一个简单的答案。作为解决问题的第一步，重新审视和解读本章前面给出的设计治理定义是有用的，以便更好地理解关注的范围和可用的干预措施。

在本书的前言中，设计治理被定义为"在建成环境设计手段和过程中介入的国家认可的干预过程，使得设计过程与结果更符合公众利益"（Carmona 2013a）。图 1.7 表示了基本城市治理特征的三元映射，即运作、权威与力量，该定义意味着设计治理运作应：（1）符合公共利益；（2）综合运用多种手段和设计过程；（3）最终属于国家的责任。

1）运作

从设计治理的"运作"开始依次进行解读。在某种程度上，设计治理始终是意识形态领域的概念，因为它旨在实现一系列有抱负的公共利益结果，即没有它就难以实现"更好的设计"。但是因为没有专家评估就很难确保设计质量，而专家评估又是昂贵的。而且好的设计无论如何都是无形的，有争议的，并且可能充满了"强烈"的异议（见前文），很可能是当局对设计的投入较少，使其远离意识形态与积极主动的运作，而更多地转向运作范围的管理和反应终端。例如，他们可能会选择对固定和不灵活的标准使用权利进行控制，而不是针对灵活的设计框架或一套政策进行参与式谈判（参见第 2 章）。设计治理明显沿行动轴线上下起伏。

2）权威

"权威"（第二轴）的问题，是新自由主义政治经济学中很少关注的一个方向。相反，正如设计治理的定义所暗示的那样，通过认识到设计作为一种综合的过程，其责任很可能在不同群体间分散，所有这些都构成了设计治理有助于塑造的决策环境的一部分。然而，至关重要的是，鉴于行动者的范围以及不同地区权力关系的变化，以及中央公共机构的主导地位或其他方面的变化，公共权力集中或分解的程度也会有很大差异，一方面是权力集中在具有重要遗产价值的地区，另一方面是在许多地方的混合街区形成多重的制度重叠（Carmona 2014d：18—19）。设计治理将沿权威轴相应地转变。

3）力量

最后，关于"力量"轴，设计治理几乎总是作为国家的正式活动来运作，最终国家将决定它希望在这方面承担哪些责任和承担多少，以及它希望避免承担哪些责任或交托哪些权利给其他群体。在某些情况下，私人公司承担了这一职能，有时是部分的，有时是整体的，在此过程中有效地将这些职责私有化。伦敦金丝雀码头（Canary Wharf）在这方面十分有名，原始开发商在政策真空（企业区）中运作，有效地为自身制定了详细的规则，建立伦敦的新商业区，并通过这种制度质量保障他们的长期投资（Carmona 2009a：105）。今天，该地区已重新确立了地方政府的控制权。在黎巴嫩，1991年内战结束后，政府成立了私人公司"团结"（Solidere）以重建贝鲁特市中心。实际上，该公司完全控制了该市的历史中心，并负责管理其所有规划和发展条例（Carmona 2013a：126—127）（图1.12）。在美国，近15％的存量住房采取共同利益开发（Common Interest Development，CIDs）模式进行住房供给，其中大型城市地区及其所有社会基础设施在移交给社区房主协会（Homeowner Associations，HOA）进行长期管理前，都是经由私人开发的。虽然HOA的权力各不相同，但在大多数情况下，例如加利福尼亚州的欧文市（Irvine），他们通常担负起与市政当局相关的各种监管职责（Punter 1999：144—160）。

图1.12　私人公司"团结"不仅控制贝鲁特市中心的规划，而且代表原始土地所有者有效地获得了土地所有权，使其具有前所未有的力量来塑造远远超出正常市级权力的设计与开发成果。这对地方问责制和民主产生深远影响

资料来源：马修·卡莫纳

一些人认为，至少从财产所有者的狭隘视角来看，土地所有者之间的这种"自愿"安排"能够产生一系列所谓的公共产品，包括美学和功能区划、道路、规划和实体城市基础设施的其他方面"，并且能比国家更高效地做到这一点（Gordon et al. 2005：199）。这种说法是否属实是有争议的，这超出了本书的讨论范围。对设计治理的看法以及在任何给定环境中可接受的内容肯定取决于构建其系统的标准，并且这将在不同的公共和私人管辖区之间变化。然而，一般而言，市场代表着效率，社会关系中的主要仲裁者将尽量避免过度侵入市场关系的过程。而那些把分配正义视为合法政治目标的过程将倾向于把监管视为适当的目标，例如为了公共利益改进设计（Elkin 1986）。这些地方认为设计治理过程在很大程度上仍然是国家的责任。

尽管如此，为了构建设计治理的理论体系，可以假设在许多基本要素中，参与这些过程的私人组织在其影响范围内有效地承担代表公共权力的角色，并且以这样的角色被对待。实际上，国家的资源和权力总是有限的，并且是严肃的，设计治理成功与否的责任将取决于公共和私人影响的各种组合。因此，两者之间的平衡将沿着第三轴发生显著变化，例如，在企业区内相对缺乏国家控制，到国家主导的新城镇或主要基础设施项目，再到两者之间的各种类型的合作关系安排。

4）设计治理的范围

这一讨论表明，在保持定义所包含的基本特征同时，作为一种活动，设计治理可能存在于广泛的城市治理环境中：包含从意识形态到管理方式，从集中到分散，以及不同程度的公共和私人影响。即使在同一辖区内，不同的开发过程也可能导致三个轴线关系的完全不同。这里以英国的两类项目为例。第一个例子是设计控制过程，以此达成一种新的私人导向的城市扩张总体规划（图 1.13 中的 a）。通常，这涉及分解决策过程，包括规划和高速公路的许可（通常跨越地方政府的不同层次），以及来自更高级别次区域（经济发展），甚至国家管理者的介入（包括保护、环境管理、经济适用住房，以及规划）。假设设计规范与任何采用的高速公路设计标准同时存在，特别是如果没有确切要达到的政治目标时，这时的决策过程可能会落在运营范围的管理端。在这种情况下，交付的最终责任将由房屋建筑商（很可能是一个大型建筑商）承担，他们将拥有相当大的权力和资源，以确保结果反映其开发模式。

将此与 2012 年奥运会开幕前伦敦奥林匹克公园（London's Olympic Park）等主要公共项目的设计治理流程（图 1.13 中的 b）进行比较。在这个例子中，整个项目牢牢掌握在一个专门的公共机构手中，该机构负责监督相关活动的达成，包括其规划和设计。在这个过程中，每个要素都是"特殊的"，并且需要在明确的国家强制政治目标下进行参与式谈判，以在预算的限制内展示英国最好的设计。并为此成立了一个专门的设计审查小组，在详细的总体规划和相应的发展准则中制定了明确的高级别设计愿景。其结果是公共的、集中的和意识形态化的过程，旨在通过投入大量的公共部门资源来确保高质

量的设计成果。因此，至少在英国，后一种模式代表了一种例外的情形，而不是普遍规则，并且这种模式的使用并不总能达到最佳结果，比如 20 世纪 60 年代的一些英国新城。

2. 关键概念区分

在纯粹的治理意义上，设计的处理显然可以采取许多途径，并且几乎没有证据表明哪条路径必然优于另一条。例如，最近对伦敦公共空间的创造与娱乐活动进行的研究表明："没有普适的过程，在每项 [开发] 中，利益相关者、领导者和权力关系都是不同的"（Carmona & Wunderlich 2012：254），然而许多项目都产生了高质量的结果。同样，从表面上看，非常相似的城市治理流程可以提供截然不同的设计质量结果，这表明良好的设计治理过程并不取决于核心的集中或分散、意识形态化或直接管理、公共或私人，而是其他因素。事实上，鉴于不同城市治理结构和实践日益深入，皇家城市规划协会（Royal Town Planning Institute）最近的一份报告（2014）认为，我们花了太多时间来研究特定治理形式的理论或普遍偏好，更重要的是要务实，哪些工作成效最好？何时、何地，以及如何作出贡献？

考虑到这一点，有必要进一步分解前面给出的设计治理定义，以便理解这些不同实践的关键组成部分。可以进行四个额外的概念区分。

1）设计治理的工具与管理

第一，该定义涵盖了负责设计治理的人员可用的全套方法和技术，在本书中称为设计治理的"工具"。这些工具在第 2 章中被分类，并将在第三部分详细讨论，范围从研究到设计审查，从设计竞赛到命题设计。它们的使用包括行政基础设施和程序以及利用这些工具并充分发挥其潜力所需的全部人力、财力和技能资源。塑造积极有效

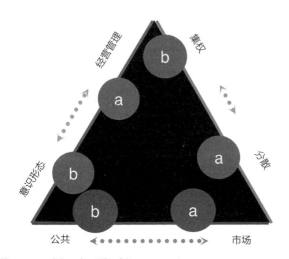

图 1.13　对比开发过程及其城市治理（见书后彩图）

的决策环境的关键，很可能是设计治理的具体模式，即选择的工具及其管理方式，而非城市治理的元系统。

2）过程和产品是干预的焦点

第二，定义涉及追求良好的设计过程，即复杂的场所塑造程序，与良好设计的结果一样，因为最终结果是由其创造过程塑造的，而任何国家对设计的干预都需要置于具体流程中。例如，系统内设计能力匮乏可能源自主要利益相关者缺乏设计意识和技能、缺少高层政策，或者普遍缺乏对良好设计的需求。因此，这应该是国家主导干预的合适焦点，而不仅仅是对特定设计方案的直接监管。

3）正式和非正式的工具与流程

第三，除了立法（国家或地方）决定的任何正式"制度"之外，该定义还包括各种非正式或非法定程序，可以补充或增强正式程序，或者完全存在于任何正式程序或制度之外。例如，前者将包括公共政策制定或分区控制的过程，后者则包括设计竞赛、设计奖励或提高设计技能的教育举措。在这方面，不同的司法管辖区提供正式和非正式程序的不同平衡方式。在德国，通过"B-规划"（Bebauungspläne，B-Plans），地方规划系统产生了具有法律约束力的计划，定义了新开发的详细城市形态（Stille 2007）。相比之下，在中国，自 20 世纪 90 年代快速城市化以来，大规模城市设计过程完全没有正式制度保障，虽然城市设计的思想融入了整个法定规划层面，但却没有产生切实的限制作用（Tang 2014）。在英国，情况喜忧参半。虽然设计规范存在于规划和高速公路的立法框架内，但建筑与建成环境委员会（CABE）从1999 年到 2011 年的工作几乎完全在非正式领域内进行，并且由国家政府酌情决定其作用范围（参见第 4 章）。

4）直接和间接设计模式

第四，设计治理将涵盖直接和间接的城市设计形式。因此，尽管许多干预措施将侧重于塑造决策环境，但在这种环境中明确表达了鼓励和规范更高质量的设计结果的追求，因此间接过程将与实际设计项目分离，而其他工具将直接处理项目和场地。通过制定特定场地设计规范，并建立场地的设计参数来完成对特定项目的调整，甚至是总体规划的准备和采用都选择直接设计的形式，尽管这其中大多数行为仍然属于此前讨论的术语中的二阶设计过程而不是一阶设计过程。

这些不同类别内容的组合涵盖了广泛的实践，从高层政策到直接行动的实际交付，以及广泛的公共和私人参与者。这些方法的大杂烩将在随后的章节中讨论，并与在大多数文献中呈现的处理主题的方式形成鲜明对比。在这些文献中，讨论倾向于以更有限的方式进行，通过公共政策的狭隘视角看待国家参与设计或调节与控制。在本章结束之前，将优先对此进行讨论。

3. 超越设计作为公共政策，监管与控制

乔纳森·巴内特（Jonathan Barnett）在他开创性的著作《城市设计作为公共政策》（Urban Design as Public Policy）中探讨了纽约在 20 世纪 60 年代末和 70 年代初期的经历，在此期间，城市通过其区划、社区和基础设施规划实践等方式进行城市设计，并进行公共项目的设计审查（图 1.14）（1974：6）。他认为，"不能将城市设计作为表面上已完成的产品交付，而应从决策过程之外的角度去看待，城市设计师应该在制度框架内寻求为塑造城市的重大项目制定规则。"他呼吁将设计影响力和专业知识作为城市当局正式职能的一个组成部分，这是一种强有力的要求，并表达了如今与四十年前同样重要的需求：

图1.14　自1916年以来，纽约建筑和街道的独特形式通过区划的实践形成

资料来源：马修·卡莫纳

27　政府的运作直接影响到城市地区的形成，应由熟练的、明确知道他们的决定将如何影响当地的工作人员操作。事实上，这种情况很少发生，这揭示了我们为何会不断创造不合标准的场所的部分原因。

同样，人们也倾向于过分相信公共部门通过政策和监管来实现城市设计的作用。正如巴内特总结的那样，"最终，私人投资与政府之间、设计专业人士与私人或公共决策者之间的合作将实现更好的城市设计"（1974：192），换句话说，城市不能仅靠政策和规范解决问题。事实上，正如本书第三部分所表明的那样，除了普遍认可的正式管制体系之外，可能影响设计质量的因素还有很多，尽管它们在城市设计文献中得到的关注相对较少。文献反复出现的主题关注城市化与发展实践中正式监管之间的相互关系（Imrie & Street 2009：2510）。

正如约翰·庞特（John Punter，2007）所说，随着近几十年城市复兴、地方独特性、环境可持续性、经济发展、宜居性与城市竞争力等议程推进，设计作为公共政策的概念持续发展，在不同时期及或好或坏的发展过程中，空间设计被强调，这并不出乎意料。特别是建筑师越来越关注新议程的范围以及他们需要关注的空间控制，以及"许多建筑师认为应当超出设计被合理回应的界限"（Imrie & Street 2011：279）。这些包括但不限于恐怖威胁、气候变化和国际移民等议题。

也许出于这些原因，以及对原始设计监管失败及趋向平庸的广泛谴责，伊万·本－约瑟夫（Eran Ben-Joseph）和特里·绍德（Terry Szold）在《规范场所》（Regulating Place）中进行了总结，呼吁在监管方面进行创新："首先地方政府必须具有测试标准的意愿，其次地方政府应不仅仅关注关于预防伤害或保护财产价值，同样应关心规则对社区空间形式的影响。从本质上讲，规则必须经过测试"（Szold 2005：370）。

从狭隘的监管角度来看，设计治理的概念比设计更广泛，无论是公共政策还是设计监管／控制，以上两种观点（可以说）过分强调国家的正式角色对于设计结果的影响。相反，治理概念的核心是复杂的，强调共同的传递责任，超越了简单的公共／私人二元，以及国家法定的局限责任。

这种仅仅强加于私人行为者的一系列外部国家要求的概念为已经描述过的三种专制模式提供了支撑，并验证了伊恩·本特利（Ian Bentley）对于典型发展过程中备受青睐的"战场"的隐喻，在这个过程中，行动者与对手进行谈判、计划和策划，为了实现个人的设计或发展成果（1999：42）。他认为所有开发行动者都有运作的"资源"（财务、专业知识、思想、人际关系技巧等）和"规则"，这些不同的规则和资源网络创造了"机会之域"，行动者在其中操作。例如，发展"机会空间"的概念，史蒂夫·蒂斯德尔（Steve Tiesdell）和戴维·亚当斯（David Adams，2004）表明机会空间的边界或"边境"被认为最好是模糊的，而不是刚性和明确的，虽然它们可能在任何特定时刻相对固定，但随着政策环境或房地产市场等因素的变化，它们会随着时间的推移而变化。在这种情况下，某些国家行为可以扩展设计者或开发商的机会空间。例如，财政补贴和补助金使开发商有更大的空间来应对特定的市场环境；较少限制的监管环境可能会鼓励设计创新；临近开发区或附近的基础设施改进可以使地区位置在市场上更具吸引力，因此开发风险更小。

通常情况下，开发商会通过反对基地外部施加的设计限制来扩大他们的机会空间，因为这可能会限制他们的选择和（他们判断得出的）获得丰厚利润的潜力。同样，设计师将寻求通过与开发商谈判来拓展他们的机会空间，使开发商为他们提供必要的范围，以自己的方式实现良好的设计（Carmona et al. 2010：290—291）。即使是公共部门也会通过寻求更可行的开发项目来扩大机会空间，以实现自己的设计（和其他）愿望。但这些并不是简单的双向过程。例如，设计审查过程可能会减少开发商从外部获取的机会空间，但也迫使开发商为设计人员提供机会空间，从而扩大设计的机会空间。与此同时，其他法规可能会向相反的方向发展，例如强制实施严格的高速公路标准，形成规范和标准化的住房布局，而城市设计、建筑设计或景观设计的自由空间则相应减少。

所有这些都表明，对机会空间的争夺只会到此为止，并且最终会在优化成果的时候建设性地集合各方诉求，形成对所有人都更有成效及更有益的过程。与政策或法规相对的设计治理，通过接受设计品质的治理——审美、项目、场所甚至过程质量，可以成为一种由国家领导的包容性过程，从而提供这种可能性，作为与塑造更好的场所为目的的利益方去接触各方。在这种背景下，戴维·亚当斯和史

蒂夫·蒂斯德尔认为，"由于地方治理很少包含整体的国家对房地产开发过程的接管，但通常以其中的具体干预为特征，政府必须在不直接接管开发项目的前提下，平衡希望实现的目标与实际能实现的成果之间的紧张关系"（2013：105）。这将我们带回前面提到的设计治理难题，本书的最后一章将对此再次讨论。

1.4　结论

本章探讨了国家干预设计的基本原理——其根源在于许多城市地区不合标准质量建设的情况，以及设计治理的性质、目的和问题，以此作为对这些问题的回应。在这样做的过程中，揭示了丰富的概念性问题，包括：为什么我们选择设计不合标准的场所；支持社会企图干预和提高质量的愿望；这给国家带来的挑战，其作用越来越脱离实际设计本身；设计质量的本质及其与过程和地点的关键关系；治理如何提供一个有用的框架来探索我们的设计方法；设计治理同样关注设计环境，在设计决策发生的环境中，塑造实际的设计结果；这一过程是持续的、多样化的，并在公共和私人利益相关者群体之间共享；最后，它远远超出了对市场参与者施加法定正式规则的范围，而是通过建设性参与，寻求扩展（而不是限制）并实现可获利的、创造性的以及对社会有用设计的机会空间。

最后，所有形式的设计治理本质上都是政治性的，并且是对"良好"设计本质进行判断的政治过程的一部分。通过对"建筑设计规范"案例研究，罗布·伊姆里（Rob Imrie）和埃玛·斯特里特（Emma Street）证实，这些行动"最终会成为更广泛的社会和道德治理体系的一部分，旨在（重新）产生符合良好城市规范性的地方，考虑好的城市是怎样的，或应该如何"（2011：284）。可以说这是一种过程，在这一过程中，参与塑造这些实践的人涉及道德上

的"责任伦理"，而不仅仅是在他们未能达到标准时抱怨。"我们可以做得更好"作为驱动力是本书在后续章节中继续探索的大部分实践的基础。本书也在从这些最近发生的实践中学习，以确保这些经验或教训不会被遗忘，并在更美好的未来中被记得应用或避免。

注释

1. 本书第一部分的基本思想首先被放在一起，以致敬约翰·庞特教授 2013 年退休时的工作。他们为巴特莱特规划学院百年讲座《规划的设计维度（二十年）》作出贡献，由马修·卡莫纳于 2014 年 2 月发表。见 www.bartlett.ucl.ac.uk/planning/centenary。

2. www.pps.org/reference/what_is_placemaking/

3. www.gov.uk/government/collections/planning–applicationsstatistics

4. 道路和人行道的"采用"过程将开发商的所有权和长期维护责任转移到相关的高速公路管理局（参见第 2 章）。在没有采用的情况下，责任仍由开发商承担，一些事物会被保留。

5. 拆除或重建现有房屋以建造更大面积房屋的做法。

6. 例如，通过监管机构批准程序，对未来开发及已完成项目使用进行限制。

第 2 章
设计治理工具（正式与非正式）

在本章中，讨论从广泛的设计治理理论转向对其"工具"的类型学探索。本章首先探讨一般的文献，这些文献侧重于政策制定者为引导公共和私人行为者实现特定政策结果而采用的工具、方法和行动。在这种背景下，要实现对工具与设计治理议程间关系的检验，首先应研究设计治理工具的三个"正式"类别——指导、激励和控制；其次，通过引入建筑与建成环境委员会（CABE）来介绍用于提供核心业务的五类非正式设计治理工具。本书第三部分中的章节会继续深入研究非正式工具，因此本章讨论的优势在于正式工具，因为这些（以及它们依存的各种法定框架）形成了非正式工具和间接设计治理运作的关键环境。

2.1 基于工具的方法

1. 政府工具

公共政策的一个重要分支是政府工具。其随附的文献集中于决策者所采用的各种工具、方法和行动，以便指导环境、行动者和组织，来实现他们所负责的特定政策结果。这些是史蒂夫·蒂斯德尔和戴维·亚当斯所说的手段，而不是政府的目的（2011：11）。它们的分类和分析对于政府有效运作和可能用于实现既定目标的一系列替代机制的线索提供都很有价值。

莱斯特·萨拉蒙（Lester Salamon）常被视为基于工具理解政府方法的教父。他认为，近年来，由于对自由经济理论的新信念、政府成本和效率的失望，政府使用的工具越来越多。"因此，从美国、加拿大到马来西亚与新西兰的政府都面临着重塑、缩小规模、私有化、下放、分散、放松管制和解除分层，受制于业绩测试并自行承包的挑战"（Salamon 2000：1612）。许多此类方法将政府视为一个需要解决的问题，使之更高效，具有更低的成本；更能满足其选民（寻求其治理的个人和组织）的需求；在实现明确目标方面更有效，并减少自我服务（官僚机构本身）。但萨拉蒙认为，尽管这一过程常常不被承认，现代政府实际上已经在解决这些问题上迈出了一大步。他认为，"这场革命的核心不仅仅是政府行动的范围和规模，而是其基本形式的根本转变"（Salamon 2000：1612）。

支撑这一点的是公共行动工具的迅速扩散，换言之，即用于解决公共政策问题的工具或手段的迅速扩散。早期的政府活动主要限于政府官僚直接提供商品或服务，而现在它采取了一系列令人眼花缭乱的方法：政府直接管理；政府公司和政府资助的企业；经济监管；社会规范；政府保险；公共信息；纠正税、费用和可交易许可；承包物品；承包服务；补助金；贷款和贷款担保；税收支出，以及代金券（Salamon 2002）。此外，随着新工具的发明，必然会有新的操作程序、技能要求、交付机制，甚至相关职业，以致力于其开发和使用。

多年来，对现有政府的工具进行查询与分类的众多方法被开发出来。这种尝试很快发现这块蛋糕可以以许多不同的方式切割。例如，克里斯托弗·胡德（Christopher Hood 1983）根据工具所扮演的政府角色（例如，用于检测信息或影响行为）以及它们所利用的政府资源对工具进行分类，即：节点（政府信息）、"宝藏"（公共资源）、权威（法律权力）或组织（行动改变的能力）。这为北约（NATO）框架奠定了基础。麦克唐纳（McDonnell）和埃尔莫尔（Elmore）关注干预战略：授权、激励、能力建设和制度变革（1987：133）。施奈德（Schneider）和英格拉姆（Ingram）将政府行动寻求改变的行为进行了分类：权威工具、激励工具、能力工具、象征或劝导工具和学习工具（1990：513—522）；埃弗特·韦唐（Evert Vedung，1998）探讨了不同工具所涉及的效力范围："胡萝卜、大棒和说教"。萨拉蒙（2000）本人提供了一个异于政府效用维度的分类：强制程度、直接性、自动性和可见性；而拉斯库姆（Lascoumes）和勒盖尔斯（Le Gales）则根据工具所代表的政治关系和合法性形式进行分类（2007：12）。最后，瓦博（Vabo）和勒伊瑟兰（Røisland）（2009）回归北约框架，并（参照图1.7中的"权威"维度）根据政府是"直接"还是"间接"交付进行区分；后者通过协会、合作伙伴和机构形成的网络来定义"治理"的新格局。

单独来看，这些框架有助于全面理解和分类政府活动，尽管它们之间相互重叠，而且可能看起来令人困惑。所有这些都是基于第1章探讨的三重基本特征所定义的更大的城市治理过程。这种关系将在本书的第二部分讨论，但首先要回答的是，基于工具的方法如何与设计治理产生关联？

2. 公共部门城市设计中的工具

当人们关注特定的公共政策支出时，很快就会讨论到指导和影响变化的实际工具的细节。关于什么类型的工具适合于设计治理的问题，虽然这方面

的文献比与政府有关的文献更为有限，但已经提出了许多框架，这些框架共同表明：复杂的工具包是可使用的。

舒斯特（Schuster）及其同事（1997）从对建筑遗产的关注出发，区分了后来认为代表"政府城市设计政策实施的基本构建模块"的五类工具（2005：357）。他认为这些可用于描绘国家的所有城市设计行为，因此需要充分理解，以便在任何给定的背景下，都可以在它们之间作出最佳选择。它们是：

- 所有权和经营，即公共部门可以通过拥有土地与自己建造来选择直接交付（国家将做X）。
- 监管，即通过直接干预寻求开发的他人行为（你必须是或不能做X）。
- 激励（和抑制），即用于鼓励某些行为，例如赠款、土地转让或增强开发权（如果你做X，国家将做Y）。
- 建立，即分配和执行产权，例如通过分区或重新划分土地使用（你有权做X，政府将强制执行该权利）。
- 信息，即通过收集和分发旨在影响其他参与者行为的信息，例如制作关于理想设计属性的指导（你应该做X，或者你需要知道Y才能做X）。

这些都不只是设计的领域，实际上它们涉及从城市规划到城市管理的各种场所营造规则。它们证实，政府机构的愿望可以通过政府机构的直接行动或通过影响私人行为者决策的各种方式和手段来实现，例如制定政策和法律框架，或通过征税或减税与补贴等财政措施。例如在英国，自然保护主义者长期以来一直认为，拆除历史建筑物并完全重建存在一种不正当的激励因素，因为翻新和装修通常会收取高达20%的增值税（VAT），但新建筑物却零收费。除了舒斯特的第一个类别之外，其他所有类

别都决定了设计发生的决策环境（参见第 1 章），而不是特定的设计解决方案。除了（在某些情况下）最后一个，其他显然都是正式流程的一部分，通过这些流程授予的权力法规用于引导、吸引或鼓励其他方实现特定的公共利益。

卡莫纳及其同事专注于城市设计师在公共部门中的作用，提供了在新自由主义时代简化的三部分框架——"指导、激励和控制"，国家很少在单个建筑（学校、医院等）的规模之外建设与基础设施不相关的开发项目，同时（用舒斯特的话来说）监管通常基于机构的职权（201∶298）。因此，公共部门城市设计的日常实践主要集中于三个关键工具类别：

- "指引"等同于"积极"鼓励适当的发展，制定计划和指引，从简单的"信息"工具到指导土地利用分配与再分配的"建立与分配"工具。
- 相比之下，奖励程序则包括采取主动手段，通过积极向发展进程提供公共部门的土地或资源，或以其他方式使发展前景对土地所有者更具吸引力，从而促进符合公共利益的发展。
- 控制程序赋予公共当局通过管制和否决发展来直接控制发展进程的权力。这通常是由一系列重叠的监管制度引起的。

这个框架不是自上而下的命令和控制活动，而是理解城市设计在公共部门中发挥作用的一种更好方式，即积极塑造更高设计质量的生产方式和更好的地方。这期间的控制过程是由指导和激励过程联合塑造的。理想情况下，指引和激励应该先于控制行为（Carmona et al. 2010∶298—299）。所有这三项行动通常都受到法规管制，并且往往具有高度指导性，因为对提案的最终判断取决于其达到指导中规定的品质门槛的程度，或取决于主管公共部门使用资金的先决条件（例如新基础设施）。

史蒂夫·蒂斯德尔和菲尔·阿尔门丁格尔（Phil Allmendinger）（2005）认为，工具如何影响决策环境以及关键开发参与者的行为，对于理解这一点至关重要，尤其是因为在利用一套可用的工具时，公共部门会比其他参与者采取更多行动。下述前三种类型与指导、激励和控制三部曲关系密切，但第四个类别采取了新的方向。对公共部门来说，工具可以：

- 通过塑造决策环境，为市场决策和交易设定背景，从而塑造行为。
- 通过调整决策环境的轮廓，协调市场行为和交易，以激励行为。
- 通过定义决策环境的参数来控制和调节市场行为，从而规范行为。
- 通过提高行动者在特定机会空间内有效运作的能力，例如开发人力资本（技能、知识和态度）和加强组织网络，提升开发行动者 / 组织的能力。

最后一类在应用于建成环境时尤其重要，因为人们认识到公共部门的作用超出了对特定发展成果的关注，而且关系到塑造导致这些成果的过程。它暗含的意思是，如果负责治理的人员缺乏有效管理治理的必要能力、信心、信息、联盟关系或资源，那么拥有复杂的治理基础设施就没什么意义了。这些问题很可能存在于任何正式或法定治理体系之外，而属于可称为非正式或自由裁量的广泛的活动和服务组群。

卡莫纳及其同事（2010∶297）也认识到了这一区别，并借鉴了凯文·林奇（Kevin Lynch, 1976:41—55）的城市设计行动模式——诊断、政策、设计和监管，以及由艾伦·罗利（Alan Rowley, 1994:189）补充的其他模式——教育、参与和管理，来建立另一种更广泛的框架，以了解公共部门如何在超出指导和控制发展相关的地方塑造特性。该框架反映了这样一种观念，即为公共利益塑造建成环境的方法是：通过诊断／评估来理解其复杂的地方环境；通过政策和设计（指导）继续确定关键愿景；通过监管（控制）加强这些，并总结相关的长期挑战。首先是教育（培养能力和长期提升愿望），其次是参与（让所有与当地有关的人参与），最后是管理由此产生的建成环境（反映公共部门对大量建筑物、街道和空间的责任）。

该框架反映了一种简单的概念，即城市设计是线性过程，通过公共部门的干预，沿着进程方向使用不同的工具进行塑造。[1] 然而，使之复杂的是，工具既不是孤立地也不是在真空中运行，它们可能存在于非常拥挤的治理环境中，其中单个工具会对一系列不同的行为产生不同的影响。例如，设计导引通常是一系列塑造、调节和激励工具（Carmona et al. 2010：65）。

3. 走向设计治理的类型学

反思到目前为止的讨论，可以提出一种工具类型来帮助分析和理解设计治理。第 1 章对设计治理的本质进行了分解，并对四个关键的概念进行了区分。第一个是工具与管理，会在稍后讨论；其他三个（正式与非正式、过程与产品、直接与间接）可以有效地形成这种类型的框架。

首先，正式与非正式工具之间存在重大区别，换句话说，法规中定义的政府“必需”角色（通常与规定的监管职责相关）和可自由选择的工具之间存在重要区别，这是决定工具在类型学中的位置的主要区别。其次，我们可以将与治理重点相关的重要概念进行划分，无论是产品与过程，还是直接与间接的城市设计过程，关系到工具的第二个主要区别特征，其侧重于干预的程度。因此，关注过程和决策环境的间接塑造可能会更长远，更有影响力，而对产品，即特定项目和场所的关注，可能对塑造

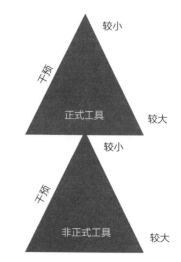

图 2.1 设计治理工具，类型学框架

成果的影响会更加直接和明晰。

从中可以看到多层次的类型学，其中第一种是正式的，第二种是非正式的设计治理过程，两者之间还是有很大区别的。接下来的部分将依次讨论这些元类别，并在每个识别工具中表示从较弱到较强干预的渐变，如图 2.1 中所示。

2.2 正式工具，经过试验和测试的方法   34

1. 立法的基础

继第 1 章谈到设计治理实践表现出对正式监管工具的共同依赖（可能过度依赖）之后，这里从正式工具开始讨论。在很大程度上，这些工具代表了公共部门参与设计中应用的久经考验的方法，因为它们源于非常明确的国家权力，是立法或具有约束力的国家政策所确立的，通常会授权地方政府负责履行这些职能，并明确他们应该用来完成工作的具体工具。例如，在英国，1909 年以来的国家立法允许制定规划，这些规划多年来以各种名称出现，并随着 1947 年土地开发权的国有化而更为有效。此后，土地的实际开发需要获得“规划许可”。

在过去的一个世纪中，已经制定的（数百项）大量立法直接塑造了英国（或其组成国家）的规划体系，并对其运作方式产生重大间接影响，例如立法处理环境保护或人权问题。2015 年，16 项单独的主要立法与英格兰的规划直接相关[2]，18 项二级立法也已生效。[3] 此外，在 2012 年之前（合并时），这些措施有超过 1000 页的政策和 7000 页的指导，解释了如何行使相关权力（见后文）。[4] 虽然这些规划立法、政策和指导中只有一小部分与设计相关，但其中很大一部分涉及通过规划来管理设计的环境，而规划仍然只是影响地方塑造的立法制度之一。其他包括高速公路、住房、经济发展、保护、环境、野生动植物和乡村、地方政府、建筑控制、公共采购、公园和开放空间等的立法。

由于每项立法或政策干预都伴随着政府在不同尺度上的运作义务，它也会带来重大的资源结果（最终会产生税收和支出影响）。在设计方面，这也影响了产权、自由和集体公共利益，如第 1 章所述。也许出于这些原因，设计作为政府的一项利益关切才如此压倒性地集中在政府的正式工具上，相比之下可知为什么非正式工具在学术文献中几乎没有被提及。接下来的讨论采用卡莫纳及其同事简化之后的三部分框架——指引、激励和控制，来构建对设计治理的正式工具的讨论（2010：298）。通过这种方式，它涵盖了从建议到强制，或从较弱到更强的干预（图 2.2）。

35　2. 指引（Guidance）

威廉·贝尔（William Baer）注意到"有许多单词的意思与指导人类行为的计划大致相同"，并且识别出习俗、规范、规则、规章和标准；使用规则作为通用的概念总结，其中包含了规章（"政府发布的规则"）和标准（"行业内部的规定"）等（2011：277）。这些术语以及范围广泛的其他术语经常被不

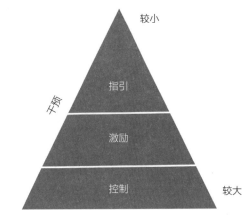

图 2.2　按干预程度划分的正式工具

加区分（或至少可互换）地使用，并且不存在一致的定义集。在探索公共部门的城市设计活动时，乔恩·朗区分了目标、原则和导则，将"目标"描述为广义的"设计要达到什么程度"，"原则"描述为"期望的设计目标与环境的模式或布局之间的联系"，"导则"定义为"对于未知情的人说明如何满足设计目标的声明"（1996：9）。在这个概念中，"导则/指引"（guideline 或 guidance）[5] 成为广义目标的具体定义。同样，"设计指引"在这里也被看作大量工具的通称术语，这些工具列出了可操作的设计参数，目的是更好地指导开发设计。

马修·卡莫纳认为，不同国家在这方面有不同的传统，并在不同尺度上使用不同形式的导引（2011a：288）。他回忆起英国的情况，"如果有人问'什么是设计导引？'，人们会想到自 20 世纪 70 年代以来英国的地方政府所编制的详尽而冗余的住宅设计指南，其中《埃塞克斯设计指南》（Essex Design guide）是最著名的。"他指出，这些形式的指南过去是，现在仍然是由公共部门编制，用以指导整个地方政府区域中主要住宅开发的设计。然而，设计指南不必采取这种形式，它不必由公共部门编制，它可以涉及所有类型的发展，它可以定制来指导特定地区或地点的发展，而不是对一个市镇内所有地点的广泛指导。

然而，卡莫纳在这一广泛的职权范围内，对指南类别中可以包括的内容作出了重要限制，表明设计指南不包含固定的如在某些分区形式中出现的具有法律约束力的设计要求，因为这将意味着指南有了不应具备的强制性（2011a：289）。他认为，"这是至关重要的，因为'指引'一词意味着建议，而不是强迫，这代表了指导过程和控制过程之间的关键区别。"然而，尽管有这些限制，设计指南的类型还是越来越多，其中包括：本地设计指南、设计策略、设计框架、设计简介、开发标准、空间总体规划、设计准则、设计协议和设计章程。这些术语常常是令人困惑，定义不明并相互重叠，尽管试图将它们彼此加以区分（例如，Carmona 1996），但是这种多样性仅仅助长了这些说明作为设计/开发工具的设计指导的模糊性，以及由于使用它们而可能造成的混乱。

卡莫纳接着指出，设计指南可以按许多方式分类：根据主题（土地利用或开发的类型）；适用的环境类型；应用范围（对地方的战略性）；治理水平；普适或具体（后者与特定地点或项目有关）；细节和指示的程度；所有权（公开或私人委托）；集中在流程还是产品；表现媒介（例如印刷或网络）；甚至设计抱负的程度（2011a：289—291）。例如，设计指导所设想的目标可能根据其发起者的雄心壮志和开发环境的性质而有所不同，特别是其意图是确定品质所需的最低阈值还是提高标准并努力提高设计品质。前者，作为一种"安全网"方法，可能是一个被低品质发展所困扰的地区的有限野心；后者是"追求卓越的跳板"，它将应用于一个领域，在这个领域里，实现更高品质设计的雄心壮志在主要参与者之间被广泛分享，并且存在这样做的技能。这些愿望虽然不是相互排斥的，但将分别取决于潜在用户的性质、他们接受指南内容的程度以及开发过程中各个参与者之间的力量平衡（Bentley 1999：28—43）。

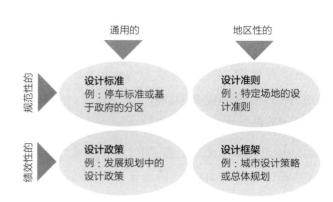

图 2.3　设计指南的类型

在这一点上，我们挑出两个基本特性来说明一种简单的四类设计指南的框架，如图 2.3 所示。这关注：

- 地点的特定程度，不论是一般性的（例如适用于整个城市）还是与特定地点（例如已拆除的街道或地点）有关的。
- 导引所要求的解释程度[6]，具体地说，是基于绩效性的还是规范性的。

这个概念的第一部分是不言自明的，而第二部分则反映了约翰·庞特（John Punter）和马修·卡莫纳（1997：93—94）所提出理论的区别。[7] 绩效要求通过项目或场所或其各个方面的"绩效"来确立公共机构的广泛设计目标（例如，应让所有人都能接触到），但并没有指明应如何达成这些目标。相比之下，规范性标准给出到底需要采取哪些行动的"处方"，换言之，最终产品或场所（例如，自由进入建筑物）应如何满足期望的目标。绩效性的指南在应用时将具有良好的解释性，而规定性的将具有严密的定义并且通常不能灵活变更。

1）设计标准（Design Standards）

也许这些工具中最常见的问题是一刀切的设计标准，该类型的问题主导着第 1 章中对设计规范的各种批评。设计标准的典型形式是适用于项目和地点的准则，但由于它们是通用的，适用于整个市镇或更远的范围，因此很少考虑单个项目或场所的特性。做为鼓励"优秀"设计的工具，它们通常是粗糙的、不灵活的、缺少对环境的关注。然而，从技术和官僚角度来说，这是最容易和成本最低的工具，因为对于特定的项目，这么做很少需要解释或谈判。如果意图是鼓励具有响应性的、创造性的甚至最优的设计解决方案，那么它们也是非常生硬的工具。

例如，在英国采用严格的公路标准，将车流效率优先于其他因素，并采取基于车辆与行人分离的道路安全办法，这长期以来一直被批评为对当地环境和实现高品质城市设计产生极大阻碍。在规划中，通用的规定性导则在今天的英国使用得少了，但在过去，制定"住宅之间的空间"的标准经常被使用，并经常被批评制造了 20 世纪 50 年代以来的那种管制下的郊区景观。这些标准旨在通过指定房子临街面之间的距离来保护隐私和"舒适性"，但由于规划者已经认识到其有害的副作用，且可以通过其他方式设计，因此这些标准在很大程度上已被放弃。停车标准虽然过于宽松也会造成同样的危害，但仍被广泛使用（图 2.4）。

37　美国和其他地方的规划实践也经常受到类似的批评，因为"欧几里得式的"分区（基于相互分离

图 2.4　高停车数量和严格的公路标准是以牺牲场所品质为代价的
资料来源：马修·卡莫纳

的用途）仍然是美国的主要做法。如克里斯托弗·莱因贝格尔（Christopher Leinberger）所言，这种方式直接导致了以车行交通为主导的城市化蔓延模式（2008：10）。而与欧几里得式区划相反的另一种建筑形态控制方法——基于容积率（FAR）的商业区划替代模型，同样导致了意想不到的后果，即建筑形态变为高层塔式，避开传统的街道正面，因此破坏了街道作为城市统一设计空间的力量（Barnett 2011：209）。虽然存在一些明显的适合固定领域的规定性导则，包括建筑设计和技术的许多技术方面（例如，能源效率），但是当应用到城市规模时，以确定性和效率代替灵活性，可能导致需要以很高的成本来换取场所的品质。

2）设计准则（Design Coding）

设计准则也具备设计标准固定不变的特性，但是它们通常与特定的地点或场所相关联。可以说，传统区划已经做到了这一点，因为尽管功能类别及其品质在通用级别上做了固定，但它们将区划应用到实际场地或地区。然而，传统分区的粗略性质常常使得它受到埃米莉·塔伦（Emily Talen，2011）的指责，即它遗留的是"同质、简单、单调的秩序形式……以及对住房成本、市场调整、外溢、隔离、环境质量以及其他社会和生活质量问题的负面影响"。

更复杂的区划，包括自定义分区（计划单元开发[8]）、性能分区和奖励分区（见后文），都是为了更好地根据特定情况调整分区区划，并允许在应用方面具有更大的敏感性和裁量权。基于形式的规范也试图将区划的重点从土地使用和密度转移到以建筑形式和类型作为监管的基础，在这个过程中允许对被分区的各个地点的性质有更敏感的回应。在精明准则（SmartCode）[通过杜安尼·普拉特 - 齐贝克（Duany Plater-Zyberk）在美国开发并大量销售]的案例中，准则被应用于从农村到城市的区域，而

准则本身可以根据需要被改编为适合当地传统和偏好期望的形态。对于约翰·庞特来说，这些方法的危险在于过分规范和关注于建筑，而带来了更广泛的社会和生态问题（2007：180），而乔纳森·巴内特（Jonathan Barnett）则警告说，这种广布的宏伟规范可能与当代的城市地理和房地产市场相脱离；换言之，这是远离而不是迈向在地实施准则（2011：218）的一步。然而，塔伦（Talen）认为"人们可以利用规范的法律权威，好好利用规范，而不是让城市形态在默认情况下，服从消防局长、交通工程师、停车规则或土地使用律师的狭隘利益而演变"，所有这些人都会根据自己的利益强加一般规则，追求的是最有利的，而不是高品质的、基于场所的设计（2011：532）。

在欧洲，使用类型学的规范代表了一类既定传统，这在法国地方城市规划（French Plan Local d'Urbanisme）中最完善，其中基于街道和地块模式的详细准则被详细设置，涵盖每个地块的大小、比例、入口、可建造面积以及相对于前边界和侧边界的位置等因素。（Kropf 2011）。在英国，尽管这种传统存在了几个世纪，对特定场地设计规范的追求最近又回到了议事日程上来。面对日益迫切的更多住房需要，为了保持环境品质和保持社区支持，2004 年，当时的政府在英格兰发起了一个广泛的试点方案，旨在评估设计准则的潜力，以更快地提供更高品质的发展（参见第 4 章）。

该研究将设计准则定义为"一种独特的详细导引形式，它规定了开发的三维构成要素以及这些组件如何相互关联，但不规定总体结果……设计准则[38]通常建立在总体规划或开发框架包含的设计愿景之上，以实现该愿景的一系列要求"（Carmona & Dann 2006：7）。因此，这些规范着眼于城市设计原则，旨在提供更高品质的场所（图 2.5）。马修·卡莫纳和瓦伦蒂娜·乔达诺（Valentina Giordano）（2013）在最初研究的六年后发现，设计准则已成为英国的

主流做法。他们的成功，看起来在于通过协作来编制设计准则，这些准则旨在指引特定地点中重要且不可协商的某些参数。正如卡莫纳（2014f）所总结的，"最终，除了可感知的好处之外，准则的有效性将取决于编制人员是否认为他们的付出值得"；这项前期投资，由于专门针对特定场所或区域，可以及有重要意义。

3）设计政策（Design Policy）

设计政策的类别包括一系列潜在的工具，从发展计划中的政策，到城市或地方政府为鼓励特定类型的设计行为而制定的通用设计指南，再到区域/州/国家政府一级制定的政策和指导，甚至绩效区划。这是一种更灵活的区划形式，最近在美国得到重视，它摒弃了功能类别，支持灵活的性能标准（Flint 2014）。虽然设计策略可以专门针对具体的地点，例如与特定的发展机会相关，但除非与特定的设计命题直接相关，缺乏规定性削弱了它们在这个层面上的意义。

例如，在英格兰，地方计划中的设计政策规定了根据法定（可执行的）权力（见下文）谈判和评估发展的标准（图 2.6），而这些又受制于国家规划[39]政策框架（NPPF，参见第 5 章）及其更详细的说明性规划实践指南（PPG）。此外，许多地方规划局将拥有处理不同类型发展的各种补充规划指南（SPG），这些指南通常包含丰富的深化咨询细节，供规划者和任何寻求发展的人解读。

20 世纪 90 年代发展规划中的英国设计政策或许是对设计政策最全面的一项研究。依据这个研究，庞特和卡莫纳（1997）认为：首先要关注规划系统中设计的中心地位；其次，这应该从地方发展计划中对设计的综合处理开始着手。更具体地说，他们认为这将是实现更积极、更有可实施性，甚至更有远见的规划过程的第一步。

二十年来的经验表明，尽管这些政策在塑造

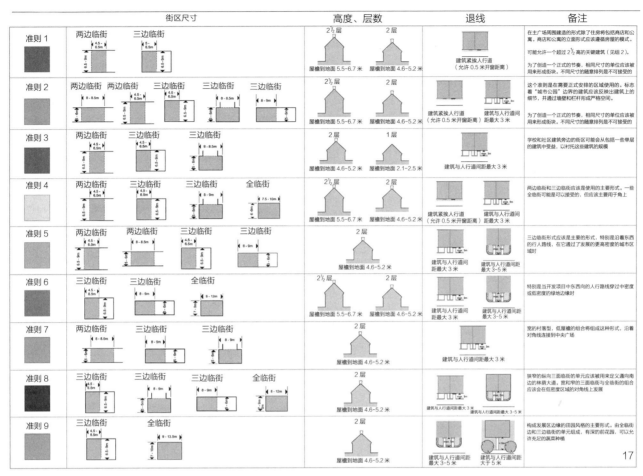

图 2.5　贝德福德郡费尔菲尔德公园（Fairfield Park, Bedfordshire）设计准则（见书后彩图）
资料来源：思莱夫建筑师事务所（Thrive Architects）

设计决策环境方面可能是有价值的一步，但在没有其他优点的情况下，它们仍然是一种退步。因为它们缺乏位置特异性和必要的灵活性，所以它们用于驱动本地设计治理并不非常有效。正如托尼·霍尔（Tony Hall）所总结的："不仅需要明确追求更具战略性的空间目标的实际后果，而且需要将城市设计原则的理解纳入这些空间政策的制定之中"（2007：23）。可以说，政策需要对设计和开发过程进行干预，以反映公共部门在地方塑造方面可能发挥的积极作用。无论多么全面或意图良好，这需要比一般政策更大程度的针对特定地点提出"愿景"（或规定）。

4）设计框架（Design Frameworks）

设计框架区别于前面的类别，因为与其他形式的设计导引不同，设计框架关注的是为特定地点或场所提出空间设计建议，而不是建立抽象的规则。设计框架以许多不同的形式出现，并且受制于混淆、定义不明和重叠的命名法。例如，在英国，这些工具被称为总体规划、城市设计框架、发展框架、发展简报、设计简报、设计战略、地区行动计划等。尽管细节和规定的级别可能各不相同（总体规划可能包括更大级别的本地特性，而城市设计框架将更具概念性和战略性），但最终，当被公共部门使用时，这些工具旨在通过具体的变革愿景以更具指导性的方式"积极"塑造符合公众利益的发展。在这一点上，它们具有特定的地理特性，但也通常具有高度灵活性，并且易于进行有意义的解释。如果以这种方式使用，它们指导而不是支配发展的最终形式，其方

策略 10 设计和增强本地标识性

所有新的发展都应设计成：

a. 为公共领域和场所感作出积极贡献；

b. 创造一个有吸引力、安全、包容和健康的环境；

c. 加强有价值的当地特征；

d. 能够适应不断变化的需求和气候变化的影响；

e. 重新考虑降低机动车辆支配地位的需要。

将从以下因素的处理方面对发展进行评估：

a. 结构和纹理，包括街道图案、地块大小、建筑物的定向和定位，以及空间布局；

b. 渗透性和易读性，以便提供在新的开发区域内进行清晰和容易的动作；

c. 密度和混合；

d. 聚集、规模和比例；

e. 材料、建筑风格和细节；

f. 影响附近居民或暂居者的舒适度；

g. 纳入特征，以减少犯罪机会和对犯罪、混乱和反社会行为的恐惧，并促进更安全的生活环境；

h. 对重要景观，包括城市景观、景观和其他个别地标的潜在影响，以及创造新景观的潜力；

i. 遗产资产的设置。

所有发展提案，特别是 10 个或更多个住宅的提议，在参照当地发展文件中提出的设计、可持续性和场所制作的最佳做法指导和标准进行评估时，都将获得很高的评价。

发展必须考虑到当地环境，包括有价值的景观／城市景观特征，以保护当地和国家重要遗产资产并保护或改善其环境的方式进行设计。

在居住区之外，新的开发应该保护、保存或适当地增强景观特征。提案将参照大诺丁汉景观特征评估指南进行相应评估。

图 2.6　来自 2014 年英国地方规划中的设计政策示例。本例涉及三个诺丁汉郡规划局的所有规划区域

式对随时间变化的市场和政治／政策环境保持敏感。与设计政策一样，它们指定了预期的性能（在本例中是空间上的），而没有确切地定义将如何进行实现。这与卡莫纳关于指引工具不包括固定的"蓝图"的断言相吻合，因为"导引"一词"为设计问题指明了方向，但并非最终解决方案"（2011a：289）。

庞特（2010：338）指出，英国城市工作组（Urban Task Force 1999）的报告在恢复总图规划作为治理工具方面发挥了非常重要的作用，建筑与建成环境委员会（CABE，2004e）随后通过其研究和建议，将该建议变成了一套有影响力的最佳实践原则（参见第 4 章）。在此，"空间总图规划"被视为一个详尽而立体的远景制定和协调工具，是一个多专业团队的产品，也是公众参与的产物，所有这些都经过了市场的全面可行性测试。对此，胡萨姆·阿尔·瓦尔（Husam Al Waer）补充说，为 21 世纪设想的总图规划过程需要被视为"管理变革的框架"……而不仅仅是场地上房地产开发项目的渲染图。它应该包括持续的决策过程，既是长期的，也是灵活的，并且完全嵌入地方治理安排中，"没有这些安排，

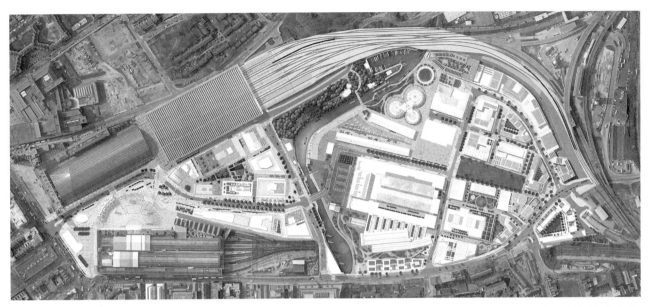

图 2.7　在国王十字（Kings Cross）火车站项目中，商定了灵活的城市设计框架，通过该框架，土地用途分配可以在限定的建筑空间内变化，同时保证社区和公共物品的广泛类型，所有这些都是通过社区参与形成的
资料来源：阿里斯（Allies）和莫里森（Morrison）

物质形态战略就没有合法性"（2013：28）。

对于庞特来说，当代总体规划过程常常不能与CABE 提出的最佳过程相匹配，尽管他认识到诸如伦敦国王十字车站（King's Cross in London，图 2.7）、泰恩河畔纽卡斯尔的沃克和斯科茨伍德（Walker and Scotswood in Newcastle upon Tyne）以及爱丁堡的西港（Western Harbour in Edinburgh）等发展都受益于成功的总体规划过程所对灵活性与确定性的平衡（2010：338）。21 世纪前十年期间，布里斯托尔（Bristol）和诺丁汉等城市的城市中心城市设计战略成功地指导了雄心勃勃的公共领域建议和私营部门投资，帮助这些城市中心重新焕发活力。

尽管它们经常被使用，但是当与设计治理结合使用时，术语"总体规划"（masterplan 和 master planning）仍然存在问题，因为它们与尼古拉斯·法尔克（Nicholas Falk）所称的"巨型建筑"项目相关联，这些项目中设计师错误地假定"如果能够可视化一切，那么已经解决了开发中的主要问题"（2011：37）。他引用了乔尔·加罗（Joel Garreau）的定义，他把总体规划定义为"这样一种发展的属性。在这

种发展中，设置了相当多的严格控制，以战胜每一个可以想象的未来问题，从而消除了生命、自发性或对意外事件的灵活反应的任何可能性"（Garreau 1991：435）。相反，法尔克认为，需要一个"框架"，这胜过那些用来指导社区发展的蓝图。无论是以标准、准则、策略还是框架的形式，将指引工具视为公共设计愿望可以成长的框架，似乎是对更广泛的设计治理的一个有益的比喻。

41

5）工具的混合

实际上，指引工具之间的区别并不像讨论所表明的那样清晰。例如，设计框架通常包括嵌入其中的设计标准、策略和准则以支持设计议题。在美国，广泛使用的"规定规划"（regulating plan）可以被看作是在地的设计准则和设计框架之间的一种形式，它通过二维规划来定位和设定场地的准则开发参数：建筑线、正面宽度、街区及街道尺寸、活动正面以及其他。实际上，它们通过规划将准则与特定地点联系起来，使人想起德国用来指定城市发展、被接纳的土地使用和发展形式，以及提供快速

变化地区基础设施的 Bebauungspläne 规划。这些"B-规划"具有法律约束力，让地方政府与开发商合作，旨在通过场地覆盖率、最大建筑高度和"Baufenster"来控制城市形态。"Baufenster"规定了任何开发必须遵守的区域，该区域由两个不同的边界条件定义："Baulinie"（根据限制线建造）和"Baugrenze"（建造边界）。前者描述了建筑物的位置线，后者描述了建筑物可能占用的最大"占地面积"；所有这些都附有淡化或强调（取代城市形态控制的各个方面）文本，以便给规划带来一些灵活性。规定规划和"B-规划"显示了实施框架的强位置特性和建议性属性，但是其通常具有很强的规范性，并且在解释时几乎没有灵活性。

最终，无论使用哪种工具，其结果都只取决于其编制和后续应用的思想所在。在这方面，像其他机制一样，"B-规划"可以而且确实有助于高品质的设计，例如，弗赖堡（Freiburg）的沃邦（Vauban）（图 2.8），但是同样容易并且确实会导致"单调、土地匮乏的单独家庭住宅的发展，且这些发展在土地获得、保有权和使用的混合方面是不可持续的"（Stille 2007：26）。对于非常大的开发来说，将设计需求板上钉钉的危险可能是：这样做的确定性是以市场或其他环境改变时所需的灵活性为代价的。这个问题再次将讨论带回到第 1 章中讨论的设计治理问题：需要多少干预？国家的立法角色是什么？

42

3. 激励（Incentive）

编制各种类型的指引是一种积极主动但往往不如激励和控制那样干预直接的政府活动形式，因为尽管这是对决策环境塑造的积极回应，但在大多数情况下，公共当局仍将依赖私人角色来解释指南和提出发展建议。很明显，随着指引在位置上变得更加具体或在解释的程度上变得不那么灵活，其对结果的塑造力量会加强。同样，激励的形式或多或少是干预性的，这取决于它们是否涉及政府直接投入公共资源以鼓励某些成果，或者它们是否间接地侧重对"良好行为"的发展权奖励。

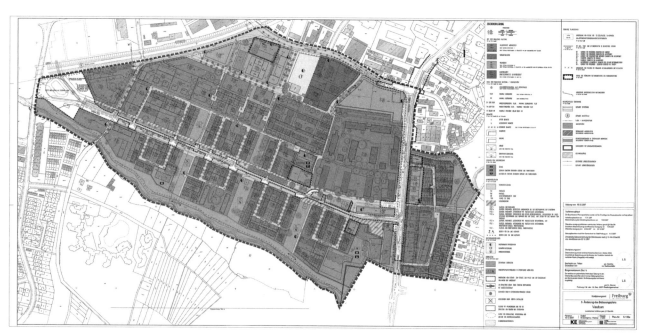

图 2.8　部分"B-规划"内容和关键点，弗赖堡的沃邦（Vauban）项目（见书后彩图）

资料来源：弗赖堡市规划部门

在这方面，乔恩·朗提出了两种激励开发商生产特定设计或开发结果的方法。第一种是通过直接的经济激励，第二种是通过他所谓的权衡取舍："金融激励降低了开发商进行特定类型开发的财务风险……权衡将市场中不经济的发展同有利可图的发展联系在一起"（1996：17）。在这两者中，基本目标都是经济目标，即堆叠规模，使得特定的发展从不经济转向经济，使发展更有可能，或者根据克里斯托弗·胡德（Christopher Hood）（1983）对政府工具的分类，将国家资金应用于问题的解决。

如果将足够多不求回报的国家财富用于任何一项私人开发项目，那么最终它将变得可行，尽管这不一定能保证良好的设计，并可能被视为非法的国家援助。关键任务不仅仅是鼓励发展，而是要鼓励高品质的发展。此外，在新自由主义环境中，越来越多的人指望私营部门提供广泛的公共产品，而且国家资源往往有限，基于引导的激励手段比基于国家支出的激励手段更为重要。

43　国家资助与国家引导的联系提供了首要手段来分类与设计相关的激励过程。激励过程还可以根据它们与什么相关加以区分，比如它们是侧重于促进设计、开发过程，还是直接侧重于结果。这两个基本特性共同构成了图 2.9 中所表达的设计激励的四部分类型的基础。

1）补贴（Subsidy）

简言之，第一种激励手段是最直接的，包括以某种形式向项目提供国家援助（资金）。在刺激工具的次类别下，戴维·亚当斯和史蒂夫·蒂斯德尔确定了价格调整和融资工具（2013：134）。第一种做法是向项目提供直接捐款，或许是为了填补资金缺口，使某一特定计划更有可能实施；或者通过提供税收激励来鼓励特定地点的某些类型的发展。第二种是通过利用国家财政实力和安全性来确保投资，以优惠利率贷款；或直接通过公私伙伴关系来

图 2.9　设计激励的类型

支持项目，从而推动发展。

虽然这些类型的工具通常集中于确保开发在特定地区更快地开展，而不是保证品质水平，但是，通过在基本开发刺激中添加"附加设计内容"，开发刺激工具可以变成"开发 + 设计"刺激工具（Tiesdell & Adams 2011：25）。在 20 世纪 80 年代的英国，第一波企业区的激励项目中最显著的案例是伦敦码头区（London Docklands），包括了一揽子重大的税收优惠，如对投资这些地区的企业减免商业税率和资本补贴（减税），这与简化的规划制度相辅相成。在这其中没有对设计的控制，导致第一阶段开发的设计品质非常差，因此金丝雀码头（在第二波中）的开发商将自己的私人设计治理制度强加于他们的庞大项目，但灵活的设计框架和设计准则确保了场所品质的创建处于开发的核心（Carmona，2009a：142）。吸取了经验教训后，最近指定的皇家码头企业区（2012 年指定）将类似的税收激励措施（实际上是对发展的补贴）与灵活的设计框架和《皇家码头空间原则》（Mayor of London & Newham London 2011）中包含的一套设计政策结合起来。换言之，开发商不会从补贴中受益，除非他们实现了设计目标。

2）直接投资（Direct Investment）

如果补贴代表了直接财政手段，用"润滑油"的方式来滋润发展的"车轮"，以鼓励特定的行动，那么非财政手段也可被用作间接补贴。由于性质更

具体，土地的征收、组合和修复、提供改善的公共空间、提供基础设施或公共设施等，这些可以被称为直接公共投资。与补贴一样，它们可以通过缩小可行与不可行方案之间的差距（例如，通过道路和公共交通改善场地的可达性）或减少私人行为者正在承担的风险（例如，通过整备和清理准备重新开发的土地）来刺激发展。它们还可以用来建立"品质水平"，以便为后续干预设定门槛，例如直接向公众提供高品质的公共空间、公园和高标准的学校和社区设施等设施。

例如，彼得·霍尔（Peter Hall）在他的最后一本书《好的城市，让生活更美好》（Good Cities, Better Lives）中，热情地呼吁在发展之前向公众提供高品质的基础设施。基于对整个欧洲，例如荷兰、德国、斯堪的纳维亚国家和法国的典型发展项目的分析，霍尔认为，这些投资不仅连接了城市，而且通常伴随着对公共空间的良好建设，这些公共空间一起为相关城市提供了巨大的场所营销潜力（2014：282）（图2.10）。在欧洲大陆，这种预先提供基础设施的做法常常伴随着通过发展过程为国家创造价值的一些机制，例如通过公共土地所有权。但实质上公共投资鼓励开发商参与某些地点的工程，帮助

44

图 2.10　在斯德哥尔摩的哈默比港口（Hammerby Sjöstad）。国家提供的基础设施涵盖有轨电车系统到道路、桥梁、连贯的公共和开放空间网络，到综合能源和循环利用基础设施，以及可选择的一系列学校

资料来源：马修·卡莫纳

建立品质阈值，确保从一开始所有必需的基础设施都为开发项目而建设，并为开发商和最终业主提供更为确定的投资环境。法尔克（Falk）（2011）的结论是，这种预先投资"鼓励开发商（a）参与和（b）现在就参与"；在帮助克服已知问题的过程中，使用其他工具，例如公共部门倾向于无休止地委托对同一困难地点进行总体规划，而实地几乎没有实质性的变化。[9]从主要基础设施提供到土地整备，国家直接投资有以非常积极的方式刺激变化的潜力，但如果没有机制（通过市场或税收）来收回支出，这种投资可能代价高昂。

3）过程管理（Process Management）

第三种激励形式涉及非货币手段，以鼓励在正式控制过程之前的特定结果，且有助于塑造这种正式控制，从而使其对用户更具吸引力并降低他们的风险。各种形式的监管经常被批评为给发展进程增加负担，最明显的是减缓发展速度，对经济绩效和项目可行性产生连锁影响。考虑和影响设计所花费的时间，特别是当涉及自由裁量过程时（如后文所述），这样的过程经常被批评为是"耗时和昂贵的"并导致延迟（Brenda Case Scheer 1994：3）。如果是这种情况，那么简化正式控制系统的流程，或者以其他方式管理该过程，以帮助申请人成功地达到监管目标的过程也可以激励良好的设计。

除了财政奖励之外，英国从20世纪80年代起使用的企业区还包括简化规划过程的规定，作为吸引开发商到特定工程的优惠套餐的一部分。虽然这些简化的过程随后被批评为是以牺牲品质为代价的放松管制，但对设计准则的早期研究提出，如果基于明确的预先商定的设计规则，结合设计规范使用这些机制，它们具有精简规划的潜力（Carmona et al. 2006：281）。[10]在探索精简英国主流规划过程的其他方法时，卡莫纳及其同事确定了四种关键的手段以鼓励更快的决策和更确定的结果（2003：

191—194），将之与设计更紧密地联系在一起，它们是：

- 快速跟踪过程，包括建筑师提出的明确快速跟踪建议，或被认为代表高品质设计的建议。
- 开发商补贴，为设计框架和准则的编制提供资金，或为市政府内专门的设计专员提供资金，以便更加高效地管理他们的项目。
- 申请前讨论，提供早期设计建议，以便在项目通过法定的开发管理过程正式提交审议之前商定关键设计原则。
- 协议和时间表，以便预先商定复杂规划应用的时间表以及如何考虑它们。包括何时、以何种方式提供详细设计信息和格式。

通过明确地将高品质设计作为解锁精简过程的关键，上述每种方法都有助于克服围绕设计所花费的过多关注。

4）奖励（Bonuses）

开发奖励制度（区划激励）在美国很普遍，开发者可以提供公共设施，如更好的设计特点、景观或公共空间，以换取额外的建筑面积。例如，杰罗德·凯登（Jerold Kayden，2000）描述了在 1961 年到 2000 年之间，纽约如何通过这条路径新增了 503 个公共空间。其中大多数附属于办公、住宅和机构建筑，作为对新公共空间的交换，这些建筑比原本可能建造得更高或更大（通常建筑面积增加 20%）。

虽然在提供公共设施方面很有效，但这种奖励制度的局限性和弊端有时使它们作为实现更好设计的手段失去了信誉（Culling worth 1997：94—99）。这些问题包括开发商倾向于将奖励视为"应得"的权利；不管影响怎样都倾向于增加楼层面积（以及建筑物的高度和体积）；在获得奖金后未能交付公共设施；缺乏明确基本规则的系统性不公

图 2.11　纽约"奖励"广场。图中间墙上的小牌匾上写着："广场行为准则：禁止吸烟，禁止喂鸽子，禁止滑旱冰，禁止滑板，禁止游荡。"
资料来源：马修·卡莫纳

平和耗时过多；所提供的许多"公共"设施品质差（Loukaitou-Sideris & Banerjee 1998：84—99）。例如在纽约，尽管新公共空间的数量令人印象深刻，品质也有所体现，但新公共空间常常是贫瘠的、充满敌意的、受到高度控制的，并且常常导致建筑物在地面上分离——"矗立在各自广场空间中的塔楼"（Barnett 1974：41），而不是创建了统一的建筑立面（图 2.11）。此外，奖励及其相关的"公共物品"只会在开发商想要建设的地方提供，而不是在需要新的公共空间的地方提供。如补贴和过程管理，通常是影响特定设计行为的相对迟钝的工具，与直接投资相反，最终将取决于私人行为者如何解释和反映这种激励，而不是取决于公共部门领导的能力。

4. 控制（Control）

当然，能获得各种进行开发所必需的许可的前景是对开发行为者本身的主要激励，并且像其他工具一样，控制过程的形成可以促进或阻碍更好的设计。同样，如果激励被视为良好行为的"胡萝卜"，那么控制可能被视为抑制某些行为的"大棒"。尽管前提是能够区分好坏（设计导引的作用），设计管制体系的

关键挑战是使"好"的行为变得容易和"坏"的行为变得困难，并且有适当的制裁（和激励）制度来鼓励它。由于监管程序的最终制裁是拒绝许可做某事（在城市设计的情况下是开发），主要的激励措施是获得提案的同意，而主要的制裁措施是否定提案。

控制过程本身反映了两种主要类型之一。它们以固定的法律框架为基础，具有明确的行政决策，以美国和欧洲的分区制度为代表。或者，他们可以根据法律和政策之间的区别自由裁量，如在英国城镇和国家规划中那样；后者通过"指引"政策和计划，适合当地情况的专业解释和政治决策来起作用（Reade 1987：11）。除了关于自由裁量权与固定法律制度的固有利弊的争论（图2.12）之外，控制过程和制度的多样性，以及它们常常不连贯、不协调，甚至矛盾的性质，有时也是引起抱怨的原因。并且增加了一些人认为"需要运行冗长的规则"的想法（Imrie & Street 2006：7）。许多行政部门为了不同的目的综合采用这两种基本的管制形式，反映了它们的相对优势和劣势。例如，在英国，规划、养护和环境保护是自由裁量决定的，尽管负责解释这些问题的专业人员缺乏关键技能可能导致政府回到采用固定标准的方向（Carmona 2001：225—227）。相比之下，建筑控制和高速公路的采用过程（见下文）是固定的技术过程，几乎没有解释的余地。如果判决不利于申请人，则无权上诉（法院除外）。

这两种决策形式都有可能助长第1章中所描述的监管专制。第一个原因是其感知到的任意性、不一致性和主观性，第二个原因是缺乏灵活性或无法考虑非标准的方法。也许正因为如此，近年来，这两种制度已经趋于一致[11]，尽管如此，由于它们所依据的法律和行政制度非常不同，即使在这种趋于一致的情况发生的地方，这两种管制形式仍然存在差别。然而，将设计审查程序覆盖在固定的法定分区系统上以给予设计更大的灵活性，或者增加更详细和权威的指引以增加自由裁量系统的确定性，显然是趋同的例子。

	优点	缺点
自由裁量制度	灵活的决策 加快计划制定 对个别情况作出反应 对社区代表作出响应 谈判潜力	不确定决策 规划应用缓慢 不一致的决策 专断的决策 决策中出现争斗的风险
固定的法律制度	某些决策 更快的规划应用 一致的决策 客观决策 决策中避开争斗	不变通的决策 缓慢的计划制定 对具体情况反应迟钝 对社区不响应 谈判潜力不大
交叉系统	某些灵活性 合理确定的决策 对个别情况作出反应 对社区代表作出响应 谈判的一些潜力 更加一致的决策 更客观的决策	有些不灵活 有些不确定性 规划应用缓慢 缓慢的计划制定 决策中出现争斗的风险 有些不一致性 有些专断

图2.12 自由裁量、固定法律和交叉管制体系的利弊（改编自 Carmona et al. 2003：Table 7.1）

英国在 20 世纪 90 年代初推行"计划主导"的规划制度就是后者的一个例子，尽管这种制度具有自由裁量权和固定法律制度的双重优点，但（在某种程度上）也有许多缺点。特别是，尽管该系统在决策中提供了更大程度的确定性和一致性（同时保留了一定程度的灵活性），但它也保留了一定程度的不一致性、不确定性和任意性，因为任何形式的自由裁量权都具有这些特点。该系统还具有在就规划应用作出决策时产生冲突和延迟的可能性，并大大增加了与规划制定有关的延迟，如开发规划，因此开发商和其他人试图影响其内容的情况大大增多（Carmona et al. 2003：108）。

在两种基本类型的控制之外，还可以分解成由四部分组成的控制工具（图 2.13）。首先，基于它们主要与开发还是建造相关，这反映了在较大的场所形成过程中何时给予许可的因素：开发前还是开发后。其次，它还反映了谁的利益在这项决定中得到增加；是开发商对国家的贡献（公众得到一些东西），还是国家给予申请人的授权（谁被允许继续进行或完成开发）。这些类别中的每一个都有可能使自由裁量性和非自由裁量性管制体系占据主导，尽管通常与建造相关的技术性更强的过程比与不太确定的开发过程相关的程序更有可能成为非自由裁量性的。

1）开发商贡献（Developer Contributions）

乍一看，开发商贡献可能被认为与前一类"奖励"的基本内容类似："如果你给我的话，我就给你这个。"事实上，它们非常不同。虽然奖励是给予（和鼓励）良好行为的可选福利，但开发商的贡献涉及发展所付出的社会代价。它们甚至可能被描述为从开发者到国家的反向激励，以便激励必要的授权。出于以下若干原因，开发商贡献可能要进行平衡或协商：

- 第一，也是最直接的，作为获得许可而支付的代价（"如果你为我们的学校付钱，你可以建造你的购物中心"）。
- 第二，要纠正开发带来的任何负面外部性（"你的开发将增加拥挤程度，因此你需要修建一条新道路"）。
- 第三，也是最后一条，确保社会从一块土地上的发展权变化中获得价值提升（规划收益）的公平份额（"经此同意，你的土地价值将增加 X 倍，其中一部分将被征收到公共财政"）。

塞姆斯（Syms）认为，"理想的规划义务应该提高开发的质量和其涉及的更广泛环境的质量"（2002：315）。事实上，追求设计品质并不是开发商贡献的主要目的（实际上也不是其他控制工具的主要目的）。然而，如果将其纳入相关谈判中，例如通过直接资助或交叉补贴必要的基础设施和便利设施以形成具有持久品质的场所，或利用收入资助更高标准的公共领域或经济适用住房的设计或管理，设计品质可以受益。有效的税收也可以用作对某些不良设计结果收取的回报。加拿大的一些城市利用其权力征收发展费用，这些费用惩罚了扩张的发展（Baumeister 2012），理由是扩张导致更高的基础设施成本。

在英格兰，开发商贡献可以通过三种主要方式征收：作为规划许可的"条件"，作为规划协议的一部分单独谈判的"义务"，或者，自 2010 年以来通过社区征收基础设施税（CIL），实际上，标准收费是根据收费的种类和发展程度而定的。前两项是自由裁量决定的，并逐案协商，但第三项由地方政府确定，此后除特殊情况外，不得谈判。然而，开发商贡献代表了对社会的关键利益和推动设计品质作为更大控制过程的一个组成部分的一个重要机会。

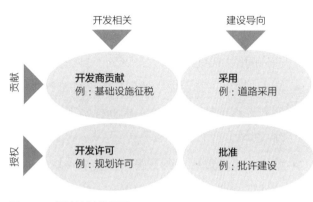

图2.13　设计控制的类型

2）采用（Adoption）

在一些国家，诸如道路和公共空间等地方基础设施主要由国家建设。在其他国家，它首先由私人开发商建造，然后转为国有。在英国，无论是通过明确的开发商贡献还是简单的批准的总体规划过程中，这个过程都被称为"采用"。在别处，它有很多名字，包括公报、捐献、增建和征用。不管它叫什么，这一过程一方面以赠予已建成基础设施（或者至少是建造它的土地）的形式表征公共利益，另一方面以基础设施的形式代表一种责任，这种责任需要以国家费用无限期地管理和维护。虽然开发商或投资者（特别是商业开发商）可能希望将这种基础设施作为其投资的一个整体和"增值"部分掌握在其私人手中（例如已经提到的那种奖励空间），但住宅开发商尤其会将此类基础设施视为持续的负债，他们通常希望尽快将其剥离出自己的资产。

承担这种债务的国家有动力确保地方基础设施的建设方式能够持续，并且能够在不需要过高费用的情况下易于管理和维护。因为地方政府（通常接管这些资产）不会同意采用这些资产，直到他们满意基础设施符合其采用的标准，这使国家在要求高品质设计上处于非常强有力的地位。同样，由于财政承诺和管理责任，地方政府往往不愿接受高规格的材料、定制的街头家具，或潜在昂贵的持续支出

的公共领域要素，如植物、草坪、公共艺术、美化照明、游乐区等，因为它们所代表的是财务承诺和管理责任。因此，这种趋势可能是简化设计，坚持低管理、低维护的结果，而不考虑场所的品质。例如，在英国，在新住宅建设中种植街道树木，然后在"采用"前被移走的故事并不少见。

在这方面，罗杰·埃文斯事务所（Roger Evans Associates）认为"如果现有标准不能达到要求的质量，设计者和方案推广者应该与地方政府合作制定并采用新标准"（2007：158）。这说起来容易做起来难，特别是考虑到在大型方案中需要采用的地方基础设施的范围，从高速公路到自行车道、人行道、公共空间、街道照明、街道家具、公共艺术、边角处理、游乐区、开放空间和体育设施、配额设施、停车场、社区建筑、学校和卫生设施、可持续城市排水系统（Sustainable Urban Drainage System，SUDs）和其他水体、污水、回收和废物设施、当地能源发电设施等。虽然要采用的本地基础设施的项目库因地而异，但如果使用得当，这些工具可以是设计治理工具库中最强大的（也是破坏性的）工具之一，值得在开发过程的早期仔细考虑。

3）开发许可（Development Consents）

获得项目许可所必需的过程通常涉及各种各样的管理制度，包括规划、分区、细分、文物／保护控制和设计审查。它们可以以各种组合相互集成或分离。例如，卡莫纳及其同事讨论了用于评估设计品质的整合和分离模型（2010：322）。在"整合"模型（图2.14i）中，设计被视为更广泛的规划或区划过程的一个组成部分，通过确定、理解和权衡设计和其他规划问题，例如经济发展、土地利用、社会基础设施等之间的联系，最终得出明智和平衡的判断。然而，危险在于，在追求其他经济或社会目标时，设计目标经常被牺牲。英国的规划过程提供了一种整合的方法例子，其中关于设计的可接受性

49

判断最终由地方规划政府作出，尽管政府可以向国家或地方设计审查机构征求关于设计事项的意见，但这些机构不属于法定管理过程，它们的审议没有正式地位。

在分离模式（图 2.14ii）中，有关设计的决策被有意地与其他规划／开发关注分开，由负责评估设计的独立机构（设计审查委员会）向分区委员会提出建议或给予单独的设计认可。这种安排在美国很重要。在美国，设计审查的过程通常与区划过程并列但被分开。在这种情况下，项目的发起人必须接受设计审查，而且可以说，在开发批准被给予或拒绝之前，设计问题将始终拥有适当的权重。这将由具有良好设计意识的工作人员或顾问承担，而在整合模型中可能不是这样。然而，缺点在于难以在设计和其他发展问题之间建立必要的联系。其中一些问题，例如关于土地利用分区、密度和运输／基础设施供应的决定，将对设计结果产生重大影响。在这些情况下，对设计的考虑被简化至"纯粹的"美学范畴是危险的，会使这些程序的合法性遭到质疑（Case Scheer 1994：7—9）。

无论是分离还是集成，许多特性都区分了设计认可过程。它们是：

- 与开发有关的，换句话说，涉及开发的原则，并根据施工前的计划和建议确定。
- 回应性的，包括对其他机构的提议作出反应（通常由私营部门，但有时由公共机构）。
- 评估性的，因为它们要求根据一些标准（正式或非正式）进行评估（无论多么简单），以评估建议（以某种形式的设计指引）。
- 涉及政府的，也就是说，它们依靠政府机构以公平、一致和积极的方式管理这一进程。

然而，在这些宽泛的特征中，由监管过程的性质所界定的实践存在巨大差异，即它是否具有自由裁量权。例如，要在英国获得规划许可，就需要相当大的自由裁量权，这种自由裁量权是在（跨越不同空间尺度的）认可程序中发挥作用的，根据政策和

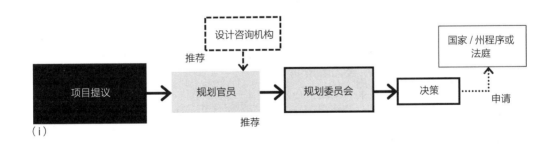

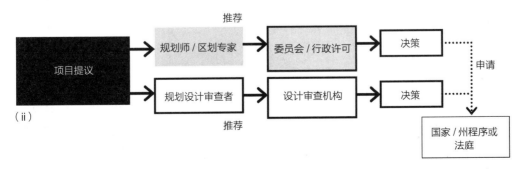

图 2.14 （ⅰ）规划和设计的整合考虑；（ⅱ）规划／区划和设计审查分开（改编自 Carmona et al. 2010）（见书后彩图）

其他指引评估私人（和公共）发展建议，并涉及倡议、谈判、说服，甚至边缘政策，以及警告（威胁在必要时拒绝规划许可）。这是一个复杂（图2.15）且高技术性的过程，需要权衡和平衡公共愿望与私人需要，以及将公共领域的公共部门建议分离和融入它们自己的控制领域。它也可能导致挤压设计，来面对其他更紧迫的"物质考虑"（Paterson 2012：152）。

就其本身而言，固定法律制度随着时间推移趋向于变得愈加复杂，以便对当地特点作出更积极的反应。例如，在纽约，获得开发许可的统一土地使用评估程序（ULURP）在三种基本区划类别（住宅区、商业区和制造业区）的背景下评估提案，但是这些分区现在被细分为114个子类别，在这些子类别之上有57个特别目的区（每个区都有自己的区划规定，因为标准的区划实践被认为太钝，不适合其特殊性质）；41个文脉区划区，其中要求在已建的特征区内新建筑物符合邻近地区的现有特征，以及

38个覆盖区，这里一个区域覆盖着另一个区域以实现混合结果。大型新开发项目（超过1.5英亩，约6070平方米）甚至可以根据城市规划委员会的判断，完全脱离区划条例的关键要求，以便在场地上实现对更大面积地块和开放空间的安排。

在如此复杂的情况下，难怪《纽约区划条例》从最初设计时的35页（1916年）增加到今天的900页。如何对条例进行解释成为很大的挑战，同时环境仍然越来越多地趋向完全背离区划条例。在这种情况下，可以申请分区修正案、特别许可、授权或变化，其中每一项都要求城市规划委员会或标准和上诉委员会在引入自由裁量因素（也不确定）的过程中，满足并同意提议的变更。在特定情况下，还可以将全部发展权从一个地点转移到另一个地点。这些发展权转移通常发生在与地标建筑相关联的场地，未使用的发展权可以出售给相邻场地的开发商，以允许建造更高的建筑，但这一过程需要特

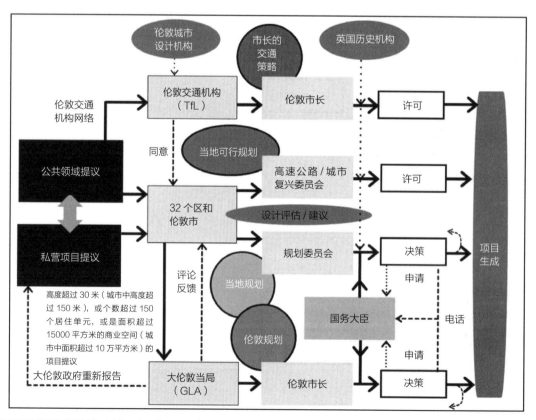

图2.15　伦敦控制设计品质的复杂过程（见书后彩图）

别许可。为了优化开发成果，另的地块可以整个合并进来，开发权可以相应地转移到现在扩大的地块上。这些过程对设计有着重大影响，例如，鼓励在较小场地上建造面积较大的塔楼。

像其他地方的控制体系一样，很明显，纽约的规划者和政治家越来越希望他们的体系能够提供比最初预想的更多的东西，并确保一个更能应对城市复杂性的许可程序。为了实现这一点，一层又一层复杂的额外监管被添加进来，所有这些都被不断解释和争论，并受到了大量区划律师的挑战，这些律师反对创建和维护该系统的规划者（Carmona 2012）。

在美国，自由裁量权和固定确定性之间的这种关键关系很好地体现在细分规则与设计审查流程之间的明显差异中。细分是将土地分割成块，在美国有着悠久的历史，可以追溯到勘测土地和向定居者提供土地的传统。如今，细分是一个独立于区划、规划和设计审查的过程，由其自身的预申请、初步方案和最终方案的流程来指导实施，这些流程在 20 世纪 30 年代和 40 年代在美国范围内被建立，并由随后迅速制定的标准所支撑。根据伊万·本 - 约瑟夫的说法，这些过程和标准已经被"杂乱无章的规章、法规和设计要求"以及"参与该过程的多个机构和委员会"所覆盖（2005a：179，181—182）。他认为，这种复杂性很难通过一个基本僵化的过程来处理，在这个过程中，谈判和修改很难实现，设计品质常常牺牲在 20 世纪早期健康和安全目标的"祭坛"上，而这些目标"与当今的现实几乎没有任何关系"。通过这种方式，进行了铺装的道路和其他空间达到新开发项目总用地 50% 的情况随处可见（Ben-Joseph 2005a：179）。

相比之下，正式的设计审查程序在美国是一种相对较新的现象，虽起源于 20 世纪 50 年代，但直到 20 世纪 80 年代才开始流行，当时的做法传播得如此之快，以至于到 1994 年布伦达·凯斯·谢尔

（Brenda Case Scheer）报告说："83% 的城镇都有某种形式的审查，尽管做法差别很大，地区间的协调也很少。"凯斯·谢尔将设计审查定义为："私人和公共发展提案在地方政府部门的赞助下接受独立批评的过程"，审查的重点是城市设计、建筑和视觉影响（1994：2）。当时，82% 的设计审查过程是强制性的和法定的（与咨询相反），但是只有 40% 的审查过程是基于"有'牙齿'的设计准则，即具有法律约束力的准则"，但没有任何形式的范式准则来塑造这类工具。这引发了一系列关于设计审查可能是任意的、不一致的、昂贵的、容易操纵的、技能不足的、主观的、模糊的、不公平的、不创造性的和肤浅的批评，这些批评在 20 年前威洛·龙马姆（Willow Lung-Amam，2013）关于美国通过设计审查控制独栋别墅的社会、文化和政治紧张关系的研究中得到回应（详见第 1 章）。 52

然而，约翰·庞特（2007）认为，20 世纪 80 年代和 90 年代对设计审查的批评得到了蓬勃发展的设计审查实践的应答，他从中总结出了一套最佳实践原则（图 2.16）。通常这涉及将审查的范围扩大到狭隘的规范职能之外。例如，新西兰的奥克兰和加拿大的温哥华都利用城市设计小组来提供设计审查服务，但不同的是，其目标是就具体的发展申请向开发商提供早期具有建设性的建议，以及就政策和指导框架向各自的城市提供咨询，并且在整个专业机构和整个社区倡导良好的设计（Punter 2003；Wood 2014）。

最终，庞特的许多界定都涉及设计审查的正式过程，特别是需要将控制过程置于已经确立了设计主要愿望的背景下（在设计指引和其他工具中）；利益相关者参与了一系列的预申请过程；这样控制可以在建设性和非对抗性的环境中进行。正如伊丽莎白·普拉特 - 齐贝克（Elizabeth Plater-Zyberk）所说：

"控制和自由可以最有效地共存，当它们结合到设计行为的前置规范中时，明确给定程

序的框架性指标，比对已完成的设计作出冲突判断是更为有效。没有规范或一些明确意图的审查是没有意义的。"

（1994：vii）

4）批准（Warranting）

虽然开发许可批准了建设行为，并确立了在特定地点发生的特定类型开发的原则，但它们不能保证结果。这是不可避免的，因为许可行为发生在开发之前，开发之后可能发生也可能不发生变化，或者可能以不同的形式发生变化而需要新的许可。几乎可以肯定的是（遗产计划除外）他们不太会考虑申请中的详细设计，这需要在从设计到施工的过程中进行阐释。相比之下，建筑或施工许可将主要集中在根据公布的建筑规范或一套法规（例如英国的建筑法规）进行开发的详细设计和建造上。这通常包括施工计划的施工前评估，并对应了实际工程进行施工后的检查（主要是在施工后逐步进行）。虽

然其中很大一部分将集中在一系列技术问题上，例如，结构稳定性、供暖和公用设施、照明、通风、隔声、排水和处理废物（大部分隐藏在施工后的建筑表面以外），它同时还涵盖更多维度，并对建筑外部的美学产生深远影响，包括外部热量损失/隔热和防火，以及对布局影响深远的问题，如可达性问题和可再生技术的使用。

实际上，一旦发出通知、证书或许可证，这就提供了一种"保证"，即设计是合法的，并且是符合标准的，特别是它们是安全的。因此，该过程与开发许可的过程完全不同，开发许可很少包括开发后的合规检查，它是代表当局同意开发的继续进行，而不是达到标准的保证。因此，规定施工要求的法规往往具有技术性，尽管它们可能将规定性要求（仅限于有限解释）与更广泛的绩效目标（对谈判开放）结合起来。

很少有学术研究对这些类型的工具进行过解析，尽管这些工具倾向于识别近几十年来通过保证所解决的问题的指数和复杂性的增长，将关于健康和安全问

社区愿景
1. 致力于环境美与设计的全面协调。
2. 在社区和发展行业的支持和定期评估下，制定和监测城市设计计划。

设计、规划和区划
3. 利用最广泛的参与者和工具（税收、补贴、土地收购）来促进更好的设计。
4. 减轻控制策略和城市设计法规的排斥效应。
5. 将区划纳入规划并解决区划的局限性。

广泛、实质性的设计原则
6. 保持对城市设计的保障，这种保障远远超出了标高和美学的范畴，包括舒适性、可达性、社区性、活力和可持续性。
7. 基于通用设计原则和文脉分析的指导方针，阐明期望的和强制性的结果。
8. 不试图控制社区设计的所有方面，而是适应有机的自发性、活力、创新、多元化：不要过度进行规定。

正当程序
9. 明确城市设计干预的前置角色。
10. 建立适当的行政程序和书面意见选项来管理行政事务自由裁量权和适当的申请机制。
11. 实施高效、建设性和有效的许可程序。
12. 提供适当的设计技能和专业知识来支持评审过程。

图2.16　设计审查发展的最佳实践原则（改编自 Punter 2007）

题的早期关注范围扩大到更广泛的质量保证范畴，尤其是在气候变化方面（Fischer & Guy 2009）。从英国建筑监管的角度来看，罗布·伊姆里（Rob Imrie）和埃玛·斯特里特（Emma Street）认为这种"对新监管对象的监管重新定位"引发了对这种控制的合法性的质疑，并最终提出了"国家层面的适当水平是什么或应该是什么，才能确保（重新）生产优质的设计"的疑问（2011：280）。这些问题贯穿于本书中设计治理的所有正式工具以及整个过程。

2.3 非正式工具或"没有牙齿的工具"

1. 间接设计治理

如果全世界设计治理的现实仍然是由强烈依赖于控制工具的流程来定义的，并且由几乎完全侧重于支持控制功能的联盟指导和激励流程所支持，那么设计治理将仍然主要是技术专家的参与和反馈。例如，许多人认为，这往往是英国的主要做法，积极的指引工具已经被动地为一般政策和粗糙的标准所取代（Farrell 2014：83）。由于正式程序始终被定义和限制在其所在的立法框架内（并由制定它们的政治家和技术官员的头脑中），因此最终可能需要通过非正式的非法定手段来突破现有的，往往不能让人满意手段的桎梏。

回到莱斯特·萨拉蒙（Lester Salamon）的观点，即新自由主义时代带来了政府可用工具的激增，他还认为这些"新"工具有一个共同的重要特征："它们高度融合，严重依赖各种各样的第三方，如商业银行、私立医院、社会服务机构、公司、大学、日托中心、其他级别的政府、金融家和建筑公司来提供公共资助的服务和追求公共授权的目标。"对它们来说，"结果是一个精心设计的第三方政府体系，在这个体系中，公共权力的关键要素与许多非政府或其他政府行为者共享。"因此，它们还涉及与第三方

行为者分享一项重要的政府职能："对公共权力的使用和公共资金的支出行使自由裁量权"（Salamon 2002：2）。回到第1章中治理工具和管理之间的区别，管理代表了工具硬币的另一面，因为任何类型的工具都需要依靠行政基础设施、适当的程序以及各种人力、财力和技能资源来运作。在这方面，越来越融合的不仅仅是工具，还有它们的管理。

约翰·德拉方斯（John Delafons）确定了"美学控制"的类型（1994：14–17）。[12] 虽然这将工具与管理混合在一起，但去掉仅用于工具的类别 [13]，设计管理的三部分类型仍然存在：

- 监管模式（传统的市政设计通过监管手段进行控制）。
- 权威干预（指定一个"独立的"或至少一个非政治性的机构来承担"设计"职能）。
- 业主强制令（涉及完全脱离公共设计治理，支持私人业主和开发商控制自身）。

更简单地说，这三个系统可以被描述为"传统的""间接的"和"私人的"设计管理。虽然完全私人化的过程不在第1章中确定的设计治理定义的范围内（因此超出了本书的讨论范畴），但间接治理模式的应用以及由此产生的各种工具为创新提供了潜在的丰富来源，并提供了一种超越经常会导致低于标准结果的传统形式设计治理的手段。从1999年到2011年，英国建筑和建成环境委员会（CABE）的工作和经验可能代表了这种工作模式中（全球范围内）最重要的实验。

2. CABE 实验，重新思考设计治理

虽然 CABE 明确在公共部门内运营，并完全由公共部门资助，但它与国家和地方政府分离，从1999年起作为担保有限公司运营，直到2006年才获得非

部门公共机构（NDPB）的法定地位。然而，尽管CABE的地位和各种规定已在立法和相关政策文件中被明确定义（参见第4章），但CABE在其存在的整个过程中，没有任何准则框架用以实现其目的，从2006年起，只有最普遍的法定权力赋予其生存和经营的权利。它从来没有权利作出对他人有约束力的决定。

尽管如此，CABE仍可被视为通过积极的政府行为来改善建成环境中的设计品质的一种尝试，从而解决了市场和国家对充分认识良好设计的重要性的问题。尽管作为皇家美术委员会（RFAC）的合法继承者，CABE是保守党政府于1924年成立的（第3章），但它实际代表了托尼·布莱尔（Tony Blair）领导的新工党政府的一个完美工作例子，即"经济新自由主义与积极政府保证"的结合（Hall 2003）。举例来说，CABE花费了大量时间和资源将其讨论置于市场背景中——创造经济价值，尽管由于没有任何法定权力或准则框架来实现其目的，该组织可能被视为反对市场这个"歌利亚巨人"（Goliath）的"大卫"（David）。①

1）非正式工具的间接管理

从这个角度来看，CABE显然处于霍尔（Hall 2003）所划分的市场的从属角色，是一个影响者而非监管者，依赖于开发、完善和部署一系列预先存在和新开发的非正式工具来实现改进设计的目的。萨拉蒙对公共行政的新形式和新工具进行了更广泛的评论，他认为新工具的扩散创造了新的机会，使公共行动适应更广泛的公共问题，并在过程中争取各种政府和非政府行为者满足这些需求（2002：6）。与此同时，他表示，这一发展极大地复杂化了公共管理的任务："公共管理人员必须掌握大量不同的公共行动'技术'，而不是单一的行动形式，每种技术都有自己的决策规则、节奏、动因和挑战。同样，决策者在决定'是否'，以及'如何'采取行动，然后如何落实负有的结果责任时，必须权衡一系列更加复杂的考虑因素。广大公众必须设法理解复杂的公共和私人行为者体系，以及代表他们采取的不同行动。"

虽然CABE不是英国第一个负责建成环境设计的国家机构，其前身皇家美术委员会存在的四分之三个世纪有着与其相似的经历，事实上，这种经历非常狭隘，主要集中在非正式的、纯粹咨询性的设计审查上。因此，尽管皇家美术委员会的使命随着其治理工具和方法的扩散而延伸到新自由主义时代，在圣詹姆斯广场的总部很受欢迎，但这些趋势基本上已经成为过去。因此，CABE代表了第一个完全接受新治理格局的英国同类组织，愿意尝试一系列新的非正式工具成为其决定性特征之一。

舒斯特（Schuster）和他的同事（1997）对政府的通用工具进行了分类，其中CABE无法获得：所有权、运营权和监管权，同时CABE相对有限的核心资金严重限制了激励措施（和抑制措施）的建立、分配和操作工具的使用[尽管2005年《清洁社区和环境法》（the 2005 Clean Neighbourhoods and Environment Act）[14]将"财政辅助"列为其合法角色之一]。在大多数情况下，CABE可以使用的工具局限于最后一类——"信息"，马克·舒斯特（2005）使用"列出"历史资产和非正式设计审查的对比例子对"信息"进行了非常广泛的定义，这两种工具都是通过挑选一项资产或项目，并以权威的方式公布其优缺点，以便为后续决策提供信息。史蒂夫·蒂斯德尔和菲尔·阿尔门丁格尔（Phil Allmendinger）（2005）在其塑造工具的元类别中，包括"生成信息或促进协调"以及"能力建设"，后者包括教育和培训、交流信息以及建立支持和专业知识网络。所有这些都可以包含在非正式的工具库中。

---

① 《圣经》里，年轻的大卫对战巨人歌利亚，并最终杀死了歌利亚。所以大卫被认为是英雄。——译者注

澳大利亚公共服务委员会将这些类型归为一类，称之为"教育和信息工具"，虽然其分析并不具体涉及设计，但其结论很有见地："这类工具通常不能孤立地依赖，尤其是在公共利益和私人利益之间存在巨大紧张关系的情况下"，城市发展中经常出现这种情况（2009：9）。相反，"这些类型工具的一个关键功能是将期望的行为内化为公司和个人决策"。他们认为，这对于政府成功解决一些最复杂的政策问题，如气候变化或肥胖问题，尤为重要。对设计品质的追求当然属于这一类。

2）非正式设计治理工具的类型

CABE 努力扩大现有工具的范围和有效性，这反映了基金会的局限性，事实上，这在很大程度上限制了其在教育和信息领域的业务。因此，与其采用任何预先存在的工具框架，不如简单地对 CABE 的活动进行分类，以便从概念上组织非正式设计治理的各种工具。无论如何，很少有人尝试系统地对城市设计过程中的工具进行分类，通常在分类完成后，对非正式工具的讨论就被完全忽略或孤立对待。[15]

在很大程度上，CABE 将其工作重点放在向他人提供建议、生成建议、传播建议、利用建议为特定结果辩护，或者直接提供给项目团队。图 2.17 中的分析框架是通过将这些角色的扩展版本应用到一系列干预中而产生的，从较弱到较强（从放手到越来越放手），或者布鲁斯·多恩（Bruce Doern）和理查德·菲德（Richard Phidd）（1983）颇具贬义地称之为工具的"介入程度"。在这一框架内，干预范围从收集证据到传播知识，通过积极促进设计作为因素，到对设计品质的"独立"评估，最后到直接辅助项目（在工作层面）或设计过程。从 CABE 工作的角度来看，这些类别在接下来的几章中被广泛讨论，因此在这里仅通过对每个类别进行拆解以揭示其包含的工具种类来简要介绍它们。

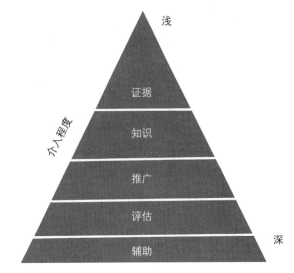

图 2.17　非正式工具依据介入程度的排序

3. 证据（Evidence）

非正式工具首先开始于收集关于设计和设计过程的证据，以此作为一种手段来支持关于设计重要性的争论，即支持关于什么是有效的，什么是无效的建议，并监控特定政策目标的进展，或者评估建成环境的状态。寻找支持政策的证据是新工党项目的基石，当时的"第三条道路"政治得到了加强，决心不再把意识形态作为政府行动的驱动力，而是支持"行之有效"的行动，最好是基于证据工具的行动（Solesbury 2001：2）。因此内阁认为，政府"必须制定真正解决问题的政策，而且这些政策必须是前瞻性的，是根据证据制定而不只是对短期压力的回应"（1999：15）。这一政策转变的核心是研究，但从设计角度来看，证据工具也延伸到了评估领域。

1）研究（Research）

从有关设计或场所品质的本质的基本问题，到与设计和开发过程相关的实用问题，研究作为设计治理工具具有潜在的强大力量，因为我们对设计的建成环境和塑造它的过程的理解往往是粗糙的和不完整的，而塑造它的过程在其影响上是复杂和深刻的。正如马修·卡莫纳所说，专业和政治决策者以及影响他们的利益集团将成为城市设计研究的主要受众（和专员）（2014a：8）。因此，虽然"就其本质而言，研究的对象应该是'前沿'，也就是说，它正在产生关于某一主题的新知识或信息"，但这"并不意味着每一项研究都将发生范式的改变"。它同样可能"反思专业实践、政策或设计的特定方面，以期逐步改进它们"。

2）审查（Audits）

审查也可以被称为评估、诊断、分析，或者采用一系列其他名称，审查的根本目的是了解场所的特性和品质。通常，这适用于城市、地区、街区范围内的局部地区，或者与特定开发项目相关的特定地点范围内的局部地区。有时，它的范围会扩展到城市/地区范围内的城市尺度，甚至全国范围（Carmona et al. 2010：302—306）。它的方法也会有所不同，从主要关注有形建成环境或其具有的方面（如遗产资产），到关注自然形态和景观，再到社会公共领域问题和对推行社区营造的地方的看法。当然也可以是所有这些关切方向的混合。审查可能会先于开发，以了解开发需要考虑的地方的品质，或者可能会关注与特定设计/开发实践相关的任何时间点的"国家状况"（例如与房屋设计质量相关的），或者只是简单考量建成环境的整体品质。

4. 知识（Knowledge）

尽管证据，包括通过研究或审查，构成了知识的基础，并且它对于实践和辩论具有内的价值，但它的积极使用取决于如何与其他非正式类别中的其他工具结合使用，以及与已经讨论过的正式工具结合使用。例如，它应该是一系列知识工具的基础，这些工具的主要目的是传播关于好的设计、好的和差的实践的性质，以及为什么它很重要的知识。这

样做，这些工具可以帮助解决设计意识的不足，在英国，城市设计技能工作组认为这种不足已经延伸到需求和供应双方：

> "第一，在需求方面，我们必须重新唤起公众对自家门前空间品质的兴趣，无论是在上班途中还是在他们到访的地方，充分的社区参与和激励基层参与发展进程至关重要。第二，在供应方面，我们必须增加设计和生产更好场所的技能基础。第三，我们必须使地方政府能够利用这些技能来管理规划过程和其他法定职能。第四，我们必须弥合与建成环境相关的不同学科之间的鸿沟。"
>
> （2001：7；参见第4章）

这些基本上都是知识问题，有许多关键工具与之相关。

1）实践指南（Practice Guides）

"指南"一词已经被用来指代作为正式设计治理过程一部分的设计指引，它被用来指导特定领域的开发设计或与设定的开发项目相关的开发设计。这里，"实践指南"一词是指关于实践的一般方面的非正式指导，目的是共享过程或结果中的最佳实践。这些指南可以由国家或地方一级的公共、专业、慈善或私人组织编制，通常是为了传播特定群体积累的智慧或从研究中获得的见解。在英国，这类最有影响力的实践指南是2000年由政府出版的《设计指南》（By Design）[16]，它同时也是规划系统内设计处理的指南（参见第4章）。城市设计的七个目标：特色、连续性和封闭性、公共领域品质、便于运动、易用性、适应性和多样性，在地方政策中被广泛采纳。在指南中，环境、运输和地区部（DETR）和CABE就它们的实施提出了共同的建议。

2）案例研究（Case Studies）

虽然实践指南的作用是提炼出所需的实践要素，并以易于理解的形式呈现给其他人遵循，但更原始的知识形式，而且可以说，更具指导性的是已发表的案例研究或案例研究汇编。这些指南旨在确定和分享最佳实践，以激励其他人效仿给出的例子，它们因为超越了一般原则而更具指导性，推进了"最佳实践"的实际模式。虽然案例研究的这种（通常是在线的）资源通常是针对一个共同的结构编写的，以允许交叉比较，而且通常是以特定的角度编写的，以引出关键的论点，但是会让读者来消化它们，并解释它们与自己特定情况的相关性。例子包括澳大利亚维多利亚州（Victoria in Australia）政府维护的住宅开发"设计案例研究"[17]（图2.18）或都市主义

学院的地方档案馆等。[18]

3）教育和培训（Education & Training）

更有指导意义的还是针对专业人员和政治家的面对面教育或培训计划，以教育关键决策者知晓设计的重要性，并提高参与实施人员的技能。这一类别包括正规教育方案（从学校到大学）和作为持续专业发展的一部分后专业培训，由学校、大学、专业机构、私人和非营利组织提供。例如，在美国，纽约的公共空间项目提供了一项持续的培训方案，主要针对北美的关键决策者[19]；而在英国，自2000年以来，"开放城市"开发了一系列用于校园设计的资源，让儿童参与建成环境，并提高对设计质量的意识。[20]最终，教育和培训是为了提高意识和雄心，也是为了提高设计治理正式过程中的能力，以便更

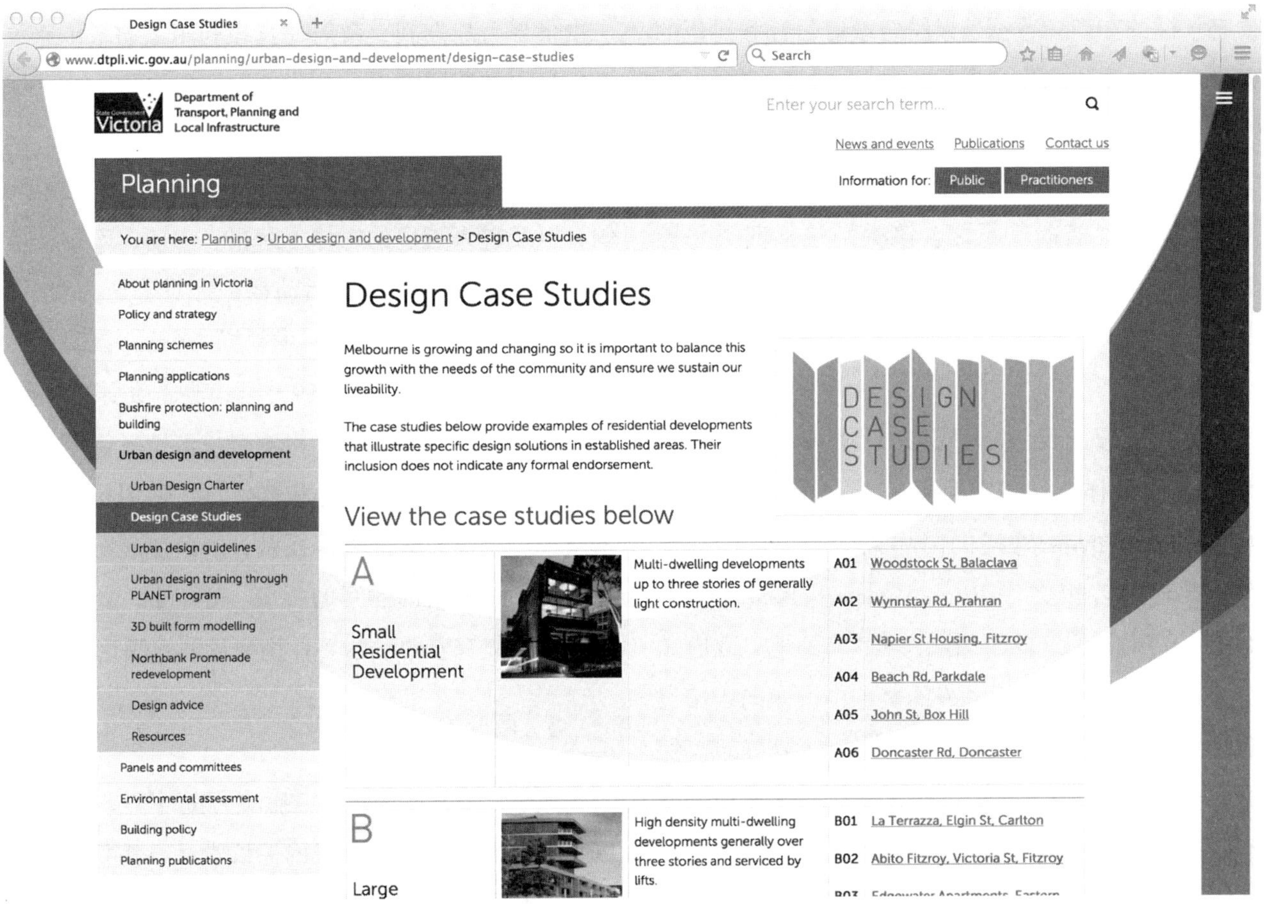

图2.18　澳大利亚维多利亚州政府住宅开发《设计案例研究》
资料来源：环境、土地、水和规划部——澳大利亚维多利亚州政府

好地报告情况和塑造决策环境。

5. 促进（Promotion）

知识工具就其性质而言将发挥倡导性的作用，有助于根据证据或实践经验，包括仍有待讨论的各种评价或参与过程中积累的智慧，推进成果和进程的特定规范的前景。促进工具将依赖于这些相同的信息源，以更积极的方式为设计品质辩护。这些工具不是等待组织和个人寻求知识，而是将知识带给他们，以吸引注意力并赢得民心的方式来包装关键信息，让他们认识到良好设计的重要性。描述这些过程的另一种方式可能是主动交流（而不是通过在线案例研究等方式的被动交流）。埃弗特·韦唐（Evert Vedung）和弗兰斯·范德多伦（Frans van der Doelen）（1998）称这些为"说教"，或"努力利用政府掌握的知识和数据，以符合政府目标和愿望的方式影响消费者和生产者的行为"，或"收集信息，以推进他们的目标和抱负"。就设计而言，它们是关于说服和规劝有益于良好设计的特定行为，有时是面对面的，有时则反之。该类别包括四类关键工具：

1）奖项（Awards）

最少干预的促进形式是设计奖项。建筑设计奖项多种多样，从"普利兹克建筑奖"（Pritzker Architecture Prize）这样的国际大奖到英国的"优秀公共建筑首相奖"（Prime Minister's Better Public Building Award）这样的国家大奖[21]，到地方政府颁发的奖项。在地方政府颁发的奖项中，倾向于按类型区分项目，例如，城市设计、景观、新建筑、保护、小型开发。在这个空间尺度上，这些奖项是明确设计的治理工具，因为它们有助于制定理想的设计标准，并确定特定地区的范例方案。他们还在当地宣传优秀的设计，这有助于批判性地反思监管流

程，并鼓励那些已经达到高标准设计的人（Biddulph et al. 2006）。与此同时，它们是回顾性的，在项目完成后回顾项目构思是否产生了实际的直接影响。虽然很少有关于设计奖项的研究来确定它们是否真的对提高设计标准有影响，也几乎没有关于地方性设计奖项的相关研究，但是有限的研究表明（也许并不令人惊讶），结果的评价取决于你向的是谁，例如，设计师优先考虑外观，而用户更关心功能（Vischer & Cooper Marcus 1986：81）。此外，奖励计划所采用的标准通常符合奖励所针对的专业团体的关注点。因此，颁奖不是一种公正和无价值的过程（Biddulph et al. 2006：60）。

2）运动（Campaigns）

这一工具代表了促进活动的本质，其形式是向特定群体积极推广特定想法或问题。在第一次和第二次世界大战期间，政府一直在利用运动来传递关键信息，如英国政府的"你的国家需要你"或"保持冷静，继续前进"等运动。如今，政府利用运动来影响各种行为，从酒驾到享受福利，再到健康问题，以及越来越多的媒体：海报、广播、印刷、虚拟社交。虽然许多政府运动都是针对普通大众的，比如长期开展的"保持英国整洁"运动，以阻止在公共场所乱扔垃圾（图2.19），但其他运动则更专业，针对的是特定的决策者、影响者或消费者。后者包括政府再生机构（和其他机构）广泛使用场所营销来鼓励对特定地区的外来投资，或改变对个别地区的态度。正如后面的案例所示，多年来，这类活动的一个子集有着明确的旨在构建环境的侧重点。

3）倡议（Advocacy）

即使是最好的运动，其影响力也可能有得有失。更直接的是通过各种形式的倡议尝试寻找并说服关键个人和受众了解特定方法或目标的价值。私营部门游说政府及其各种机构的过程已经成为现代政治

图 2.19　早期的"保持英国整洁"海报（在慈善机构"保持英国整洁"的许可下使用）

格局的一部分。同样，不同的政府部门、机构也不能避免去游说其他部门，而政治家和官员则在各种私人、专业和非营利团体中积极倡导特定政策立场。这既可以公开发生，例如通过活动和会议，也发生在私下里。组织机构甚至会在现有结构中确立内部倡议者，作为特定问题的持续倡导者。在英国，1997年至 2013 年间，新工党和随后的联合政府都特别热衷于此类机制，为从燃料缺乏到儿童的各类议题创造了 300 多个"独裁者"（Levitt 2013）。在地方一级，特里·法雷尔（Terry Farrell）爵士在 2004 年至 2009年期间担任爱丁堡的设计领军人物，成为一位强调注重设计的倡议者；在这个例子中，任命一名无偿的建议者旨在"将城市从被动发展控制驱动的规划转变为主动和创造性的城市建设"（Farrell 2008：3）。

4）伙伴关系（Partnerships）

像营销一样，倡议者有可能找到或者找不到愿意接受的受众。另一种选择是寻求与联盟组织建立正式或非正式的伙伴关系，这些组织可以成为帮助实施特定议程的合作伙伴，最终目标是建立更广泛的利益联盟，将参与实施的关键利益相关者聚集在一起，并扩大责任范围。在英国，一个典型的例子是地方政府中规划和公路职能的分离，有时是同一权力机构的不同部门，有时是地方政府的不同层级（如区县），尽管两者共同负责地方的例如街道等关键要素。在这种情况下，围绕包括设计品质在内的共同议程建立伙伴关系，有助于提供更有效果、更高效的服务，更好地为双方服务。这将在地方政府的职能组织道路上迈出一步，"围绕问题和目标，而不是基于组织便利、传统部门或职业忠诚"（Carmona et al. 2003：163）。政府部门或机构之间，或者政府与私人或第三方服务提供商之间，也可能会出现其他类型的合作关系，例如，政府与"保持英国整洁"组织之间的情况，后者自 20 世纪 50 年代以来一直在开展"保持英国整洁"的各种运动。

6. 评价（Evaluation）

最后两类从更一般的关注问题转向对特定项目或地点的评估。反映这一点的是干预程度的提高，因为尽管这些工具仍然是非正式的，但它们有潜力塑造特定的结果，而不仅仅是决策环境。

倒数第二类——评价，包含一系列工具，通过这些工具，外部的一方可以对设计品质作出判断，从而脱离设计过程。这给我们带来了一个关键的问题，即这种系统化评估的可能性有多大。在评论跨政府服务的"质量衡量"问题时，约翰·贝克福德（John Beckford）断言："在服务部门，并非所有事情都可以程序化"（2002：278）。相反，他认为，"解决服务部门质量问题的唯一方法是雇佣受过培训、受过教育的员工，并给予他们从事这项工作所需的自由。"马修·卡莫纳和路易·西（Louie Sieh）将这一逻辑应用于衡量规划质量的挑战中。一方面，例如设计的复杂过程中，需要有选择性地衡量什么可使这些任务易于管理，由此产生的评估也很有用；另一方面，应避免简化主义者的陷阱（2004：300），对他们来说，平衡设计中容易测量（简单或客观）和不太容易测量（复杂或主观）因素的关键手段是"专家判断"，在某种程度上，甚至本节中最系统化的工具都依赖于此。

1）指标（Indicators）

指标试图以易于理解和使用的方式衡量和代表绩效的各个方面。有多种类型的指标，但通常它们会将复杂的现象简化为一系列简单易懂的可沟通的措施。虽然这是他们的主要优势，但也是一个主要弱点："因为复杂的情况很难用简单的方法来描述"，这可能导致扭曲、误读，以及只衡量容易衡量对象的危险（Carmona & Sieh 2004：81）。几十年来，英国的规划的确是如此，在那里，处理规划申请的速度和高度简化的绩效指标经常被用作"规划品质"的唯一指标，而不是衡量结果品质的任何指标。然而，广义的指标不一定是简单的定量工具；它们也可以被视为开发工具，旨在诊断品质，而不仅仅是代表品质。由存在时间很短的城市设计联盟（UDAL）于1998年设计和开发的"场所检查"（Placecheck）评估工具（参见第3章和第4章）就是一个很好的例子。从本质上来说，该工具是一个场所品质评估框架，从三个简单的问题开始，然后螺旋上升到社区和其他人可能会提出的一系列更详细、更深入的问题，以评估当地环境的品质。因此，"场所检查"是一种结构化的思维方法和评估工具，它既能显示场所的品质，也能显示建议的改进措施。[22]

2）设计审查（非正式）[Design Review (Informal)]

设计审查的实践已经在开发许可证的正式过程中讨论过了。除了这些正式的过程，设计审查已经发展成为法定监管框架之外的实践。它作为通过公正的专家意见来评估项目的一种手段，可以向开发团队提供批评和（最好是）建设性的建议。在这种方式下，非正式设计审查应该是一种改进工具，重点是在提交管制许可前增加开发的价值。回顾波士顿城市设计委员会的工作，马克·舒斯特询问如何通过这样的非正式小组来施加更微妙的影响，该委员会"被创建为咨询机构，没有直接的决策权"：

"设计审查委员会能否像陪审团一样运作，听取故事的各个方面，然后决策出适当的结果？或者它的功能更像是同行评议小组，其中有专业知识的人可认可并鼓励他人的工作质量？……还是像建筑检查员一样，检查一套规则的遵守情况？它是一个调解人，对他人的知识进行仲裁，还是一个专家决策者，根据自己的知识来决定问题？或者，它可能起到促进者的作用，强调通过公众参与包容和公平相关的问题……[还是]作为一个专业的支持团体……对于设计者来说，提供对开发者的杠杆作用……将设计审查委员会视为规划顾问也可能有助于项目通过政治程序，减轻社区的担忧……同样，讽刺的是，设计审查委员会也可能是一名加速者……帮助尽快通过许可和政治程序。[和]……也许设计审查作为教育者发挥作用……让那些参与开发过程的人以及更广泛的公众意识到公共领域的需求以及良好设计的重要性。"

（2005：352—353）

对舒斯特来说，理解这些工具以多种不同的方式运作，并且通常是同时运作，并不是没有道理的，让项目与社区对话的非正式过程比对计划强加任何特定标准更重要（2005：353）。在这方面，社区的性质会因过程而异，但参与计划的可能不是整个社区，而是狭隘的专业人士。

3）认证（Certification）

虽然非正式的设计审查通常会产生口头或书面建议，但更进一步的是在评审的基础上为方案提供某种认证的工具。这类工具（通常）不提供任何正式的同意或授权，而是为项目提供已经达到某种明确且经过验证的质量基准状态的认证，例如能效、可持续性、可达性等。比达尔夫（Biddulph）及其同事（2006）在他们的奖项分析中纳入了这类工具（见上文），将它们归类为"基准奖"或"类别奖"，依据是"邮票"或"风筝"标志是为达到既定标准而

"授予"的，同时指出这种形式的奖项（如果授予的话）是最容易获得的，因为判断是否能够得到认证是基于标准的，而不是基于在同类项目中选择最佳的。然而，这种区分证明了将认证分成单独的类别的必要性，其是一种更积极主动的评估工具，除了授予奖励的特殊计划之外，还具有更广泛的推广范围。事实上，认证计划，如英国的 BREEAM（图 2.20）或美国的 LEED，构成了非常复杂的工具包：标准、评估框架、评估小组和认证流程。开发商和其他人积极地利用它们来推销他们的项目，地方政府和其他人利用它们来定义鼓励开发商需要达到的目标。

4）竞赛（Competitions）

最终的评估工具是设计竞赛。它们有多种形式（开放、有限、邀请）和影响范围（本地、国家、国际）；涵盖两种基本类型：概念型（仅限创意）和项目型（与

图 2.20　2011 年，位于伦敦尤斯顿路（Euston Road）的新 UNISON 总部获得 BREEAM "优秀"评级
资料来源：UNISON

有形建筑项目相关）（Lehrer 2011：305—307）。它们是非正式的工具，因为尽管它们可能会宣称其甚至是正式设计治理过程的一部分（例如，引导开发批准），但国家很少强制要求进行竞赛。[23] 评论者普遍认为，竞赛是推动更好设计成果的有效手段，尤其是因为他们从根本上认识到，对于任何设计问题，"不仅有一种方法，还有多种方法有不同的优点和缺点"（Lehrer 2011：316）。杰克·纳萨尔（Jack Nasar）甚至认为，建筑竞赛数量最多的国家表现出的建筑设计品质也最高（1999：6）。相比之下，史蒂文·托尔森（Steven Tolson）认识到，竞赛对不同的利益相关者来说意味着不同的事情，而不仅仅是设计工具：对于设计师来说，竞赛是关于找出最具创意的设计解决方案；对于房地产造价师来说，竞赛是关于吸引土地的最佳报价；对于政治家来说，竞赛可能是关于找出最公平和民主的过程（2011：159）。它们同时也旨在提升项目形象，选择开发商（以及设计师），鼓励公众参与（判断），或者仅仅是鼓励想法和讨论。作为一种设计治理工具，竞赛可以让公共部门参与进来，但正如托尔森（Tolson）建议的那样，"要实现良好的竞争，需要对设计事项有清晰的了解，否则开发者将不会感兴趣，也不会参与进来"（2011：160）。最终，最有创意的提议可能是最昂贵且不可行的，这揭示了使用这种工具时的一个关键难题。[24]

7. 辅助（Assistance）

最后一类也是最实际并具有前瞻性的，因为它有效地让公共部门直接参与设计过程。它们可能出现在，而且经常出现在提交正式的开发许可证之前，作为半正式的申请前协商的一部分。例如，当一名公职人员（规划人员，或城市设计专家、遗产专家、高速公路专家或景观专家）拿出他或她的笔，开始与申请人合作，将一项计划塑造成更容易接受的形式。相关当局经常鼓励这种程序，以便首先努力确

保更好的结果；再次，一旦正式同意申请提出，就能更有效地处理该申请；最后，有助于在申请人和当局之间建立更稳固的信任和合作关系（Carmona et al. 2003：192—193）。然而，除了这些临时的和本质上是反应性的过程之外，更积极主动的机会是直接参与项目或以其他方式塑造设计发生的决策环境，其包含两种工具。

1）经济辅助（Financial Assistance）

向私人或第三部门项目提供直接财政辅助可能是除了公共部门实际设计和开发项目本身之外最重要的干预形式，通常这将通过已经讨论过的正式激励程序来实现。资源也可以通过不太直接的方式转移，这一过程有助于在任何被援助的组织或倡议的会议桌前获得有影响力的席位。例如，在英国，许多年来地方政府的大量遗产保护官员职位（特别是在 1986 年废除大伦敦理事会后的伦敦），直接由国家遗产机构英国遗产组织（历史的英格兰机构）资助（Grover 2003：52）。这些职位不仅提高了当地处理遗产事务的能力，也有助于将资助组织的意图和做法传播给相关地方政府。这种性质的资源最有可能用于资助提升专家人员的能力（如示例所示），尽管它也可能用于资助各种其他组织和项目需求。例如，英国地方政府拥有广泛的所谓"通用权限"，可以主动保护和提升当地重要的地方资产、设施和品质，如酒吧、邮局和绿地，或者支持相关的地方组织为他们做这项工作。[25]

2）授权（Enabling）

最后一种非正式工具是对项目提供授权或直接针对项目提供专家辅助。在这方面，国家团体、机构和研究所长期以来一直向当地提供咨询和专业知识。在英国，这至少可以追溯到皇家建筑师学会（RIBA）自 20 世纪 20 年代以来成立的建筑咨询小组。这些组织由英国各地的地方政府组成，最终

覆盖了五分之一的议会（Punter 2011：183）。最近（自 1987 年以来），王子建筑社区基金会利用"按设计查询"的方法来填补当地知识的空白，并使地方政府、社区和其他人（国际上）了解地方的性质及其发展机会。[26] 今天，当地方政府或其他公共组织需要他们还没有的专家辅助时，他们会倾向于通过市场委托，或者考虑到这类咨询的可能成本，他们可能会决定放弃。另一种选择是合作模式，在这种模式下，共享资源被集中起来，为不需要或负担不起长期成本的地方提供专业知识。英国埃塞克斯郡（County of Essex）就是这种情况，在那里，40 年来[27]，向其 15 个城市、建筑和高速公路设计组成区议会提供了备受推崇的设计团队的服务（尽管并非所有人都使用）（Hall 2007：86）。虽然设计建议是通过所有这些手段来寻求和获得的，但可以说最有效的授权形式是具有教育目的的，同时兼具项目交付目的。他们将避免空降专家来解决特定的有限问题，如特定的总体规划、政策框架或社区参与活动，而是以一种方式与当地的专业人员、政治家和其他人接触的方式进行，这种方式将会为下一次解决这个问题留下持久的改进技能和专门知识的遗产。

8. 社区参与（作为更广泛问题的代表）

在结束非正式工具的讨论之前，必须探讨与设计治理有关的社区参与的问题。虽然社区参与塑造场所的行为可以被视为政府的一种单独的"工具"，但事实上，参与形式的特征与已经讨论过的一系列正式和非正式的设计治理工具有关。因此，参与本身并不是一项单独的工具，而是一项支撑他人的活动，最显著的是：

- 引导——通过直接参与设计指引的制作，以改进其内容，鼓励一致的愿景，避免分歧，最终改善结果。

- 控制——当具体的发展建议通过制度监管时，通过相关方提供投入，或者通过象征性的协商过程，或通过在发展过程的预先同意阶段可能与社区进行的各种更深入的接触，例如通过研讨会和其他参与机制，更积极和更有效地参与进来。

- 证据——作为通过孤立地（关注特定社区和地方）揭示社区的愿望和关注点来理解地方的过程的一部分，或者作为更广泛评估过程的一部分，以帮助形成对场所品质问题的公共政策回应。

- 知识——通过有针对性的教育／培训直接参与设计／发展／规划主张发展的社区，例如社区主导的社区规划流程，这种流程现在已成为英国规划的一个特征，并得到（在某些情况下）有限的一揽子中央资助技术辅助的支持。

- 辅助——作为重塑决策环境的长期努力的一部分，包括通过当地授权活动，提高当地社区和利益攸关方的设计期望。

第一类和第二类是务实的，并且（如果做得好的话）本质上是民主的反应，以鼓励公民参与项目和场所的设计，是正式城市治理过程的一部分。通常，尽管现实可能只是象征性的参与姿态，在与规划或城市更新相关的立法中规定了它们的使用。其余部分属于设计治理的非正式领域，因此通常是自由裁量的。

无论是正式的还是非正式的，大多数评论者都认为参与本来就是可取的，现在有各种经过尝试和测试的方法来进行这种参与（Hou 2011；Wates 2014）。然而，这并不意味着参与对于设计治理工具来说总是可取的，或者必然意味着更深入、更身临其境的形式总是优于那些不太如此的形式（Biddulph 1998：45）。例如，在设计指引的情况中，虽然对实际设计的明确关注为社区提供了一些可以参与的有形事物（远比其他一些看似无形的规划问题[28]更重要），但对设计准则的使用和效用的研究表明，非专业受众很难理解和参与更技术性的指引。因此，马修·卡莫纳和简·丹（Jane Dann）认为"总体规划为社区参与提供了正确的工具，在这个过程中，标准规范和其他形式的详细设计指引只能起到支持作用"（2006：43）。这是因为，虽然设计标准、政策和规章可能会对场所的塑造产生重大影响，但只有各种类型的设计框架从图形和空间上阐述了特定场所的未来愿景，才能从抽象走向有形。

公众对许多以特定地点为关注点的监管程序的参与程度较低，部分原因在于这种沟通上的差距。[29]设计框架的潜力和力量也是如此，如果通过研讨会和其他特定地点的参与活动来形成，或至少受到早期、有意义和基本的社区参与的影响，设计框架可以弥补这种差距（Walters 2007：163—181）。不幸的是，各社区没有积极参与正式工具治理，这是已经讨论过的更大问题的症状，涉及过度依赖标准和政策，以及随后的控制过程。在控制行为之前，普遍未能通过其他正式和非正式手段积极塑造决策环境。

2.4　结论

这一章探讨了政府工具的性质，其与设计的特殊性相关。占主导地位的"正式"设计治理工具已被详细列出，接下来是对"非正式"设计治理工具的简短介绍，这些工具构成了 CABE 作为英国建成环境设计品质在英国领军者的法宝。

虽然 CABE 显然有影响力，但它的权力实际上受到了严重限制，该组织从未获得过最强大的设计治理工具。相反，CABE 代表了一种独特的实验，探索使用非正式的"没有牙齿的工具"来推进其设计议程。关于设计治理的正式工具的使用已经有很

多（本书之外），本书的第三部分深入研究了 CABE 在其运行的 11 年中采用或开发的温和形式的非正式或非法定工具，利用第 1 章中"过程品质"的"为什么""如何"和"何时"来解释它们。

在政府文献的工具中，大多数研究仍然侧重于单个工具的效用及其在特定情况下的使用，而不是工具之间的相互关系，以及区分何时使用一种工具优于另一种工具的决策过程（Linder & Peters 1989：55—56）。在设计治理领域，特别是在非正式工具方面，本书的基础研究旨在通过探索 CABE 使用的工具及其相互关系来填补这一空白。

CABE 的消亡代表了一个重要的时刻，也是从根本上审视英国设计治理的一个合适的窗口。如前所述，CABE 是一项具有国际意义的独特实验，为了理解这一历程，有必要将故事置于更广泛的背景下：第一是设计政策的政治经济环境；第二，在政策环境的转变时，建成环境中的设计问题如何去适应这种转变；第三是实用主义和问题学的应用。本书的第二部分和第三部分探讨了这些方面。

注释

1. 事实上，城市设计根本不是一个线性的步骤化流程，而是连续的，在这个连续过程中，各个阶段一次又一次地重现，无论有意还是无意，场所的塑造永远不会真正结束（参见图 1.2）。

2. www.planningportal.gov.uk/planning/planningpolicyand-legislation/currentlegislation/acts; www.pps.org/training/

3. http://planningjungle.com/consolidated-versions-of-legislation/

4. www.gov.uk/government/uploads/system/uploads/attachment_data/file/39821/taylor_review.pdf

5. 正如约翰·德拉方斯（John Delafons）所说的那样，因为它暗示着更少的刚性（1994：17）。

6. 由其他因素综合决定的品质，包括介入的程度、治理水平和抱负。

7. 来自朗（Lang, 1996：9）和霍尔（Hall, 1996：8—40）的图片。

8. 这些区域现在被添加到美国的许多法令中，以允许在单一所有权中进行自定义区划和产权细分，通常具有相比

传统区划更大程度的灵活性以及更好的判断力（Barnett 2011：215）。

9. 例如他建议为伦敦皇家码头制定 70 多个总体规划。

10. 在这种情况下，提出了一种新的机制，即地方发展令（LDO）（由 2004 年英格兰规划和强制购买法案引入），与设计规范一起运行。地方发展令允许地方政府将指定区域的"允许发展权"扩展到该命令中列出的各种开发项目。换句话说，如果他们遵守，那么规划许可是自动生成的。

11. 例如，菲利普·布斯（Philip Booth）认为，美国和欧洲的区划研究显示，决策者"不断地挑战系统本身施加的限制"（1999：43）。因此，决策者经常寻找方法和机制来规避这类系统的限制，并给予自身一些裁量权（参见后文对纽约案的讨论）。

12. 直到 20 世纪 90 年代初，"美学控制"（Aesthetic control）这个词一直在英国使用，反映了（当时）决策者对设计治理的狭隘观点，即主要关注美学的观点（参见第 3 章）。

13. "风格的必要性"（严格的基于风格的分区／设计审查）、"竞争选择"（设计竞赛的使用）和"设计指南"（各种类型和复杂程度的设计指南）。

14. CABE 的确向 21 世纪前十年出现的建筑和建成环境中心网络提供了资助，并在最后几年管理了出资为 4500 万英镑的海洋变化项目（参见第 3 章）。这两个项目都是由政府提供资源的专项项目，尽管 CABE 有能力设定赠款条款而激励特定的做法。

15. 卡莫纳（Carmona）及其同事的公共部门城市设计框架（已经讨论过）在某种程度上解决了这些问题，包括教育和参与的类别，以及更正式的政策、法规和管理类别，以及诊断和设计的交叉类别（2010：297）。另一个可以在新西兰城市设计工具包的五个元类别中找到：研究和分析、社区参与、提高认识、规划和设计以及实施，尽管

其意图是确定城市设计工具的全部范围，而不是那些与设计治理相关的工具。与许多城市设计分析一样，这将正式工具和非正式工具结合在一起（环境部，2006）。

16. 由 CABE 联合标记。

17. www.dtpli.vic.gov.au/planning/urban-design-and-development/design-case-studies

18. www.academyofurbanism.org.uk/awards/great-places/

19. www.pps.org/training/

20. www.open-city.org.uk/education/index.html

21. 涵盖从单个建筑到大型基础设施项目的所有内容。

22. www.placecheck.info

23. 对此有几个例外，例如法国政府规定公共建筑的设计竞赛要超过一定的成本。这样做的过程建立在法国传播到世界各地的法国高等艺术学院美术比赛传统之上。

24. 一个典型的例子是威尔·艾尔索普（Will Alsop）的云项目（参见第 4 章）。该项目于 2002 年最终获胜，成为利物浦历史悠久的码头上第四个格雷斯（Grace）场地的设计方案，但在 2004 年由于成本不断攀升和技术不确定性而被放弃。

25. www.parliament.uk/business/publications/research/briefing-papers/SN05687/local-authorities-the-general-power-of-competence

26. www.princes-foundation.org/content/enquiry-design-neighbourhood-planning

27. 2013 年，"设计服务"与其他专业服务机构一起重组为"场所服务"，这是埃塞克斯郡议会拥有的一家自筹资金的公司，能够在郡外提供服务。它的城市设计人员现在大大减少了。

28. 例如，参见 Natarajan（2015：7）。

29. 除非个人认为自己受到了他们的直接影响（Hester 1999）。

第二部分
英格兰的设计治理

第 3 章
皇家美术委员会和英国设计的 75 年回顾
（1924—1999 年）

在本书的第二部分中，研究重点从理论转移到了过去大约 90 年来在英格兰进行的设计治理实践经验。尽管近年来英格兰设计治理主要由建筑和建成环境委员会（CABE）的实践、影响以及已经所起的作用所主导，但 CABE 为地区和国家层面留下了更多的遗产，至少可以追溯到 1909 年起国家规划系统的改革。这一历程的一个重要里程碑是 1924 年皇家美术委员会（RFAC）的成立，这个组织承担了有关建成环境设计领域政府顾问的职责长达四分之三个世纪，相比之下，其后继组织 CABE 仅有十一年的历史。作为英格兰和威尔士国家设计审查服务的发起者，本章利用档案和文献证据，探讨皇家美术委员会在其早期、战后建设热潮和其存在的最后十年以及 1999 年最终消亡时，整段历史中的重要工作和关切领域。另外，一些关于皇家美术委员会的文学作品，以及通过与具有皇家美术委员会运作第一手经验的主要相关者（为 RFAC 工作或被其评估过的人）的少量访谈也补充了对相关档案的分析。皇家美术委员会为理解 CABE 后来的方法和经验提供了重要的来龙去脉。同时也提供了皇家美术委员会自身关于设计治理实践的宝贵见解。

3.1 早期——1924 年至 1939 年

1. 起步初期

CABE 由托尼·布莱尔的工党政府建立，由戴维·卡梅伦（David Cameron）的保守党联盟终结，因此将始终与左翼的新工党政治计划联系在一起。然而，正如第 1 章所讨论的，设计治理本质上是非政治的。CABE 的前身皇家美术委员会是斯坦利·鲍德温领导下（Stanley Baldwin）的保守党政府建立的。[1] 这个新组织由保守党人士、政治家、第 27 世克劳福德伯爵和巴尔卡雷斯伯爵（27th Earl of Crawford and Balcarres）主持。在他的领导下发展和完善了最初的设计审查过程。[2]

然而，在皇家美术委员会之前，地方政府以相当分散和不协调的方式涉足控制各个方面的设计，最显著的是 1909 年的《住房和城镇规划法》（Housing and Town Planning Act）所启用的城市规划方案，以及后来的一系列城市法案，诸如 1921 年的《利物浦市公司法》（City of Liverpool Corporation Act）（Punter 1986：352—353）。皇家美术委员会的成立带来了一种新的设计治理模式，约翰·德拉方 斯后来将其命名为 "权威干预"（参见第 2 章），换言之，即寻求政府外的专家，获得来自治理者以外的客观建议（1994：16）。

在第一次世界大战之后，工程办公室的常务秘书莱昂内尔·厄尔爵士（Sir Lionel Earle）被任命负责审批（1912—1933 年）并在伦敦各地设立许多战争纪念物。为了完成这项任务，他成立了一个非正式的咨询委员会。该委员会起初工作得很好，但很快在受委托研究斯特兰德大街（The Strand）和海德公园（Hyde Park）内的裸体雕塑方面遇到了困难。厄尔在困境中很快决定，他们需要更加独立和权威的建议来源（Youngson 1990：18—19）。这一想法被采纳，并于1923年提交内阁，1924年1月政府宣布成立了权责覆盖英格兰和威尔士的新机构。

新的委员会设在伦敦，尽管克劳福德勋爵（Lord Crawford）预计法定赋予的权力应该最终会被采纳（Youngson 1990：38），但他完全没有坚持让接收审查的项目提及该组织，或要求其建议得到遵守，甚至没有要求其审议意见得到应有考虑的任何权利。最初，它的成员有八位（全部为男性），包括四名建筑师、一名规划师、两名非专业人员和一名艺术家，他们以相当模糊的皇家美术委员会的头衔第一次出现在公众视野。

2. 事务规则

在收到政府2000英镑的资金之后，皇家美术委员会（RFAC）于1924年2月8日首次召开会议，委员们似乎对其作用的本质感到困惑。委员会不得不在舆论所设想的他们的责任和政府想法之间进行平衡。舆论的说法（如RFAC会议纪要中所引）为，"委员会的职责不仅是防止失误，还需要美化英格兰"（RFAC 1924b：2），进而作出既积极又具有反馈性的双重性指令。但根据其成立公报，委员会这样做的能力非常有限，因为它是"纯粹的咨询性的"，并且只能"当某个负责机构邀请时才能进行干预"（RFAC 1924b：2）。

为了确定委员会参与计划的范围，委员们确立了两项指导原则。首先，皇家美术委员会应该在"初期阶段"参与到项目中，换句话说，从设计的早期阶段开始，以便他们能够如舆论建议的职责那样帮助项目"避免错误"。其次，他们的作用应限于设计审查，换句话说，他们不会参与任何规则的起草，而是给出批判性的评估和建议（RFAC 1924b：3）。

与其他政府机构一样，优先权成为未来行动的一个重要决定因素，而且这些原则在皇家美术委员会运作的全生命周期中保持不变。

另一个早期关注的事情是关于委员们的职业操守。在这个问题上，皇家美术委员会的委员，作为同时从事他们"日常工作"的专业人员与无偿为皇家美术委员会工作的公务员的双重角色，两者之间存在着明显的矛盾关系。委员会决定在委员会本身可以提供的帮助之外，不参与向那些需要咨询的人士推荐特定委员的事务，以保持委员不会直接从其职位中获益的立场（RFAC 1924a：2）。虽然这种通过明确地将专业指导与委员会的工作分开来避免利益冲突的方式一直延续到皇家美术委员会结束运行，但这个问题又回到了它的继任者CABE上（参见第4章），它表明了随着皇家美术委员会运作所处的治理环境越来越广泛并且现代化，基于其自身确立的原则进行的运作可能适合20世纪20年代，但现在变得越来越过时。尽管如此，却很少有证据表明皇家美术委员会曾经有过重大的妥协，评论员们经常不遗余力地指出委员们自己（尽管他们作为专家的声望很高）如何经常在委员会的判决中争论不休（Stamp 1982：29）。

1）公共舒适性与艺术价值

皇家美术委员会是在没有商定其职责范围的情况下匆忙成立的，直到1924年4月，经修订的皇家美术委员会（RFAC）条例才规定了它的职责：

> 查究下列问题：
>
> 为英国政府对空间的公共舒适性或艺术价值进行研究，并就此作出报告以备参考。
>
> 此外，在公共或类公共机构提出要求时，如皇家美术委员会认为它们的协助是有利的，则就类似的问题提供咨询意见。
>
> （RFAC 1924c）

71

这一职责（同样构成了 1924 年 5 月授予的皇家授权书的基础）不可避免地提出了关于如何解释"艺术价值"和"公共舒适性"这两个关键概念的问题。这两个概念界定了他们的职权范围。虽然从来没有公开记录对这些概念的解释，但早期的会议记录显示，委员们确实讨论了这些问题，并很快表示不赞同"官方"概念解释的界定。例如，根据其第二次会议的记录，就设计的性质以及是否应该采用任何被提前认可（约定俗成）的"良好设计"原则进行了讨论。在这一方面，他们决定在设计时应该以特定案例分析为基础进行批判，并且任何建筑风格或原则都不能成为特例（RFAC 1924a：2）。尽管皇家美术委员会在后期的确更加倾向提出它所期望其他人遵循的良好设计原则，这一早期的界定指导了皇家美术委员会最初几十年的工作。会议还讨论了委员会应在多大程度上关注方案在经济和工程方面的可行性。关于这一点，委员们决定，由于这些不是艺术表现的问题，方案的可行性不会成为皇家美术委员会建议的一部分。

2）没有实权的工作

皇家美术委员会作为一个没有干预权的组织，其非正式地位使得它相对无力实现一些早期的愿望。它早期的唯一受众是公共机构，当设计审查对其产生影响时，私人组织可以轻松地不考虑其建议。事实上，皇家美术委员会的会议记录显示，在委员会成立的第一年，没有私人开发商来过委员会，而且在委员会成立的第一个十年中，很少有私人开发商征求委员会的意见。这是由于在建立皇家美术委员会的计划中主要对象是公共和类公共机构，同时极大地限制了它的潜在影响。此外，虽然主管开发的公共单位比其私人同行更倾向于出现在委员会面前听取建议，但如果中标者不征求意见，甚至公共项目也可能不受皇家美术委员会的干预。

在皇家美术委员会早期的工作中，它会被指责有点胆小。当然，它的许多建议涉及对公共领域提议的轻微改变，例如它建议皇家炮兵纪念馆（Royal Artillery Memorial）改为面对格罗夫纳广场（Grosvenor Place）——一个无异议地会被采纳的提议（RFAC 1924d）。另一次，皇家美术委员会帮助就一个公墓的布局以及伦敦大学学院（UCL）高尔街（Gower Street）的建筑物如何最好地与周边地区联系提出建议：伦敦大学学院的建筑师更喜欢柱廊，而皇家美术委员会则建议采用有墙的立面，使门廊成为唯一的有柱部分。这一理念被采纳并在今天的伦敦大学学院（图 3.1）中得到了体现。

图 3.1　从高尔街看伦敦大学学院，按照英国皇家美术委员会的建议进行建造
资料来源：马修·卡莫纳

另一个项目是邮政总局委托皇家美术委员会向英国的电话亭设计过程提出建议（RFAC 1924e）。现有的设计（K1）被认为不能令人满意，因此委员会组织了一次竞赛，收集了设计方案，并根据吉尔伯特·斯科特爵士（Sir Giles Gilbert Scott）的意见对获胜方案作出裁决。因此，电话亭变成了 K2（图 3.2）——标志性的英国红色电话亭，成为英国电话亭从 K2 到 K6 演进的很多年间的设计标准。

桥梁问题是委员会最初几年反复讨论的主题，从建筑设计到工程层面，委员们的设计审查都很明显地表明他们很早就喜欢走出之前自封的限制。他们的第三份报告（RFAC 1928）以该问题为主导，并表明了该组织成立以来一直存在的两个早期问题。首先是交通对城镇的影响，其次是设计诚信的重要性。该批评呼应了皇家美术委员会提交议会的第二份报告（RFAC 1926）中首先提出的一个更宏观的关注点，即委员会强烈建议并且经常激烈争论保护重要的城市景观质量（在保护仍是次要关注的时候）。它并不赞成拼贴已有设计的做法，并竭力指出任何建筑师都不应该复制已有建筑设计。相反，他们应该在尊重他们所介入的环境中，自由地探索最新的设计思想。

图 3.2　皇家美术委员会第一年举办的设计竞赛的获奖方案——K2 电话亭
资料来源：马修·卡莫纳

亚历山大·扬森（Alexander Youngson）认为，皇家美术委员会在其早期阶段总体上是成功的，这反映了两个事实（1990：36—37）。首先，它的工作几乎完全集中在距伦敦 30 英里（约 48 千米）半径的范围中。可以说，这种以伦敦为中心的观点贯穿于该组织的整个运作中；其次，这些年来，它主要向它的创办者，并且主要希望得到有关伦敦的建议的莱昂内尔·厄尔爵士汇报。实际上，当向其他人提出建议时可能就不那么成功了，例如当向南非在特拉法加广场（Trafalgar Square）的新大使馆的设计提出建议时，委员会认为这个设计使建筑过于占据主导地位，应该尊重邻近的国家肖像馆（National Portrait Gallery）。建筑师不同意，在实际设计中完全忽视了这个建议。

3. 一个礼貌的机构

约翰·德拉方斯总体上分析了皇家美术委员会的工作，称："多年来皇家美术委员会一直奉行几乎不接受公众评论的谨慎政策"（1994：16），这在早年非常清晰。约翰·庞特说，这一传统至少延续到了 20 世纪 60 年代，那时委员会对"美学控制"的优点及目的的更广泛争论几乎没有造成任何影响，尽管英国已经逐渐认识到了设计治理（当然一部分贡献是由于皇家美术委员会的美学工作的影响）。他认为，委员会的工作是"不引人注意的、谨慎的，是典型的英格兰式的礼貌机构"（Punter 1986：354），以安静和稳定的方式在系统内部工作，不会产生太大动静。

尽管如此，在 1933 年（就在莱昂内尔·厄尔爵士退休时），皇家美术委员会的皇家授权通过以下修订得以拓展重要的权力范畴，反映出它的重要性在逐渐增强：

提醒政府和公共组织注意在皇家美术委员会看来可能威胁国家或公共设施的任何项目。

这是一项重要的创新，因为虽然仍然在系统内工作，但本次修订要求皇家美术委员会变得更加积极主动，使其不仅仅等待事务被提交给它，而有权主动发起调查。在第二次世界大战的预备期，皇家美术委员会越来越成熟，越来越多的政府部门和地方政府（县、自治市、城镇和城市）都在向其寻求建议。结果是，在 1935 年至 1936 年之间，其进行了 100 多项调查[3]，但是在战后时期，在一个更积极和介入主义的环境下，也是对设计十分敏感的时期，委员会的作用才有显著提升。

3.2　第二次世界大战后的皇家美术委员会——1940 年至 1984 年

1. 皇家美术委员会的变化

随着第二次世界大战后国家的焦点从战斗转向重建，规划到建设类领域的各个方面都发挥了新的、更积极的作用，皇家美术委员会（RFAC）工作范围的广度和深度都显著扩大。就广度而言，委员会评估了众多公共领域要素的方案，最著名的是英格兰各城镇的街道照明设施和街道家具。还有更多的艺术性（art-qua-art）项目，包括介入邮政服务的回顾百年纪念邮票的选择，但对真正"美术"的评论相对较少，例如 1968 年至 1971 年之间只有四项（RFAC 1971）。

另一方面，通过评估大面积城镇的详细总体规划来规划城市已成为主要关注点。这种做法一直持续到 20 世纪 70 年代，之后的 80 年代这些宏伟的计划变得越来越罕见。在某种程度上，这种做法一重点反映在皇家美术委员会的成员身上。从 1943 年继承了他父亲衣钵的皇家美术委员会主席克劳福德伯爵 28 世,任命了帕特里克·阿伯克龙比（Patrick Abercrombie）、威廉·霍尔福德（William Holford）和查尔斯·霍尔登（Charles Holden）（The Herald

1949）。虽然战后规划仍然将建筑师进行的物质空间规划作为主要部分，但皇家美术委员会不再是一个纯粹的美学评估委员会。

委员会还受到 1946 年增加辅助权力的激励，使其能够获得与其调查有关的公共部门的文件、地点和人员资料。正如其第 22 份报告所述，委员会甚至可能"要求进入建筑物内或建筑物屋顶之上"以寻求证据来开展工作（RFAC 1985：12）。虽然没有证据证明这种与其早期的做法完全不同的情况实际发生过，但皇家美术委员会很快就开始为其运行建立更加积极主动的形象。例如，到 20 世纪 50 年代中期，如果它看到对公共舒适性的威胁，就会经常向政府部门或地方行政组织提出他们的担忧。

在这种对"公共舒适性"的关注下，它反对一些关键的战后设计和建筑趋势，包括它所看到的许多不合时宜的，在英国范围内提出的纪念性的新建筑，特别是办公大楼。委员们认为，这些人正在掠夺通常重要的为市民或宗教建筑保留的位置（RFAC 1952：4）。当然在建筑或规划方面，这个时期不缺乏纪念性的设计。

2. 委员会和第二次世界大战后的规划

伦敦遭遇了一些首要的规划挑战，在战争期间遭到严重的轰炸。因此，即使战争仍在肆虐，伦敦城也要求皇家美术委员会提供援助，以评估其新出台的计划。该计划包括"交通流量、土地利用、战争破坏、战后重建"和"新交通方案"的地图，以及"重建计划草案"（RFAC 1943a），这些工作在以前是被看作对政府职能的僭越。皇家美术委员会同意评估该计划，但由于实体建造与规划所包含的无数其他城市功能过程之间存在复杂的相互关系，很快就带来了一些危机。在 1943 年 5 月，皇家美术委员会开始将注意力集中在建筑高度和分区问题上，因为它们具有公共舒适性的意义；但在 8

75　月，委员们试图减少他们对规划的美学考虑（RFAC 1943b），接受美学改变是徒劳的，并请求了有关交通和拥堵的信息（RFAC 1943c）。事实上，委员会（以及其他许多人）对拟议的城市规划高度批评，因为它过分关注交通，而忽略了其他布局和建筑问题（RFAC 1945：198—199）。

到1950年，委员会越来越多地扮演规划仲裁者的角色，反对着那些似乎与他们的计划不协调的项目，最显著的是那些破坏了"伦敦郡规划"（County of London Plan，图3.3）的行动，并且也许并不令人惊讶地树立了帕特里克·阿伯克龙比在委员会中的地位（RFAC 1950：9）。因此，虽然委员会明确反对与当地环境相冲突的现代主义规划的一些关键原则，例如高层建筑和汽车主导的规划，但当时，这并没有延伸到所有情况，并且皇家美术委员会倾

向于明确大胆的物质空间规划。

这标志着皇家美术委员在很长时间内有着自身的偏好，随着时间的推移和物质空间规划的过时，皇家美术委员越来越多地哀叹现代规划中没有主动性和前瞻性（Punter 1987：32）。[4] 早在1958年，委员们就写道："仅仅邀请私人开发商提交他们自己的计划，无论建筑是什么样子的都只考虑利益的最大化而不关注规划指导，是完全不行的"（RFAC 1958：8）。后来他们还对市政工程师及其高速公路的规划进行了类似的攻击，他们认为工程师必须在最经济的和最不损害城市美观的道路布局之间进行妥协（RFAC 1962a：8）。简而言之，委员会越来越多地憎恶从现代规划和高速公路工程设计中这两方面的分离。并且它是英国首批认为这种分离会造成损害的公共机构之一。

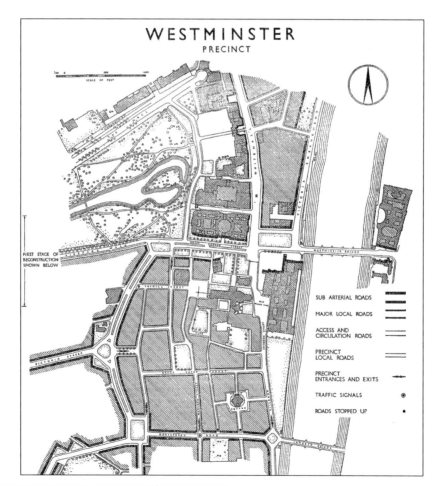

图3.3　委员会反对破坏"伦敦郡规划"中设想的威斯敏斯特区的提议

3. 第二次世界大战后的建筑设计

由于皇家美术委员参与战后重建的范畴广泛，这一时期的许多细节记录都不清楚或遗失。例如，它向议会提交的报告变得越来越不规律，比如在 1971 年提交的第 21 次和 1984 年提交的第 22 次报告之间存在很长的间隔。如前所述，委员会在这个时期的大部分工作还是与建筑设计有关，最重要的是在美学的范围内修复被破坏的建筑物。

保护与新建之间的平衡成为皇家美术委员会审议中一个反复出现的主题，其中认为在无法重建重要建筑物的情况下，重建应该避免模仿，设计应该遵循相同的风格以及相同的高度和体量（RFAC 1962a：8）。此外，委员会不支持建立只是为了获得规划许可的本地特色建筑，并认为模仿通常是不可接受的，新建筑应该遵守主要街景的关系（RFAC 1985：8）。相比之下，新的标志性建筑得到了特别关注和更大的自由，例如其对拟建设的国家剧院的支持，委员会成功地建议应该将其置于泰晤士河附近，以便强调滨水轴线并最大限度地提高公共舒适性（RFAC 1951）。

尽管有着因过时而受到批评的巨大风险，委员会继续表现出对已有环境敏感的强烈设计偏好。众所周知，20 世纪 60 年代初重新开发尤斯顿车站（Euston Station）的计划导致决定拆除尤斯顿路上巨大的多立克式拱门。尽管委员会强烈支持新的车站设计（现代美学风格的设计），但它解释说，拱门对该地区的景观特征至关重要，并对原车站的美感作出了巨大贡献（RFAC 1962b）。虽然公众站在皇家美术委员会一边，并且这一事件促进了新兴的保护运动，但在英国范围内，英国铁路公司仍然不为所动，并没有说服哈罗德·麦克米伦首相（Harold Macmillan）放弃拆除。

这个例子反映了皇家美术委员会充分参与的，在最激烈的（完全更改的）现代主义重建与希望对城市发展作出更感性反应的两方支持者之间的战争（RFAC 1962c）。作为影响更大的一方，它在某些方面取得了胜利，例如整个 20 世纪 60 年代重建皮卡迪利广场（Piccadilly Circus）过程中的一系列建议，而其他方面则失败了。回顾战后萧条时期，委员会观察到："在委员会的批评之后，对建筑物规划和设计进行根本改进的例子并不少见"（RFAC 1985：25）。

1）高层建筑

皇家美术委员会关注的一个主要方面是建造高层建筑的问题，从 20 世纪 60 年代初开始，该问题成为委员会工作的主要主题。委员会本身并不反对高层建筑，也不反对任何偏离历史环境规范的建筑物。例如，皇家美术委员会最初对 1966 年理查德·塞弗特（Richard Seifert）为牛津街设计的中心塔感到犹豫不决，委员们后来形容它"具备值得建造在重要位置的优雅性"[5]。相比之下，委员们强烈反对在海德公园的卡尔沃里住宅区（Household Calvary）建立新的板楼（但后来仍然建成）。他们写给《泰晤士报》的："我希望能够理解这封信并不是关于建筑设计的。它事关更重要的东西，即建筑物的基本尺寸和形状与建筑物落成后所处的场所之间要有联系"（转载于 RFAC 1971：26）。

在伦敦以外，委员们工作的一个很好的例子包括反对在伊斯特本（Eastbourne）海滨规划建设的 14 层酒店，该酒店在海滨占据了过于重要的位置并阻挡许多其他建筑物的景观。为了强调这个问题，皇家美术委员会建议采取区域高度控制，从该处的两层过渡到市中心高层，从而防止他们所说的"畸变"（RFAC 1968）。对于委员会来说，高度问题是一个过渡和连贯性的问题，以及高层建筑下面产生的各种空间："塔楼周围被过度干扰的空间"（RFAC 1971：13）。但正如伊斯特本的例子所示，如果高层建筑具有良好的设计，城市就可能以结构性的方式解决天际线的问题。在这方面，皇家美术委员会继

76

续以每个特定项目为基础评估其设计方案，并在此过程中，与英国的谨慎传统完全吻合（参见第2章）。

2）立场

一方面，皇家美术委员会试图保持严格的、冷静的风格。因此，在委员会的第22份报告中，它指出了为什么它总是在每个特定案例分析的基础上评估方案："现在人们对建筑风格没有共识，风格的种类几乎和建筑师的人数一样多"（RFAC 1985：25）。在这份报告中，委员会对比了昆兰·特里（Quinlan Terry）在18世纪设计的鼓舞人心的里士满（Richmond）河畔和伦敦城的劳埃德大厦（Lloyds Building）相当现代化的设计，这两种设计都获得了委员会的认可，在风格问题上他们拒绝站在任何一边（RFAC 1985：26）。这种立场是它更为关心的对周边环境的关注的一种妥协（图3.4）。在这个问题上，原则上委员会不赞成玻璃幕墙建筑，其辩称"虽然在某些特殊情况下，这种建筑可以是任何尺度的具有很强的适用性，但在大多数情况下，这些优势并没有用处"（RFAC 1985：26）。

然而，皇家美术委员会实际上偏爱更现代风格的气息从未完全消失，而且考虑到委员会委员们的选择，这种偏爱可能是不可避免的，他们当中的建筑师总是属于正统的现代主义风格。1982年，在著名建筑历史学家加文·斯坦普（Gavin Stamp）的采访中，在1979—1994年担任委员会资深秘书的（1979—1994）谢尔班·坎塔库齐诺（Sherban Cantacuzino）似乎证实了这一点。斯坦普（1982）写道："在文化混乱状态，没有普遍接受的风格的时代，委员会必须在一定程度上民主地界定规则并反映公众的态度，否则就不会赢得尊重。另一方面，坎塔库齐诺先生确信'设计标准'的存在，委员会应该鼓励好的现代设计，拒绝那些即使公众想要但被认为是胡拼乱贴的东西。"对斯坦普来说，这里的确有一个矛盾。但对于皇家美术委员会来说，这

图3.4　（ i ）里士满河畔（1984年）和（ ii ）劳埃德大厦（1979年）。对比鲜明的建筑，都因其好的设计质量非风格受到皇家美术委员会的称赞
资料来源：马修·卡莫纳

仅仅是一个支持某种他所认为是好的设计风格的问题。

4. 稳步前进

在第二次世界大战后的40年左右，直至其报告涵盖的1971年至1984年这段时间结束时，皇家美术委员会的工作继续发展和壮大。皇家美术委员

会自身的报告说，到该时代结束时，它不仅向政府部门和地方政府组织提供咨询，而且向整个英格兰和威尔士的国企、私人公司、开发商和公共组织提供咨询（RFAC 1985：13）。用今天的术语来说，委员会的许多工作可被描述为"城市设计"，不过委员会并没有明确提出城市设计作为一门学科的专用术语或理论思想，同时委员会可能展现出无力实现自身进步的姿态，但事实并非如此。

相反，随着 20 世纪的发展，皇家美术委员会可能会被隐晦地说成是在一系列"改革"状态下，在主席的领导下采取"稳步前进"的方式，比如公务员布里奇斯勋爵（Lord Bridges）和后来著名的工程学教授德曼·克里斯托弗森爵士（Sir Derman Christopherson）。他们都不相信彻底变革。在他的回忆录中，曾担任委员（1958—1972 年）的建筑作家 J. M. 理查兹（J. M. Richards），认为委员会因"习惯性的不愿意公开发表意见，并在较早的阶段就宣布对任何提案的担忧，进而招致公众意见"而蒙受损失（1980：24）。

这与它现在更加繁重的工作量共同表明，委员会往往倾向于被动工作，而不是试图引起公众轰动。其他的舆论则不那么友善，例如《每日电讯报》把这一时期的皇家美术委员会描述为"长期连一份年度报告都懒得写的[6]，昏昏欲睡的半官方机构[7]"。因此，在 1954 年的第 12 次报告中，委员会抱怨说，设计方案经常不是没有征求意见就是在已经为时已晚而无法充分考虑它的建议时才去咨询，到 1971 年它声称"有时它的建议被忽视或推翻，甚至这种做法可能主要是政府部门所为"，"应当指出的是，它的失败比成功的方案更需要被关注。"然而这些"很少被注意，因为它的成功的部分工作是通过更加有效的推理和说服来完成的"（RFAC 1971：9）。加文·斯坦普（Gavin Stamp）在《观察者报》（The Spectator）中写道，在回顾皇家美术委员会最初 60 年的工作时，他表示赞同："当我开始

研究，我很想把皇家美术委员会看作一个无用的半官方机构，但现在毫无疑问，这些年它通常能够发挥作用，如果它的建议被更多地采纳，伦敦和英格兰将会更好"（1982：29）。

3.3　后期——1985 年至 1999 年

1. 看门狗，一把新扫帚

20 世纪 80 年代时，经过几十年的认真、重要但经常被忽视的工作之后，皇家美术委员会角色的转换早该发生。这一转换是在任命富有魅力的保守党政治家、前下议院领袖、同时担任玛格丽特·撒切尔（Margaret Thatcher）领导下的艺术部长诺曼·圣约翰 – 斯特瓦斯（Norman St John-Stevas MP）主席 [后来的费斯利圣约翰勋爵（Lord St John of Fawsley）] 上任后开始的（Kavanagh 2012）。虽然他担任主席的职位并非完全没有争议，当时的环境部长帕特里克·詹金（Patrick Jenkin）在授予他该职位时，明确授权他需要提高皇家美术委员会的形象，并对开发商等机构产生更大的影响（Chipperfield 1994：26）。正如在他的讣告中所说："人们希望对他的任命能为委员会注入一剂强心针，事实的确如此。但批评者指责他把该委员会变成了个人宣传工具（一份年度报告刊登了不少于六张全彩照片，主席在大人物们的陪伴下摆出一个个姿势），而且把他任性的偏好放在专家们的意见之前。"[8]

然而，尽管他有着这样的风格，在 20 世纪 80 年代后半期，委员会确实开始通过其声明和游说显著影响国家的设计治理进程（Punter & Carmona 1997：16）。考虑到所处时代，在一定程度上这是了不起的。因此，在 1980 年，新保守党政府承诺解除私人企业的束缚，发布了第 22/80 号通知（"发展控制"），规定了政府对设计的意见。这直到 90 年代才有所改变。最重要的一点是基于设计本质上

是主观的这一观点，设计控制被限制只能在环境敏感地区施行（Carmona 2001：28）。鉴于这一背景，要求皇家美术委员会"提高水准"的指令显然背离了当时的政治环境。

皇家美术委员会在时隔了很久后才发表的《第22次报告》中批评了政府政策的这种转变，这样做与政府将设计定性为主观，并将控制定性为干预相矛盾。对于皇家美术委员会，每个建筑都应该考虑其背景和环境，并且不应该高于总体上"已经提出的布局和设计的标准"（RFAC 1985：21）的规划考虑。其对政府政策的批判在其后一个报告，也是在圣约翰-斯特瓦斯的领导下的第一个报告中延续。在该报告中，公共干预不能取代优秀的建筑师和赞助人。但当需要时，设计的公共评估可以"在城市模式、建筑高度和规模方面相当连贯地表述清楚"（RFAC 1986：12），换句话就是说公共干预有时还算客观。

在政府政策中很难解释这种矛盾，一方面支持皇家美术委员会的工作，另一方面阻碍城市的美学控制。最有可能的原因是，委员会的工作与少数例外方案的有限授权以及保护历史地区的设计质量有关。这一猜测在政府第8/87号通知（"历史建筑和保护区"）中进一步提升皇家美术委员会国家作用中得到体现，该通知特别提到了委员会在就历史敏感地区的设计提供咨询方面的作用（DoE 1987：第26段），之后，此作用在1994年通知的续编PPG15（"规划和历史环境"）中得到加强。就这个方面，皇家美术委员会很清楚，它的建议不应该再局限于伦敦和"最好的历史城镇"，而应该扩展到"英格兰和威尔士的普通城镇"中的重要场所（RFAC 1985：21）。

2. 更加坚决自信的皇家美术委员会

政策变化缓慢，直到1991年才开始改变，并且直到1997年才开始实质性改变，但到了20世纪90年代，皇家美术委员会开始对其设计观点更加自信和坚决。这主要是通过一项出版计划来体现的。其中一些是委托创作的，一些是皇家美术委员会举办的研讨会或展览的结果，还有一些是根据委员们评估经验在内部创作的。

在1980年至1999年期间，出版了16本书，其中一些是关于皇家美术委员会认为具有重大挑战的主题，例如民间主动融资（PFI）下的设计模式以及轻轨系统的设计。其他则分为三大类：城市及其街道的管理与更新、历史建成环境中的设计及有效客观评价美学质量的原则。这些报告的影响是很难衡量的，尽管杰弗里·奇普菲尔德爵士（Sir Geoffrey Chipperfield）在评论皇家美术委员会的工作（见下文）时没有留下什么印象。他争辩说，"我不清楚这些文件如何与委员会的详细工作相关，也不清楚从业人员和规划机构在审议单个方案时是否发现它们有价值"（1994：5）。当然，许多报告都失传了，但其他报告，特别是那些涉及城市管理和城市更新设计的报告提出的观点，已经在21世纪初城市设计与城市更新之间的联系变得更加重要之前，被广为流传了。

同样，皇家美术委员会关于美学的观点是20世纪80—90年代关于这一主题唯一积极的"官方"陈述，它毫不掩饰地论证美学在建成环境中的重要性以及公共部门在帮助保证美学方面的作用（例，RFAC 1980，1990）。在其过程中，他们回应并扩大了对20世纪80年代末，即威尔士亲王领导下的振奋期期间英国不佳的建成环境状况以及为了解决它而制定的畏手畏脚的规划（Punter & Carmona 1997：30）。作为回应，当时的环境大臣彭定康（Chris Patten）在皇家美术委员会的一次开创性的演讲中接受了重新定义政府指导设计的必要性，地方政府也应该在为建筑师和开发商提供指导方面发挥作用。演讲的成果是皇家城市规划协会（RTPI）和英国皇家建筑师学会（RIBA）的联合声明，它作为政府的官方声明，旨在取代政府第 22/80 号通知中的建议，这个建议于 1985 年和 1988 年在 PPG1（"总政策和原则"）中得到重申（Tibbalds 1991：72）。经过环境部（DoE）稍加修改后，该声明被纳入政府指导内容，作为修订后的 PPG1 的附件 A 于 1992 年发布。

虽然其中没有提到皇家美术委员会的作用，但它在提出新的指导方面发挥了重要作用，并于 1994 年发布了自己最权威的报告《是什么造就了好的建筑》（What Makes a Good Building）（RFAC 1994a）。该报告仍然是为了形成公正的审美判断而制定的建筑设计标准中最为清晰表述的文件之一。它围绕六个标准阐述：秩序和统一、表达、完整性、计划和部分、细节以及整合（"整合"一部分后来被分为：选址、体量、规模、分配、韵律和材料）。该报告认识到应当避免将普遍原则变为教条的必要性。报告强调：一座建筑物虽然可能满足每一项"标准"，但仍不是一座好建筑；相反，不符合任何"标准"，建筑物也有可能是一座好的建筑。从本质上讲，就像皇家美术委员会自 1924 年以来一直在做的那样，这个报告加强了设计质量控制中专家评估的必要性和价值。

3. 评估项目

在所有出版物记录中，皇家美术委员会评估了提交的设计中不到一半的数量。在 1994 年的 331 个中有 139 个，其中大约三分之二位于伦敦（RFAC 1994b：12）。虽然皇家美术委员会仍称其会对影响视觉的环境，特别是公共场所和建筑艺术的所有事项提出建议（RFAC 1994b：43），但实际上计划必须至少满足以下四个关键标准之一才会被评估：

- 这项项目是否具有国家重要性？
- 这个场地是否具有国家重要性？

- 此提案是否会对敏感环境产生重大影响？
- 该方案是否提供了升级周围环境质量的机会？

到目前为止，委员会的规模从 1924 年的 8 位委员到 20 世纪 90 年代的 18 位，增加了一倍多。和以前一样，其中一半是建筑师，通常有一名土木工程师参与涉及工程事务的咨询。尽管现在通常有非建筑师身份的女性代表，该小组仍然由白人男性主导。[9] 为了处理繁多的工作，收到的计划首先由委员会秘书筛选（通常减少一半）（Chipperfield 1994：5），然后提交给三或四个委员，每月召开一次会议评估优先提交方案的"筹备委员会"。然后，秘书或副秘书和代表委员们将在十天后召开委员会全体会议前访问该项目场地。

通常，项目由建筑师在有关方在场的情况下提交给委员会。有关方包括总是被要求参与其中的规划官员和客户。然后在会议结束后尽快向所有在场的有关各方发出一封附有委员会意见的信件（包括查明任何设计缺陷，并酌情确定补救措施）。除非委员会认为有必要公开，这些信件仍然会是私密的。信件分为四种类型（RFAC 1985：11）：

- 立即热情地赞成项目。
- 可接受的项目，但不作出任何特别推荐。
- 如果缺陷得到改善，可以接受的项目。
- 不可接受的项目。

在其第 32 次报告（RFAC 1994b：13）中，皇家美术委员会指出绝大多数（78%）提案在委员会的要求下以某种形式进行了修改。主席说"这是委员会在缺乏对其他群体强制权力前提下令人鼓舞的结果"（RFAC 1994b：13）。然而，对于那些属于第四类的项目，在 1985 年之后，委员会越来越不倾向于采取行动，评估信件基本是由主席自己写的。例如，他们谴责一项计划为"景观上的污点"。和一场"建筑灾难"（费斯利圣约翰勋爵引自Fisher 1998）。建筑评论家阿曼达·巴利欧（Amanda Ballieu，1993）在《独立报》（The Independent）发文"整体来说"同意皇家美术委员会的方法，委员会的决定有助于提高英国公共设计和建筑的质量，并举例皇家美术委员会在"阻止政府在诺丁汉城堡的影响下为内陆税收署建一个平庸的新总部"的构想。

在此期间，皇家美术委员会评估的项目保持了多样化，包括基于场地的总体规划和建筑以及公共艺术、公共空间、照明和主要基础设施等。但值得注意的是，委员会参与战略规划的情况已经停止。委员会参与过的一些较大项目涉及伦敦的交通基础设施，包括后来成为横贯城铁工程（Crossrail）的早期计划。

对于诸如此类的公共工程，皇家美术委员会始终批评削减成本的尝试会导致"简陋工程"（RFAC 1994b：37）。关于街道空间项目，它继续进行着至少可以追溯到20世纪50年代的一贯批评，它被视为街道杂乱的扩散。基于这些理由，在20世纪90年代初期，它因为大量的护栏批评了伯明翰维多利亚广场的计划，但该项目后来很快成为英国设计导向型城市复兴的国家标志。在这个方案中或其他地方，委员会总是准备着承认错误，并在访问完成的工程后承认维多利亚广场取得了巨大成功（RFAC 1994b：28；参见图3.5）。

20世纪90年代民间主动融资（PFI）在英国启动时，公共部门削减成本是皇家美术委员会关注的焦点。[10] 委员会避免支持民间主动融资的政治和经济合理性，如果需要削减成本，或者为了最大限度地提高利润，开发商会"将商业用途塞进每个缝隙中"（RFAC 1995：8），那么良好的建筑会被视为"浪费的"，进而产生不良影响。

伦敦城在其后期仍然是委员会关注的问题，因为普遍建设的整体式办公大楼对街景和城市景观

图3.5　伯明翰维多利亚广场，在设计阶段受到委员会的批评，但后来被称赞为巨大的成功
资料来源：马修·卡莫纳

的贡献几乎为零（RFAC 1995：15），关键问题在于大体量建筑物如何以统一的模式进行分布。和其他地方一样，在这里建筑高度仍然是委员会一直关注的问题，尽管它的回应比早些年更为轻松，也许接受了伦敦现在是一个在建筑高度上更加多样化的城市。如果结果是更加纤细和有吸引力的形态，委员们甚至不时建议建设更高的建筑（RFAC 1995：16）。相比之下，当诺曼·福斯特（Norman Foster）提议在现今福斯特的"小黄瓜"（Gherkin）场地建造386米高的城市千禧塔时，"委员会毫不怀疑设计方案本身的精彩程度"，但仍然认为环境品质的提升仅仅依靠建筑设计是不够的，因为它"很显然考虑的范围不够，思考的对象不应仅仅局限在伦敦城，而应该考虑整个大伦敦地区"（RFAC 1996：14）。

至于历史建筑，委员会支持的前提是它保持原有结构特征并进行富有适应性的再利用。例如，在赫尔佐格和德梅隆（Herzog de Meuron）特南华克（Southwark）的岸边旧电站设计改造成泰特现代美术馆（Tate Modern）时，尽管他们发现了将烟囱改造为观景塔中的问题，但委员会还是给予了支持。这个元素后来从方案中删除（RFAC 1995：

图 3.6　大英博物馆大庭院的标志性三角形网格穹顶，是皇家美术委员会干预的直接结果
资料来源：马修·卡莫纳

21）。与此同时，福斯特事务所重新设计大英博物馆内部庭院和阅览室的方案经过了委员的评估。此方案中，委员会不赞成用各种桥将历史阅览室周围的新中央空间与现有画廊空间连接起来。此外，它要求建筑师重新考虑为引人注目的新玻璃穹顶设计矩形肋板。修改后的设计满足了每一个建议（RFAC 1995：25），只有一个桥连接，并且设计了标志性三角形图案的玻璃穹顶（图 3.6）。这种干预措施，有些是小的，有些是大的。档案中充满了这样的案例，它们是皇家美术委员会的工作基础。

4. 政策转变和问题凸显

虽然皇家美术委员会的日常工作在整个 20 世纪 90 年代仍在继续，但一项重大变革正在逼近，最终将导致皇家美术委员会的消亡，并催生长期

渴望的对设计更友好的政治环境。特别是约翰·古默（John Gummer）在 1993 年被任命为环境事务大臣后，他个人对保护环境的兴趣，大大加速了在彭定康任职时期已经开始的设计方面的政策转向。

1994 年，他发起了"城乡建设质量"倡议，阐述了政府在设计和当地环境问题上变化的思想，从对美学的关注转向了城市设计。在发起这项倡议时，古默反对"侵蚀大量地方色彩的同质化设计""同质化的单调建筑"，以及城市设计被称为"因反对 20 世纪 60 年代设计泛滥而现在成为一个被忽视的专业"的论调（Gummer 1994：8，13）。这是大臣们第一次直接讨论"城市设计"，并且随着时间的推移，新的思想在 1997 年修订后的"一般政策和原则"（PPG1）中予以补充。修订后的政策无疑打破了原有模式（Carmona 2001：72），明确指出"良好的设计应成为所有有关发展进程的项目目标，并应在所有地方受到鼓励"（DoE 1997：第 3、15 段）。

此声明一直持续到 2005 年，但保守党政府在 1997 年晚些时候被改革性很强的新工党取代，并且约翰·普雷斯科特（John Prescott）担任新成立的大型部门——环境、运输和地区部（DETR）的主管大臣。新工党是一支务实的团队，普雷斯科特是一位精明的政治家，他立即看到古默在城市设计方面取得的成功。因此，他迅速采用提升对优秀设计追求的方针，这是他实现更大抱负，即英国城市复兴的关键手段之一。那么在所有这些变化中皇家美术委员会的地位在哪里？似乎无处可见。

1）处在灾难中的委员会

在圣约翰勋爵（Lord St John）于 1991 年当选剑桥大学伊曼纽尔学院（Emmanuel College）院长之后，皇家美术委员会开始出现问题。虽然他在皇家美术委员会的职位没有报酬，但他是指导组织工

作和优先事项的核心，因此当他为了追求学术政治，开始为了证明其自身而转移工作重心时，"他在伦敦皇家美术委员会办公室的频繁缺席引起了人们的注意。"[11] 更糟糕的是，这发生在委员会的权利不断扩大的时候，这种扩大至少一部分得益于圣约翰勋爵先前的努力。现在的期望是"对美学设计和建筑标准产生'一般性'影响"（Youngson 1990：113），途径则是通过例如各种研讨会和出版物，以及与其他重要机构的联系，访问英国各地当地的政府，以及体现在对位于伦敦的外国使馆和英国驻外使馆的设计审查中等。

随着拥有更重要的角色和更高大的形象，皇家美术委员会的工作也受到了更多的公众监督，这"导致皇家美术委员会第一次遇到真正的敌人"（Ballieu 1993），包括重建主祷文广场（Paternoster Square）的计划。在 20 世纪 80 年代，由奥雅纳事务所（Arup Associates）设计的现代主义方案赢得了这一在圣保罗大教堂影响下的重要项目的国际设计竞赛，然而之后思维僵化的威尔士亲王干预该方案使其被抛弃。皇家美术委员会反对了特里·法雷尔爵士设计的传统风格方案，引起了设计者相当大的不安。他认为皇家美术委员会太拘泥于现代主义的思维方式（Ballieu 1993）。尽管委员会提出了反对意见，法雷尔的计划最终还是获得了规划许可，不过在 20 世纪 90 年代初的经济衰退中被取消。当经济复苏时，下一个方案可以说是避免争议并保证有所进步的妥协结果[12]（Carmona & Wunderlich 2012：99）。在皇家美术委员会运行的最后一年该项目获得了规划许可，并在此过程中获得了皇家美术委员会的支持（图 3.7）。这些例子说明了设计过程中过多群体参与时的危险，是设计治理（参见第 1 章）长期被诟病的地方，认为这些过程可能会无意中导致"方案最终成为评估机构的设计"。

主席对委员会业务的不当影响也逐步扩大，特别是个人特有的，尤其是对国际建筑师的建筑偏见

图 3.7　主祷文广场妥协后的最终方案
资料来源：马修·卡莫纳

（Ballieu 1993）。为应对这种焦虑，1994 年政府要求退休公务员杰弗里·奇普菲尔德爵士对委员会进行评估。评估从一开始就不是很友好，在最后的报告中，他暗示了他认为委员会的任务有含糊不清的缺点。他的结论是，虽然认为委员会的工作有价值的评论很广泛，且重要的是政府本身相当重视在重大项目中第三方评估者的角色。但"也有人说委员会运用了专断且缺乏一致性的方式"，包括过于脱离经济现实（Chipperfield 1994：6）。

奇普菲尔德个人观点几乎没有什么影响，他只是作为经验丰富的公务员，给大臣们提供资料，同时默默影响着大臣们的判断。因此，奇普菲尔德（1994：23）建议缩减与评估计划任务没有明确相关的活动（例如调研、出版和与委员会工作有关的宣传），同时应加强委员会的核心评估活动和法定规划过程的联系。关于后者，他建议皇家美术委员会考虑何时进行对开发计划的介入，以及未能提出适当评估或未考虑委员会意见的后果是什么。贯穿报告的一种感觉是，奇普菲尔德认为委员会已超越其皇家机构规定的职权范围，并且越来越盲目地拓展着自身的作用范畴。

尽管国家遗产部（DNH 1996）对皇家美术委员会现在的衰落有责任[13]，但它仍然对奇普菲尔德的

报告不屑一顾。它强烈支持皇家美术委员会主席，并认为"委员会在公共关系和出版物的活动是提升其整体影响的一个重要因素"。在此基础上，圣约翰勋爵于 1995 年第三次被任命，此时奇普菲尔德对皇家美术委员会的质疑声犹存；在仅仅三年后对该委员会的质疑声再次响起，而这一次更加严重。事后看来，主席似乎并没有将奇普菲尔德报告列为该组织的一项严肃考量对象，并且国家遗产部的默认似乎使其对调查结果有些自满。这一点在约翰·古默的"城乡建设质量倡议"的各项活动中体现得尤为明显。这一系列活动可以说是提升政府内部对设计重要性认识和提高形象的难得机会，但皇家美术委员会在其中几乎没有发挥作用。回头来看，皇家美术委员会可能被期望在推动该倡议方面发挥关键作用，作为推进设计议程和强调这些问题上发表国家层面声明的手段。正如媒体在 70 年前提出的那样：积极参与英国的美化运动（RFAC 1924b：2）。

无论是因为缺乏话语权（因为"城乡建设质量倡议"由赞助皇家美术委员会的政府部门之外的其他政府部门领导），或者因为主席只是被其他事情分散注意力，皇家美术委员会在这一时期碌碌无为，而越来越多地被指责为精英主义、秘密性、被动和任人唯亲（Ballieu 1993；Fairs 1998；Fisher 1998）。因此，甚至在工党于 1997 年上台之前，皇家美术委员会就是被工党攻击的目标之一，其被指责为："它只有一个简单的目标：成为一个不民主的、精英主义的、名不副实的半官方机构。撒切尔夫人的保守党人手下负责该委员会，是固守于阴沉的圣詹姆斯广场的过时机构"（Fisher 1998）。

2）取缔

在 21 世纪这个变革的时代到来之时，1997 年的选举结束了保守党 18 年的统治。像所有新政府一样，新政府开始对公共支出进行基本评估，并在此过程中对皇家美术委员会进行评估（Simmons

2015：408）。

CABE 的出现无疑是英国政府政策支持设计的一个分水岭，但它建立在已经发生的变化的基础之上。城市问题和设计正走在政治思想的最前沿，用 CABE 成立之初委员的话来说，"当工党在 1997 年当选时，在内阁或权力机构中有很多人拥有设计方面的信息。"托尼·布莱尔对这个新的城市议程持开放态度，他的副手约翰·普雷斯科特积极寻求解决方式，而其他关键人物如艾伦·豪沃思（Alan Howarth）以及之后的马克·费舍尔（Mark Fisher）作为国务大臣在赞助部门（现在的文化、媒体与体育部，DCMS）具有很高的影响力。这种情况带给业界极大热情，用一位城市设计师的话来说："我们都被他们想要带来的能量和变化所鼓舞了。"

新任文化、媒体与体育部的国务秘书克里斯·史密斯（Chris Smith）于 1998 年出版了一份关于艺术的报告，其中说明了对皇家美术委员会的评论以及对几种处理的意见，包括彻底废除，这是真正改变的第一个迹象。在这个阶段，皇家美术委员会对结果仍保持乐观，皇家美术委员会的最后一位秘书弗朗西斯·戈尔丁（Francis Golding）评论说："我们看不出他们能提出除我们所想要结果以外的任何提议"（引自 Fisher 1998），即保留一个强大的独立机构，但拥有新的权力来调用提出具有国家意义的设计问题的规划应用程序（Lewis & Blackman 1998）。但是，虽然很少有人准备在文件中反对皇家美术委员会（因为担心他们的工作会受到影响），在幕后却已经暗藏杀机。

一个更激进解决方案的建议得到了两个关键组织的特别热情支持，第一个比较谨慎，第二个，不那么谨慎。在英国，拼凑而成的具有不同程度影响力的城市设计相关机构已经存在。虽然它们已经在设计治理领域中成为一种重要的力量，但直到"城乡建设质量倡议"所带来的时机，他们才聚集在一起组成"城市设计联盟"（UDAL）[14]，这是一个能够与政府进行持续对话的机构。通过城市设计联盟，专业设计机构终于从沉睡中醒来，认识到他们将城市设计联合起来（经常是分开的）的共同责任。虽然这个共同的承诺持续不到十年，但是城市设计联盟说服了克里斯·史密斯，一种基于美学无力的设计观点已不再合适。[15]

更重要的是，这一跨学科的城市议程得到了支持，并通过由罗杰斯勋爵（Lord Rogers of Riverside）领导的城市工作组（Urban Task Force）的工作得到进一步展现。该工作于 1998 年由约翰·普雷斯科特领导，旨在确定城市衰落的原因并提出前进方向。由此产生的报告《走向城市复兴》（Towards an Urban Renaissance）得出的结论是：英国城市设计和战略规划的质量落后于欧洲其他地区实践 20 年，并基于两个理念提出了广泛的建议："城市更新必须由城市设计主导"（城市工作组 1999：7），并且需要政府领导。虽然报告本身直到 1999 年才公布，但城市工作组此前已将其关于皇家美术委员会的观点提交给英国文化、媒体与体育部，在给克里斯·史密斯的一封信中，理查德·罗杰斯（Richard Rogers）写道："我们明确表示不支持简单地修改建筑功能。事实证明，皇家美术委员会在处理地方政府、开发商和其他人的咨询需求方面过于被动并且不具时效性"（引自 Fairs 1998）。一个全新的、目的明确的新阶段正在酝酿中。

1998 年 12 月，克里斯·史密斯宣布，从第二年秋季起，皇家美术委员会将停止运作，其职能由一个有更广泛和更主动的职权范围的新组织继承。他的咨询文件显示出受访者对新建筑机构的强烈偏好（60%），四分之三的受访者认为这样的机构应该保持独立，并且几乎所有人（95%）认为它应该具有强大的区域地位（Lewis & Fairs 1998）。

新机构的细节起初有些粗略，这让费斯利圣约翰勋爵（Lord St John of Fawsley）在宣布时表达了"深

深的遗憾"，他称之为"轻率的思考"（引自 Lewis & Fairs 1998：1）。然而，总体方向很明确，史密斯认为新的机构应该"不仅仅面向建筑，而是能够普遍地为城市设计真正发声的机构"（引自 Lewis & Blackman 1998），而艺术部长艾伦·豪沃思则认为机构需要"将更好的建筑推广到更广泛的地区"（引自 Baldock 1998），其教育意义希望延伸到伦敦美学家的"神圣处所"之外。新机构将吸收每年原本给皇家美术委员会的资助金 70.5 万英镑，以及艺术委员会的建筑资助计划（22 万英镑）和皇家艺术学会艺术与建筑资助金（10.5 万英镑），并承诺从次年开始注入额外的 30 万英镑。与皇家美术委员会一样，它不会由建筑师领导，以避免与特定建筑风格挂钩（Lewis & Fairs 1998）。

至于建筑与建成环境委员会其名称，来自次年在特里·法雷尔担任城市设计联盟主席期间，他们说服了部长们将"建成环境"（BE）一词添加到"建筑委员会"（CA）中才得以确定。"建筑委员会"是文化、媒体与体育部从前青睐的名称。皇家美术委员会于 1999 年 7 月 31 日不复存在，CABE 立即接管了其员工和场所，并在时间上无缝衔接地继续进行设计审查。

3.4　结语

在其存在的 70 多年中，皇家美术委员会在英格兰和威尔士的建筑领域取得了重要的成就，其影响对象包括建成的和未建成的项目。这种影响很难量化，因为在该组织对项目进行审查的日常工作中，大部分影响都没有得到重视并存在不确定性，尽管如此他们的工作还是鼓励了那些站在其前面的人在需要时进行反思，并明确支持好的设计。正如加文·斯坦普早在皇家美术委员会被取缔之前所说的那样："我绝对不会废除或改革皇家美术委员会，我们每迈出的一步都是对于野蛮建筑行径的阻止。

另一方面，矛盾的是，皇家美术委员会不可能有权执行其建议。因此，委员会可能不会被尊重并可能滋生腐败。委员会有所偏倚可能是危险的事情。皇家美术委员会试图实现一种文明的平衡。约翰·萨默森（John Summerson，建筑历史学家，皇家美术委员会委员）认为整体来说，该机构以一种有趣的但并不十分清晰的方式而做得很好……我现在更倾向于同意这点"（1982：30）。

对于亚历山大·杨森（Alexander Youngson）来说，委员会的判决从来都不是绝对可靠的，实际上他们也不能解决那些未必有最优答案的设计问题。即使只是通过防止最恶劣形式的不合理设计，他们也是"一个经验丰富但不完全专业的机构，没有强制性，既强大又处在非常特殊的位置"去解决这些问题（Youngson 1990：109，115）。他认为这一角色得益于委员会的两个关键特质，第一是独特的作用，贯穿于建筑、规划和工程的设计层面，倾向于比所要求以更细节的方式看待事物。第二是独立性："压力可以施加在当地政府或官员身上，有时甚至可以施加在国家政府和官员身上，但不会是（他相信）在皇家美术委员会身上。"

1994 年调查的作者杰弗里·奇普菲尔德不同意这一观点，并且后知后觉地但又正确地认识到"委员会并没有，也不可能完全脱离当时的政府行为。"在这样的背景下，令政府感到失败或尴尬可能是一种危险的职业。最终，该组织的生死就掌握在部长之手。当皇家美术委员会对 2000 年第一任市长选举时的伦敦新市政厅大楼提出强烈批评时，情况确实如此。正如住房规划和建设部部长尼克·雷恩斯福德（Nick Raynsford）所说："他们只对河另一边的伦敦塔的潜在不利影响感兴趣。而对新建筑没有任何兴趣"（图 3.8）。对于他来说，"这点非常关键，因为当时被认为是建筑设计监督者的一个机构对遗产保护感兴趣，但实际上并没有真正关心促进良好的现代建筑。"这可能是对当时参与了完整工作的委员会的误解，但

图 3.8　伦敦市政厅，大伦敦当局的所在地，由诺曼·福斯特设计，但遭到皇家美术委员会的反对，并被嘲笑为达斯·维德的头盔、潮虫、洋葱和玻璃睾丸等
资料来源：马修·卡莫纳

这个印象在强大的新环境、运输和地区部（DETR）响应文化、媒体与体育部（DCMS）关于皇家美术委员会未来的评估时，影响了它的前途。

皇家艺术委员会能够发挥的影响是没有正式权力的，而靠的是集体声望和单个委员的声誉，这些作为皇家委员会的权威性的来源及其坚定的信念：通过行动，建成环境的设计将得到改善。其委员的水准和经验当然非常高。正如一位前雇员评论的那样，"皇家美术委员会的平均年龄相当高，这有点像老一辈，但不一定是坏事。他们拥有丰富的经验和权威性。"据报道，在圣约翰勋爵任职期间，委员会的服务价值被估算为每年 50 万英镑（Youngson 1990：115）。

多年来，委员会因其权威性的些许增加而变得越发大胆，并且在之后的几年中在需要时更有力地进行了干预（Delafons 1994：16）。然而最终，正

如委员们自己承认的那样："控制不能将糟糕的建筑转变为良好的，因为它不能将糟糕的建筑师变成优秀的。而良好的建筑需要优秀的建筑师"（RFAC 1971：11）。因此，他们的影响总是有限的，尤其是因为作为位于在伦敦的一个评估小组，它只能抓住需要完成的工作的表面意义，且尽管实现了干预，但却没有权力执行其决定，也没有资源提供帮助，仅仅可以提一些建议。

其至这些建议的原则也在变化，皇家美术委员会对建筑高度、对设计的细节发表评论等问题的看法也存在明显的转变。总的来说，委员会称不再关注短暂的建筑风格，而是更关注持久的品质，如相对规模、体量、建筑真实性和表达清晰度。这些可以通过他们的评估项目及对政府20世纪80年代和90年代的限制性政策框架坚定的批判来证实。

与其继任者（CABE）不同，皇家美术委员会从不羞于以美学术语阐述其论点，这给人的印象是皇家美术委员会首先关注的是一种相当狭隘的美学观点，这是一种在整个过程中始终存在的观念，并最终导致其消亡。在某种程度上，这种印象掩盖了它对被战争破坏的英格兰（特别是伦敦）的重新规划的积极影响，以及它对公共领域，关键公共空间和基础设施设计长达四分之三世纪的影响，这些都是不容小觑的。尽管如此，委员会的审议仍主要基于一种审美观点，这从城市规划的建议到对公共艺术的批评，在整个工作过程中显而易见。

在很长一段时间里，委员会似乎常常反对建筑界的时代精神，不仅体现在支持保护重要的历史地标和城镇景观上，也体现在支持本地发展精心制订的计划。然而，由于其工作往往是秘密而且是幕后的，该组织至少直到20世纪80年代基本上没有受到批评。在80年代，皇家美术委员会再次对抗时代精神，但这次是反对政府对设计的态度，而不是任何特定的建筑运动。在这个时候，委员会在提高

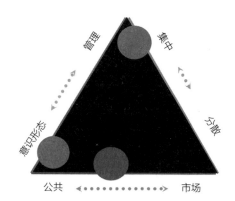

图3.9 皇家美术委员会的设计治理模型（见书后彩图）

设计高度有关议程方面发挥了重要作用，并且大体是在反对这个以自由市场为首要地位的国家。但是，当它从幕后走出来时，就也成为更多批评的目标。当最终出现在20世纪90年代中期的公共政策转向设计时，其主席的不当影响让它看起来变得不公开，并且有些精英主义，与这个现在即将进入21世纪，并不那么传统的国家的现状脱节。"斧头"出现时，面前是一颗容易被砍倒的"树"。尽管它对国家有巨大的贡献，但是很少有人哀叹它的离去（更准确地说，是被CABE的出现取代了）。

将皇家美术委员会的工作与基本城市治理特征（图3.9），即第1章中所提到的运作、权威、力量联系起来，该组织可以被描述为：

- 方向明确的——毫不妥协地专注于单一核心目标，改善国家建成环境的美学，并顽强地使用非常有限的非正式工具来解决它（设计审查和后来的实践指导）。
- 集权的——它是单一的国家层面的设计声音，但坚持追求独立解决问题，却苦于没有强大的政府权力来支持实现其目标。
- 公共导向的/被动的——100%由国家资助，但国家层面的诉求高过了其真正层次和建议的可信度，使其最终表现得很弱势并依赖其他公共或私人力量以实现其建议。

注释

1. 虽然皇家美术委员会的存在延续到工党第一个管理期开始之后的两周，1924 年 2 月份才真正开会。

2. 当时，委员会的工作描述成对计划进行"问询"（enquiry）。而后来的 CABE 大规模采用"设计审查"（design review）来描述其自身的活动，这一术语才在英国广泛使用。然而，皇家美术委员会的巡查建议涉及评估设计方案并对其优点作出判断，因此本章使用术语"设计审查"作为本书的通用术语。

3. http：//hansard.millbanksystems.com/commons/1936/dec/08/royal-fine-art-commission

4. 正如 2014 年"法雷尔评估"中的建议所证明的那样，对英国规划的批评持续引起强烈共鸣（参见第 5 章）。

5. http：//londonist.com/2012/05/londons-top-brutalistbuildings - London's top Brutalist buildings

6. www.telegraph.co.uk/news/obituaries/9124613/Lord-St-John-of-Fawsley.html

7. 准自治的非政府组织。

8. www.telegraph.co.uk/news/obituaries/9124613/Lord-St-John-of-Fawsley.html

9. 例如，1985 年委员会中有四名女性，其中一名是建筑师（RFAC 1986）。

10. 民间主动融资（PFI）是一种公共—私人伙伴关系形式（PPP），其中私营部门建立和管理公共资产，公共部门在合同期内对其进行支付。

11. www.telegraph.co.uk/news/obituaries/9124613/Lord-St-John-of-Fawsley.html

12. 由皇家美术委员会委员威廉·维特菲尔德（William Whitfield）爵士策划的总体规划。

13. 1992 年，建筑政策的权责从环境部转移到国家遗产部，当时该部由其他各部整合设立（后来成为文化、媒体与体育部）。这定义了设计和规划之间持续了将近四分之一世纪的分野 [后者在环境部及其各种后继部门——环境、运输和地区部（DETR）、运输、地方政府和地区部（DTLR）、副首相办公室（ODPM）、社区与地方政府部（DCLG）中得到保留]。直到在 2015 年大选之前，两个部门合并至社区与地方政府部（DCLG）中。

14. 一个松散的联盟，包括皇家城市规划协会、英国皇家建筑师学会、皇家特许测量师学会、土木工程师学会、城市设计小组和公民信托。

15. www.rudi.net/books/11431

第 4 章
CABE，设计治理的创新故事（1999—2011 年）

本章叙述了英国建筑与建成环境委员会（CABE）从开始到消亡的故事。在这个过程中，探索了其发展的三个关键阶段：第一是起步期。在其早期，CABE 被视为一个充满活力的、有效的、不固守传统的新组织；第二是成长期。组织迅速发展，并处于充满信心的新工党执政的核心位置，专注于实现真正的变革；第三是成熟期。作为一个成熟且被信赖的组织，CABE 发现自己越来越被政府依赖，但运作方式也因此更加局限，越发不能独立塑造自己的核心使命，追求更好的设计。这段历史描绘了 CABE 运营中的人员、项目、不断变化的政治和治理环境，以及它所倾注的不断变化的优先事项和问题，以及最终 CABE 消亡的故事。

4.1 起步期（1999—2002 年）

1. 一个有活力的新组织

1999 年 8 月 20 日，CABE 成立为国家机构，采取非部门公共机构（NDPB）或半官方机构的形式，但作为有限责任公司注册成立。皇家美术委员会（RFAC）进行了相对顺利的制度转型，因为 CABE 继承了文化、媒体与体育部（DCMS）作为其赞助政府部门，部分皇家美术委员会的资金和工作人员也相应转入 CABE 旗下，甚至皇家美术委员会前秘书——弗朗西斯·戈尔丁（Francis Golding），也成为 CABE 的首任首席执行官。然而，此转型并没有

持续很长时间，后任主席斯图尔特·利普顿爵士（Sir Stuart Lipton）与戈尔丁不合，这直接导致了戈尔丁的早早离职，并任命乔恩·劳斯（Jon Rouse）为秘书。自劳斯在 2000 年的夏天上任后，CABE 迅速发展了自己的领导风格，并开始了为期十年的设计治理创新，这得益于文化、媒体与体育部，以及约翰·普雷斯科特（John Prescott）的大型部门——环境、运输和地区部（DETR）[后来的运输、地方政府和地区部（DTLR）、副首相办公室（ODPM）和现在的社区与地方政府部（DCLG）[1]]增加的资金支持。

虽然围绕对新设计治理基础设施的需求和更多跨部门议程达成了很多共识，但对单个组织的需求存在分歧。城市工作组的报告强调了各级政府在设计领导方面的必要性，并通过多个协调中心将治理职能分散到各地区，以提高在地技术水平和参与程度（1999：41）。相比之下，CABE 最初维持文化、媒体与体育部在国家层面"唯一设计者"的角色，尽管它早在第二年（在初期）就开始向这些地区一些已经存在于英格兰的建筑和建成环境中心伸出援手，为其提供小额赠款，这通常导致了不稳定的手把手帮助模式。此外，CABE 还在英国各地任命了区域代表来扩大其影响范围。

集权的 CABE 作为一个比皇家美术委员会拥有更多资金的机构开始了运营（其预算几乎翻了一番，参见第 3 章），并且仅用很少时间就建立了一个充满活力的决策机构、一个重新焕发活力的员工团队，

并从 2000 年起远离"古板的"圣詹姆斯广场的办公地点，搬到了不再拥有那么独特环境的滑铁卢塔楼总部。在治理方面，主席领导委员会与委员一起为 CABE 提供战略指导，但实际上，行政人员在日常工作中有相当大的自由权。当劳斯掌舵时，利普顿和劳斯迅速发展出一种新的，且不像典型公共机构那样的，与之前的皇家美术委员会完全不同的领导力。根据理查德·罗杰斯的推荐，劳斯被广泛认为是理想的候选人，反映了他作为战略家的声誉、对政府运作的了解以及他与城市工作组的关系。[2] 作为开发商，利普顿的任命更具争议，其个人履历与皇家美术委员会典型的委员任命条件相去甚远。然而，就像皇家美术委员会一样，CABE 有一种强烈的感觉（一直持续到它的消亡），即新委员会不应该由建筑师领导，而利普顿作为设计方案的开发商所拥有的经验和地位消解了大家的疑虑。他涉及的项目包括伦敦城的博德盖特（Broadgate）等。最终，对他的任命对于整个领域的发展来说是一个信号，即追求更好的设计已列入议程，并越来越成为政策制定中的优先事项。

用一位长期工作人员的话说，"你要捍卫自己的声誉，如果人们认为你不会作出有价值的评论，那么他们就不会来，因为会被认为即使你作出了评论也是不可靠的。"事实上通过其不断壮大的内部团队，委员（必须由文化、媒体与体育部[3]正式任命）以及最重要的主席和首席执行官的详尽工作，CABE 很快就成为建成环境领域中的国家级设计审查来源和被信赖的权威。委员们都是经过精心挑选的，涵盖了建筑与建成环境领域，并且遵循皇家美术委员会的经验，委员中只有一半是建筑师，其他人则来自规划、工程、教育、遗产和媒体领域。CABE 在运作中保持了这种多样性。

一开始，委员们被鼓励积极主动地代表 CABE，这在当时对于这些角色来说是不寻常的。除了独立谈论自己的专业领域外，他们还通过直接负责 CABE 计划的各个方面，积极参与组织的工作。例如，保罗·芬奇（Paul Finch）曾担任设计审查小组组长，苏南德·普拉萨德（Sunand Prasad）启动了可实现性计划，而莱斯·斯帕克斯（Les Sparks）则参与了区域议程。正如一位创始委员回忆的那样，在最初的任命中，主席试图"寻找真正想要参与的积极主动者，来积极参与各种计划，帮助确定优先事项并参与其运作"。

回顾过去，一些评论家谈到一种感觉，即新组织在某种程度上不可避免地重新定义了什么是"伟大与美好"，只有主席本人——建筑师伊恩·里奇（Ian Richie）和保守党员索菲·安德烈（Sophie Andreae）从皇家美术委员会延续了原有观点。[4] 新任首席执行官也与皇家美术委员会明显不同，获得了广纳贤言的赞誉，并且在与外部各方沟通中展现了强硬的风格。因此，委员会的运作战略实现了行政人员与员工或委员之间的内部对话，关键决策是通过行政人员与主席之间的公开且有时甚至是激烈的辩论而作出的。

自成立以来，CABE 从中央政府获得资金，其收入迅速增长且受资助的工作方向愈发广泛（图 4.1）。它最初的"补助金"总额超过 50 万英镑[5]，并且在接下来的几年中增加了两倍。从 2001 年开始，CABE 还获得了副首相办公室（ODPM）重要的直接赞助，该赞助在 CABE 的整个生命周期内一直延续，到 2003 年超过了来自文化、媒体与体育部的核心资助资金。截至第三个运营年度，CABE 还从其他来源获得了约六分之一的总收入，其中最重要的来自英格兰艺术委员会（Arts Council for England）。

在成立时，CABE 只有十名员工（相当于只有五个全职员工），其中包括设计审查负责人彼得·斯图尔特（Peter Stewart），他来自皇家美术委员会并一直工作到 2005 年，当时他是皇家美术委员会工作到最后的一个人。CABE 有一个小型秘书处提供信息和行政支持，并设立了董事会负责核心活动，包括设计审查、授权、区域、公共事务、政策和研

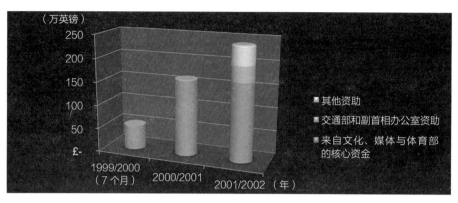

图 4.1　CABE 前三个财年的收入（从 CABE 年度报告中提取的数据）（见书后彩图）

究以及通信，每项核心活动都指定有一名负责委员。最初为了扩展 CABE 的影响并克服其规模较小的短处，采用的模式是让尽可能多的有能力和积极的志愿者参与其中。这个"CABE 家族"众所周知是一个由大量专业合作者组成的网络，他们代表 CABE 开展了大量工作，通常没有薪水或只领取名义工资。这种关系确实看起来像是基于善意、信任和自愿投入时间的"家庭"。在这个阶段，当行政人员如此少时，这种"家庭"关系是一种关键资源。随着组织的发展，随之成长的"CABE 家族"实际上成为 CABE 灵活的服务手段。

正如当时的文化、媒体与体育部（DCMS）部长所解释的那样，"一开始有人担心可能没有足够资金来支持某些地区的设计审查，导致 CABE 只会做相对较大的项目。"相反，CABE 利用了"大量志愿者的善意，其中许多人都是非常受尊敬的专业人士……非专业志愿者只会被支付适度的酬金"。例如，区域代表每月可以获得一定天数的薪酬，但实际上代表 CABE 参加活动通常会花费更多的时间。用一位资深专业人士的话来说，"'CABE 家族'是一种非常聪明的资源配置方式，因为其他机构通常需要设立区域办事处、支付附带租金和其他所有资源，但 CABE 没有这样做，所以其在英国范围内资金运用的情况非常好，并保持了所有固定成本。"实际上，CABE 能够利用其地位并降低

运营成本。高级职员、委员和前任部长不断回想起 CABE 如何依靠共同目标的号召力发挥作用，并且正如一位 CABE 员工所说："很少有人不情愿这样做，恰恰相反，他们对 CABE 给予关注的事情（设计质量）感到非常震撼，这对所有人来说都是一种激情。"

毫无疑问，在 CABE 的整个生命周期中，这群来自广泛领域的专业人士们在技能、作用范围和资金方面发挥了重要作用，并将该组织的关键信息传播到远远超出传统手段可能达到的范围。然而，即便如此，CABE 也无法做到它所希望的一切，例如设计审查的服务需求远远超过了它可发挥的能力。这一情况并没有在 CABE 的整体运作中发生变化，且在早年尤为严重。

2. 一剂都市化的药方

在最初几年，CABE 是一个有活力的、相对自由的机构，它的领导者有一个明确的愿景："将设计水平注入国家的血液中。"[6] 建筑将响应跨学科的趋势并帮助解决城市问题。这反过来又是城市工作组（1999）通过对城市设计的重新重视推动城市复兴，与城市地区的广泛再投资密切相关的宏观目标。它被认为是符合公共利益的补救工作，其中"社会功能障碍常常源于糟糕的建筑物和设计不

良的空间，而且相反地，那些提高参与热情并对周围环境作出聪明反应的建筑物往往具有超越物质空间的积极影响"（CABE 2000a：4）。为了实现这些目标需要更多更主动的工具包，CABE 认识到设计审查本身只能产生有限的影响。设计审查几乎立即（在乔恩·劳斯到来之前）加入了研究的维度，通过实践指导，斯图尔特·利普顿在怀特霍尔向不太愿意接受 CABE 信息的政府部门伸出援手。与地区机构合作，在地方政府中实施项目计划，关注技能和教育等工作也立即被开展。这些活动旨在产生迅速而猛烈的影响，并为国家带来一剂都市化的药方。

CABE 战略的核心是解决专业"孤岛"问题。长期以来，严重的分歧一直是英国不同专业人士之间关系的一个特征，每个群体都未能充分认识到其他群体的作用和重要性。一直以来，城市设计从业者一直试图通过城市设计小组（Urban Design Group）和后来的城市设计联盟（UDAL）的主持来解决这个问题，并试图解决专业领域对城市设计缺乏了解的问题。例如，在 20 世纪 60—70 年代规划与设计分离以及 80 年代设计与政府政策分离后，规划中的设计素养被认为处于历史最低水平（参见第 3 章）。因此，CABE 面临着在专业人士、政治家和广大民众中推动更广泛的文化变革的艰巨任务。尽管委员会并非一致同意，但要做到这一点，它需要避免过于被建筑师主导和过于专注于建筑行业。一位建筑师身份的委员说："CABE 不能促进那些与建筑这个词无关的项目。"相反，规划领域的一位权威委员解释说，"我总觉得更广泛的城市设计与建成环境设计现在成了略后于建筑相关的议题。"

尽管存在怀疑，CABE 从一开始就积极参与广泛的城市议程，尤其是如何提升城市设计形象的问题。例如，在乔恩·劳斯到达后不久，CABE 设法说服运输、地方政府和地区部（DTLR）部长法尔科纳勋爵（Lord Falconer）委托研究英格兰的城市

设计技术。其进行了调研，编写了预备文件，并在 CABE 的支持下成立了城市设计技能工作组（Urban Design Skills Working Group），由利普顿负责该主题的调查。2001 年，它发表了报告，其结论是"城市设计，作为一种在某种程度上涉及所有建成环境学科工作的活动，很适合作为专业孤岛之间和解的桥梁"。考虑到 CABE 对工作组的支持，乔恩·劳斯在很大程度上撰写了该报告。所以这一陈述也总结了 CABE 在之前十年中自身工作中好的部分，其中城市设计方面（而不是建筑）显得很重要。该报告将教育和技能作为 CABE 的关键任务之一。

1）追求文化变革

92

CABE 演变过程中初创阶段的主题就是要引起轰动。虽然 CABE 的规模仍然很小，但却极具推动力和政治性。正如一位著名的委员所描述的那样，"他们不是当选的政治家，而他们的职权范围是政治性的。他们拥有异常庞大的政治性，整个工作都是关于'让我们进攻吧'。"CABE 试图对公众的看法产生重大影响，并且正如 2001 年年度报告所揭示的那样，它正在追求能"提升城市精神并引起公民产生自豪感的建筑、空间和场所"（CABE 2001a：3）。特别是 CABE 旨在改变对城市设计的看法，正如约翰·伊根爵士（Sir John Egan）影响广泛的报告"建造的重思考"所提出的那样 [建造工作组（Construction Task Force）1998]，摆脱 20 世纪 80—90 年代占主导地位的最低成本心态，走向最有价值心态。渐渐地，CABE 成为评论员所说的"政府推动高质量发展的良好力量"。

影响中央政府，成为 CABE 的首要任务，用一位委员的话来说，"很明显，我们应该做的一件重要事情就是让政府建造更好的建筑，树立更好的榜样。"CABE 有意针对政府部门施加影响的行为使其获得了政府内部"设计斗士"的新角色，"作为政府的眼中钉，从积极的意义上说，试图说服政府

良好的设计就是良好的政绩，并对国家有着积极意义。"CABE 与一些部门（特别是教育部门[7]）的配合漏洞百出，但有着很好的开始并立即开始制订议程，而在其他比如卫生部门中，CABE 的参与空间仍然较小。CABE 的推动者直接与地方政府合作，特别是在学校周围。这一任务也影响了地方政府。从地方政府的角度来看，事实上，CABE 和设计议程得到了政府的认可，这给了该组织巨大的影响力，也让其他人刮目相看。

设计审查是 CABE 快速确立自己获得国家设计话语权战略的核心。评估结果已公之于众，建筑媒体也经常刊登有关正在评估的高端项目的报告，例如伯明翰的新塞尔福里奇（New Selfridges）（图 4.2）、牛津城堡的重建，或伦敦高层建筑的计划，包括碎片大厦（The Shard）、壳牌中心重建和苍鹭塔（Heron Tower）（图 4.3）。CABE 利用纸质媒体和电视媒体来挑战和面对开发商。正如一位内部人士的评论："真正的恐惧到来了。我有史以来第一次看到开发商在想，'好吧，我们最好考虑一下，因为如果我们不这样做，会有一个在我们之上的看门狗管着'，并且之前没有这样的监管机构。"至少是没有一个具有 CABE 的形象和能力，并且能够从它发展的高潮期开始始终引导媒体机构。

但是它的高潮期并没有持续很长时间，而且CABE 很快发现它的高调可能是一把双刃剑，因为媒体过快地制造了很多不和谐的头条新闻（图 4.4）。劳斯和利普顿首当其冲地受到负面反应的冲击，并且正如一个受影响的机构所评论的那样，"他们并没有被私营部门中的许多人所喜爱；人们发现他们很挑剔。其中一些评估建议非常好，虽然有时他们有点会说教、自负且刻薄，但他们给出了设计的界限。"他们评估的许多建筑物本身都极具争议性。CABE，特别是其设计审查小组主席保罗·芬奇并不害怕直言不讳，但媒体也煽风点火，不可避免地

图 4.2 和图 4.3　伯明翰的新塞尔福里奇（上）和伦敦的苍鹭塔（下），这两个都是 CABE 早期设计审查的高级项目
资料来源：马修·卡莫纳

Quangos set to clash over City skyscraper bid

By Ben Willis 3072

Lipton: believes Heron Tower is crucial to the City of London

The Government's two built environment advisors look to be on a collision course over the controversial Heron Tower building in the City of London.

The Commission for Architecture and the Built Environment (Cabe) last week announced it will give evidence in favour of the proposed 222-metre high skyscraper at a forthcoming inquiry into the scheme.

The decision will bring Cabe into conflict with English Heritage, whose claims that the tower would have a negative impact on London's skyline were partly responsible for the scheme being called in by the secretary of state.

Cabe chairman Sir Stuart Lipton said that the commission's limited resources only allowed it to present evidence at a small number of inquiries. But he added that Cabe considered the issues at stake in the Heron Tower situation to be of such "fundamental importance" to the future development of the capital that it felt it had to intervene.

"While Cabe had hoped this matter could have been resolved without the delay and public expense of an inquiry, it seems that opponents of the scheme are determined that the inquiry proceeds," he said. "Cabe must therefore speak out in favour of the right to develop a building that is well-designed and situated in a sensible and strategic location."

The difference of opinion between the two bodies casts a shadow over the joint policy statement they made in June that tall building proposals should only be considered if they were well-designed and complemented the surrounding environment (*Regeneration & Renewal*, 15 June, p8).

But a spokeswoman for English Heritage said: "The joint policy statement said that the views held by the two bodies wouldn't always coincide and this is one instance in which Cabe is clearly judging the scheme against its own criteria."

Cabe chief executive Jon Rouse said that Cabe was willing to go "head to head" with English Heritage over a scheme it believed to be suitable. "It's a bit like David against Goliath, but we have to stand up and be counted," he said.

The inquiry will be held in the autumn.

图 4.4　CABE 迅速成为建成环境媒体中常见的头条新闻主题："半官方机构将干涉城市摩天大楼竞标"
资料来源：《再生与更新》（Regeneration & Renewal），2001

给他带来了批评。

在某些圈子里，这些高调的设计审查为 CABE 引来了早期的反对声音。对于伦敦以外的一些人来说，头条评论给人的印象是，CABE 最感兴趣的都是首都的重要项目。一名在中部地区做规划的人员说，"英格兰的城市正在以 CABE 的规划发展，城市的快速扩张、新村庄的建立、郊区的扩张……英格兰的其他地区完全还处于自我重塑的状态，他们真的不感兴趣。这真的不是他们所接受的，但这些地方才是城市建设的一线。"指控中有一些事实，就像对其前身皇家美术委员会的指责一样，设在伦敦的 CABE 的设计审查活动很大一部分项目集中在首都：最初为 70%，到 2001 年迅速减少到 50%（CABE 2001e），后来稳定在 45% 左右（Bishop 2011：13）。随着时间的推移，设计审查也逐渐成

为 CABE 所有工作中的一小部分，CABE 的员工中只有 20% 专注于这些活动。

虽然设计审查占据大部分头条新闻，导致了公众对 CABE 工作重点产生误解，CABE 在其他项目中其实体现了伦敦更复杂的设计治理环境与政府间的矛盾。在大伦敦当局（GLA），理查德·罗杰斯成为第一任市长肯·利文斯通（Ken Livingstone）的顾问[8]，并成立了"建筑与城市主义单元"机构（后来的"为伦敦设计"）。这为伦敦的设计讨论提供了另一个不通过 CABE 设计审查的平台，并通过嵌入式支持的方式（类似于授权）参与整个城市的规划。因此，虽然英格兰的其他地区都分配有一名 CABE 区域代表，后来又有区域设计审查小组，但伦敦没有这样的支持。另外，CABE 和大伦敦政府在设计方面传达了一致的信号。例如，一位著名的伦敦设计顾问解释说，"CABE 与英国遗产组织对高层建筑的评估基本上成了大伦敦政府的官方指导……而大伦敦政府的住房设计标准非常类似于生活建筑（Building for Life）中的九个标准"（见下文）。因此，在某种程度上，对伦敦的过度重视更多是主观的认识而非事实，但正如对之前的皇家美术委员会一样，这仍然是 CABE 批评者的关注点。

2）找到定位

尽管有政府专家的支持和高知名度，CABE 仍然需要将自己定位于更广泛的设计治理领域，并且为了促进跨学科性，它必须与建成环境中的专业机构和其他组织保持良好互动。因此，它寻求分别与英国皇家建筑师学会（RIBA）、皇家城市规划研究所（RTPI）和景观协会合作（例如与皇家城市规划协会合作，开展关于地方政府城市设计能力的研究），并通过城市设计联盟（UDAL）实现。参与到此层次工作的人很多都认为 CABE 是"一个非常好的让来自所有专业的人可以围绕建成环境与城市居民来讨论问题的空间"，但建立这个平台并非易事。

在不同程度上，已经占据某些空间的组织往往担心 CABE 会取代自己的位置。

英国皇家建筑师学会感到因 CABE 所关注的领域产生的影响而受到威胁，并且初期的冷淡关系在两个组织的上层之间持续存在。在一次会议上，英国皇家建筑师学会主席说"请不要妨碍皇家宪章赋予我们 [CABE 的代表] 的职责"，并说，"你做的事是我们的工作。"在实践中，CABE 的作用非常明显。虽然专业组织作为"博学的社团"有一些公共利益愿望，但首先他们为其成员服务。相比之下，CABE 作为政府的得力助手首先服务于整个社会。用一位委员的话来说，"我们看到我们的团队不是一群建筑师。无论他们来自何种职业，我们的团队就是街头的普通人、一般公众、地方政府，以及所有参与建筑相关事务的人。"

与 CABE 如期产生冲突的另一个机构是英国遗产组织 [English Heritage，现为英格兰历史组织（Historic England）]，特别是在设计审查或 CABE 陈述有争议的建筑项目时。虽然皇家美术委员会对新建筑一直采取关注广泛背景的立场，但如果 CABE 认为项目是高品质的当代设计，那么他们似乎更乐意支持更具戏剧性的对比。由于英国遗产组织是该国遗产的国家守卫，这里产生明显紧张的情况，正如最早的委员之一所看到的那样，"CABE 是社区的新生儿，且是一个新政府致力于投资并确保其成功的新生儿。英国遗产组织已经存在了一段时间，但托尼·布莱尔的'新英国'政策中并没有关于遗产的表述。"的确，在政府对英国遗产组织五年一次的评估时，乔恩·劳斯甚至写了一篇文章，认为英国遗产组织应该被分割，因为它试图同时担任不相容的角色（充当监管者和建筑遗产的保护者 [9]）。

尽管与英国遗产组织的对立说明了 CABE 的运作可能与其初心相悖，但英国遗产组织本身也经常支持当代设计。例如它支持威尔·艾尔索普（Will Alsop）2002 年为利物浦的码头设计的"云"（也被 CABE 支持）。也许是因为这种情况的灵活性，这两个机构成功地完成了许多项目，特别是制作了联合指南《文脉中的建筑》（Building in Context）（English Heritage & CABE 2002）和首次发表于 2003 年及之后修订的政策文件《高层建筑指南》（Guidance on Tall Buildings）（English Heritage & CABE 2007），以及教育计划"引人入胜的场所"（Engaging Places）（见后文）和"城市小组"（Urban Panel）。这个由同在两个组织担任主席的莱斯·斯帕克斯所制订的最后一项倡议被一个小组成员描述为"一项非常愉快的联合倡议"，其中包括大量提倡"伟大与善意"的内容介入伦敦以外的自治市，向他们提供有关历史地区大规模开发的建议，并评审他们的设计治理方法。相比之下，他观察到"设计审查的展示时间"经常掩盖了这一系列非常积极的幕后合作，因为设计审查是"所有事情都必须被揭露的时刻"，讨论不再局限于"与一位博学的英国遗产组织官员安静地交谈"。

设计案例的总结是 CABE 的优先事项之一。除了直接与关键决策者合作之外，它还试图通过其研究和发表出版物来做到这一点。这为该组织创造了持久的积极印象，并有助于填补 20 世纪 80 年代国家关注在设计领域倒退所留下的鸿沟。当时对设计的指导很少，并且几乎没有积极的行为。这项工作始于 2000 年出版的《通过设计》（By Design）（DETR & CABE，2000），即国家设计和规划指南系统。实际上，CABE 在编写本指南时起了相当小的作用。自从约翰·古默的城镇乡村质量倡议（参见第 3 章）以来，该指南已经初现雏形但是发布时间延迟许久，反映出政府的犹豫不决。CABE 的作用是给予政府一些坚持将其发表的勇气，最终它成为 CABE 与环境、运输和地区部的联合出版物，直到 2013 年仍然是关于该主题的官方政府指导。不久之后，CABE 的第一个研究成果《城市设计的价值》（The Value of Urban Design）（CABE 2001b）出版了。这激发了 CABE 工作中大量关于设计价值在整个英格兰地区甚至国际上的研究（由区域发展机构资助）。[10] 新工党开创了"基于证据的政策"[11]，在这个新的时代甚至看似无形的"公共产品"或者之前被理解为具有内在价值的领域（例如良好的设计），现在需要具有可靠的经济价值依据，以便让怀疑者（开发商和政客）信服。

在这一点上，研究行动与政策被捆绑在一起。正如一位 CABE 高级研究员所描述的那样，"它非常关注收集证据以塑造观点并说服其他人。"CABE 这部分工作无疑有助于传播其形象和想法，并且远远超出了自己在实际中提供服务的能力，即使是 CABE 在这种情形下也必须找到自己的位置。例如，在处理紧急政策问题时，第三方机构（非营利组织）中的某些部门认为 CABE "并没有真正提供你希望的那种智力或实际支持"，其他人认为 CABE 没有解决更广泛的战略问题。尽管如此，到了这个时期结束时，该组织已成为建成环境中设计的全方位实用指南的多产出版商，甚至还联合英国皇家建筑师学会，投资并共同管理其为期 20 年的全视角"建造未来"项目。一些业内人士认为，这些设计论点的爆炸性与他们的工作无关，而且 CABE 很快因出版过多而受到抨击。正如一位评论家所言，"CABE 有点不着边际，从我的个人角度来看也有点太软弱，并没有给它本身带来任何好处……如果你听到 CABE 所说的一些事情，或者阅读它的出版物，那么人们就会被他们影响。"但在早期，这些观点仅占少数。在此期间，CABE 显然已在政府内部、行业内部，甚至从更大的新兴专栏文章和曝光率来看，越来越具有影响力。

4.2　不断发展的 CABE：2002—2006 年

1. "交付"议程

2001 年，新工党赢得了第二个任期，并在其计划中提升了一个档次，既释放了它从前从保守党政府那里继承的公共支出的束缚，又强调了"交付"对公共服务的重要性。对于 CABE 而言，这意味着两件事，第一，政府越来越多地转向依托旗下机构和私营部门来实施政府计划；第二，为此，CABE 获得了更多资金，以实现政府目标并追求其远大的使命。

从 2002 年到 2003 年财年开始到 2006 年 1 月情况发生变化为止的第二阶段，CABE 迅速大幅扩张。该组织的预算在其创立的前三年中已经或多或少地增加了一倍，但在政府方面，到 2002 年 4 月，该组织预算约为 200 万英镑，仍然相对较少，这段时间内的平均全职员工人数仅有 31.7 名（图 4.5）。在接下来的两年里，CABE 上了一个层次。首先，在 2002 年到 2003 年年度，来自文化、媒体与体育部的核心资金增加了一倍，然后从 2003 年到 2004 年年度开始，CABE 开始从副首相办公室（ODPM）获得的资助非常多，相当于从文化、媒体与体育部获得的两倍（图 4.6），其结果是组织的迅速成长。因此到 2005 年至 2006 年年度，CABE 获得了超过 1200 万英镑的资金，并承担了与绿地和技术有关的全新工作领域。到此时，人员配置已增加到 100 人[12]，但按照政府标准仍然是一个小组织。CABE 现在已经具备了以更全面的方式解决国家设计治理议程问题的能力，并尝试做皇家美术委员会从未做过的事情：能够将高质量的设计融入国家或至少是其治理的主题。

用一位高级公务员的话来说，CABE "从一个我们设想的小型组织发展到了一个政府的重要代理人，并被视为政策的一部分。但这很大一部分与执政政府和政策有关，特别是约翰·普雷斯科特对建成环境的兴趣"。在他的主持下，其部门在英格兰的资本、技能和居住性项目上投入了更多的公共资金，而 CABE 则发挥了中心作用。然而，从一个小型敏捷的，且有些非常规的公共组织转变为一个更庞大的主流组织必然经历了艰难的过渡。尽管从

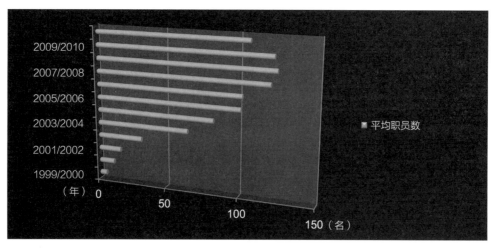

图 4.5　CABE 逐年员工数量水平变化（数据来自 CABE 各年度报告）（见书后彩图）

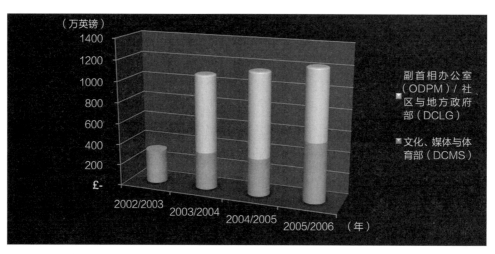

图 4.6　2002 年 3 月至 2005 年 6 月 CABE 核心资金变化（数据来自 CABE 各年度报告）（见书后彩图）

2002 年到 2005 年底，CABE 继续以与形成时期相同的方式运行，只是简单地扩大了其能量和主动地解决更宏观的议程，突然的成长导致了对 CABE 工作更严格的评估，这最终使 CABE 的地位和领导层发生了彻底的变化。

新的政府层面的交付计划起始于副首相办公室的行动计划——"可持续社区：为未来建设"（Sustainable Communities：Building for the Future）（ODPM 2003），其中制定了政府关于社区生活质量的目标，并特别重视通过解决英国社会住房短缺和质量低下的问题，改善当地经济、社会和环境条件。该计划得到了初始 220 亿英镑的资金支持，最终增加到 380 亿英镑。CABE 集中参与了两个关键项目：第一项"住房市场更新"项目于 2002 年启动，通过改善"有关社区的有形基础设施的质量"，积极（但有争议地）更新住房市场已经不复存在的地区（TSO 2008：3）。第二项资金支持是"住房增长区"，旨在到 2016 年在英格兰东南部建造 20 万套新住宅。[13]CABE 的董事会大力参与了这两个项目，但最显著的是在乔安娜·阿弗利（Joanna Averley）的领导下大大扩展了其授权服务，他将有针对性的专家外部援助交付给英国地方政府，地方政府的技术和能力无法满足和应对变革。

1）"CABE 空间"的建立

布莱尔第二任期的另一个重点是 2001 年首相高调发表的涉及邻里宜居性和高质量、清洁、安全的街道和公共空间的需求的"宜居性"议程。这个议程因副首相办公室（2002）的"生活场所"（Living Places）倡议的副标题"更清洁，更安全，更环保"这一口号而被熟知，强大的"绿色空间"元素紧随城市绿地空间工作组（Urban Green Spaces Taskforce）的报告（2002）提出。该工作组是由运输、地方政府和地区部（DTLR）设立的，2002 年早些时候曾报道过一项雄心勃勃的，旨在改变国家的公园和绿地的议程。景观协会的一位重要人物说："工党政府终于开始关注绿色空间在城市环境中的重要性，并且多年来一直非常非常努力。"关键问题是根据 1999 年公园特别委员会（Select Committee on Parks）的证据和皇家公园评估小组（Royal Parks Review Group）1996 年的报告记录，公园维护遭受了多年的忽视和资金不足的困扰。城市绿地空间工作组的报告深受景观专业人士的欢迎，他们认为"这不仅仅是热空气与关于该和不该做什么的一般性警示，而是实际的明确想法"。因此，副首相办公室将绿色空间问题融入了政府采用的更宏观的城市复兴议程，并四处寻找可能实现这一目标的机构，它的目光很快落在了 CABE 上。

虽然很明显需要一个政府机构，但是围绕是否需要一个独立处理公园和绿地的单独机构，或者单一组织（即 CABE）是否可以跨越这个和其他建成环境难题有很大争论。支持单一机构最终赢得了胜利，"CABE 空间"于 2003 年成立，第一任董事是离开公民信托的朱莉娅·思里夫特（Julia Thrift）。最初，"CABE 空间"是较大的 CABE 机构内的一个独立单位，拥有自己的委员[14]，是一个由身处具有政策和实践经验的部门内的个人组成的常设咨询小组，具有单独的资助机制。它通常被描述为专注于公园和绿地的设计和管理的"迷你 CABE"。尽管其中一些员工已经从母组织转移过来，它甚至拥有自己的品牌（图 4.7）、授权和研究团队、活动、培训和出版物。在最初的几年里，它几乎完全专注于绿色空间，但其职权范围扩展到了硬质铺地的城市空间（街道和广场）。并且从 2006 年开始，它在第二任主任萨拉·加文塔（Sarah Gaventa）的指导下朝着这个方向进一步发展。

副首相办公室推动了将绿色空间相关权责转移到 CABE 的决定，但最初在绿色空间专业人士中备受批评，他们怀疑 CABE 是否够理解这一领域。正如一位重要的公园专业人士所说，"我不确定 CABE 本身是否对'CABE 空间'感兴趣，但他们想要钱，并且'CABE 空间'扩展了他们的帝国。"事实上，CABE 内部对于承担了新的议程存在相当大的不情愿（特别是来自乔恩·劳斯），因为它扩大了组织的规模和范围，超越了一个轻盈的小机构的原始愿景。但是，正如一位常任委员所解释的那样，"约翰·普雷斯科特非常坚持我们将公共空间作为一个

图 4.7 CABE 和"CABE 空间"品牌，2003 年
资料来源：CABE

大项目，他曾多次问过我们，我们说，'不能，因为我们没有资源'，但当他第三次问，他说，'我给你资源'，我们并不是真的要说'其实，你知道吗，我们不想这么做'"。"CABE空间"的一些人认为，这些早期的困难部分归因于学界长期以来一直是封闭式孤岛，但很快"CABE空间"成了CABE的一个完善的部分，并且越来越多地融入CABE中。在这个过程中整体而言获得了非常积极的声誉。

2）与政府合作

一直以来，谨慎管理与政府的关系都是必要的。一方面，CABE依靠政府提供资金，政府是其主要支持方。另一方面，政府需要在设计领域中做得更好，并且是需要定期提醒的关键对象之一。来自文化、媒体与体育部部长的建议："从某种意义上说，CABE略显脱离英国国情。我们完全不习惯这样的文化背景……例如法国对设计和文化问题的非常积极的认同与英国的传统有着鲜明对比。"但财政部通过文化、媒体与体育部供给CABE新资金流的初步犹豫得到了解决，并且与副首相办公室的谈判已经完成。仅仅五年时间，CABE的资源就是其原始规模的24倍，力量的平衡也发生了变化。从这一刻开始，文化、媒体与体育部和副首相办公室都是CABE的主要投资者。

尽管代表同一政府，但CABE的两个资助者有着截然不同的工作方式。文化、媒体与体育部是一个规模较小、资金不足的部门，通过艺术、文化和体育领域的大量政府机构进行延伸。副首相办公室规模更大，资金更充足，通常更多地介入实际工作，例如通过直接资助结构和社区再生计划。虽然文化、媒体与体育部为CABE提供了一个逻辑起点，但在某些方面，继承了其前身国家遗产部（DNH）架构的文化、媒体与体育部是一个潜在的更合适的资助者，因为它负责规划、住房、再生和地方政府政策，其中包括公园领域。

来自副首相办公室的主要资金流使CABE能够扩展其活动，特别是可以集中更多资源的活动，如授权工具。但更为根本的是，用一位委员的话来说，文化、媒体与体育部"对建筑有着一种抽象的兴趣，而副首相办公室感兴趣的实际上是一种联系社区的力量"。或许不可避免地，两个这样独特的部门文化和一系列目标在CABE的管理层面造成了分歧。副首相办公室倾向于"微观管理"工作并参与操作的细节，相信CABE需要它的帮助以实现其目标；而文化、媒体与体育部采取浅层接触或不太指导的方法。这也意味着副首相办公室对仅仅作为CABE赞助部门的作用往往不太满意，部分原因是它不太习惯以这种方式工作，其他原因是共同责任不能让它完全控制其投资，例如副首相办公室在"CABE空间"之外没有任命委员的能力。[15] 但是，两个部门学会了合作，用一位政府官员的话来说，"它起作用了，但需要做很多工作来让其良好运作。"

不同的政府部门也以不同的方式回应着CABE的优先事项。副首相办公室更感兴趣的是看到实际的影响，而具有自由放任管理风格的文化、媒体与体育部更容易支持不太切实的目标，例如提高设计意识。这种安排也意味着发展中设计议程的一些关键方面未被涵盖。环境、食品和农村事务部（DEFRA）和副首相办公室达成了一项协议，即环境、食品和农村事务部将在城市之外开展绿色空间工作，副首相办公室将在城市内部开展绿色空间工作。例如，这意味着生物多样性在很大程度上成为环境、食品和农村事务部问题，而且由于环境、食品和农村事务部的部长和公务员没有与"CABE空间"合作的经验，CABE很大程度上忽视了这一问题。街道也是一个类似的问题：交通部负责街道，但在CABE运营的后期才对设计产生兴趣。

3）喂食的手

对于CABE来说，它与文化、媒体与体育部的关系相对没有问题且易于管理，新赞助商才是挑战和双刃剑。与副首相办公室建立的牢固关系使 CABE 能够对建成环境政策产生巨大影响。用一位委员的话来说，"我们在加强政府的设计政策方面发挥了非常重要的作用，这是我们无法从文化、媒体与体育部那里得到的"，这是 CABE 官员对定期提供政策文件所产生的一个角色的描述。与此同时，副首相办公室对活动的密切监控似乎威胁到了 CABE 的独立性。

作为一个非部门公共机构，CABE 希望不受部长们的影响，能够自由提议和发起活动。例如，对"CABE 空间"的第一个活动"被浪费的空间"（参见第 8 章）的反应就证明了这一点。正如一位 CABE 员工所回忆的那样，"文化、媒体与体育部认为，指出英国各地都有一些废弃的空间被浪费是没有问题的。相比之下，副首相办公室绝对是愤怒的，他们对我们这样做感到震惊"，好像不知何故，它直接惹到了他们（图 4.8）。不久之后，当 CABE 的住房审计似乎暗示英格兰新住房的质量在新工党政府的两个任期内仍然很差时，部长们被激怒了。虽然随后数据在例如《世界级场所》（World Class Places，见后文）等政府出版物中被广泛使用。

图 4.8　"被浪费的空间"活动的目的是引起人们对废弃空间拉低城市社区品质的关注；它的海报使用了著名人物来突出废弃城市土地的潜力
资料来源："CABE 空间"

在这些年里，在将设计信息传播给专业领域的人员之外，发起活动已经成为 CABE 工具库中越来越突出的工具。2003 年底任命的马特·贝尔（Matt Bell）进一步加强了这一使命。然而，大约在同一时间，资金关系开始限制 CABE 之前享有的自由，甚至威胁到要将该组织政治化，并将其与新工党联系得非常紧密。其中一个问题是缺乏对公园的投资。正如一位知名的绿色空间从业者所评论的那样，"'CABE 空间'发现自己处于一个非常困难的境地。因为它们是由政府赞助的，所以它们不想一事无成，因此总是在寻找公园问题的设计解决方案，但你无法在缺乏资金的情况下做到这些。"对他来说："'CABE 空间'做了它们可以做的事情，如果它们开展的活动缺乏资金的支持，它们就会转向其他事务，比如一度中断的技术研究。"

在实践中，两个部门都必须监督 CABE 的活动，以确保遵守问责制，并且一套绩效指标随着资金流被设计出来。这是当时公共资助机构的标准。[16] 为了衡量这些，一系列绩效指标被用于评价有形和无形因素。其中一些是量化的"运营"交付因素，例如举办的研讨会数量，以及另外一些与长期社会变化相关的复杂结果。由此产生了两个问题。首先，运营目标很少谈及 CABE 服务的质量，并倾向于集中精力计算，例如研讨会数量、研究项目、网站访问、发布的指南、成员网络等事务。其次，在最初几年，评估通常与 CABE 几乎没有直接责任的事项有关，而且只针对有非常间接的影响的事情，例如（在 2002 至 2003 年度）本科建设环境课程的人数、建筑对生活质量贡献的公众认可度，或地方政府发布设计指导的百分比（CABE 2003a：34—35）。在这方面，副首相办公室的资金投入及其更加密切的方式让这些绩效评估过程变得更加激烈，并且评估本身对于 CABE 日常工作的实施具有更加具体且更强的影响力。这些目标包括对设计审查或培训的满意度、公众对 CABE 活动的认识、授予公园的"绿

100

旗"[17] 数量，等等（CABE 2005c：24—25）。

CABE 面临的目标问题并不是什么新鲜事，反映了新工党政府执政期间使用的广受争议的目标导向管理方法。CABE 委员对此典型的批评是"它具有腐蚀性，因为最终你发现所有组织只是确保他们已经满足了应该满足的数字，而不是思考'嗯，这真的是我们本月或下月的主要任务么？'"这在设计审查中得到证实，正如一位上层人士所描述的那样，"我们不得不就我们的工作方式和做了多少评估发送反馈……如果我们需要提交的东西没有被及时提交，那就太麻烦了……如果在今年年底你还没有进行足够的审查评估，那么你必须快速做更多的小型评估来弥补。""CABE 空间"承受着特别的压力，其工作计划最初受到城市绿地空间工作组的启发，并在此基础上设置了很难偏离政府的主张的大量目标。

早期，CABE 已与其核心资助者安排季度会议，讨论季度报告，但这些流程演变为更多持续的互动，甚至在某些时期是每天进行联络的。其中一个例子是设计准则的 18 个月试点计划（2004—2005 年），该计划由副首相办公室资助，通过 CABE 授权董事会进行管理。正如一位公务员所说，"我们与 CABE 非常密切地合作，共同进行研究，不仅有助于影响规划中的设计准则，还有其他一些更广泛的政策。"对于 CABE 来说，不利的是这些密切关注越来越强烈地影响了它回应和塑造事件的能力，这种能力是许多人认为的 CABE 早期有效的关键因素。

其他资助者也参与其中，除文化、媒体与体育部和副首相办公室外，其他政府机构和部门通过服务水平协议（Service Level Agreements）为其部分活动提供资金。从 2000 年至 2001 年财年到 2005 年至 2006 年财年，英格兰艺术委员会（Arts Council for England）资助 CABE 活动的资金将近 40 万英镑，住房公司、英国国家医疗服务体系地产以及教育和技能部分别为 CABE 保留了约 25 万英镑。此外，英国合作组织（English Partnerships）、英国遗产组织、

英格兰体育组织、高等教育基金委员会（the Higher Education Funding Council）、内政部、国家审计署和伦敦城市公司（the Corporation of London）都较低级别地资助了 CABE。此外 CABE 还必须与财政部打交道，以证明在其所涉及的计划中花费在设计质量上的合理性，这种形式的审计让 CABE 不断分散注意力，以证明其资金流的"物有所值"。一位部长回忆起这样一个案例："设计精良的建筑物的生命周期成本可能远低于设计糟糕的建筑物的生命周期成本，这不是一个难以理解的复杂命题，但需要多长时间才能让财政部将其纳入资助的范畴并实际采取行动是非常惊人的。"

2. 提供服务

尽管董事会的确在发展和变化，CABE 的增长似乎并没有对其内部结构产生重大影响。从一开始，设计审查是最突出的工作流程，与文化、媒体与体育部的建筑和文化目标紧密一致。副首相办公室对日常场所的兴趣超过单个的特殊建筑，反映了副首相办公室更有兴趣把授权作为一种工具，并把这种要求包含于该部门的建议中，"授权才是能够实际改变情况的方式。而社区与地方政府部对可以产生实际改变的项目兴趣更大。"授权的需求使得该组织的供应能力越来越捉襟见肘（CABE 2001a：3），CABE 只能通过迅速和持续招募大量推动者来应对这种需求。截至 21 世纪前十年的中期，CABE 及其"CABE 空间"小组中的 CABE 推动者有 250 个，到 2009 年这个数字增加到 300 多个。[18]

CABE 还利用这段时间来发展其服务范围，从公共建筑采购到更广泛的发展过程，在英国范围内开展培训和会议活动，以接触那些委托或以其他方式参与重大公共项目。通过这些方式，CABE 持有并为选择提供建议，而不只是评估方案。例如民间主动融资（PFI）下建造的医院这样的公共建筑，

设计参与度往往很低（图 4.9）。正如一位资深推动者所回忆的那样，"我们把一大堆医院信托带来了，我记得和一位大信托公司的董事长一起站在这个模型旁边，他说，'你为什么要把我们带到这里？'……我说，'好吧，你正在建立这个计划的内容；你正在建造城市的一部分'，有一种'天啊，是的，我正在做呀，难道不是么？'的感觉。"这种方法被认为在用于住房方面特别有效，而且尽管其他部门仍然完全不相信，住房部门越来越适应重视设计的作用并欢迎来自 CABE 的帮助。

在整个董事会中，更多的时间和资源用于副首相办公室的一个优先事项——住房项目。并且 CABE 在其早期因未充分参与而受到批评。委员们对这一变化表示欢迎，因为正如人们评论的那样，"自第二次世界大战以来一直令人震惊，住房代表了这个国家绝大部分的建设活动。"对于可支付和高质量的住房需求已经在"巴克报告"（Barker Report）得到了阐述。"巴克报告"呼吁大幅扩大供应，而其作者——经济学家凯特·巴克（Kate Barker）则认识到设计方面的挑战。"业界应与

CABE 合作，就新住房外部设计的最佳实践守则达成一致。若规划者和住宅建筑商在具体设计问题上存在分歧，他们应寻求仲裁，可能通过 CABE 来解决这些问题"（Barker 2004：119）。大量的住宅建筑商也受到了媒体的强烈批评，其中包括时装设计师（后来的"生活建筑"会长）韦恩·海明威（Wayne Hemmingway）在民族意识层面贡献了关于这些问题的意见（Lonsdale 2004）。除了 CABE 在住房市场更新和增长领域的授权工作外，CABE 在此期间还参与了其他三项重要的住房计划：

- 第一，它的住房评估方案旨在系统地评估英国各地新住房设计和开发的质量[19]，以此向大量建造住房的建筑商施加压力，这些建筑商生产了许多被认为（评估显示）不达标的住房。这些评估得到了非常重要的媒体报道，并有效迫使房屋建筑商参与到了辩论中来（参见第 6 章）。

- 第二，CABE 为副首相办公室管理的设计准则编制试点计划，包括英国七个完全启用的试点

图 4.9　位于伍尔维奇（Woolwich）的伊丽莎白女王医院，是民间主动融资的医院，它首次引起了 CABE 对英国国家医疗服务体系（NHS）地产糟糕的设计质量的担忧

资料来源：马修·卡莫纳

计划（图 4.10），由伦敦大学学院进行的涵盖 19 个案例的评估和研究计划，以及后来编写并由社区与地方政府部（DCLG）[副首相办公室（ODPM）的继任者]出版的设计指南和相应的政策修订文件（DCLG 2006b）。尽管 CABE 对设计准则作为工具的使用和价值提出了初步保留意见，但这一事件比其他任何事件更能说明 CABE 与政府之间的密切合作关系如何使双方受益：CABE 有助于塑造政府目标和政府服务的完成。

- 第三，"生活建筑"（Building for Life，BfL），始于 2001 年，当时公民信托、住宅建筑商联合会与 CABE 进行了对话，不久之后建立了合作伙伴关系。该倡议迅速获得了巨大的发展势头。从 2003 年开始，设立了"生活建筑奖"，并开始使用 20 个问题形式的标准来评估新开发项目的质量。在 21 世纪前十年的剩余时间里，该工具越来越受到关注，成为在一系列公共部门计划和倡议中对住宅设计质量进行评估的标准手段（参见第 8 章和第 9 章）。

正如这些举措所表明的，CABE 在其发展期间非常活跃，并保持了极大的参与度，在设计治理的重要新领域进行创新，其中一些领域由它单独负责，另一些领域与合作伙伴合作，实施并扩展那些原本可能只能产生较小影响力的想法。

另一个越来越多地让 CABE 发挥作用的问题是民间主动融资（PFI）采购模式将设计边缘化。这是 20 世纪 90 年代皇家美术委员会的主要关注点（参见第 3 章），但在戈登·布朗政府的支持下，政府越来越倾向于民间主动融资，因为它将资本成本从政府账簿中转移出来。一位建筑师描述了他在这种模式下工作的经历。"这种做法并不能保证设计质量；用检查员的数量和所需花费，来考察其性价比，是一种可悲的错误。"这些问题导致了对作为代理人的公

共部门的重新关注，CABE 再次尝试证明一些被怀疑的政府部门在这方面的作用。借鉴其自身现有的丰富授权工具经验，使公共部门更加认真地参与委托项目。CABE 最重要的出版物之一——《建造优秀建筑——代理人指南》（Creating Excellent Bwildings, a Guide for Clients）（CABE 2003a），已经制作完成，并且直到该组织的解散仍然是主要的参考资料来源。一年之后发布了《创建优秀的总体规划——代理人指南》（Creating Excellent Masterplans, A Guide for Clients）（CABE 2004a），旨在将议题扩展到更宏观的领域。[20]

在此期间，设计审查理事会还参与评估更大范围和数量的发展项目。其中包括一系列交通、住房、医院、学校、混合功能总体规划，涉及文化的复杂更新项目，数量迅速增加，从 CABE 成立时每年不到 100 个，到最高时期 2004 至 2005 年度财年评估的 494 个（CABE 2005c：24）。其中包括每月全面评估会议和"介入较浅的"内部和线上评估[21]（参见第 9 章），后者后来被副首相办公室（2005）严厉批评为过于草率。

尽管有这些数字，但由于服务的间接性和不干涉性，追踪设计审查的明确影响仍然比授权工具更困难。每个案例都需要现实经验和当地知识才能赢得被评估者的尊重，2004 至 2005 年度报告中设计审查的满意度达到了 71%（尽管目标是 87%，CABE 2005c：24）。然而，如果评选人选择不好并且不理解计划的关键方面，这可能产生即时的负面影响。正如该服务的一位接受者所评论的那样，"我们做了一个完整的城市设计分析，作为塔楼方案的一部分，所有这些都被搁置到了一边，因为他们仅仅不喜欢一些在建筑顶部的金属材质。"在整个 CABE 的运作中，设计审查仍然是其服务中最具争议性的。

1）最紧张的时期

CABE 的一个特别棘手的问题是更高密度设计的问题，在同期规划改革的背景下，寻求重新利用

104

图例

控制性规划同样根据议会要求
采用 1 ∶ 500（A0）比例

　图 4.10　设计准则试点，罗瑟勒姆市中心河道走廊调节计划（未实现）（见书后彩图）
资料来源：REAL 工作室

先前开发的土地和更高的密度，这是开发商追求的目标。然而，在这些原则的应用中，许多人认为CABE受到伦敦思维方式的不当影响，并且有些人认为，城市复兴的叙述并不适用于所有地方。正如一位来自米德兰兹（the Midlands）的总体规划师所描述的那样："罗杰斯勋爵提出了城镇填补、高密度、混合使用、禁止汽车和诸如此类的东西，并把人们塞进高层公寓和咖啡馆文化中的议程。"就像之前的皇家美术委员会一样，伦敦精英对"外省"的指责，这种脱离感官的情况（至少就其他国家的需求而言）是一个容易遭到批评的事情。而且无论事实如何，CABE的许多授权和其他工作在媒体中大部分未被展现时，并且因此未能产生与差的设计审查相同的影响时，反驳他们并不容易。

在此期间，设计审查流程的基调开始影响CABE在某些方面的声誉。一位评论家指出，"如果你的房间里有几个建筑师是彻头彻尾的混蛋，那就注定了失败，并且事实确实这样。"并且，正如可能从这些强硬的评论中所预期的那样，很快就出现了一种对抗性质的批评。这个过程积极地反对CABE所开展工作的有效性，批评涉及CABE内外发生的事情。例如，一位规划顾问回忆说，"一封相当专横的信被发送给理事会，并告诉我们，我们已经听说你们正在做一些非常重要的事情，我们对此感兴趣，请在下周二下午2点到我们的办公室。"CABE的决定信（通常被描述为相当主观和粗鲁）和无法参加会议记录的语气都增加了对其冷淡的程序及不负责任的糟糕印象，尽管实际上信件与方案本身一样，个体间的差异很大（图4.11）。

虽然建议本身在规划过程中经常被视为有用，但项目后期的变化产生了巨大的经济影响，这使人们普遍认为CABE对财务可行性问题不感兴趣且不了解。对于大型计划来说尤其如此，尽管CABE只是其中大量有关声音之一，但有些人认为，它不愿意承认其他机构的价值。正如批量房屋建筑商的负

泰晤士联线特快列车（Thameslink），2000年，黑修士站

伦敦市

重建位于伦敦市的黑修士（Blackfriars）火车站，包括对黑修士大桥和南侧新车站的改造。由帕斯卡＆沃森建筑师事务所（Pascall & Watson Architects）设计。

2003年11月6日
标题：设计评估／设计评估小组／伦敦／交通和基础设施

很遗憾地说，在我们看来，这些建议远远低于我们所期望的伦敦市中心这样一个突出位置的标准。我们认为，在6月份提交规划申请之前，有必要重新考虑该计划的主要内容。这些建议要提出一种全新的、全面的方法，使伦敦拥有一个21世纪应有的车站。

在我们看来，这是典型的首先创建设计问题，然后解决它，但是与此同时又引发了新的问题。实际所需要的是一个真正的愿景，以充分利用这一机会，并在处理一些超出由运输和工程法案[（Transport and Works Act, TWA）]支持下进行的检查报告中所强调的东西。在我们看来，我们质疑这整个过程会导致平庸和混乱。它应该提供一个最佳实践的例子，并接受当今技术的可能。

当代艺术中心

当代艺术中心位于诺丁汉花边市场。由卡鲁索·圣约翰（Caruso St John）设计。

2005年5月3日
标题：艺术／文化休闲／设计评估／设计评估小组／东米德兰兹

这个提议给我们的印象是，它优雅、优质地回应了一个具有挑战性的场地和一个令人兴奋的方案。在我们看来，这座建筑有目的地响应了场地的地形，构成了一个很好的组成部分。它的形式和外观，以及内部空间的使用方式，都是经过深思熟虑和敏感思考的。我们强烈支持该计划，并在此背景下提出以下想法和评论。

图4.11 (i) 泰晤士联线特快列车，2000年，黑修士站，伦敦（Thameslink 2000 Blackfriars Station, London）（2003）和(ii) 诺丁汉当代艺术中心（2005）设计审查决定书中的介绍性段落
资料来源：CABE

责人评论的那样："如果你与地方政府、开发商、其他土地所有者、英国遗产组织、环境局以及我们必须与之交谈的所有其他团体发生争执，他们可能都是得到了平等的声音，而CABE认为他们才是最终的决定者。"

在此期间，设计审查是与CABE冲突的主要原因，它导致了一定程度的不信任和（某些人）利用媒体来表达他们的关切。例如，《每日电讯报》的一篇文章报道，遗产机构SAVE的秘书威尔金森先生（Mr Wilkinson）曾写信给文化、媒体与体育部，抱怨CABE"没有对遗产问题进行适当的通报，并质疑该半官方机构是否完全可以被信任"（Clover 2004）。组织内部的紧张局势也很明显，例如源于其实施和设计审查部门提出的建议的矛盾性质。正如

一位内部人士所说，"有些特殊情况下，方案实施让设计审查小组遇到困难，而心怀不满的客户说，'这怎么可能？我们一直遵循 CABE 的建议，怎么还会受到授权部门的影响？'"在这种情况下，CABE 授权部门可能"专注于让合适的建筑师满足客户的要求，或者首先获得简要的正确发展，因此可能不会处理实际的设计，或者只处理它的一些方面"。但是，CABE 中的设计审查、授权和其他服务之间的这些内部区别对于外部世界并未被理解，甚至没有收获太多关注。并且当一种干预方式被吹嘘为另一种干预方式的其他形式时，CABE 面临着风险。

同时 CABE 还成为英国其他组织和计划的更大资助者。虽然这为委员会获得了塑造更广泛的设计治理环境的手段，但它也对一些事情构成挑战。不仅是政府对 CABE 的资助可以（有异议，但以前确实可以）直接进入这些组织，而且地区组织很快就开始依赖 CABE 的资金，因此必须适应 CABE 及其优先事项，据说这直接影响了公民信托。该组织于 1957 年成立，表面上是为了改善新的历史建筑和空间，并支持英国的公民社会网络。该机构内部的一位关键人物说，"公民信托非常支持 CABE 的建立，但从业务角度来看，它在一定程度上窃取了公民信托的一些风头"，最终使其于 2009 年灭亡。CABE 在地区资助的建筑与建成环境中心也必须调整其工作以吸引资金（参见第 8 章）。这笔资金从 2003 年开始急剧增加，因为中心数量和资金支持程度从那天起逐渐增加，目的是建立一个完整的英国 CABE 资助中心网络。这导致了区域层面的设计治理服务（参见第 5 章）体系的形成，且每个区域都有一个主导中心，提供设计审查和授权辅助。与此同时，伦敦的 CABE 毫不犹豫地直接在这些地区工作，而没有与其资助的中心合作。因此，它既是资助者又是准参与者，一个区域经营者称之为"混乱和紧张的根源……如果一个请求提交给 CABE，那么没有什么可以阻止 CABE 进入该地区做一些事情。"

2）彻底改变

在这个阶段，CABE 仍然是一个大胆并且风生水起的组织。它有充满自信和活力的工作人员，在外部人士看来，他们被视为典型的年轻并略显激进的人，具有理想主义的心态。那个时期的 CABE 工作人员以类似的方式描述了这个群体："人们被 CABE 所吸引，因为我们是城中新出生的孩子，我们有点……不算是朋克，只是有点年轻并且容易激动。"尽管人们对 CABE 设计审查和"CABE 空间"的建立有一些不信任，但 CABE 的关键人物正在尽一切努力传播信息，并发展与重要政策和实践的相关者和组织的密切关系。例如，"CABE 空间"的朱莉娅·思里夫特（Julia Thrift）在与绿色空间部门沟通和联系方面特别活跃，她在英国各地旅行，以便修补关系，接触并让其他人参与 CABE 绿色空间部门的第一批出版物。CABE 还向其他人提供了不断增长的专业知识，例如 2005 年学习与发展部主任克里斯·默里（Chris Murray）曾是新可持续社区学院（ASC）的临时首席执行官。[22] 虽然这个新学院被证明在很大程度上是无效的，但是迅速融入了家庭和社区部 [成为住房和社区机构（Housing and community agency, HCA）学院] 的工作领域，在其短暂存在期间，CABE 的教育使命与该学院的职责之间显然存在一些重叠，并且感觉"对于学院直接通过 CABE 开展工作来说绝对是一件非常明智的事情"。二者最终开展了一系列项目，重点关注可持续社区议程的设计方面。

CABE 还在继续提供证据，以填补设计方面的知识漏洞。有时是非常具体的问题，例如少数族裔代表的职业中低水平，有时作为更宏观的长期奋斗目标的一部分，包括改变关于设计仅仅是美学观念的斗争。这是 CABE 的基本信念，反映了它摆脱了早期几十年的关注以及皇家美术委员会七十年来一直坚持不懈的追求。然而，这是"一座陡峭的山峰"，期间媒体并没有起好作用，例如将 CABE 的住房市场更新工作描述为"对贫民窟的改造"（Sherman 2003）。然而，CABE 认为当时有必要将决策者的注意力从外表转移到设计的更广泛和更基本的影响上。CABE 源源不断产生的研究和指导输出帮助了这项工作，为 CABE 的权威和形象提供了强有力的支持，而且许多从业者保持了与 CABE 唯一的定期联系。这些材料大部分起源于 CABE 内部，来自由伊兰诺·沃里克（Elanor Warwick）从 2003 年开始领导的小型研究部门。

然而，CABE 开始变得有些笨拙，其工作范围和董事会规模引发了对 CABE "组织结构不合适"的批评。在某些情况下，它积极寻求联系，例如通过在整个组织内分享经验教训或偶尔在董事会之间交叉提交案例，但总的来说，董事会变得越来越封闭并且脱节，因此工作的范围和配置不再适合在组织内部进行协调。一位领导人员对此感到惋惜。"你会突然发现有人正在制作一份关于超市的文件，实际上，你将一直在实际完成所有这些关于超市的工作。"设计审查和授权工作通常被认为是断开的，而且委员指出，"你会得到一个正在进行授权操作的实例，并且会在同一个地方进行设计审查操作，但没有人知道该组织正在扮演的不同角色。"在一个阶段，CABE 甚至不得不进行绘图操作，以确定自己的工作内容和位置。

最终，CABE 的动态管理风格已经不再适用，其活动采用的号召方式越来越难以维持。虽然该组织在这一轨道上继续了一段时间，但这是一次令人遗憾的失败，最终破坏了它的稳定性并使其失去了领导地位。主席斯图尔特·利普顿爵士和其他委员被指控对南肯辛顿（South Kensington）和克罗伊登门（Croydon Gateway）的两个计划的设计审查存在偏见，而利普顿的房地产开发公司 Stanhope 与之存在利益联系（Blackler 2004）。这一次事件引发了一系列调查。

首先，在 2004 年，副首相办公室下令对 CABE 的利益冲突进行调查，由会计师事务所 AHL 进行。与此同时，在 AHL 报告之前，乔恩·劳斯在当年 5 月从 CABE 离职并领导住房公司（方便地躲避指责）。仅仅两周之后，在 AHL 报道之前的 45 小时，利普顿也辞职了。表面上是"使该组织能够自由地回应报告的建议"（Brown 2004），但实际上是因为斯图尔特爵士与获得了他"军令状"的关键人士——遗产部长麦金托什勋爵（Lord McIntosh）会面了。当 AHL 报告时，它指出："感知到的利益冲突对 CABE 及其声誉潜在的累积影响，我们认为现在这个职位由一位活跃的开发商领导是不合适的。"[23]

最终，对 CABE 任人唯亲的指控经不起公众的审查。至关重要的是，"十六位委员中有十位专业人士的权益直接与 CABE 的活动有关"，鉴于政府最初决定寻求 CABE 领导层的"当前"专业知识，而不是那些不再具备专业活力的人，这是不可避免的。然而，调查提出了二十多项建议，通过该建议可以非常清楚看到的是，所有参与设计审查的人都需要公开宣布其商业活动行为，并且 CABE 主席的职位不应由任何具有重大商业利益的人担任。这些建议后来被政府接受（ODPM 2005）。

在此期间，媒体对利普顿进行了严格的评估以及对 CABE 的强烈批评，但支持者和批评者都表达了主席应当为失败负责的观点，他本可以避免这种情况。正如一个典型的观点所述："斯图亚特是整个事情的不幸受害者。作为主席，他显然绝对清楚知道所有这一切，但由于存在认为公共和私人利益已经混淆的看法，他不得不离开。"2005 年进行了第二次和第三次调查，但是与此同时，CABE 顶层领导力的空白已经被填补，首先是保罗·芬奇在约翰·索雷尔（John Sorrell）于 2004 年 12 月被任命之前一直担任临时董事长，其次是任命理查德·西蒙斯（Richard Simmons）从 2004 年 9 月起担任新任首席执行官。他们一起引导组织走过了一些波涛汹涌的时期，进入下一阶段的旅程。他们的第一份工作是解决 CABE 因其一些宽松的内部治理安排而陷入困境的情况。

在此之前，副首相办公室下议院特别委员会（2005）决定举行关于 CABE 有效性的听证会，随后是皇家城市规划协会的纪律听证会。后者对克罗伊登议员（和特许计划员）阿德里安·丹尼斯（Adrian Dennis）的专业不端行为提出了指控，并曾提出针对利普顿的原始投诉，然后在议会重申了这一点。[24] 这是一个短暂的事件，因为皇家城市规划研究所迅速放弃此案，因为它有可能违反议会特权。[25] 特别委员会听证会更为重要，委员会强烈支持全面重新考虑 CABE 的治理安排。实质上，这些旨在建立治理规定，以符合公共生活标准委员会（2005）制定的最高诚信标准，在报告时 CABE 新领导层的安排已经在 AHL 被评估。委员会还支持一项计划，使该组织处于适当的法定基础上，并敦促对 CABE 的设计审查安排进行全面评估。

除南肯辛顿和克罗伊登的案件外，专责委员会还听取了其他各种证人关于 CABE 设计审查职能的意见。最值得注意的是，这包括《晚间标准》的规划和地产记者米拉·巴 – 希莱尔（Mira Bar-Hillel）的意见。她声称 CABE 前首席执行官（劳斯）对她的观点表示支持，积极地争论说 CABE 的设计审查应该结束。正如她所看到的那样，设计审查遭受了"不负责任、缺乏透明度、反对派、群体主义、风格主义的指责，并又回到不负责任和缺乏透明度的状态"（2005 年副首相办公室特别委员会：问题 113）。其他人包括 CABE 新任首席执行官及其代理主席雄辩地为这一职能辩护。最后委员会保留了其设计审查职能，但要求其更加严谨（放弃每周一次的桌面会议）、更透明（向公众开放会议），以及更好地被管理（更清晰的标准和更多关注背景）。

在回应中，政府在很大程度上支持 CABE 的设计审查实践，同时认为它们可以更加开放地用于教育目的（尽管不是针对一般公众）（ODPM 2005：9）。然而值得注意的是，在接下来的几年里，每年提交评估的 1000 多个方案中，评估的数量急剧下降到每年约 350 个（CABE 2006c：24—25）。委员会将活动的质量而不是数量作为 CABE 的核心考量，这为该组织提供了有益的警示，提醒该组织在开始其下一阶段的过程中所扮演的角色。

4.3　成熟的 CABE，2006—2011 年

1. 将 CABE 制度化

劳斯和利普顿的离职，以及随后的专责委员会的解散，标志着 CABE 一个时期的结束。尘埃落定后，CABE 在新的领导下有效地重新成为一个新的法律实体。CABE 以往与政府部门保持着距离，但从 2006 年 1 月 6 日起其成为法定机构，因为 2005 年清洁街区和环境法案（Clean Neighbourhood and Environment）改变了其有限公司的身份。这一举动标志着 CABE 从一个新角色向成为该国家治理领域成熟支柱的最终过渡。

CABE 的职能现已明确地由该法案的第 8 部分确定，该法案将其定义为："促进教育的高标准化，理解和欣赏建筑，以及建成环境的设计、管理和维护。"CABE 履行这些职责的步骤[26] 分为 4 个领域：

①提供建议，开发和评估项目。
②提供经济援助。
③开展或支持开展研究。
④委托或协助委托艺术工作。

这一法定地位加强了 CABE 的法律基础。当时文化、媒体与体育部对此大肆吹嘘，因此 CABE 的声望和权威大大增加：

"CABE 具有重要的公共职责，包括为公共和私人机构的广泛客户提供实际支持和设计质量建议。这将证实 CABE 在英格兰建筑和公共空间设计领域的地位。在前五年 CABE 已取得如此大的成就，将它置于法定基础上，这是我们对其能力和未来充满信心的有力信号。"

（DCMS 2004）

但是，它并未赋予 CABE 任何合法的制裁权或要求第三方承担任何义务的权力。不论 CABE 是否要求过，第一个活动领域确实为 CABE 提供了名义上具有"评估权利"的作用，并被视为是具有全国意义的（RFAC 以前享有的权力），但未将 CABE 提升到"法定咨询者"的地位[27]，也没有要求他人配合或者赋予 CABE 像英国遗产组织对遗产事项一样的权力[28]。因此，开发商没有法律义务通过参加小组或提供材料来协助 CABE 进行评估，而地方规划部门在确定相关规划申请之前也无须咨询 CABE。

一般来说，这些立法变化没有被充分理解。早在 2006 年 6 月，政府就认为需要通过 01/2006 号通知敦促地方政府，"尽早在他们认为提案出现或可能出现设计质量或可行性问题的时候咨询 CABE"（DCLG 2006a：第 76 段）。[29] 正如一位高级工作人员的典型评论所表明的那样，向法定地位的转变也被广泛误解为保证 CABE 长期未来的一种手段："我认为，成为一个法定机构的意义是，如果想要废除 CABE，你必须要有议会法案来做这件事，这可能会拖延废除进程。事实证明，你不需要这样做，你只需要停止资助它们。"事实上，该法案的第 90 条明确规定，国务大臣可以解散 CABE，以及这些权力仅从六年后的 2012 年 1 月开始。

同样，CABE 以前作为一个公共资助机构缺乏合法性，并以担保有限公司的形式存在是不正确的。正如一位 CABE 主任回忆的那样，"我认为这是技术性的。之前，它的地位在技术层面是非法的，这正

是有必要使其成为法定机构的原因。"当时的官方记录显示，公共责任是这一问题的核心。因此，下议院图书馆对拟议法案的评论指出，这一变化"履行了一项政府承诺，响应沙曼报告（Sharman Report），未来所有非部门公共机构都应由主计长兼审计长进行审计"（2005：63）。由于这只能在 CABE 完全属于公共部门而不是担保有限公司的情况下才能实现，因此 CABE 地位的变化是对环境的一种小小的适应过程，以便继续保持公共资金的大量流动。

1）一种新文化

托尼·布莱尔在 2005 年 5 月赢得了他的第三次也是最后一次选举，但由于误导了议会对 2003 年支持入侵伊拉克的决定，他的人气评级很快下降，并于 2007 年 6 月将首相职位移交给戈登·布朗。布朗在 2010 年 5 月之前一直参与执政。新工党的最后五年目睹了许多次内阁改组，约翰·普雷斯科特也将他在副首相办公室的职责交给了新成立的社区与地方政府部（DCLG），领导是戴维·米利班德（David Miliband），然后是露丝·凯利（Ruth Kelly）、黑泽尔·布莱尔斯（Hazel Blears），最后是约翰·德纳姆（John Denham，），他们都没有约翰·普雷斯科特一再表现出的对建成环境的关注，他们的任期也不足以显著影响议程。

CABE 地位的变化似乎也加剧了两个资助部门之间存在的紧张关系，这两个部门对 CABE 的期望仍然非常不同。虽然文化、媒体与体育部持续重视 CABE 的原始挑战性质，但社区与地方政府部更加关注（用一位内幕信息者的话）"你在做什么来支持部长的工作？"此外 CABE 敢于批评与特定政府计划或倡议有关的设计并让其承担责任时。随着这种情况的继续，CABE 与社区与地方政府部的关系变得更加不稳定，CABE 越来越被视为政策交付的有效代理人，而不是设计的挑战者。布朗制定新的优先事项，它们与更多的控制和报告流程相关，因

此即使招聘和解雇员工也与特定的"服务水平协议"（SLA）相关联。此外，新任部长们在设计议程上的建议往往不如以前（可能是因为他们的兴趣减弱），导致了一些误判。CABE 的一位资深人士报告说："真正让 CABE 伤心的事情之一就是玛格丽特·霍奇（Margaret Hodge，当时的文化、媒体与体育部的部长）决定削弱那些拥有区域结构的组织。不幸的是，她当时的政策顾问去过曼彻斯特，她也去过曼彻斯特的建筑中心，看到那里有一个'由 CABE 赞助'的标志，于是她认为这是 CABE 的地区机构，然后我们那一年的预算就被缩减了。"

即使没有像以前那样得到政府的充分承诺，CABE 仍旧在英国各地开展业务，现在由约翰·索雷尔（John Sorrell）和理查德·西蒙斯（Richard Simmons）领导，他们将带领 CABE 度过最稳定的时期（2006—2009 年）。西蒙斯还坚守到了它苦涩的结局。从各方面来看，作为回应管理更大和更迟钝评审组织的挑战，这些人带来了一种新的管理方法。用一位 CABE 领导的话来说，"随着 CABE 的发展和公共资金的增加，它必须更加负责，必须填写更多表格，而且你必须与更多人交谈，所以它确实放慢了速度。"新工党的政治气氛正在消失，作为一名在此期间工作的高级工作人员，整个工党政府"变得越来越焦虑，它们的公共机构越来越紧张，因此，有趣的是，成为一个有竞选职权的公共机构变得越来越不容易。"

因此，在这一时期，CABE 更像是公务员的一个分支，而不像在它的开创时期那样。这种组织特征的转变对于外界的人来说非常明显。正如一位机构领导人所说，"好吧，当理查德接任时……人们普遍认为 CABE 变得不那么精简，不那么自信，反而更加官僚主义。"

2）清晰与一些疑惑

CABE 运营的新环境与该组织迄今为止部署的一些设计治理工具并不一致，并且模糊不清地出现

在其他环境中。例如，竞选活动的需求仍然存在，但现在它的潜力大大减少，而 CABE 围绕设计审查的权力继续受到质疑。关于后一个问题，CABE 董事中最重要的论点（几乎直到结束）指出扩大评审能力是不切实际的，因为确定计划何时有必要被执行的考量很难与设计挂钩：什么时候可以认定它们是一项"重要"的计划，什么时候不是？2006 年 12 月，社区与地方政府部首席规划师的一封信试图澄清此事，同时接受"重要性难以准确界定，因为它不一定与项目规模、地点或类型有关"（Hudson 2006）。这封信明确列出（或重述）应如何作出这种判断的依据。[30] 地方政府被提醒应关注 2001 年首次制定的标准（参见第 9 章），并被告知 CABE 将判断提交的方案是否应该提交给国家设计审查。

还有人担心，设计审查中的指挥和控制文化会引起强烈反对。正如一位领导所评论的那样："参与能力的问题经常出现，我们总是说'不，我们不想要它们。'"他回忆起经常与英国遗产组织进行的比较，英国遗产组织作为具有法定资格的咨询者有权看到相关的遗产建议："我们认为英国遗产组织作为法定受咨询者的影响比 CABE 更加沉重，更加被讨厌，因此不被采纳。"在从业者中，CABE 建议的非法定性质也被普遍认为是一种好处，因为它的建议对于地方政府和开发商来说始终是咨询性的。正如一位从业者所说的那样："如果有人告诉你'你必须这样做'，那么就存在因为委员会干预而做出糟糕设计的危险。"[31] 然而，最后，CABE 的观点正在为了响应 2010 年 3 月关于改善法定和非法定受咨询者参与规划体系的全国性磋商而发生变化。理查德·西蒙斯认为"CABE 希望正式拓展其职权范围，或许是因为通过部长们了解了更多关于 [2005] 法案在这方面的明确性的缘故。"[32] 这代表了该组织的立场发生了重大变化，并反映出 CABE 希望在知道未来将面临的困难时获得更正式的地位。

在 CABE 之外，在整个这段时间内，虽然

CABE 的审查权力范围缺乏明确性，但存在一种常见的误解，即它在规划系统中具有法定权力。正如一位设计审查主管所回忆的那样，"在 CABE 获得法案支持后，它成为一个法定机构，但它仍然是规划体系中的非法定咨询机构……我不确定很多人是否真的理解这一点。"事实上，虽然评估权力在纸面上是微不足道的，但当与对其角色的误解相结合时，它们对实践的影响要大于它们本来可能产生的影响。例如，有充分的证据表明，CABE 的设计审查判决越来越多地被视为法定判决，对于一些人来说，这导致围绕问责制和公开指责不公平做法的问题。其中最激烈的是戴维·洛克（David Lock，2009）在《城镇与乡村规划》（Town & Country Planning）杂志上发表的对 CABE 的批评：

111

> "'设计审查'是一个非常薄弱的过程。CABE 员工通过未知流程选择了可能对设计师完全陌生的专家。他们在专业或技术上的合理性是无法被解释的，而且往往显然是不合适的……很难质疑他们是不适合实践要求的，因为没有人想要引起 CABE 的愤怒，并'得到一个糟糕的评论'。这种恐惧表明了一种腐败，因为它使 CABE 忽视了舆论，并使其发展出可能不专业和薄弱的工作实践方式，对真正的价值提升缺乏助益。同样令人遗憾的是，'糟糕评论'的概念错过了整个文化观点：设计审查应该是设计过程的一个建设性部分。它不应该是考试或试验，如果是的话，我想要合格的审查员，适当的陪审团制度、公众监督和完全的责任！"

虽然特别有力，但洛克的批评既不是新观点（对于皇家美术委员会类似的投诉在其后期一直存在，参见第 3 章），也没有区别于其他典型观点，因为这种批评贯穿 CABE 存在的全过程，类似的观点在建筑媒体的信件中经常会有（以及其他地方，例如在 2005

年专责委员会，见前文）。房地产行业的一位资深人士将这种情况描述为"几乎准法定的地位，他们的实际构成和实践并没有真正实现……如果你要具有法律权威，那么你必须拥有适当的透明度、上诉权和质疑如何做出评估的权利"。然而，委员会充满活力地进行了斗争，并且在对洛克批评的简单反驳中，理查德·西蒙斯（2009b）认为"CABE 的支持使得项目相关官员能够支持与开发商站在一起并为公众提供更好的场所……当然，专家组更强有力的评论有时会引起争议，并不总是很受欢迎"。他补充说："但这就是你坚持的原因……绝大多数设计师都赞成我们在评估设计时通过使用细心的审查人员表现出的尊重。"

然而，有趣的是，使用"设计审查满意度"作为 CABE 的关键绩效指标仅出现过一次（见前文），并且在结果大幅度低于目标值时迅速被取消。相反，之后继续使用数量而不是质量的衡量标准（例如提交设计审查的数量和评估的计划数量），尽管也试验了"过程开放性"的绩效指标（外部观察员数量，CABE 2009b：19），并且分别在 2008—2009 年度和 2009—2010 年度试验了"通过设计审查改进设计质量"。最后一项指标表明，在第一次和第二次评估之间（或已经很好并保持质量），在那一年中看到不止一次的 112 个计划中 70％有所改善。评估的严谨性以及由谁作出评估没有被明确（CABE 2010c：17）。

毫无疑问，设计审查是 CABE 的首要服务，但也是其服务中的障碍，通常掩盖了 CABE 所做的所有其他工作。这种方式为 CABE 制造了许多敌人，并且在关键时刻影响了 CABE。但它也对英国的设计发展产生了重大影响，包括交付 2012 年奥运会等重大项目（图 4.12）、巴特西发电站（Battersea Power Station）、伦敦横贯城铁工程重建项目、巨石阵游客中心、利兹竞技场、曼彻斯特合作总部（图 4.13）、新街站重建以及利物浦中央图书馆、伯明翰东区城市公园的总体规划，再到大英博物馆扩建，英国主要城市扩建和棕色地带重建，以及一系列

图 4.12　奥运公园的运行时期，CABE 在塑造 2012 年奥运建筑和场馆设计方面发挥了重要作用
资料来源：马修·卡莫纳

112　图 4.13　曼彻斯特合作集团的新总部很像切片后的鸡蛋，但却获得了商业建筑有史以来最好的 BREEAM 评级
资料来源：马修·卡莫纳

图 4.14　克朗伍兹学校，对该郡上下的"为未来建设学校"项目进行了系统的评估
资料来源：马修·卡莫纳

"为未来建设学校"（Building Schools for the Future）项目（图 4.14）。后续还有很多项目。[33]

2. 针对限制的谈判

在此期间，政府将重点放在城市更新和住房开发的供应方面，现在它将 CABE 与其住房议程的内在联系在一起。社区与地方政府部的一位关键联络官描述了这一角色的演变。"在早期阶段，它是关于帮助实现更可持续的社区，所以我们寻找更广泛的目标，而后来它开始变得更加具体的'我们想要住房'，这成为工党政府最终的绝对压倒一切的优先事项。"因此，虽然 CABE 仍在努力影响设计实践，但其活动受到更严格的控制，而不是针对更具体和可衡量的目标。这开始引发围绕 CABE 焦点的问题，以及它是否因设计而分心太多，而且不再足够强大。委员会必须应对这些挑战，并在 2010 年新工党政府结束时取得了一些成功。

一方面，它越来越多地接受政府的优先事项，并改变其战略模式以配合政府。例如，它花费了大量的时间和资源来评估重建国家范围内学校的庞大计划，为其自身促进教育、技能的职能努力——2005 年清洁街区和环境法中明确规定的组织职能之一被削减。正如 CABE 高级职员所描述的那样，"我们不再提供分散的技能课程，而是与 CABE 的其他课程领域建立更加一体化的关系，因此我们与其他董事会合作，提供其课程的技能要素，而不是了解什么技能需求是一般性的，然后制定一个我们随后会推广的计划。"一项例外是"引人入胜的场所"倡议，旨在向学龄儿童介绍建成环境问题，该计划已发展成为儿童和教育工作者的主要在线资源，继 2006 年至 2007 年度文化、媒体与体育部管理试点（由 CABE 和英国遗产组织支持）之后，于 2009 年 1 月正式启动（参见第 7 章）。[34]

另一方面，CABE 并未完全被"控制"，并试图开放并解决其自身工作确定的设计议程的各个方面，而不全是以政府的关注点为目标。例子包括其在战略性城市设计（StrUD）及其美学研究方面的工作，这两项议程都是 CABE 在即将解散时所追求的一些议程，并证明了一个组织仍然愿意突破界限并挑战传统的思维方式。特别是美学研究代表了一种风险，因为自皇家美术委员会时代以来，美学已被牢牢地排除在议程之外，而转为追求一种更加客观的、明确的基于证据的设计观。这种回归引起政府的关注，甚至有人认为，当谈到危机和 CABE 的未来受到争论时，这项工作发挥了重新唤起的作用。追求良好的设计是一种奢侈品，因此是可有可无的。

113

1）建立影响力（或不建立）

然而，在其他方面，CABE 不断重新调整其研究议程以创造性地影响政府，例如作为新工党的最后一项与设计相关的政策倡议的参考《世界级场所》（World Class Places，见后文）。实际上，这种支持其论点和主张的证据标志着整个 CABE 模式的关键维度。正如社区与地方政府部内部的一位消息人士所回忆的那样，"这是一个基于证据政策的真正高光时刻，并试图将设计真正融入所有内容中，我们十分迫切希望获得证据。"对于 CABE，虽然最初的研究旨在说服开发商了解优秀设计的价值，但越来越多的国家政客被视为 CABE 研究的主要受众。回顾经验，理查德·西蒙斯后来写道："随着时间的推移，CABE 积累了大量事实……但政府的需求没有减少……收集的证据是否有助于形成政策，或者只是一种替代活动，或者只是用于根据更主观的基础来证明政治决策合理性的'烟幕'？"他总结道，"事实证据可以对政策产生有力的影响，但其应用的领域不是中立的"（2015：409，415）。政府似乎非常愿意获得在加强个别部长试图实现目标时有关设计价值的证据；当这些证据没有，或者当它被认为超出了他们感兴趣的领域时，那么在面对更直接

的优先事项和政治判断时，事实证据就会被忽视、丢弃或被遗忘。

与教育事务一样，研究的交付越来越多地成为分布在整个组织中的活动，而且这种功能从未真正成为独特的服务。用一位长期身处研究团队成员的话来说，"CABE 产生的知识从未被完全'编纂'，也就是说它从未被带入 CABE 本身的连贯和有说服力的产品中。"其他人批评 CABE 的研究过于浅薄，且过于迥异，以信息为主导，而不是以知识为基础（长期以来的研究团队是信息理事会的一个分支）。正如一位专业人士所说，CABE 最终"写了东西，做了网站以及涉足许多其他人已经到过的领域"。然而，尽管受到了批评，CABE 的研究得到了广泛的阅读，并且在组织内部以及外部、网站上和"CABE 空间"之间被大量使用，代表了 CABE 提供的一贯高度重视的维度。

CABE 的研究代表了建立和维持信誉和影响力的关键手段，例如其在 CABE 广大的机构体系中发挥的作用。然而，一些重要的群体总是更难以达到目标（更多地怀疑 CABE 信息）。CABE 以前因没有听取开发商的意见而受到批评，随着时间的推移，它试图更多地倾听并与之建立沟通的桥梁。但是，如果没有任何手段强制执行其观点，它往往不得不依赖其评论的影响力和其在规划系统中的声誉。它的间接影响力也很强大，其中包括"生活建筑奖"等机制。CABE 与住宅建筑商联合会合作，在温和地鼓励私人利益更多地关注设计方面是具有成效的。

对房屋建筑行业的影响特别难以实现，CABE 有时会采用实名的方式和羞辱性的语言，并且冒着疏远开发商的风险来传达信息。在英国房屋建筑商珀西蒙房地产公司（Persimmon Homes）的案例中，CABE 高级工作人员报告说，开发商"实际上威胁到任何对 CABE 进行评估的地方政府，他们再也不会在这些地区进行开发建造……因为劳斯说他们在盖茨黑德（Gateshead）建造了英国设计最差的开发项目，这激怒了他们"。后来，CABE 在 2004 年

至 2006 年期间出版的住房评估使整个住房部门感到羞辱，并引来房屋建筑商大规模远离 CABE 的危险。然而，随着理查德·西蒙斯的到来及其更加和解的方法，CABE 开始实施一项直接与高层个体住宅建筑商合作的计划。通过这些手段，并在逐步加强国家政策的帮助下，以及一些开发商越来越认识到更好的设计既具有市场价值，又有助于更顺畅的规划过程，CABE 赢得了邦瑞房地产公司（Barratt Homes）和伯克利地产公司（Berkeley Homes）等的支持（图 4.15）。这种构造转变可以说是 CABE 晚期的关键成功之一，尽管珀西蒙房地产公司以及其他开发商仍然坚持抵制设计审查，并一直被认为是最不抵制设计审查的开发商。正如 CABE 在政府中的强大盟友之一所评论的那样，"一些不太进步的房屋建筑商并没有接纳 CABE……这是这种方法的风险之一，你可以与那些有同情心的人交谈，因为你有话要跟他们谈谈。你没有办法和那些充满敌意的人交谈，因为这在现实中太困难了。"

建立影响力的关键手段涉及区域代表与当地的积极合作，而区域代表则使用他们与中心的直接联系来增加他们的说服力。正如一位评论所说："事实上我们可以，有一定的可信度……至少在理论上，有一条通往中央政府的直接途径，我们的决策者也非常强大。"地方的建筑和建成环境中心（ABEC），部分由 CABE 资助，并通过建筑中心网

图 4.15　伯克利房地产公司的基德布鲁克村项目（Kidbrooke Village）（第一阶段），在 CABE 的后期进行了审查
资料来源：马修·卡莫纳

络（ACN）进行协调，也有助于扩展设计审查服务并成为 CABE 家族的关键部分（参见第 8 章和第 10 章）。到 2009 年至 2010 年度，八个区域（除了伦敦之外[35]）都由区域小组负责，其中许多区域由建筑与建成环境中心主办（CABE 2010a：17），这样显然有了成为全面和协调的国家设计审查系统的潜力。它与 CABE 的授权活动和区域代表一起，进一步扩大了 CABE 在英国的影响。但至少有一些负责伦敦国家设计审查服务的观点认为，区域小组"从未得到合适的资助或支持"，因此"质量各异"。

2）批评涌现

总的来说，CABE 仍然受到极好的关注并与外界有良好的联系。但随着时间的推移，一些因素巧妙地削弱了这一优势。首先，建成环境专业人士经常将这个时代与早期的时代进行比较，许多人认为随着 CABE 的发展，它变得更加内向，更难与之建立关系。例如，有些人认为 CABE 过于专注于设计，未能将其置于围绕发展过程和可持续性的更大议程中，从而减少了其信息的影响力。例如，虽然 CABE 与开发商的关系更加积极，但仍然可以认为它过于单一，未能与所有感兴趣的各方充分互动。在可持续发展问题上，CABE 与其他方面相比来说很晚，只有在 2007 年政府对生态城突然有兴趣时才开始围绕创造低碳发展进行研究（参见第 9 章）。在此后期，CABE 最终加强了政府对可持续设计建筑行动的活动，约翰·索雷尔（John Sorrell，2008）在 2008 年 5 月气候变化节（与伯明翰市议会联合组织）的前夕争论说，CABE 进行了数百次审查，委员会只是"看到了少数人对可持续发展的雄心壮志"。第二年，它发起了该领域最雄心勃勃（也许是唯一重要的）计划，即 sustainablecities.org.uk 网站[36]。可以说，这来得太晚了（参见第 7 章）。

其次，事实证明对皇家美术委员会曾经具有破坏性的那样的小团体问题从未完全消失。设计审查

的实践在这方面经常涉及，而参与国家专家组的一些人明确表示这种参与确实有其优点："毫无疑问，如果你去一个客户处，并说我或我的伙伴在 CABE 的设计审查小组中，他们会认为这对他们的项目有潜在的好处。刨除其他因素，他们会认为你很了解这一体系，更重要的是，他们知道你认识那些体系中的人，同时你知道如何应对这一体系。"但这种看法在 CABE 对待其他事情时并没有帮助。例如，"CABE 空间"被认为对自己没有热情的工作不感兴趣，忽视政府委托的重要研究报告，如"生活场所"、"关注质量"（DCLG 2004，关于公共空间的管理）和"城镇中的树 II"（DCLG 2008）。CABE 倡议的贡献者有时也认为，当发布工作或启动计划并且他们的贡献没有得到充分认可时，他们感到有些被边缘化。感觉是一切都变得过于屈从于 CABE 更宏大的服务目标，而没有建立一种集体努力的感觉："你做报告，你做所有的工作，最后你不会被认可为参与者。你阅读了这份报告，你拍摄了 24 页照片，你所建议的所有内容，这份报告却会署名由 CABE 制作。"

最后，有些人认为 CABE 属于"大型公共部门组织模式，尤其它们是能够代表政府的人，可以推动其他人的部门"。例如，对于 CABE 的出现至关重要的城市设计联盟在 21 世纪前十年逐渐消失，有些人认为这是这个问题的症结。一位资深计划人士认为，"对于 CABE 而言，城市设计联盟可能是它们通往专业领域的门户，但 CABE 并不想这样做，因为它们想要自己取而代之。"当然 CABE 在该领域的这种主导地位意味着，城市设计联盟和公民信托等非政府组织至少部分填补了 CABE 出现之前的巨大空白（参见第 5 章）。

许多人认为 CABE 有意扩大其影响范围，并且在此过程中它自我提升，抓住了风头和好的点子。在公园领域，绿旗奖（Green Flag Awards）的采用就是一个很好的例子。正如一位参与方所评论的那样："CABE 是如此血腥傲慢……它们委托我们进行这项评估，同时接管了它的运作。因为它们掌握着该项目办公室的核心资金，所以它们决定完全掌控这些资金，并且用其去做它们喜欢的事情，但它们并没有真正采用绿旗奖。""生活建筑"中存在类似的情况（因为 CABE 的资源和宣传机器），虽然 CABE 只是合作伙伴之一。

对 CABE 最终的批评是从一开始就存在的问题，即 CABE 的关注点是以伦敦为中心的。CABE 面临着试图提高设计标准的挑战，同时需要建设性地参与英国各地的不同实践。在某些方面，尽管 CABE 的推动者在英国地方政府上下工作以试图改变其观念，但仍然存在争议，即好的设计是无法负担的。正如一位 CABE 主管所说，"你总是可以争辩说某些东西更贵，并且它不会赚到那么多钱，但这并不意味着说这是正确的事情。"然而，有些人认为，不妥协的立场描绘了一个狭隘的大都市精英观点，因此未能反映当地实践的现实。出于成本和务实的原因，尽管城市工作组提出了相关建议，但不建立区域结构的最初决定无疑体现了这一观点。对许多人来说，区域代表的雇用，以及建筑与建成环境中心的部分资金都是象征性的。

3）两个最后的评估

这反映了当时批评，但也是因为 CABE 现在正式成为国家治理机制的一部分，这意味着在 2007 年 7 月的《住房绿皮书》中，文化、媒体与体育部以及社区与地方政府部联合宣布了对 CABE 自身的"略微审查"（DCLG 2007：63）。由于两个部门之间就评估的确切职权出现分歧，最终推迟了承包商的任命以及 CABE 计划的公司战略，出现了九个月的延迟。当时，一位 CABE 消息人士评论说："这令人非常沮丧，因为没有人真正向我们解释过为什么会发生延误。这一切似乎都归结于协调两个政府部门的困难"（引自 Stewart 2008）。

116　　最终，评估由英格兰西部大学的理查德·帕纳比（Richard Parnaby）和迈克尔·肖特（Michael Short）进行，评审员要求考虑与 CABE 资助部门的一致性关系以及 CABE 运营的影响和有效性。基于对 CABE 工作的广泛文献分析、访谈和观察，研究人员得出结论：

> "CABE 已经为英格兰的场所和建筑物质量带来真正的改变，并将继续下去，而且有可能更加有效。CABE 有一套经过深思熟虑的优先事项，不断进行评估，以确保它们与发展中的政府优先事项保持一致。它与许多不同的机构合作，在一个复杂且不断变化的环境中有效运作，这些机构试图影响公共和私营部门的建筑和场所制作质量。它既是政府在有争议的建成环境设计领域的重要朋友，也是与英国各大部门和机构合作制定具体政策目标的交付机构。"
>
> （Parnaby & Short 2008：3）

这项法案提出了五项建议：1）更强有力的区域战略，以便更好地预测该组织在英国的影响力；2）加强对规划过程的参与（CABE 在这一点上几乎没有涉及）；3）与政府及其赞助部门合作更加密集的战略；4）评估其教育和传播战略（也许反映了一些人对 CABE 过度出版和需要控制产量的失望[37]）；5）为 CABE 制定基于证据的战略，以确定其自身及其计划的有效性。这次评估引起了一些涟漪，尽管开支已经缩减[38]，但 CABE 对于其在 2010 年 5 月大选期间在政府中的地位感到自信，而新工党看起来越来越有可能被推翻。

为了增加积极的情况，在 CABE 对自身运行十年的评估完成一年后，对该组织的记录进行了进一步的（无情的）积极调整，这次是对其十年来活动的总结。

CABE 已经：

- 审查了 3000 多项主要开发建议书，平均每次审查费用为 2500 英镑（占建筑费用的 0.1%），其中包括 359 所学校和 300 所早期学习中心。
- 来自英国 85% 的地方政府提交的审查计划，70% 的后续规划决定是根据收到的建议采取的。
- 在英国授权了 650 个郡县级项目（370 个相关住房），并支持 50 个地方政府制定其核心发展战略（地方计划）。
- 培训了 225 名"空间塑造者"辅导员（参见第 9 章）和 306 名"生活建筑"评估员，并颁发了 69 个"生活建筑奖"（32 个金奖）。
- 制作了新一代的国家级指导方案，涵盖规划和广泛的设计问题，其中包括来自"CABE 空间"自己的七十多个。
- 培训了 667 名当地议员，350 名绿地负责人和 600 名高速公路专业人员，并通过建筑和建成环境中心资助了参与其 CABE 教育计划的 23 万名年轻人。
- 拥有超过 400 位专家的"CABE 家族"，可以进行设计审查和实施，员工人数达到 120 人。

主要政党在预选陈述中的积极立场进一步加强了他们的信心。2009 年，《世界级场所》发布了"政府提高地方质量的战略"。据报道，在戈登·布朗对住房和学校质量差的关注下，以及大部分内阁办公室（Cabinet Office）[39] 在 CABE 的大力投入下，该战略大肆宣扬 CABE 在推动良好规划方面的"推动城市设计与建筑发展的自豪记录"（HM Government 2009：6）。最初的目的是制作一份关于场所质量的白皮书，但是所涉及的公务员都在被重新评估，提高利益并同意政府一致议程的困难导致其迅速降级为"战略"，可以在不需要内阁层次的

117 情况下进行批准。理查德·西蒙斯后来回忆起，最初雄心勃勃重新启动设计/地方议程的愿望是如何逐渐遭到削弱的，随着首相的政治资本逐渐消失，经济危机成为政府关注的主体（2015：413）。尽管经历了七个月的努力，该战略的内容还是逐渐被淡忘了，直到没有任何新设想或跨政府部门承诺产生，同时该战略在出版后也很快就销声匿迹了。内阁办公室的作者甚至被告知"建成环境"不是投票获胜的关键，对 C1（中下阶层）人口（一个关键的选举目标）无关紧要，所以（尽管文件有其来源）没有真正的高层领导为一系列新政策提供积极支持的前景（Simmons 2015：412）。

尽管有其命运，但在当时的反对党可能更为重要的预选声明（考虑到政治风的方式）中，关键情绪点也得到了回应。最值得注意的是，这包括关于良好设计在保守党政策绿皮书《开源规划》（Open Source Planning）中的重要性的明确声明："建设环境的质量对于创建宜居社区至关重要。我们希望鼓励建造实用、可持续、负担得起且具有吸引力的建筑，并实现社会目标。例如通过'设计'治理。我们必须提升建筑和设计的最高标准。这不仅是一个理想的目的，而且是鼓励社区支持新发展的重要因素"（Conservatives 2010）。

当然不是每个人都张开双臂欢迎 CABE 迎来10岁生日。当时引用建筑师谢泼德·罗布森事务所（Sheppard Robson）的创意总监蒂姆·埃文斯（Tim Evans）的《十年回顾》（Ten Year Review）是："自我资助、自我导向，坦率地说自我满足"（引自 Arnold 2009）。他并不是唯一认为 CABE 做得太多，已经变得过于狭隘且过度紧张并忽略了原来意图的机构。CABE 运动和教育总监马特·贝尔（Matt Bell）反驳说，如果目标是超越促成好的设计到达"常态化的且无处不在的好设计"，那么委员会仍然太弱（引自 Arnold 2009）。保罗·芬奇（当时已经离职）认为，自 2008 年以来可能存在"一些过度扩张"（内

部消息来源通常指向"海洋变化"计划[40]，参见第10章），但政府的要求往往让 CABE "陷入困境"（引自 Arnold 2009）。

3. 政治性收尾

在这个阶段，经济政策和政治成为焦点，2007年至 2008 年间爆发的全球金融危机为设计治理的十年投资蒙上阴影。历史记录显示，英国的公共财政在危机中遭受严重冲击。从这一角度看，CABE 是在 2008 年至 2009 年经济紧缩和技术性衰退的阴影下运作的。虽然这几年两个核心资金部门——社区与地方政府部、文化、媒体与体育部连续投入了大量的财力（图 4.16），但社区与地方政府部的一位官员指出，"经济衰退越来越严重，CABE 试图依靠资金维持变得越发艰难。"还有一些外部压力 118 导致政府干预减少，正如一位外部观察员所报道的那样："当房屋建筑商的经营开始变得更加艰难时，就像环境议程变得更加艰难一样，政府面临着私营部门要求放松一切的巨大压力"，其中就包括对设计的要求。

除此之外，尽管对《世界级场所》（World Class Places）的倡议热情洋溢，但政府诉求仍与其建成环境政策的预期长期利益脱节。CABE 过去几年中对城市更新政策的评估对此毫无帮助。正如 CABE 一位高层人物所回忆的那样："他们只注意到在建成环境上投入了大量资金，而且似乎对改善贫困没有作用。"这一发现强化了财政部（Treasury）的观点："你没有投资建筑物；你投资了创新和技能。"

政府内外不断变化的环境意味着，CABE 可能会面临一段真正动荡的时期，而这与预算削减迫在眉睫无关，除非 CABE 能够重塑自身。CABE 对此回应是双重的。首先，它与政府投入了大量财力于《世界级场所》倡议；支持其政策负责人协助制订报告，该报告最终将其需要 CABE 再一次参与的首

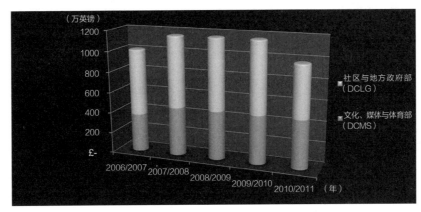

图 4.16　2006 年至 2007 年度—2010 年至 2011 年度 CABE 的核心资金 [41]（数据来自 CABE 年度报告）（见书后彩图）

要行动定为在跨政府部门层面通过部长级设计冠军竞赛（Ministerial Design Champions）[42] 重振他们（政府部门）对建成环境领域的兴趣（HM Government 2009：40）。这反映了早期轻微审查中的一项重要建议。其次，CABE 通过"对其潜在的托利党资助者（Tory paymasters）的魅力攻势"与反对派进行接触，希望他们能够认同 CABE"对于实现自下而上的'社区主导'的保守党（Conservative）住房设计计划至关重要"（Arnold 2009），其又名新"地方主义"议程。

2010 年 5 月 6 日举行大选，6 天后出现的保守党—自由民主党（Conservative–Liberal Democrat）新联盟政府热衷于在白厅（Whitehall）实施大规模的削减成本措施。当时的文化、媒体与体育部的一位部长反思经济形势，回忆说："当时正处于希腊经济危机之中……所以出现了这种压倒性的需求，以确保政府的财政状况能够稳定下来……每个部门都需要制定资金使用目标，无论是否喜欢，我们都必须提出。"对于 CABE 而言，尽管它具有吸引力，但与部长级别官员的关系并没有想象的那样强大，这个组织并没有受到普遍赞赏。正如一名高层工作人员所说："我们发现自己有时会在公务员队伍的中层陷入困境，而且更加难以突破这种桎梏。"

新的联合政府也对公共行政采取了截然不同的方法，避免了集中解决方案，缩小国家干预的规模，推动市场驱动的城市发展方式，而保守党新生的"地方主义议程"进一步促进了这种趋势。在这种新的背景下，政府内部仍然存在着改善设计的使命和信念，但并不认为它应该成为国家目标的一部分。新政府认为在过去十年或二十年中，半官方机构大量增加，并且在上台后不久宣布对非部门公共机构（NDPB）进行评估。同年 8 月，该评估提议清除约 200 个半官方机构，并将政府评估过的 900 个机构中的 120 个进行合并。[43] 在此过程中，CABE 的赞助机构——文化、媒体与体育部面临着巨大的压力，因为它比其他部门支持了更多的非部门公共机构，并且 CABE 需要用实际政府维护自身并协商削减成本的措施。领导制作并提交了对"公共机构评估"（Public Bodies Review）的回复，该回复（应文化、媒体与体育部的要求）为该组织制定了三个选项（CABE 2010c）：

- 继续将 CABE 作为独立的公共机构。
- 与英国遗产组织（English Heritage）完全合并。
- 为建成环境创建一个新的监管机构，其中包含英国遗产组织和精简的 CABE。

也许可以理解的是，鉴于 CABE 与英国遗产组织之间的棘手关系（尽管事后看来是灾难性的），两个组织之间任何形式的合并都被否决，而第一个选项得到了大力支持。它设想了一个新的精简机构，基于创新的"开源 CABE"模式，年度预算为 860 万英镑（约减少 25%）[契合了今年早些时候绿皮书《保守党开源计划》（Conservative's Open Source Planning）中的语言]。这背后的意图是以协作的方式在线免费提供更多服务，使用自己的客户评价和完善服务。提交的材料中写道："其原则是，通过使用 CABE 资源的人员的投入，CABE 的知识和工具可以不断得以改进。在真正的'开源'中，CABE 将致力于不断创新以满足客户的需求。同时通过面对面接触和点对点支持，使其客户能够通过网络直接搜索学习和最佳实践。"（CABE 2011f：5）

鉴于"紧缩"任务，CABE 已经在准备大幅削减其收入，并基于此模式，CABE 在公共机构评估（Public Bodies Review）之前不断向前推进。提议的方向进入了该部门的审议[44]，并且 CABE 在第一次削减半官方机构时幸免于难。CABE 试图适应新的政治气候，直到最后一刻，这些提案才被认为是可行的。然而，历史证明提议的解决方案并不像形势要求的那样激进，而且 CABE 在"淘汰半官方机构"中幸存下来的时间非常短暂。

泰特美术馆（Tate Gallery）馆长尼古拉斯·塞罗塔爵士（Sir Nicholas Serota）（具有讽刺意味的是，他也是 CABE 的创始人委员）在秋季支出评估公布前不久写信给《卫报》（The Guardian）时说，他认为政府在文化资助方面"闪电战般无情行事"（Serota 2010），此时情况发生了变化，压力产生了。在资金宣布前的周末，文化、媒体与体育部的新任国务秘书杰里米·亨特（Jeremy Hunt）决定通过取消对 CABE 的资助来削减前线组织的规模，使之略低于此前的计划。正如一位主任委员所回忆的那样，"我认为我们最终将会达到 200 万—300 万英镑之间，这在白厅方面确实是一个会计错误。当社区与地方政府部没有意识到文化、媒体与体育部正在削减我

们的资金时，这几乎造成了 CABE 的消亡。"

CABE 显然采取了一种简单快速的削减方式，而且程度（对公众而言）远不如削减其他备受瞩目的文化机构那样猛烈。尽管最初保持对 CABE 的支持使其仍作为非部门公共机构保留在账簿上，政治权宜之计还是赢了，文化、媒体与体育部撤回了资金。这导致了 CABE 的赞助部门不再愿意为其提供资金的困难局面，而社区与地方政府部多年来一直贡献了一半的资金，它准备保持大幅减少资助的状态，同时也不准备接任成为 CABE 的赞助机构。鉴于此，CABE 不再是公共部门的可行实体，不得不关闭。

虽然可以说通过移除与新工党（New Labour）密切相关的机构来制造政治资本，但大多数人都认为取消 CABE 的决定是出乎意料的，并且涉及的部长似乎并无意于关闭 CABE。事实上，在资助决定宣布之后，社区与地方政府部的部长们作出了重大尝试，谈判协商使 CABE 免于消亡的其他方案。尽管如此，最终还是作出了清除 CABE 的糟糕决定，这个过程被形容为"灾难"。虽然变革的经济使命和政治意识形态明确主张减少支出，但即使资金大幅减少，CABE 也能够继续发挥其重要的设计领导作用。此外，CABE 历史上的志愿主义证据表明，它的"家族"很快就会重新团结起来。

有些人认为 CABE 总会保留下来，值得注意的是："其他机构例如皇家环境污染委员会（Royal Commission on Environmental Pollution）和规划援助组织（Planning Aid）等机构并没有施以援手，或作出有益的行动。"其他人认为 CABE 及其家族成员本来可以更加努力，但最终许多可能被视为 CABE 的核心顾客在组织的价值和消亡方面存在很大分歧，这对其境况没有帮助。CABE 的最后一任主席保罗·芬奇（Paul Finch）[2009 年 12 月回到 CABE 并勇敢地从约翰·索雷尔（John Sorrell）手中接管 CABE，就像事情开始变得糟糕的时候一样]，

对《建筑师杂志》（Architects' Journal）评论道："我们非常失望。我们已经经历了两轮潜在的半官方机构取消危机，我们认为已经坚持了够久"（Waite 2010）。相比之下，建筑行业的反应充其量是多样的，在线发布的评论包括："好消息"；"很高兴今天有一点糖来苦中作乐"；"他们中的一些人甚至得开始自己设计建筑物而不是告诉别人如何去做"；或者是"做得好，削减开支，这是唯一能让所有建筑师满意的事了"。这些评论反映了许多人认为 CABE 除了设计审查几乎没有其他功能的错误观念；正如最后一篇文章所揭示的那样，这个功能仍然提出了它在十年前皇家美术委员会时代结束时指出的问题和关注：

> "CABE 是一个基于有缺陷理论的组织，一个过度增长的建筑'批评'机构，并难以改善建筑物的设计。这里充满了自以为是，自我为中心的建筑师老男孩和女孩们，他们可以愉快地坐在周围嘲笑其他建筑师的设计，直到金主的退出。还有其他公开批评其同事工作的职业吗？难怪我们被其他行业超过了。"

当然，作出最终决定的方式令那些一直在谈判其他选项的人感到震惊，那些关键项目因此陷入困境并且永远无法完全实现。其中包括超市设计审查小组的建立和战略性城市设计（Strategic Urban Design）（StrUD）工作的传播。2011 年 4 月 1 日，CABE 成为一个独立机构，其最终主席在其年度报告和账目（Annual Report and Accounts）结束时写道（CABE 2011a：1）：

> "鉴于国家的经济状况以及 2010 年政府对公共机构的评估，我们被要求缩小规模并不奇怪。在全面支出评估（Comprehensive Spending Review）正式公布之前，该流程已经开始，并

且我们的两个资助部门同意了 2010—2011 年度的修订预算。完全取消 CABE 资金的最终决定令人震惊，尤其是因为我们在过去 11 年里的工作以及角色定位从来没被质疑批评。"

所有人都清楚地看到隐含的批评。他写道："对我和所有过去的委员来说，这都令人深感遗憾。"

4.4　结论

CABE 的历史是不平静的，CABE 很快成为一个有影响力和政府信任的助手，虽然起伏不断，但在资金和地位被突然削减之前，仍发挥着重要作用。在其生命的早期，它是一个受到大众支持的激进代理人，正如 CABE 支持者的典型评论所示："当它很小而且发展很快时，它受到高度尊重，它是最合适的选择，令人兴奋而充满影响力，做着神话般的工作。"在这个基础上，当它获得了越来越多的公共资金，将其视野扩展到地方政府权力、技能、公共空间和绿色空间的所有重要领域时，它的分量不断增加。在其存在的中期，CABE 的合法性突然受到质疑，必要的改革以及领导层的变化没有实现，反而催生了一个新的成熟的但不那么敏捷的 CABE。

随着危机的消退，政府的支持依然强劲，经过重新修正的法定机构 CABE 继续扩大视野，争取到了更优质的支持，同时受到政治上更严格的约束。随着时间的推移，政府发现有越来越多的理由投资CABE，它们本身就支持设计质量 [通过文化、媒体与体育部（DCMS）]，并通过环境、运输和地区部（DETR）、副首相办公室（ODPM）、社区与地方政府部（DCLG）来支持一系列更具体的政策目标，这些目标大大扩展了（在某种程度上的政治化）组织在设计治理中的作用。通过 CABE 在整个中央政府、地方政府和行业中的工作，设计的重要性得到了明显加强，但是它对政府计划的批评或在其工作

中制定连贯的工作方法常常面临妥协。这种紧张关系从一开始就存在于组织的基因中，后来它与"如何以同样的方式应对挑战与合作"进行斗争。最终，CABE 成为一场经济危机的受害者，同时这场经济危机导致英格兰失去了在建成环境设计中的领导地位。

用一位备受瞩目的委员的话来说，"它不是为了赚钱，而是教育、监管甚至诱导……这真是令人惊讶，但它需要公共资金和勇气才能做到这一点——这是一个勇气可嘉的政府。"对 CABE 的政治支持在其整个历史中绝对至关重要，其政治上的金主以组织的未来为代价，最终还是未能充分地、令人信服地、义无反顾地为设计提供支持。

在整个过程中，CABE 由一个强大的委员会和高管领导。委员会是一个强大的旗手，由一群忠诚的员工和更广泛的 CABE 家族支撑。事实上，在英国范围内有着大量散布的成员参与达成更好设计的事业，往往很少或根本没有报酬，这对国家来说是物有所值，也是 CABE 取得的重要成就之一。当委员会获得政府支持并且作出的决策不那么正式化时，CABE 变得非常有活力。当政府资金增加时，它授权委员会增加其工作人员，从而在英国范围内更深入地进行参与，但这要求其程序更加正规化。用斯图尔特·利普顿的话来说，它的组织目标也从对建筑是一个"固定的表面"这一概念的挑战演变成了一套令人印象深刻的综合性建成环境目标，包括（反映出政府的关注）对住房的特别关注。

CABE 家族的集体努力使得区域外延活动激增，并涉及广泛的非正式设计治理工具，且没有监管力量的影响。CABE 开创了一系列新工具（参见第6—10 章），其中许多工具具有强大的影响力，并使得 CABE 在英国范围声名远播。尽管如此，从一开始就有一大批反对者，他们要么未能参与，要么就积极反对 CABE。随着 CABE 扩大其活动范围，这种批评越来越多，组织更频繁地被视为超越其职权

范围或以过于激进的方式行事。因此，尽管 CABE 对其公共利益角色充满信心，但有些人担心它越来越多地出现在政治领域，而不是与其他机构和专业人士在同一领域工作。除了面向专业群体之外，CABE 在向广泛的公民社会传播信息方面取得了一些阶段性的成功，但是，尽管它强调举办活动，却很难确保公众参与其中，并且很少有非专业人士认识这一组织。所有这些因素都破坏了 CABE 的支撑网络，使其容易受到政治变化的影响。

虽然从来没有受到所有人的赞赏，但 CABE 的解散在许多人看来是惋惜的，同时也是设计治理方面卓越实验的终结。正如一位内部人士所说：

"当你看到失去的东西时，我会说它是一个独特的组织，在全球广受赞誉，其出版物和建议每天都被世界各地的公共或私人的专业人士使用；这是一个典型的英国范例，提出了一项世界领先的议题，我们自己想到了这一点，并把它付诸实践，但最终不得不摧毁它。我认为节省资金是没有道理的。在影响建成环境质量方面，400 万或 500 万英镑产生的杠杆作用是巨大的。"

将 CABE 的工作与基本城市治理特征三要素相关联，即行动、权威、权力，从第 1 章开始的介绍表明，该组织是：

- 具有创新思想但又务实——侧重于单一核心目标，即国家范围内的设计质量提升（广义定义），同时注重政策环境和政治优先，务实地扩展和发展与之相符的议程。
- 集中与分散——政府直接授权支持的集中组织，同时通过它在英国建立经过批准的组织和更广泛的家族网络。
- 公共导向／活跃性——100% 由国家资助，且

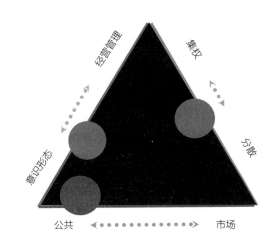

图 4.17　CABE 的设计治理模型（见书后彩图）

仅通过间接的非指令权力进行干预，但通过其相当大的权威、能量和主动性，能够制定和推动公共和私人参与者都无法忽视的国家议程变革。

122　**注释**

1. 环境、运输和地区部（DETR）成立于 1997 年，2001 年短暂地由运输、地方政府和地区部（DTLR）接替，后来于 2001 年由副首相办公室（ODPM）接替，该办公室负责当地政府的简报。2006 年，其成为社区与地方政府部（DCLG）。

2. 劳斯曾是城市特别工作组的秘书，并在编写报告方面发挥了重要作用。在 CABE 成立之时，他正处于一年的休假期中。他在诺丁汉大学完成 MBA 学业，并且直到 CABE 存在一年后才到 CABE 上任。

3. 作为赞助部门，文化、媒体与体育部（DCMS）对任命 CABE 委员负有正式责任。

4. 尼古拉斯·塞罗塔（Nicholas Serota）、保罗·芬奇（Paul Finch）、莱斯·斯帕克斯（Les Sparks）和苏南德·普拉萨德（Sunand Prasad）也被任命为创始委员。2000 年夏天，理查德·菲尔登（Richard Feilden）、吉利恩·沃尔夫（Gillian Wolfe）、狄更·罗宾逊（Dickon Robinson）和约翰·迈尔斯（John Miles）被任命。

5. 截至 2000 年 3 月底的七个月零十一天。

6. 将出现在多个 CABE 出版物中的短语。

7. 戴维·米利班德（David Milliband）是一名初级部长，并被所有有关人员称赞。

8. 2000 年当选。

9. 英国遗产组织认为干预措施非常无益，尽管直到 2015 年，

10. 例如在新西兰；见环境部（2005）。

11. 新工党政府开创了以证据为基础的政策制定方式，以摆脱过去以意识形态为基础进行决策的手段。1999 年英国政府白皮书《现代化政府》（Modernising Government）确立了相关立场，并得到了 CABE 的热烈欢迎，CABE 一直保持着一个研究单位，以支持其存在全过程中的工作。

12. 证明通信部门对 CABE 的重要性日益增加，超过四分之一的工作人员在政策和通信部门（包括研究）工作。

13. 在泰晤士河河口地区；在肯特郡的阿什福德；在米尔顿凯恩斯和南米德兰；并在伦敦 - 斯坦斯特德 - 剑桥 - 彼得伯勒走廊。

14. 最初是杰森·普赖尔（Jason Prior）和艾伦·巴伯（Alan Barber），他们在绿色空间领域备受推崇。

15. 副首相办公室负责 CABE 空间委员会，但其他 CABE 委员继续向文化、媒体与体育部报告。

16. CABE 的内部审计委员会还评估了其区域年度业务计划的价值。

17. 绿旗奖是国家公园管理奖项计划，自 2003 年起由"CABE 空间"和绿旗合伙人组织（Green Flag Plus Partnership）联合管理（参见第 8 章）。

18. http://webarchive.nationalarchives.gov.uk/20110 118095356 / http : //www.cabe.org.uk/news/strongersupportforpublicsectorclients

19. 在区域基础上进行组织，并分别于 2004 年、2005 年和 2006 年进行报告。

20. 两份客户指南均经过多次修订，并于 2011 年上线；请参阅：http : //webarchive.nationalarchives.gov.uk/20110118 095356/http : //www.cabe.org.uk/buildings 以及 http : //webarchive. nationalarchives.gov.uk/20110118095356/http : //www.cabe.org.uk/masterplans

21. 每年大约有 75 次全面审查，有一整套审查员和 CABE 工作人员和访客（后者提出他们的计划）；另外 77 次内部评估，只有小组和工作人员，其余的在每周桌面审查中处理，仅由专家组主席或副主席和官员参加（ODPM 2005：6）。

22. 在 2004 年约翰·伊根（John Egan）爵士进行的第二次评估中，在"可持续社区技能"这一时期，伊根得出结论，需要提高范围广泛的核心和相关职业，并在规划、交付和维护可持续社区方面发挥作用。他建议由国家可持续社区技能中心应对这一挑战，并于 2005 年 2 月建立了可持续社区学院（Egan 2004）。

23. www.planningresource.co.uk/article/445624/cabeauditrecommendsshakeup

24. www.publications.parliament.uk/pa/cm200304/cmselect/

cmodpm / 1117 / 1117we31.htm

25. www.building.co.uk/sirstuartliptonlosescase/3048444.article

26. 完整的步骤清单还包括业务步骤，并在网上存档，网址为 www.legislation.gov.uk/ukpga/ 2005/16/part/8

27. 2001 年 5 月，CABE 在规划过程中被赋予"非法定顾问"的地位，换句话说，建议地方政府就相关规划申请咨询 CABE，尽管他们没有义务这样做。这种状态一直持续到 2011 年。作为例外，CABE 被列为关于根据 2007 年"伦敦观点管理框架受保护的任何规划申请的法定咨询方"，即 1995 年"一般发展程序令"第 10（3）和 27 条。

28. 召集相当于要求相关组织查看项目的权力。

29. 这一"官方"提醒与一项新的国家要求同时进行，即开发者提交"设计和访问声明"以及大多数形式的重要规划申请。虽然设计声明的想法早在 CABE 之前就存在，但委员会向政府推广了这一想法，对它的采纳代表了一项重大成就。2007 年，CABE 编写了关于如何写、解读和使用它们的国家指南。

30. "因其规模或用途而具有重大意义的开发提案；因其选址而具有重要意义的发展建议；或者对重要性大于其规模、用途或选址的建议具有重大意义。"

31. 虽然 2009 年有关学校的审查存在例外情况，参见第 9 章。

32. 理查德·西蒙斯（Richard Simmons）给社区与地方政府部的信：http//webarchive.nationalarchives.gov.uk/20110118095356/http/www.cabe.org.uk/files/responseimprovingengagement.pdf

33. 所有 CABE 设计审查决定书都在网上公布：http : //webarchive.nationalarchives。gov.uk/20110118095356/http : //www.cabe.org.uk/designreview / advice

34. www.engagingplaces.org.uk/home

35. 伦敦城市设计组织（设立提供伦敦专业设计培训）不被允许加入 CABE 间接支持的建筑中心网络（ACN），并且必须继续作为其附属机构。

36. http : //webarchive.nationalarchives.gov.uk/20110118095356/

http : /www.cabe.org.uk/sustainableplaces

37. 最臭名昭著和无益的是，在 CABE 失去资金并且被告知需要关闭之前不久，斯图尔特·利普顿（Stuart Lipton）爵士和乔恩·劳斯（Jon Rouse）抱怨该组织应该放弃制作报告，因为没有人在阅读它们（Rogers，2010）。

38. 当时，政府计划在 2010 年前削减 3% 的资助机构。

39. 内阁办公室支持首相，并且往往是协调跨政府倡议和合作的地方。

40. "海洋变化"文化再生方案是一项总值 4500 万英镑的资助方案，文化、媒体与体育部的部长玛格丽特·霍奇（Margaret Hodge）要求 CABE 管理该计划，并为小型海滨度假村提供咨询。尽管内部对"海洋变化"计划与 CABE 核心使命的相关性以及交付如此大的项目所带来的风险有所保留，但"海洋变化"是由莎拉·加文塔（Sarah Gaventa，"CABE 空间"主管）领导的一个小团队在内部运作并由其提供支持的。对"海洋变化"的独立评估在很大程度上表明其是成功的（BOP Consultancy 2011）。

41. 数字不包括"海洋变化"计划的收入（参见第 10 章）。

42. "部长级设计冠军竞赛"于 2000 年在 CABE 的游说下成立，并作为更好的公共建筑项目的一部分。在最初的热情高涨之后，人们对这些项目的兴趣逐渐减弱，到 2009 年，很少有设计冠军真正活跃在这个项目中。

43. www.bbc.co.uk/news/ukpolitics19338344。链接不再有效。

44. 这项名为"让案例成为现实"的活动是"由文化、媒体与体育部的研究和财务团队领导的一项结构化的内部同行评审研究，旨在展示其各种资助项目和半官方机构的影响"。CABE（2011）将其提交的材料与其他机构提交的材料进行比较后认为，"在这种情况下，只有 CABE 拥有完成这项工作所需的证据基础，并通过包括自身活动的影响证据和改进设计的影响证据来完成这项工作。最终提交的材料（未发表）长达 5 万字，对 CABE 的影响提供了最完整的独立评估。"

第 5 章
紧缩时期的设计治理（2011—2016 年）

这是第二部分的最后一章，讲述了在 CABE 关闭后五年到 2016 年初之间的英国国家设计治理。这段时间涵盖了 CABE 作为公共资助机构的清盘阶段、设计理事会 CABE（Design Council CABE）的诞生，以及从前组织的灰烬中诞生的设计网络（Design Network）机构，随后出现了法雷尔评论（Farrell Review），同时场所联盟（Place Alliance）诞生，这些都是积极参与 2011 年后解决方案的尝试。本章主要讲述这一时期 CABE 的影响，更多的是它的消亡所留下的巨大鸿沟，以及可以填补空白的新研究。在紧缩和地方主义背景下，设计变得越来越重要，甚至成为关键的地方关注点。另一方面它缺少公共资源，转而寻求市场化行为和志愿工作，作为两种国家层面设计治理的方式来满足需要。

5.1 市场展望

1.原地坚守

从 2010 年 10 月 20 日 CABE 宣布即将结束，到 2011 年 4 月 1 日正式关门，人们付出巨大努力试图保存 CABE 的核心项目，同时对组织十一年里所做的工作清理存档。如前一章所述，资金被取消的情况确实很特殊。CABE 的资助部门——文化、媒体与体育部（DCMS）取消了资金赞助，同时社区与地方政府部（DCLG）希望可以继续支持（尽管处在较低水平），但拒绝对场地的赞助。考虑到这种情况，CABE[1] 对寻

找办法度过危机保存组织怀有希望，认为至少可以保存部分组织。正如谈判中的内部人士所说："社区与地方政府部是照亮组织前路的白炽灯一般的存在，他们几乎没有参与谈判，这对我们来说非常困难。"积极的一面是，社区与地方政府部，尤其是该部部长格兰特·沙普斯（Grant Shapps），尽管不一定通过利用公共资金，但仍热衷于与 CABE 合作寻找解决办法。

同时，设计理事会（the Design Council）已成为半官方机构淘汰过程的牺牲品（参见第 4 章），获得了其自己的赞助部门——商业、创新和技能部门（the Department of Business，Innovation and Skills，BIS）的许可，使其仅作为慈善机构继续运营。[2] 两位首席执行官之间的会谈揭示了一个共同的原因和一个潜在的协同作用，如果要进行合并，这种协同作用可能会被利用。这一主张在与各自的政府主管部门讨价还价之后，以及社区与地方政府部的过渡性资金保障下，在两个组织的"公共"地位结束前四天，"设计理事会 CABE"成为慈善性质的"新设计理事会"的私人子公司。[3] 在 2011 年至 2012 年度和 2012 年至 2013 年度，以资助的形式提供 550 万英镑，旨在让新组织有时间发展自己的收入来源[4]，最显著的是将其设计审查服务商业化，并提供支持新联合政府（new Coalition Government）的一项主要倡议，即社区规划（见后文）。CABE 内部的一个关键人物回忆道：

"事实上，他们（DCLG）非常感谢我们所做的工作，每一分钱都计算在内，几乎所有预

定目标都完成了，他们说，'好吧，我们会在未来两年内继续资助你们的工作。'这让我们获得了机会，看看能否从混乱中挽回局面。"

为了实现合并，设计理事会的皇家授权扩展了两个新条款，赋予它"负责建成环境领域的角色"。[5] CABE 的二十名工作人员（主要是那些负责设计审查的人员）被转移到新的组织和"设计理事会 CABE"，开始作为一个半自治单位在大型组织内运作，通过商业设计审查获得收益，这项活动持续进行，曾经在 CABE 内开始设计审查之旅的项目，转移至"设计理事会 CABE"完成（图 5.1）中。尽管 CABE 很多曾经拥有公共资助的功能已经不复存在，但学校教育资源 www.engaging places.org.uk 已经转移到"开放城市"组织（Open-City），"生活建筑"（Building for Life）项目最终被重新包装为"生活建筑 12"，"设计理事会 CABE"仍对此很有兴趣（见后文）。

2. 一个新环境

"设计理事会 CABE"与其前身一样，发现自己沉浸在两个国家政策议程所定义的新环境中。首先，曾经迅速拓展的公共服务开始紧缩，到 2011 年国家拨款已经减少了 75%；到 2013 年时（过渡资金停止资助）已完全取消。因此，在鼎盛时期，对 CABE 的支持代表着对设计质量的公共投资，资助约占英国每年 600 亿英镑对新建筑领域投资的 0.02%，但三年的紧缩期已经将这一比例降至 0%（Carmona 2011b）。虽然国家层面的资金撤出幅度很大，但可以说更直接的影响是地方政府财政[6]的快速挤压，尤其是与建成环境相关的服务。[7]在 2010 年底对伦敦城的城市设计和遗产保护能力进行调查（随着紧缩措施开始减弱），伦敦仅剩下 69 个城市设计相关岗位（以及另外 75 个遗产保护相关岗位）管理着价值约 80 亿英镑的建筑产业（最重要的是伦敦有 1000 个保护区，40000 个登记建筑，150 个注册公园和花园）。每位城市设计师需服务于价值 1.2 亿英镑的开发项目，或者是当地政府为提升城市质量而进行的约 0.03% 的投资（Carmona 2011c）。伦敦以外的情况可能会更糟，鉴于此类服务的非法定性质，在 2016 年期间将进一步恶化。

第二个国家议程（被一些人视为政治上更加权

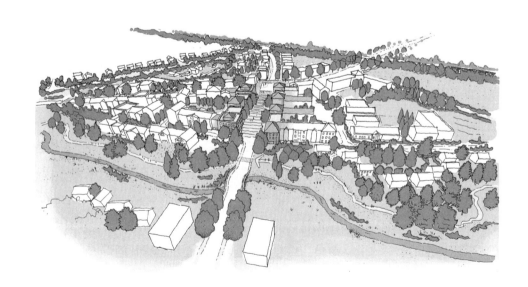

图 5.1　拟开发的北比斯特（North Bicester）生态城的总体规划于 2010 年开始其设计审查之旅，并于 2011 年 6 月完成
资料来源：法雷尔（Farrells）

宜的紧缩政策）是对地方主义的重新重视。虽然联合政府本身对地方主义的热情并不总是一致的，当它取消了 2011 年公共机构法案（Public Bodies Act）[8] 所规定的区域发展机构（Regional Development Agencies，RDAs）时，权力回归地方社区的言论迅速让英格兰区域层面的规划消失了。与此同时，"地方主义法"引入了一个新的社区规划概念，教区一级的当地社区（或其同等社区）有直接权力制定社区规划。两年来，设计理事会 CABE 负责支持的这一过程，代表了新组织的一个重要机会，因为当地社区的实际建成环境意味着设计事务可能在他们的规划中非常重要。不幸的是，邻里规划的初步进展缓慢[9]（很可能是因为该过程的复杂性以及该活动中十分匮乏的本地资源），虽然政府仍然坚持不懈，但在地方层面重新焕发新的对设计延伸出的潜力的兴趣并未迅速实现。

相比之下，区域发展机构的废除使一系列关键组织解散，这些组织在新工党时期与城市工作组（Urban Task Force）的"城市复兴"（Urban Renaissance）议程紧密联合（参见第 4 章），并且在更大程度上将设计维度纳入其经济发展计划。尽管这些努力并不总是成功的（CABE 2008b），并且有些人在意识形态层面上批评它们只是新自由主义城市政策的表现（Lees 2003），但对整个层级政府机构的裁撤使设计议程遭受了更多的挫折，很大程度是因为区域发展机构一直是建筑和建成环境中心（ABEC）的主要资助者，而且具有区域层面的设计影响能力。

然而，尽管发生了这些变化，而且几乎从国家、地区到地方层面的对城市设计领域的投入全部取消，但保守党领导的联合政府从未在意识形态上对追求公共政策下的优秀设计持敌对态度（如 20 世纪 80 年代的情况）。事实上，保守党在 2010 年大选之前已经重新考虑这个议程。新政府的早期倡议是精简多年来积累的大量规划政策（1300 页），并

将其替换为 2012 年 3 月发布的 65 页国家规划政策框架（National Planning Policy，NPPF）。[10] 规划部长格雷格·克拉克（Greg Clark）表示："我们的设计标准可以更高。我国以卓越的创新创意闻名全球，然而，在国内，对于发展本身的信心已经被过于频繁的平庸经历所侵蚀。"随后的段落明确支持设计的重要性，国家规划政策框架第 7 节题为"需要良好设计"，以这样一句开始："政府非常重视建成环境的设计。良好的设计是可持续发展的一个关键方面，与良好的规划密不可分，应该积极为人们创造更好的场所"（第 56 段）。

总的来说，尽管地方政府有更大的责任来确定自己的优先政策并将其纳入最新计划中，新政策框架在很大程度上延续了它所取代的新工党规划政策声明中的情绪（Carmona 2011d）。然而，CABE 和随后的设计理事会 CABE 对该政策进行了重要的补充，即"地方规划部门应该制定本地设计审查安排，提供评估和支持，以确保高标准的设计"。此外，地方政府"还应酌情将主要项目提交国家设计审查"（第 62 段），这是一项"目前由设计理事会 CABE 提供"的服务（在脚注中提及）。在 CABE 作为一个公共资助的组织清盘后不久，包含新引导政策的出现看似出乎意料。然而，对于一个渴望高质量设计但不愿意在财务上支持它的政府来说，这是在创建设计服务治理市场之路上的合理步骤，就设计审查而言，它至少是全套治理工具中最容易商品化的工具。

3. 设计理事会 CABE，一条坎坷之路

大约二十名 CABE 工作人员留了下来，成立了设计理事会 CABE，由戴安·黑格（Diane Haigh，CABE 设计审查前任主任）领导，他们有两年的资源保障。没有人知道未来几年会经历什么，特别是面对极具挑战性的新经济环境，这对公共和私营部

门都产生了深远影响，以及他们自身突然丧失的权力和公共立场。黑格本人是最早的牺牲品，在戴维·凯斯特（David Kester，当时的设计理事会首席执行官）得出结论认为她的优势[11]无法在市场生活的现实性中发挥之后，她仅仅继续将工作推进了六个月，随后被纳希德·马吉德（Nahid Majid）取代，他简要介绍了设计审查产品的商业化，并寻求付费服务的客户（Hopkirk 2012）。

1）毕肖普报告

然而，随着彼得·毕肖普（Peter Bishop，伦敦前设计总监）立即委托对建成环境中的设计前景进行广泛的评估，新时期开始有希望。

正如毕肖普在报告导言中评论的那样："为了对设计理事会 CABE 未来的任何作用得出有意义的结论，有必要采取更广泛的视角。不同组织和机构，都以自己的方式改变或改善建成环境，而设计理事会 CABE 只是复杂环境中的一个元素。"在这样的背景下，他很清楚这个刚刚起步的组织需要改变："它使我们很容易得出结论，设计理事会 CABE可以继续发挥其目前的作用，尽管已经被削弱。这不是本次评估的结论。我相信，尽管设计理事会 CABE 在国家层面确保卓越设计方面仍然具有举足轻重的作用，但需要一种新方法，与整个行业建立明确的合作伙伴关系"（Bishop 2011：4）。毕肖普这样认为：

- 设计理事会 CABE 需要通过与其他各方（政府、大学、专业机构等）合作，重新确立其领导角色，以建立研究议程，并成为辩论、创新、建议和最佳实践传播的中心。
- 设计理事会 CABE 应成为国家设计审查系统的中心，其中 CABE 模式由新组织通过认证附属小组系统进行有效监管。
- 设计理事会 CABE 应该以过渡资金为基础，支

持第一次邻里规划热潮，以成为该领域的全国领导者。

- 政府应通过调整支付给地方政府制定规划申请或与开发建议书有关的预申请讨论的费用，为相关计划的设计审查服务提供便利。
- 设计理事会 CABE 本身应继续提供国家设计审查服务，同时应设立并运营伦敦小组，作为该国唯一没有建筑中心网络成员覆盖的部分（参见第 8 章、第 10 章）。

从各方面来看，评估本身是一个艰难的过程，设计理事会 CABE 似乎不愿意让毕肖普进行承诺的"独立"评估，而毕肖普本身也因受到挫折而越来越失望。也许是因为挫折，但更可能是因为（ⅰ）组织运作面临新环境的尖锐现实；（ⅱ）未能及时与他们达成协议，以及（ⅲ）在这段过渡期间政府缺乏兴趣，除了最后一项建议外，其他所有建议都被忽略了。从这些角度来看，过渡性资金提供的机会似乎已经被浪费了，尽管 CABE 需要做出的极其困难的转变不应该被低估：第一个月，作为无可争议的国家喉舌和领导者参与设计及建成环境相关的各项事务；下一个月，在新兴且极其困难的市场中，仅仅作为众多服务商中的一个发挥作用。

2）新模式的出现

设计理事会 CABE 面临的现实挑战是双重的。首先，政府不愿重新考虑撤回资金的决策（或者甚至考虑像毕肖普建议的那样间接资助）。当过渡资金在 2013 年 4 月用完时，地方政府预算迅速减少，这实际上使得依靠市场成为填补资金缺口的唯一可行来源。此外，在市场运作中很快就显示出其他更灵活、更精通市场的组织，愿意从日益减少的行动中分得一杯羹。例如，在 2012 年，设计理事会 CABE 再次向政府提出继续支持社区规划，但却

失去了由慈善机构领导的非营利组织财团：地方组织（Locality）的支持。这不可避免地导致了进一步的裁员，并在同年，迅速任命且同样突然地解雇多名高级工作人员，包括其新任负责人纳希德·马吉德及其新任的政策和通信主任托尼·伯顿（Tony Burton）。两人随后预测了该组织的结束（Rogers 2012）。正如一位内部人士所说："事实证明，这比我想象的要艰难得多……媒体让我们经历了相当艰难的旅程，他们对我们是否有问题更感兴趣，而不是我们仍然试图坚持的原则，所以这确实是一个非常不稳定的时期。"

设计理事会 CABE 的动荡早于 2013 年 4 月设计审查过渡资金被取消前，因为新机构（直到 2012 年夏天）未能签署一份商业计划，找到销售其服务的商业模式，同时最初与该计划相关的销售进展缓慢。然而，2013 年 3 月，又进行了一轮裁员，将员工人数降至 12 人（Donnelly 2012）。这是一个低点，在新的领导下，无论是在整个设计理事会（John Mathers 领导）还是设计理事会 CABE（Clare Devine 领导），该组织都开始稳定下来。

逐渐出现的新模式与彼得·毕肖普设想的模式完全不同，是一种完全接受新市场现实的模式，设计理事会 CABE 只关注可以产生收入的运营领域。这种新商业模式的关键部分是：

- 提高收费标准。2015 年，"初步设计研讨会"收费为 4000 英镑，"第一阶段预申请演示评审"收费为 8000 英镑至 18000 英镑，"第二阶段评审"收费为 5000 英镑至 8000 英镑，"第三阶段规划申请评审"收费为 3500 英镑。[12]
- 招募来自整个行业的 250 名建成环境专家（Built Environment Experts，BEEs）建立工作网络（相当于 CABE 的授权小组，参见第 4 章），代表各种跨学科的专业知识，当需求出现时，组织可以随时调用，特别是让他们加入设计审查小组。建成环境专家们参与项目将获得标准的报酬，如果他们不参与，就什么都不会得到。

- 重新审视组织的设计审查方法，摆脱纯粹的"公共利益"设计审查流程，CABE 采用了对市场更加敏感和谨慎的模式。为了强调这一变化，设计理事会 CABE 一再辩称，新流程可操作性更强，阻力更小，同时保持着符合设计委员会的非营利性定位和"独立性"的使命。
- 暂时不依赖于一般设计审查，而是专注于为特定地方政府提供全面的设计审查服务。这项服务的早期接受者包括牛津市和伦敦皇家格林尼治当局，设计理事会 CABE 为所有重大项目提供量身定制的设计审查服务。例如，牛津设计审查小组由设计理事会 CABE 根据其标准协议和程序组织，每月召开一次会议，每次审查由理事会支付，开发商随后补缴费用。[13]
- 仅在外部资助的情况下才开展其他活动，例如 2013 年受英国社区与地方政府部（DCLG）委托的包容性环境中心（Inclusive Environment Hub）。这是建立在设计理事会（CABE 之前）支持通用设计原则的悠久传统之上的，设计理事会 CABE 从那时起就广泛使用它来利用其他营销和商业机会，包括持续的专业发展（CPD）。[14]

截至 2013 年至 2014 年财年末，即没有政府过渡性资金运营的第一年，设计理事会 CABE 仅进行了 55 次设计审查，并且经营亏损 37.4 万英镑（Design Council 2014）。然而，设计理事会对新机构的未来充满信心，将设计理事会 CABE 完全纳入主要非营利机构的运营范围，并彻底解散了子公司，确保原 CABE 业务现已与设计理事会完全整合。到 2014 年至 2015 年财年结束时，支出和收入之间的差距已增加到 67.1 万英镑[15]，并且年终结算中不再体现独立设计审查的数量，而是报告进行了"相当多的独立设计审查"（Design Council 2015：14）。该团队继续积极向地方政府提供全面的设计审查服务，能预见到这些交易产生长期收入的确定性，表明了相较于来自全英国各地不确定的特别审查，这种做法在商业层面更加具有吸引力。

将设计理事会 CABE 全部纳入设计理事会可以说是对 CABE 品牌的削弱，并反映了设计理事会内部关于继续使用该名称代表资产或负责发展其业务可行性的讨论。虽然对于一些人而言，"CABE"品牌在国内受到削弱，但它在国际上仍具有强大的品牌影响力，设计理事会因此看到了巨大的增长潜力。该组织还继续声称公共资助 CABE 的历史可以追溯到 1999 年作为其营销宣传的一部分，尽管（合并后仅仅五年）只有一名组织早期的员工继续留下工作。到 2016 年初，该组织已经形成小而稳定的十人工作团队，并且随着市场机会的出现而不断扩展业务（Rogers 2015）。2015 年，它获得了第一个国际设计审查委托项目，为阿曼苏丹国（Sultanate of Oman）的混合土地利用的艾尔凡（Al-Irfan）城市发展总体规划提供设计审查和建议。同年，该组织获得了为伦敦老橡树和皇家公园发展公司（Old Oak and Park Royal Development Corporation）提供场所审查服务的合同，并于 2016 年 1 月宣布，它已被邀请为埃塞克斯郡（Essex）的瑟罗克委员会成立一个设计审查小组。

虽然过程艰难，但到了五周年之际，设计理事会 CABE 终于重拾信心。对于一些人来说，新的市场依赖性从根本上改变了组织及其服务的性质和功能，这些服务在第 1 章的设计治理定义所涵盖的意义上不再是"公共的"。乔恩·劳斯评论说："值得关注的是 CABE 与市场分离。我所担心的一点是，审查过程的公正性与收费需求难以协调。对于一个非常糟糕的方案，如果一个建筑师或开发商已经为（审查）特权支付了 2 万英镑，那么他们（设计理事会 CABE）是否还能转身离开并说出'请重新开始，这是垃圾'？"（引自 Rogers & Klettner 2012）。作

为设计理事会的一部分，设计理事会 CABE 的领导者强调独立性和廉洁性，因此机构的皇家授权和非营利性定位得以维护，他们在英国范围内提高设计质量的使命始终如初。

无论是否独立，设计理事会 CABE 在市场运作上，显然既无法离开其依赖的有着重复业务需要的客户，也无法承担被委托方认为"无用"的审查工作。然而，鉴于该组织的绝大多数工作现在由地方政府委托并为地方政府进行，即使由私营部门间接支付，所采取的流程仍然属于本书所涵盖的设计治理，而公共部门重复业务的需求最终可能是设计质量的最佳保证。

4. 设计治理的商业化

如果说在 2010 年 5 月到 2015 年联合政府的任期内，见证了公共资助的 CABE 的消亡，及在过去十五到二十年间逐渐建立起来的越来越多的设计治理基础设施，那么这段时间，也见证了困难的时刻，以及至少在某些服务中最终出现的可行的市场。支撑这一点的是服务提供商中一种新的自下而上的企业家精神，其中许多人以前能够依靠直接的公共资金来维持他们的存在，但现在必须在这个新市场中学会"沉没"或"遨游"。

1）设计审查市场

在这个市场中，设计理事会 CABE 远非唯一的参与者，很多本地或区域参与者以及地方政府都直接提供设计审查服务。虽然新愿景需要一些时间才能出现并稳定下来，伦敦城市设计组织（Urban Design London）（2015）编制的 2015 年伦敦设计审查能力年度调查显示，仅在伦敦就有十四个行政区拥有自己的专有设计审查小组，另外五个组织在整个城市 [设计理事会 CABE、市长设计咨询小组、伦敦交通局和伦敦城市设计组织（Design

Council CABE，the Mayor's Design Advisory Group，Transport for London，and Urban Design London）] 或特定地区 [例如伦敦遗产开发公司（the London Legacy Development Corporation），图 5.2] 运营着审查小组。[16] 在这个群体中，每次审查会议支付给设计审查小组成员的费用从 0 到 500 英镑不等，地方政府支付的审查服务费用从 400 英镑到 6000 英镑不等。与公共资助时期 CABE 进行的设计审查的平均成本相比，1999 年至 2010 年期间进行的所有类型的 3000 次审查，每次审查的费用为 2500 英镑（CABE 2010e），设计理事会 CABE 征收的费用位于市场的最高档次。

虽然伦敦很快成为设计审查服务最拥挤的市场，但建立这个市场并不容易。设计理事会 CABE 最初使用其来自政府的过渡资金试图促进伦敦自治市建立按使用付费的设计审查习惯，并且（正如毕肖普的评论中建议的那样）建立该组织对这一关键领域的主导。但是，正如一位观察员所评论的那样，该倡议的结果是"误解了伦敦局势，即在重要方面存在抵制设计审查的情况……这是一个明显不恰当的支持和浪费公共资金的行为"。尽管存在疑虑，

设计理事会 CABE 要求自治市签署一份备忘录，表示他们将使用该组织的服务并用政府资金支付首笔 20000 英镑的费用，之后由开发商买单。

设计理事会 CABE 进行了辛苦的推销，并确保每个人都知道其提供的服务，但即使是大量的优惠措施也仅使得不足伦敦一半的行政区签署可能出现的新服务的备忘录。并且一旦免费会议结束，签约数量就会大幅下降。尽管如此，该倡议引起了伦敦市政府对建立自己的审查小组的浓厚兴趣，设计理事会 CABE 仅是其中一个，而其他则由自治市镇，或规模小但其"设计服务"部门不断发展的私人公司经营。

因此，促进设计审查启动有一个重要的影响，即使用一位评论员的话来说，"伦敦并没有被证明具有设计理事会预期的设计审查市场潜力"，这些努力基本上符合政府的意图，即快速建立以前根本不存在的市场。在回应 2015 年伦敦城市设计组织（2015：3—4）设计审查调查的地方政府中，95％ 的人认为首都的设计审查服务既提高了计划的质量，又对规划委员会的决策产生了积极的影响。他们用以下方式实践：

- 提供不同的想法、观点和改进设计的方法。
- 鼓励考虑更高质量的材料和技术。
- 为辩论和分享最佳实践提供良好平台。
- 提高被视为可接受设计的水平。
- 提供帮助解决争议的论坛。
- 帮助加强不同地方政府与开发商之间的谈判。
- 提供有关当地情况的建议，以帮助创建与周围街道更好联系的方案。
- 给予议员们信心，表明设计是可以接受的。

图 5.2　**伦敦遗产开发公司质量审核小组**（The London Legacy Development Corporation Quality Review Panel）**将伦敦遗产公司规划区**（London Legacy Corporation Planning Area）（**奥林匹克公园及其周边地区**）**内提出的所有重要建议都纳入考虑范围**
资料来源：马修·卡莫纳

伦敦表现出比预期更多的挑战而非参与性，同时英格兰其他地方也出现了活跃的市场，不久之后，设计理事会 CABE 更加坚定地将注意力转移到

了该国其他地区。在伦敦之外，它与区域供应商正面竞争，与地方政府已经建立的小组竞争，偶尔也有私人提供者，甚至是企业公共部门机构与之竞争。尽管实际市场的相对活力在英国各地差异很大，图 5.3 反映了交付组织的这种复杂类型。例如，在英格兰东北部，只有一个组织，即 NEDRES [17] 提供设计审查服务；而在英格兰西南部，西南设计审查小组（South West Design Review Panel）[由卓越创造（Creating Excellence）管理] 提供区域性服务；康沃尔郡委员会（Cornwall County Council）保留了

自己的专家小组，并在整个德文郡（Devon）和萨默塞特那（Somerset）运营一个私人会社设计审查小组，根据他们的宣传，其提供"一种具有成本效益的"替代方案。[18]

2）设计网络和 ABEC 网络

服务提供商的多样性部分反映了从 CABE 撤回资金的后果，而 CABE 又撤回了投向建筑中心网络（Architecture Centre Network，ACN）的资金。同时 2012 年艺术委员会（Arts Council）撤回对建筑中心

设计审查提供者		运作形式	实例
关注层面	部门		
国家层面	第三方	非营利组织，没有地域职权范围	设计理事会 CABE
区域 / 次区域层面	公共	在其行政区域内运作的区域或次区域小组	伦敦城市设计组织（Urban Design London），设计手术（Design Surgeries）；或赫特福德郡设计审查小组（Hertfordshire Design Review Panel）[由郡议会领导的九个赫特福德郡地方政府合伙建立的"建造未来"（Building Futures）运营]
	公共企业	企业公共部门为其所在地区的其他人提供设计服务	埃塞克斯郡议会（Essex County Council）的服务，正式成为该郡核心服务的一部分，但现在是一个独立的利润中心，由理事会全资拥有，并能够在内部（向地区当局）和埃塞克斯以外地区出售其服务，包括设计审查
	第三方	非营利组织，在区域或次区域地理范围内运作	创造西米德兰（MADE West Midlands），在整个西米德兰地区提供设计审查（和其他设计服务）；或康沃尔（Cornwall）设计审查小组
	私人雇佣小组	基于商业条款私人雇佣的灵活组织（目前以地区为基础）	设计审查小组，客户包括德文郡（Devon）和萨默塞特那（Somerset）的地方政府和开发商
地方层面	公共	地方政府小组在其行政区范围内运作	伦敦自治市刘易舍姆（Lewisham）设计审查小组；或托贝（Torbay）委员会，设计审查小组
	第三方	非营利组织，在当地（通常是城镇或城市）地理范围内运作	Beam，为韦克菲尔德（Wakefield）提供设计审查（和其他设计服务）；或由设计理事会 CABE 为皇家格林尼治（Royal Greenwich）运营的格林尼治设计审查小组
	私人分包商	公共部门组织在其行政区域范围内运作，但小组管理被分包给私人或非营利组织	哈林盖区（Haringey）质量评估小组，由私人咨询公司 Frame Projects 为伦敦哈林盖区管理；或由福斯特米尔公司（Fortismere Associates）管理的伦敦遗产开发公司（London Legacy Development Corporation）质量评估小组
	私人	私人小组由私人公司组织、资助和管理，在特定场地或区域内评估	刘易舍姆道路小组（Lewisham Gateway Panel）由缪斯开发公司（MUSE Developments Ltd）资助，根据规划许可条款（第 106 条协议的一部分）的要求评估计划
专项小组	公共	公共提供者关注特定类型的项目，例如运输或基础设施	内政部的质量小组，重点关注警用建筑物；或伦敦交通局的设计审查小组，关注伦敦的道路 / 公共领域计划
	私人分包商	公共或非公共部门组织专注于特定类型的项目，例如运输或基础设施，但小组管理被分包给私人或非营利组织	HS2 独立设计小组，专注于高速铁路 2 线（High Speed Rail 2）的基础设施和影响，由私人咨询公司——结构项目公司为 HS2 公司管理
	私人	私人公司内部或专门为其服务的私人小组	邦瑞房地产公司（Barratt Homes）的设计审查小组评估其所有内部质量计划，旨在提高公司发展的质量

图 5.3　2015 年在英国运营的设计审查机构的类型

网络成员的资金，且未能找到其他资金来源，这导致 2012 年 6 月建筑中心网络关闭，因此二十个组成网络的建筑中心得出结论，该网络组织不再具有可行性，并且他们个体的生存是重中之重（Fulcher 2012）。然而，到 2013 年初，在 CABE 消亡后的"灰烬"中出现了两个新的网络。

第一个是设计网络（the Design Network），涵盖八个组织，曾为 CABE 主持了区域设计审查小组（参见第 4 章），并且直到 2013 年 4 月与设计理事会 CABE 一起，从过渡政府资金中受益。覆盖伦敦以外的所有英格兰地区，设计网络的目的显然是通过八个组织（把伦敦的市场留给设计理事会 CABE）瓜分英国市场，并以垄断的方式在国家规划政策框架（National Planning Policy Framework，NPPF）下建立新商业模式。国家规划政策框架（NPPF）应制定设计审查安排用于支持规划决策（Hopkirk 2013）。然而，当很明显设计理事会 CABE 无意将业务局限在伦敦时，这一愿望很快被破坏，并且在 2013 年晚些时候，"塑造东部"机构 [覆盖东安格利亚地区（East Anglia region）] 宣布自身不可行并停止运营，该组织进一步受到了考验。伦敦城市设计公司（Urban Design London）[19] 随后加入，而处于空白的东部地区由东南设计（Design South East）接管，并且通常只有极少的资源用以继续运营。2015 年，一位关键人物评论说："设计网络现在是一个强大的网络，并能提供完整的覆盖英国的设计审查小组"（图 5.4）。

第二个网络，即建筑与建成环境中心网络（Architecture and Built Environment Centre Network，ABEC 网络）也于 2013 年启动，最初有 15 名前 ACN 成员，其中一些也是设计网络的成员。由于没有集中的资金，建筑与建成环境中心网络旨在以非正式方式进行协作，而无须集中管理（Fulcher 2013）。会员为当地提供活动和展览、教育、培训、参与、设计授权和审查服务等组合服务。该网络体

图 5.4 MADE 设计。位于西米德兰兹郡（West Midlands），审查整个地区的项目，包括位于伯明翰新东区公园边的大楼，伯明翰城市大学建筑学院的所在地
资料来源：马修·卡莫纳

现了新环境的现实，其中自下而上，而非自上而下的倡议标志着英格兰设计治理的进展。但是，在 CABE 消亡五年之后，许多个体建筑中心虽幸存下来[20]，但通常十分脆弱，网络本身也在努力提升自己的形象，很大程度上作为一个独立组织的非正式俱乐部存在，他们的关注点有时非常本地化，有时是区域性或次区域性的。

一位著名设计审查成员对这一规定进行了反思，评论说："只要他们能提供质量合格的设计审查，多达 1000 个评审小组也都能存活。"对于其他人来说，中央监管机构的消亡对于维持标准是很困难的，尤其面对这种多样化的规定，将不可避免地导致设计审查的做法和质量差异。有核心人物评价说，"在设计网络下面有很多其他的地方小组，其中一些很好，有些不太好。"在这种环境下，伦敦城市设计组织的设计审查调查结束时观察到，即使是在商业敏感的竞争环境中运作的相对既得利益者"也认为现有环境下更多协作、清晰与一致性会使更多人受益"（2015：9）。

在 CABE 文件"设计审查：原则与实践"（Design Review：Principles and Practice）中，大量设计审查实践仍能继续提供一些有限的协调；该文件由设计理事会 CABE（2013）[21] 更新，同时仍然受到

政府资助。然而，在后CABE时期，当资金依赖于其委托方时，该文件不再具有以前的效用。正如一位评论员所说："这就像你需要核心组织来保持审查的坦诚公正，但今天大多数人都对此毫不关心。"

当前面临（已经涉及）关于服务商业化如何影响服务供给方和接受方之间的基本关系，特别是给出建议的一方的独立性的问题。对于某些人来说："那是在旧委员会的DNA中，完全独立的，你说出你的想法，但没有人会感激你。这意味着开发商，特别是不怀好意的开发商，可以提出这样一个简单的问题，'我是否必须冒险对我的项目进行设计审查并获得一份报告呢？'，因为如果答案是否定的，为什么要承担风险？"一名具有CABE经验和后CABE时期设计审查经验的内部人士报道：

"我不认为它改变了我们所写的任何东西，但它改变了氛围，因为在你的脑海里总会有这样的声音，'现在根据我们在设计审查中的表现，不在意实际上我们怎么说，这些人有多大可能会带着下一个项目再来找我们呢？'如果给别人一个差评，你知道后果是他们下次就不会再来，然而，我们以前的组织是依托政府的，如果地方政府想要设计审查，他们只能微笑面对并承受这些评价。"

很明显，势在必行的商业化极大地改变了设计审查中的基本关系，设计理事会CABE、设计网络成员及其他人都迅速认清了现实。其中许多人巧妙地改变了他们的做法，避免更具挑战性，甚至是对抗性的风格，转而进行更具支持性的工作坊活动类型的设计审查实践。目前这一变化对设计结果的影响还不得而知，但是解决一些对CABE反复出现的批评（参见第4章）可能会鼓励开发者和设计师达成更好的设计实践，而不是试图拖他们的后腿。

3）单靠设计审查无法生存

虽然设计理事会CABE和两个国家网络的成员都在努力建立一系列服务，这些服务远远超出了设计审查范围，而没有考虑咨询部门提供的各种物质空间规划、设计或开发服务，CABE使用的设计治理工具很少能有现成的市场。到2016年，只有设计审查、会议/培训（例如持续的专业发展活动[22]）作为商业上可行的服务展现出了吸引力，甚至设计审查项目仍然很少。在2015年5月大选后的英国紧缩政策的持续影响下，以及新保守党政府内部对再次推行更全面的设计治理实践的热情低下，这一现状看起来很难迅速改变。尽管如此，在成功签署牛津和格林尼治的全面设计审查服务的基础上，2014年，设计理事会CABE启动了"城市"计划，旨在通过一系列"增值"培训加强定制化的设计审查，并为地方政府提供授权服务。正如一位评论员讽刺地观察到的那样："也许他们从CABE最繁忙的岁月中学到了东西；设计审查可能像蛋糕上的糖霜，是锦上添花，但没有人真的喜欢糖霜，人们更需要蛋糕。"

设计网络组织也很快意识到，如果没有一个高调的声音，例如原CABE在促进各方对良好设计和设计审查需求方面做出过的努力，那么单独依靠单一产品将难以生存，需要更多样化和更具支持性的服务，扩展到社区参与、艺术和文化、项目支持、能力塑造、学校教育，以及专业与议员培训等领域。但是，虽然每一项都有可能扩大市场，同时有助于改变当地文化及对设计的重视度，但公共资金撤出以来的证据表明，大多数服务可能比设计审查更加边缘化。为了在这种环境中生存，提供设计治理服务的组织需要：

- 具有低固定费用的企业化运营。
- 由当地"专家"网络维持，可以在需要时以不同的组合方式灵活调用。

- 支持服务的多样化与可选性（越多样越好）。
- 能够根据当地情况仔细定制他们的产品。

本着这种精神，设计网络的成员很快采用了前 CABE 的最终服务，2012 年也发现了新的商业前景。在公共资金撤出的中断期，"生活建筑"（参见第 4 章）重新启动为"生活建筑 12"，具有更精炼的标准（12 条而非 20 条），并专注于新的"生活质量标志打造"的开发质量认证（图 5.5）。设计理事会 CABE 与合作伙伴——住宅建筑商联合会（Home Builders Federation，HBF）和住宅设计（Design for Homes）机构保留了在该工具中的股份，新模型中包括开放的可用于设计过程的标准体系，用于政策构建以及开发商和规划部门之间的谈判模式。

虽然新计划被一些人批评为对早期版本野心的过度简化（Dittmar 2012），但对其他人来说，明确关注城市设计，远离建筑技术和建筑法规中涉及的其他因素，简化评估流程，以及转移到线上发展，是更明智的选择，反映了"开发商只愿意支付适度溢价就能从中受益"的观念（Derbyshire 2012）。

根据标准进行的评估现在由"设计网络"（Design Network）成员作为一项收费服务进行，实际质量标志本身也是如此，每个项目收费最高可达 3000 英镑，

图 5.5 位于约克郡的巧克力工厂，在从前特里（Terry）巧克力工厂原址的戴维·威尔逊之家（David Wilson Homes）内新增 250 个单元，参照 12 条新标准的得分很高
资料来源：帕丁顿工作室（Studio Partington）

其许可费率为房屋成本的 0.0002%。[23] 到 2015 年，大约有 50 个计划被授予质量认证标志。

5.2 用志愿行动填补缺失

设计治理服务商业化仍处于早期阶段，其长期可行性仍需在市场上进行全面测试。公共资金从 CABE 撤出后的五年经验表明，某些职能永远不会适用于商品化运营，包括关于国家设计导则、授权，还有整个行业的协调以及设计质量的一般倡导性研究、应用和引导职能。作为市场供应的补充，投入大量时间和精力的一系列志愿活动，已成为弥补空缺并推动自下而上行动的强劲来源。在某种程度上，这反映了美国的情况，正如多宾斯（Dobbins）所述，有影响力的组织，如新城市主义议会（the Congress for New Urbanism）、城市土地协会（the Urban Land Institute）和公共空间项目（以及专业机构），在缺少国家或政府力量领导的领域中，往往从单纯的专业激进主义上升到成为该领域无可争议的领导者（2009：276）。

在英国，这也不是一个新现象，其中包括皇家城市规划协会（RTPI）（成立于 1914 年[24]）、公民信托 [成立于 1957 年，2010 年被公民声音（Civic Voice）接替]、城市设计小组（1978 年）、王子基金会（1992 年[25]）和都市主义学院（2006 年），通过找到具体差距和现有的支持者，提出长期行动计划和对设计议程的影响。其他组织来去匆匆，只有持续进行的才有影响力，例如城市村庄论坛（1993 年成立）、城市设计联盟（UDAL，1997 年成立）或人民住房论坛（1998 年）。共同点是，他们在出现时获得了动力，通常是在设计仍未纳入国家议程或刚刚纳入之时，并且通常政府或专家无法依靠自身提供令人信服的领导作用。最近，类似的挫败鼓励特里·法雷尔爵士（Sir Terry Farrell）在建筑部长艾德·韦齐（Ed Vaizey）的赞助下说服联合政府对设计和建成环境进行进一步（低成本的[26]）评估。

1. 法雷尔评估（Farrell Review）

作为首相戴维·卡梅伦（Prime Minister David Cameron）在 2010 年上台后首选的文化、媒体与体育部主管建筑的部长，艾德·韦齐也是现代建筑的长期爱好者。当另一位部长在通信部的利益冲突中让韦齐为宽带架构更改建筑时，他被迫迅速转换角色。回顾 2012 年的建筑部门时，韦齐发现他的前任已经终结了 CABE，他很快被法雷尔爵士的论点所说服，即需要对建成环境中的建筑和设计进行评估。不成文的目的是确定应该采取哪些措施来填补公共资助的 CABE 消亡所带来的真空，构成了英国国家层面的设计和建成环境政策。

经过 12 个月的研究和广泛的咨询，法雷尔从具有巨大影响力的城市工作组报告（Urban Task Force Report）以及毕肖普最近的报告（参见前文）对未来建成环境设计的观点中借鉴很多，因此该评估与之有着明显的相似之处。第一，在对优秀设计的需求问题上，法雷尔强调了在未来建成环境领域对社区直接进行教育的重要性，例如通过在每个城镇建立一座建筑与建成环境中心—— 一个"城市房间"（Urban Room），以及在专业实践中自愿参与公民活动的方案，以"捍卫公民权利"并让行业领袖参与"日常场所"的挑战。第二，在供应方面，"法雷尔评估"的重点是从教室到工作场所的教育，特别注重为所有建成环境领域的学生在他们进入专业工作之前打好场所营造的基础。评估建议设置通用的建成环境专业人员元年（图 5.6），从而延续这一评估的主题，以更全面和联合的方式与地方接触。

第三，关于公共部门参与建成环境质量的问题，这里的报告围绕重新考虑公共采购流程的必要性提出了重要论据，以便更加重视设计质量（也是 CABE 的长期目标），并且将设计遗产和当代设计

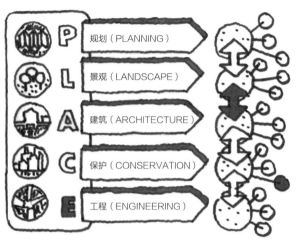

共同基础年份　　　跟随研究生学习　　　提升一体化思维和专业性

规划（PLANNING）

景观（LANDSCAPE）

建筑（ARCHITECTURE）

保护（CONSERVATION）

工程（ENGINEERING）

图 5.6　"法雷尔评估"提议，建立所有建成环境专业学生的共同基础学习元年
资料来源：法雷尔

视作"质量硬币"的两面进行关注。还特别强调需要从被动和监管转变为积极主动的规划过程，这种能力来自简单的（尽管有点天真，Carmona 2014a：248）地方政府间的资源转换。

最后，通过法雷尔最重要但可以说是最无形的命题来解决弥合不同学科观点之间鸿沟的需要："对场所（Place）的新理解"（Farrell Review 2014：157）。在这里，"法雷尔评估"建议应该重新解释这个术语，作为调整专业机构、教育过程和建成环境实践的一种手段，围绕一个概念，即建成环境由空间场所专业的核心技能组成——规划、景观、建筑学、遗产保护和工程学，所有专业都对整体场所有所贡献。这一核心理念为报告中的许多重要建议奠定基调：

- 场所审查，是对设计审查的重塑和延伸，明确提出所有场所相关专业人员都应对发展建议质量作出判断，进行全面的评估而非局限于项目的红线边界内，并将现有的日常场所，如历史悠久的街道和新开发地区，都纳入审查范围。
- 政府内部的首席场所顾问，是加入现有首席规

划师和首席建设顾问的新首席建筑师[27]，负责在建成环境中以连贯一致和互相协调的方式提供建议。

- 场所领导委员会[28]由私人和公共部门代表构成，以便就政府的政策和计划提供建议，例如与建立更主动的规划系统有关的政策和计划。（图5.7）

这项最终建议是最有趣的，与法雷尔所说相关，理事会应由政府和行业共同领导，并负责制定和监督政府和英国各地的相关"地方政策"。这也是"法雷尔评估"中较为粗略的建议之一，可能是有意地给出了它与刚刚在三年前被联合政府关闭的 CABE 不可避免的比较。事实上，该提案与早期实体完全不同。例如，它不会进行设计审查，也不会利用 CABE 在 21 世纪推动国家设计议程时采用的任何更主动的工具。相反，它设想了一种更可控的高层政策和协调作用，尽管这甚至需要一个在当时看起来更愿意超越自己近期决策的政府。

相反，反思法雷尔评估和本书中的研究，马修·卡莫纳在"设计网络"会议上提出了一种替代

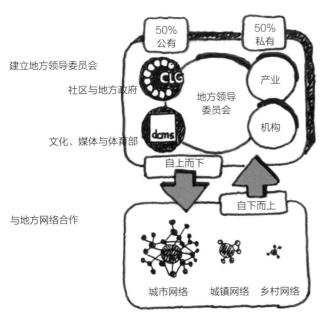

图5.7 法雷尔评估提议，创建一个地方领导委员会（Place Leadership Council）
资料来源：法雷尔

模型来讨论"法雷尔评估"。对于卡莫纳（2014e）来说，英国近期的设计治理历程提出了两个关键问题。首先，"法雷尔评估"强调公共资助下 CABE 的消亡留下的关键差距在于领导力，这一判断是正确的。最重要的是，CABE 成为场所设计的全国代言人：一个协助者、一个监督者和一个指导者。虽然对于一些人而言，CABE 被视为过于苛刻，但其领导角色代表了自 1924 年以来首次需要填补的一种空白。其次，从"法雷尔评估"的结论出发，皇家美术委员会和 CABE 的经验表明，长期作为政府的一个部门或机构存在，并受限于部长兴趣的增减和公共资金的支持，是一种危险的情况。[29]相反，作为政府、地方政府、专业人士和整个发展部门的真正独立而关键的合作伙伴，应当成为与设计质量和建成环境相关的人员和想法的交流场所。随后在 2014 年 7 月在伦敦大学学院（UCL）举行的跨行业大型会议（BIG MEET）上对该提议进行了辩论，最终在 10 月成立了场所联盟（Place Alliance），由卡莫纳担任主席。[30]

2. 场所联盟和其他后 FAR 倡议（The Place Alliance and Other Post-FAR Initiatives）

场所联盟被建立为个人和组织的联盟，围绕着一种松散但共同的信念，即建成环境的质量非常重要。他们认为："我们相信通过合作，可以创造并保持更好的场所。为此，我们分享知识并相互支持，以要求和创造能提高所有人生活质量的建筑物，街道和空间"（Place Alliance 2014a）。虽然现在判断该计划能否成功还为时尚早，但其限定特征可概括为：

- 坚信对场所质量的广泛定义，以五个 F 来定义——友好（Friendly）、公平（Fair）、繁荣（Flourishing）、趣味（Fun）和自由（Freedom）（Place Alliance 2014a，图 5.8）。

- 基于合作文化和协作经济的模型。

- 尝试建立一个开放的、易理解的行动计划，而不是建立一个封闭和受监管的组织。

- 作为政府和市场以外的独立声音，利用志愿者技能、效率和能量。

- 具备多极性和虚拟的弹性，而不是以固定的单极形式存在。

在第一年，场所联盟逐渐承担起推动（通过一系列工作组）"法雷尔评估"中的部分功能的责任，例如协调城市房间网络（Urban Rooms Network）并开始开发自己的独特计划，包括建立大学中心网络（场所联盟在伦敦大学学院举办）、一个开源场所资源（Open Source Place Resource）、一个健康的场所运动等，最重要的是，围绕场所品质的一系列国家和地区对话，及大型会议（BIG MEETS）等。[31] 在第二年，它开始更加积极地开展活动，并试图从场所营造和设计方面影响国家决策者，例如2015年围绕"住房和规划法案"（Housing and Planning Bill）开展的活动。

没有国家资源，完全基于自愿投入，场所联盟代表了一种新模式，但这是在联合政府的另一项重

大政策倡议"大社会"（Big Society）的背景下进行的尝试。大社会试图重塑政府的角色，摆脱一些人认为过度家长式的国家治理模式，转而支持将权力从中央政府下放到地方政府，最终转移到社区（如社区规划），同时鼓励志愿行动、慈善部门和社会企业的参与。另一部分玩世不恭者，认为这只是围绕一个更大的政治权利项目，缩小国家和减少公共支出的言论的一部分。

通过自上而下的倡议（Slocock 2015：7）激发自下而上的参与愿望的大社会的核心当然总是存在致命的矛盾，历史告诉我们，这一举措在政治上的突出地位迅速下滑，紧缩政策在2010年至2015年的选举中占据了政府的每一项行动的主导地位，包括（反过来）国家主导的大社会倡议的资源。然而，通过从不可商品化的设计治理功能中撤回国家政府资源，例如与协调和领导相关的功能，场所联盟可以被视为"大社会"大开方便之门的延伸。政府只是创造了一种真空，并等待一些东西填补它。

就政府而言，政府决定不对"法雷尔评估"发表正式回复，而是倾向于将接力棒主要传递给"行业"来解决。除了场所领导委员会，在社区与地方政府部的支持下还成立了设计咨询小组（Design Advisory Panel），并且在2015年5月选举之前迅速发布了一份相当不实用的入门家庭设计指南（Starter Home Design）（DCLG 2015a）[32]，之后在政府内部基本上看不到相关内容。在大选之前，政府终于咬紧牙关，将建筑领域的权责从文化、媒体与体育部转移到了社区与地方政府部。这再次印证了法雷尔的建议，并且自1992年以来首次将建筑与规划、住房和地方政府职能重新统一。文化、媒体与体育部仍保留了遗产保护功能，并且没有新的资源跟随架构功能进入社区与地方政府部，以突出其工作重点。

与此同时，议会在上议院内成立了首个国家建成环境政策特别委员会，以评估与建成环境相关的

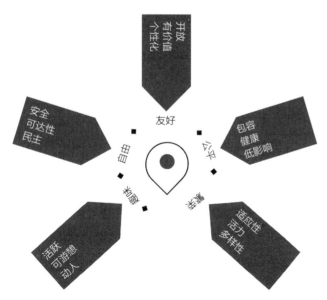

图5.8　场所联盟的五个F

政策制定，并于 2015 年 7 月开始实施，在 2016 年 2 月进行报告。法雷尔和毕索普报告的建议是这个跨界委员会的早期焦点，并且任命马修·卡莫纳为其专家顾问。其报告"建设更美好的地方"提出了一种基于场所的国家和地方政策方法，使得政府更好地平衡对设计和场所质量与对开发量（特别是住房）和解除管制的关注。可以总结为：

> "我们认为政府必须为建成环境制定高标准，并提供愿景，并激励和领导力，以鼓励其他人去超越这些标准。作为一个国家，我们对建成环境质量的期望通常太低。只有政府才能制定更雄心勃勃的国家发展道路，所以我们敦促其这样做。"
>
> （House of Lords 2016：4）

139　在众多建议中，委员会认为 CABE 的一些关键功能已经丢失，并要求政府任命一位主要的建成环境顾问：帮助协调各部门的政策；制定关于建筑与建成环境的高级别国家政策；领导政府内部的一个小型战略单位，用于执行、委托和传播研究和指导；为议会编制年度报告，监测建成环境领域中的质量和交付情况，并确定研究、政策和行动的优先事项。将模型与强大的首席科学顾问等同起来，他们认为，这将为缺乏国家协调和建成环境政策的整合的现状，提供直接的政府帮助，并提高必要程度的独立性，以积极主动地与整个部门接触，并在需要时挑战政府。

该报告清晰地呼吁在政府、设计与场所营造之间寻求新的平衡点，并再次要求国家从不同尺度更广泛地参与关注这些事物。这些建议涉及地方政府的技能和能力问题，国家准入和可持续性标准，以及第 2 章讨论的各种积极的设计指引工具。虽然专责委员会（Select Committee）并未质疑关键设计治理服务进入市场的情况（或自愿行动的作用），但它认为从水平有限的活动中将更广泛的服务投资合

法化是不连贯且碎片化的。推荐的解决方案是采取更多的政府行动，这次是要求对所有"主要"[33]规划申请进行设计审查，目的是提高这些活动的数量和最终质量，以此鼓励在设计治理方面发展成熟市场，同时重振公共部门。

5.3　结论

从 CABE 作为公共资助机构的消亡到 2016 年初的上议院报告的五年期间，代表了由两个关键的因素汇合形成的特定时期：

- 首先，公共债务危机导致公共部门采取紧缩政策，并导致该部门（国家和地方）综合所有因素"酌情"裁员，换言之，任何事情，例如对设计的关注，未在立法中设定作为国家的法定义务，都可以被纳入裁员的考虑范畴。
- 其次，迅速崛起了其他方式来弥补缺失，不仅是因为没有同类产品出现，还因为右翼联合政府通过其对市场的长期兴趣，以及新发现的对地方主义和志愿行动的关注，作为政府提供公共服务的替代方案，也鼓励了这种崛起。

在设计治理领域，这两个因素的影响尤为明显。一方面，存在可行的（即使是有缺陷的）市场地区，市场正在蓬勃发展，这改变了许多设计治理服务提供者与其最终客户之间的关系，以及提供服务的性质与合法性。另一方面，可以说，只要 CABE 存在，政府顾问在设计方面的地位就会明确成为所有与设计相关问题的国家层面领导者，这种情况扼杀了任何类型的地方主动性。[34] 它的消亡导致了志愿行动如雨后春笋般出现，至少填补了设计治理中一些不可商品化的空白。

2016 年，虽然有些人渴望重回公共资金丰裕的时期，但其他人则主张积极接受在可预见的未来可

能占据主导地位的新环境。对于后者，格言"永远不允许危机浪费"总结了这种情况。例如，在英国之外，澳大利亚公共服务委员会就"智慧政策"进行探讨，认为"政策制定者在超越传统政府模式的过程中具有显著的潜在优势，针对第三方，它独自负责制定和实施政策框架……发挥积极的政策作用"（2009：19）。在英格兰，对于设计领域来说，这实际上就是已经发生的事情，这一举措带来了扩展专业知识、扩展资源以及转变结果的最终责任的潜在优势，这是各级政府中，所有政治家都会感兴趣的因素。就这种情况，青年基金会（the Young Foundation）认为：

140

"研究中有力的证据表明，在公共部门，创新是因为财务压力而发生的，而不是因为它本身就是一件好事。当资金充裕时，人们可能会谈论创新和改革，但惯性通常会获胜。现金紧张时，别无选择，只能慎重对待。过去的教训表明，在非创造性功效和创造性功效之间可以作出选择：前者冻结了可能性，而后者则释放可能性。"

（2010：3）

在英国设计治理领域，本章所涵盖的时期确实有重大创新，但对其影响的看法不一。例如，设计审查市场现已确立，促使一位伦敦受访者发表评论："竞争并非坏事，一定程度上能推动创新。在伦敦，我们现在至少有三个组织提供'付费'设计审查服务，此外还有自治地区自己的小组。这似乎提高了人们的期待，例如审查如何运行，特别是开发商可以询问——我实际付费获取的服务是多少？它是最好的吗？"

当然，这是市场的无情逻辑。同时，如果设计治理领域的组织只关注设计治理工具包中的可销售元素（参见第2章），那么将会失去很多。正如一位评论员在反思从CABE到设计理事会CABE的困难过渡时所说：

"领导层似乎认为设计审查是一项有利可图的业务。也许没有人看到CABE所做的所有其他工作都有助于展现智慧和庄重，这让人们相信组织确实知道它在说什么，什么是好的设计以及如何实现它。如果没有其支撑性的研究、案例研究分析、培训，毫无疑问质量审核、政策评估和制定等方面的设计审查会开始黯然失色。一些人认为他们能对别人的设计进行评论的机会被剥夺，例如这个产品是否达到销售的水平？……有趣的是，设计理事会很快扩大了他们的服务范围，将设计审查与其他类型的支持、培训和咨询结合起来。"

这也似乎是市场上其他人很快学到的一个教训，"设计网络"和建筑与建成环境中心网络的成员也面临着早期设计审查令人失望的结果。然而，本章的主要结论是，国家政策从设计治理服务中退出，导致了对市场化和志愿行动的重新定义，并在所有这些方面进行重大创新；成果完全符合预期，但实现这一目标的明确计划从未存在（参见第4章）。这里还存在夸大积极因素的危险。实际上，到2016年，国家设计治理环境在区域和地方范围内得到了回应，通过对设计更多样化和持续的关注，在一个更加碎片化且复杂的供应图景中得到了回应，同时不再渴望重回前CABE时期，上议院的提案旨在解决这些挑战。

目前尚不清楚市场供应将如何发展，以及从长远来看，它将是否具有可持续性，是否会进一步扩大其视野，或者仅限于设计审查。目前还不清楚场所联盟的新近志愿者工作是否会成功地与新的市场参与者和公共部门[35]一起作为设计治理的催化剂。当前，政府发表了支持性言论，但在很少参与到设计议程中，伴随着非政府部门的重要能量和行动，这样的现状仍然让人想起20世纪90年代初英格兰的情况（参见第3章）。无论是像20世纪90年代那

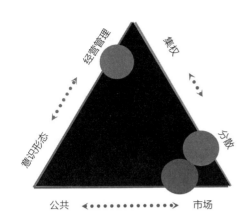

图 5.9　后 CABE 时期的设计治理模型（见书后彩图）

样，还是当前的设计治理环境再次代表了一个不同点的着力点，并且时间会证明最终效果。设计治理的过山车仍要继续前行……

将后 CABE 时期的运作环境与基本城市治理特征三要素——运作、权威、力量相关联（图 5.9）（参见第 1 章），这段时期可以表示为：

- 管理——管理层关注短期紧缩措施，尽量减少干预，同时不考虑为长期质量带来的后果。

- 分解——寻求多种参与者和手段，无论是在国家还是地方层面，都要考虑（或不考虑）场所品质。

- 以市场为导向（有空白）——反映公共资金从国家层面的国家主导的设计治理中完全撤出，以及市场（在可能的情况下）和自愿行动（在没有的情况下）的不断发展。

注释

1. 特别是它的首席执行官理查德·西蒙斯（Richard Simmons），他做了一些所谓的"艰巨努力"，以保护 CABE 工作和遗产的关键部分。

2. 设计理事会成立于 1944 年，在温斯顿·丘吉尔（Winston Churchill）的战时政府的工业设计委员会的基础上成立，旨在帮助战后英国工业重建时确立更好的设计标准。它于 1974 年以设计理事会的名义成为皇家特许的注册慈善机构，但继续作为非部门公共机构（Non-Departmental Public Body）运作，具有相同的使命（http : // en.wikipedia.org/wiki/Design_Council）。由于设计理事会在作为非部门公共机构存在的同时具有慈善定位，因此它能够将其皇家授权附加到慈善机构，并在其无法作为半官方机构的情况下继续存在。

3. 一家担保有限公司，与 CABE 于 1999 年开始的地方相呼应（参见第 4 章）。

4. 事实上，由于 CABE 实际上正从公共部门退出，欧盟竞争规则要求政府建立投标工作流程，然后公开招标。其他三个组织 [被认为是英国皇家建筑师学会、王子基金会（the Prince's Foundation）和建筑中心网络（Architecture Centre Network）] 也参与了竞标，每个组织都看到了设计审查的可能的商业价值。CABE 击败竞争对手获得两年的过渡性资金。

5. 这些是第 3.2 条："保护、加强、改善和振兴自然和建成环境（包括建筑），鼓励在可持续发展和可持续生活方面主题相关公众教育的进步，以及保证有用的成果在最大程度向公众传播的情况下促进这些科目的学习研究"，以及第 4.4 条："鼓励在国家规定的课程中，特别是在科学、技术、工程和数学领域教学中纳入建筑和设计，以及与建成环境的管理和维护相关的教育。"

6. 到 2015 年 5 月，给地方政府的政府补助金减少了 40%（www.local.gov.uk/media-releases/-/journal_content/56/10180/6172733/NEWS）。

7. 例如，2010 年至 2012 年期间，规划和发展服务减少了 43%（www.ifs.org.uk/budgets/gb2012/12chap6.pdf），预计未来十年，公园和开放空间的资金将减少 66%（www.local.gov.uk/publications/-/journal_content/56/10180/3626323/PUBLICATION）。

8. 区域发展机构的一些职能，包括经济发展，由新的地方企业合作伙伴（Local Enterprise Partnerships, LEPs）承担，地方政府和企业建立了自愿合作伙伴关系。

9. 截至 2014 年 4 月，英格兰有 1000 个社区表达了对制定社区规划的兴趣，但只有 13 个社区走到最后并通过了当地的公民投票。截至 2015 年 12 月，情况已有所改善，全英国有 1700 个社区表达了兴趣，最后形成了 126 次全民投票（DCLG 2015a）。

10. http : //planningguidance.planningportal.gov.uk/blog/policy/achieving-sustainable-development/deliveringsustainable-development/7-requiring-good-design/

11. 他在 2012 年 4 月后不久辞职。

12. www.designcouncil.org.uk/our-services/built-environmentcabe

13. www.oxford.gov.uk/Library/Documents/Planning/Oxford%20Design%20Panel%20Details%20of%20the%20Service.pdf

14. www.designcouncil.org.uk/projects/inclusive-environments

15. 建成环境相关活动的收入为 70 万英镑，支出（包括间接费用）为 137.1 万英镑。

16. 在此期间，作为地方调研及向地方政府建议的国家项目的一部分，英国遗产组织城市小组也在伦敦保持活跃。

142 　17. 由英国皇家建筑师学会运营。

18. www.designreviewpanel.co.uk/#!locations/c24vq

19. 并不提供商业化的设计审查服务。

20. 2015 年，建筑与建成环境中心网络有 11 名英国会员，并有北爱尔兰场所组织（PLACE Northern Ireland）加入。

21. 与景观研究所、皇家城市规划协会和英国皇家建筑师学会合作。

22. 会议和培训活动通常有成形的市场，有一系列专门的组织者，特别是由皇家城市规划协会等专业机构许可和公布的组织者，以满足他们的持续的专业发展要求。

23. www.builtforlifehomes.org/go/about/faqs~7#faq-ans-7

24. 成立之初并非专业机构，而是致力于推进城乡规划和市民设计方面研究，并协调那些从事或对这些实践感兴趣的人。

25. 成立之初为威尔士亲王建筑学院（Prince of Wales' Institute of Architecture）。

26. 该评估主要由特里·法雷尔爵士自己的公司资助。

27. 在 2015 年被废除的职位。

28. 以 2013 年政府成立的建设引导委员会（Construction Leadership Council）为样板，作为联合政府 / 行业论坛，进行辩论并推进产业战略布局。

29. 同样，城市设计联盟的经验（参见第 4 章）证明了行业专业机构不当影响的危险。城市设计联盟蓬勃发展了大约五年之后，一些成员组织决定不再在城市设计方面合作。此后几年城市设计联盟无所作为，2010 年该联盟正式解散。

30. http：//placealliance.org.uk/big-meets/

31. http：//placealliance.org.uk

32. 其中包含了八个建议的样本，建筑出版社（architectural press）却认为这些样本过于陈旧（Hopkirk 2015）。

33. 超过 0.5 公顷（5000 平方米）或 10 个单元的居住用地，或超过 1 公顷（1 万平方米）的场地或 1000 平方米建筑面积的其他性质用地。

34. 一些人认为 CABE 的主导地位是在城市设计联盟和后来的公民信托消亡后取得的，这些组织的部分作用都曾被国家资助的其他组织夺取（参见第 4 章）。

35. 需要认识到，尽管这种服务的提供商已大大减少，地方政府发挥其核心监管作用，仍然是设计治理服务的主要提供者。

第三部分

建筑与建成环境委员会的工具库

第 6 章
证据工具

在第三部分中，本书的内容从第一部分的理论和第二部分的历史沿革转变为对常见非正式设计治理工具的介绍。因此，本章关注 CABE 使用的五种工具中的第一种。此类别中的工具距离实施较远，并且广泛地参考了多种背景调查，这些调查提供了支持更多"干预主义"工具的知识。本章包括此类别下的两项主要活动：研究和审查，并分为三节，涵盖了 CABE 证据求证活动的原因、方式和时间。第一节讨论了 CABE 采用研究和审核的原因，第二节探讨了收集证据和传播其产生影响的过程，第三节简要地反映了这些工具何时在设计治理行动领域得到最佳应用。

6.1 为何参与证据活动？

1. 研究

从一开始，证据就是 CABE 行使职责的基础。它包括围绕与 CABE 相关的特定主题的研究和对开发质量的大规模审查，以便了解"最先进的"设计。早期对研究的强调与当时普遍认知有关，即围绕设计和建成环境存在巨大的知识差距以及弥合它们的需要，而 CABE 看到其工作一定程度上填补了这一空白。如第 4 章所述，政府对基于证据的政策需求也在不断增长。

反映这一点，进行研究的主要目标之一是让 CABE 证明自己的活动价值，并以前所未有的设计方式使其成长。这被认为是特别重要的，因为优秀设计中许多预想的好处是无形的，而且人们普遍认为这种好处是主观的，不适合进行适当的严格研究。来自咨询小组，并指导"CABE 空间"（CABE Space）开展早期活动的一位著名成员提出：

"重要的是要着手创建一个基于证据的指导体系，因为许多人认为设计是一种虚幻的情境构想和反复无常的活动，并且主要来源于人的自我放纵和反复无常。所以已有的工作……证明良好的设计和其价值之间的联系，无论是经济价值还是人们对环境的感受都非常重要。"

因此，CABE 的研究工作始于城市设计价值项目（CABE 2001b），也迅速将价值作为其最持久的研究主题。后续成果有：《设计价值书目》（A Bibliography of Design Value）、《优秀设计的价值》（The Value of Good Design）、《住宅设计和布局的价值》（The Value of Housing Design & Layout）、《公共空间的价值》（The Value of Public Space）、《办公设计对企业绩效的影响》（The Impact of Office Design on Business Performance）、《建成环境的价值探索》（Mapping Value in the Built Environment）、《设计与众不同》（Design with Distinction）、《糟糕设计的代价》（The Cost of Bad Design）、《物质资本》（Physical Capital）、《价值手册》（The Value Handbook）、《黄金大道》（Paved with Gold）（专栏 6.1）和《i- 值》（i-Valul）。

146

专栏 6.1　黄金大道（Paved with Gold）

"黄金大道"研究项目于 2007 年开展，由"CABE 空间"发布，作为更广泛的 CABE 计划的一部分，该计划提供旨在促进高质量街道设计的研究、指引和案例分析（CABE Space 2007）。受顾问克林·布坎南（Colin Buchanan）委托，该项目旨在于新背景下，运用已有的价值评估方法来评估伦敦市中心主要街道的设计质量（图 6.1）。目标是展示和衡量获得投资的街道设计、管理和维护质量带来的经济效益，并展示如何计算优秀的街道设计带来的超过平均或较差设计的额外价值。

"黄金大道"是在一个顾问小组的监督下进行的，该小组由 CABE 专员乔伊斯·布里奇斯（Joyce Bridges）担任主席，包括来自 CABE 研究团队的项目协调员和一些其他代表，以及四名来自当地工业界、政府和学术界的外来专家。

研究团队使用行人环境评估系统（Pedestrian Environment Review system，PERS）对伦敦十大街道进行了质量评估，该系统是一种多标准分析工具，可以将街道作为一个连接从 A 到 B 移动的路径进行评分，并将其作为一个独立场所进行评价（图 6.2）。行人环境评估系统由交通研究实验室（Transport Research Laboratory）的顾问于 2001 年开发，作为步行工具评估人行环境，"黄金大道"试图将行人环境评估系统得分与一系列社会和经济数据联系起来。随后，他们使用回归模型，分析了设计质量和周围街区零售租金、住宅物业价格之间的相关性。

该项目被设想为一个示范项目（与 CABE 的许多有价值项目一样），以表明设计质量与社会经济价值之间的相关性可以被衡量。正如接触该项目的 CABE 专员所评论的那样，"我有一种感觉，现有的证据足够证明这之间有一些关联，如果其他人想进一步研究，那么……它给出了人们着手论证所需的基础材料。"

图 6.1　伦敦沃尔沃思路（Walworth Road）是"黄金大道"研究中的一个案例，这条街道针对公共空间进行设计工作，以更好地平衡行人和车辆之间的空间
资料来源：马修·卡莫纳

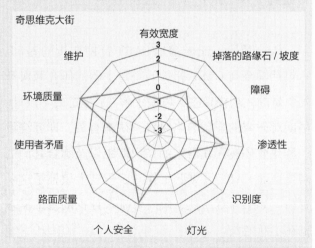

图 6.2　奇思维克大街（Chiswick High Road）的行人环境评估系统设计质量评估结果，反映了大街在各指标变量下的优劣势
资料来源：CABE

研究结果表明，与设计质量相关的价值增量约为 5%（CABE Space 2007：7）。这些发现是开创性的，因为它们提供了一些第一手的计量经济学证据，证明更好的街道设计可能带来经济红利。他们还通过 CABE 后续的调查证明了其影响力，证明理事会官员可以利用这项研究支持良好的设计。用其中一位项目负责人的话说："工作完成后，它几乎立即对特定项目产生了明显的影响。例如，卡姆登（Camden）的项目经理在 CABE 工作事务之外，进行了对公共领域工作的改进，表示他已经利用这项工作论证街道支出的合理性。"其他人将这项工作视为"与用户有最持久的共鸣"的 CABE 研究项目之一。

尽管在当地产生了影响，但这项工作并没有对交通部（DfT）产生影响，交通部是负责道路的政府部门，尽管 CABE 证明了设计质量的重要性，但其仍然不愿意参与公共领域的设计质量议程。正如参与该项目的顾问之一所说，"我们设法与他们进行了一次会面，他们的基本观点是，'我们可能会对人们出行的车站周围的公共领域感兴趣……至于其他的，我们不感兴趣'。"

最重要的是，CABE 的努力旨在论证其关于优秀设计的主张，这要求以可行的方式进行研究，并向政策制定者、专业人士和行业开发提供有说服力的信息，并帮助指导 CABE 本身的活动和举措。事实上，在整个 CABE 存在的过程中，研究为该组织提供了智慧，有助于证明其工作的合理性，并开放了与外部各方对话的机会，使其能够与怀疑者沟通并说服他们。越来越多的研究也用于支持 CABE 提出的计划和活动（参见第 8 章），使其能够接触更多的受众，并传播关于场所品质重要性的核心理念。

1）扩大研究议程

随着 CABE 活动的扩展，为了不断建立证据基础，研究的主题也在不断扩展。它首先关注设计的价值，这是 CABE 工作的重要基础，随后扩展到 CABE 日益广泛的议程的各个方面。正如 CABE 的一位董事回忆道："我们曾经有一个跟踪研究的矩阵，所以我们可以说：'我们正在做一些有价值的事情，我们在研究空间，我们在研究住房'。可能还有一些关于客户利益、行业问题或市场的研究。"主要的研究项目来自组织内部，以支持其确定的战略目标和组织的董事会，但外部合作伙伴也经常提出建议，包括政府部门、其他半官方机构、专业机构和大学。CABE 作为联合出资方、交付合作伙伴或精干的顾问，与这些机构组织有一系列关系。对于研究团队来说，这是一种有意识的策略，他们通过参与其他人的工作，使得自己有限的资源获得更大的影响力。然而，有些人认为，这种外部参与逐渐分散了对组织自身核心议程的关注。

CABE 自己的研究探索了广泛的主题，包括：

- 发展类型（如健康、教育、住房、公共空间、商业地产）。
- 城市规模（从战略性城市设计到街道和空间）。
- 设计过程（设计准则、总体规划、住房标准、客户参与、采购、技能等）。
- 设计影响（例如健康和福祉、可持续发展、包容性、美学、宜居性和价值）。

"CABE 空间"的创建为公园和公共空间研究的议程，及其具体问题带来了另一组研究课题，例如围绕公园的资金和管理（图 6.3）。

CABE 的研究议程在很大程度上受到其主要的政府赞助者，即副首相办公室（ODPM）和社区与地方

图6.3　"CABE 空间"（2004）的早期研究试图从远在美国明尼阿波利斯的绿地管理实践中学习借鉴好的做法
资料来源：亚历克西斯·霍雷修斯（Alexius Horatius）

政府部需求的指导，并且这项工作在很大程度上旨在为该部门的不同政策举措提供证据基础，CABE 在研究中的性质和方法的转变通常受到政府政策变化和特定政策利益相关者参与情况的影响。因此，研究项目的完成情况（尽管不是它们的质量或影响力）成为 CABE 早期监测工作的关键绩效指标之一。

CABE 自身领导层的变化也反映在研究议程中。虽然斯图尔特·利普顿（Stuart Lipton）和乔恩·劳斯（Jon Rouse）强烈认同设计议程的价值，但是理查德·西蒙斯（Richard Simmons）在 2004 年担任首席执行官标志着对包容性设计议程的重大转向，他对此颇有兴趣。这一新的工作包括研究建成环境专业中的黑人和少数民族代表，设计和访问方式、包容性设计原则、老年人独立生活、性别和公共空间以及包容性场所营造等议题（例如 CABE2004f；CABE 2006d）。这得益于包容性环境组织（Inclusive Environment Group，IEG）的支持[1]，该组织于 2005 年从副首相办公室转向了 CABE，并在此后以一种保持距离的方式，就广泛的包容性问题，向 CABE 提供咨询。[2]

2）研究现状

CABE 研究有时会自定议程，例如其关于价值的工作，以及后来关于美学的工作，但通常它会对较大

的政府议程或其他人已经建立的议程作出回应。例如，它对设计准则的研究遵循了"可持续社区"计划中规定的住房议程（参见第 4 章）以及参考了约翰·普雷斯科特（John Prescott）对佛罗里达州海滨的调研。在最初的几年里，"CABE 空间"的研究在很大程度上填补了城市绿地空间工作组（Urban Green Spaces Taskforce）和后来的副首相办公室（2002）政策文件中的已有空白；而关于 CABE 战略性城市设计（Strategic Urban Design，StrUD）项目终结的研究反映了更大的国家行动向空间规划系统转变。CABE 的研究还支持其持续的目标，即在 21 世纪前十年英国公共部门建设的巨大热潮中注入"质量"维度：健康、教育、社会住房、儿童保育、城市再生、奥运和公众领域管理。

然而，虽然 CABE 的研究计划在其生命周期中大大扩展，但 CABE 这部分职权范围却没有变化。在《CABE：十年回顾》（CABE：Ten Year Review）（CABE 2009a）中，几乎没有提到自身承担的研究者角色，其中只有四处提及研究的相关内容，并都只涉及项目案例的具体研究，而没有体现 CABE 在该领域的全面成就。一些人认为，这种缺失反映了一种趋势，即研究只被视为交流的辅助方式，而不是一种独立的有价值的服务。随着 CABE 董事会的成长并变得更加强大，他们自己也具备了这种功能（例如，能够进行设计准则和设计审查的研究，进行各种评估形成对于实践工作的指导）。可以说，这破坏了 CABE 中央团队建立的核心功能，当然也未能充分利用其专业知识。

然而，在它消亡的时候，CABE 的网站仍然充满活力：

> CABE 的研究计划已经广泛地通过出版物和网站提供了无与伦比的研究报告、政策指引、最佳实践和案例研究……这套高度创新的资源开辟了围绕优秀设计影响的新知识领域，以及如何通过更好的规划和设计过程创造优秀的场 149

所。CABE 提供了 80 多项信息性和有目的性的研究，旨在解决行业知识方面的差距，提高对城市物质空间质量、场地与建筑物以及用户的生活质量之间关系的理解。我们的方法是应用强大而关键的理论和证据，以改善整个建成环境领域的政策和实践。[3]

2. 审查

证据活动的另一个组成部分是 CABE 对建筑物质量和建筑空间进行的审查。这些审查活动在逻辑上比其研究计划更晚开始，因为它首先需要一套指标来衡量建筑物和场所的质量。虽然 CABE 以对出售住房的审查而闻名，但也对社会住房、中学、儿童中心和绿地进行审查。各种审查各自具有相似的目标，专注于建立证据基础，从而争取更好的设计和监控设计质量的进展，以及影响关键利益相关者，包括（最值得关注的）开发商，以及一般公众。由于许多后来的审核与政府资本支出计划有关，因此这些审核的另一个目标是监测这些计划的产出质量。

1）住房审查

住房审查以生活建筑（BfL）标准为基础（参见第 8 章和第 9 章），帮助定义什么是优秀设计，以适用于现有或即将建成的建筑物（图 6.4）。结果是英国首次在国家层面对住房设计质量进行了全面的审查，并提供了一个强有力的证据基础，引起人们对这一问题的关注。通常，这些审查表明，住房设计质量不佳，并且由于包括重要的区域数据，CABE 能够就所提出的问题与区域和地方的利益相关方进行接触。事实上，在确定问题规模后，CABE 投入了大量资源，鼓励国家、区域和地方政府认真对待相关挑战。

对于 CABE，国家住房审核还有两个主要目标。首先，直接向房屋建筑商施加压力，以促使他们提

生活建筑标准和审核标准直接的关系

生活建筑标准　评价标准	学习审核标准
身份 场所感 街道围合 安全性和易于导航 被忽视的人行道路线程度 场地资产掠夺 避免高速公路的主导 非车行交通的提升 停车	1. 场所感 2. 适当的围合 3. 安全性 4. 识别性 5. 场地资产掠夺 6. 避免高速公路的主导 7. 非车行交通的提升 8. 停车 9. 服务
运动整合 预先设计	10. 运动整合 11. 预先设计 12. 建筑质量
公共设施的耐久度	13. 公共设施 14. 公共领域质量
表现不佳建筑的规定 技术进步 适应性 公共交通的到达性 环境影响 房租范围 住宿范围 社区凝聚力	15. 适应性 16. 公共交通的到达性

图 6.4　住房审计使用了生活建筑（BfL）标准的修改版本来评估住房开发的质量
资料来源：CABE

高设计水平。其次，引发公众讨论，从而通过告知和影响客户需求，进一步增加间接压力。后者有时被简单粗暴地处理，随着 CABE 官员在国家媒体和广播媒体上斥责房屋建筑商，结果反而鼓励了至少一些开发商坚持认为市场最能反映实际情况。有些人从来没有在这个观点上退缩过，而其他人则更容易改变并且越来越好地应对压力（参见第 4 章）。通过提供有关难以反驳的问题的规模和性质的详细证据，以及将问题在公众视线中保持更长时间（在过去的三年中持续进行），对三个阶段进行了仔细的分析。审查工作得以在国家、区域和贸易媒体上大肆宣传。

在十年回顾审查的项目中，CABE 认为："在 2004 年至 2006 年期间，我们的住房审查提供了对 2003 年之前获得规划许可地区的生动见解。该研究建立了英格兰的住房质量基准，现在可以用来衡量未来十年的进展情况。住房审查很重要，因为它使房屋的质量与数量变得同等重要"（CABE 2009a）。因此，审查的真正长期利益是他们作为证

150

据基础的一部分，该证据基础将随着时间的推移而积累，并监测住房设计的变化。在第一次住房审查时，CABE（2005d）雄心勃勃地说："我们打算与行业、地方政府合作，确保在几年后再次审查这些地区时，几乎每个方案都在 CABE 和住宅建筑商联合会（Home Builders Federation）的建筑寿命标准中获得了'好'的评分。"但 CABE 未等到再次审核就停止运行了。

2）市场住房之外

住房审查的成功表现使得该工具扩展到其他发展项目。首先，从市场化住房到经济适用住房部门，即当时由国家资助提供的经济适用住房，住房公司计划将生活建筑（Building for Life）标准纳入其资助制度。因此，在新措施出台之前，它将 2006 年委托 CABE 进行的社会住房审查作为质量基准（HCA 2009）。在学校同时进行审查之后，约翰·索雷尔（John Sorrell，CABE 主席）进行了干预，他指出缺乏关于在国家学校重建计划"为未来建设学校"（BSF）的背景下建造的学校质量的证据。开展评估的决定还为评估 CABE 扶持计划的影响提供了机会，真为"建设未来学校"计划投入了大量资源，并最终有助于明确可接受的学校设计水平的门槛（CABE 2006e）。CABE 随后不久对儿童中心进行了评估，其中三分之二通过了英国第一个"可靠起步"（Sure Start）儿童中心计划（参见第 10 章）。这旨在为即将建立的中心和未来类似的资本计划提供经验（CABE 2008c）。

后来对绿色空间的审查试图解决城市绿地空间工作组的一项建议，该建议强调需要建立一个关于英格兰绿色空间质量的独立可靠的国家信息库。三个不同的政府部门持有关于绿色空间各个方面的信息，但没有得到协调，使得战略决策变得困难。其目的是更多地了解英格兰城市的绿地状况，并通过一系列指标划定基线，这些指标可用于追踪英格兰绿地的变化。《城市绿地国家》（Urban Green Nation）于 2010 年出版（CABE Space 2010b），同时有关研究更深入地研究了绿地质量对贫困地区人们福祉的影响（CABE Space 2010a）。

6.2　如何开展证据活动？

1. 研究

研究和政策是 CABE 的原始目标，尽管研究后来被纳入政策和沟通部门，研究负责人在政策和沟通主管的领导下进行工作。与研究职能相关的工作人员数量差别很大，从 CABE 开始时的一个人到最多时的八个人，其中包括身处"CABE 空间"的三名研究人员。

1）进行研究

因此，从一开始，CABE 就具有研究功能，并且在其结构中发展成为一个专门的研究小组，尽管如前所述，这并不总是对该组织开展的每个研究项目负责。其从小规模研究计划开始（仅在运营的第一年就有一个 2 万英镑的项目）发展到实质性计划，在 2004 年至 2005 年度委托的项目达到顶峰时，运行着九个主题项目，并且有多个项目涉及绿色和公共空间领域。在 2005 年至 2006 年度，CABE 的年度报告指出，该组织的工作大大超出了其政府绩效目标，即发布了五个基于证据的研究项目（实际发布八个），另外三个与副首相办公室政策议程的多个方面相关（之前委托五个）（CABE 2006c：25）。然而，尽管有这样的增长，正如其承包商所观察到的那样，"CABE 从未完全摆脱研究工作可以在资金不足的情况下被随时委托并很快完成的观念，咨询的结果不是研究的学术观点，有时并不能确保产出可以达到要求。"

CABE 自己的专长是研究项目的框架、方向、管理方式、指导内容以及传播途径，然后交由其他人进行实践，CABE 很少在内部进行自发的研究。相反，CABE 与广泛的学者和顾问合作，他们采用了各种各样的定性和定量方法。这些包括大规模的国家住房审查，报告大量房屋建造者提供的实际设计质量，评估消费者在购买新房时接受的相对权衡的调查，以及对地方当局规划技能及其使用"设计冠军"工具的研究。这与对更多无形问题的更精细的定性探索相平衡，例如房屋和社区的设计如何应对人口老龄化或社区老龄化，对美的看法以及公共区域的风险和安全。CABE 的研究继续探索新的议程，重新审视和更新旧议程，并在方法上进行创新，直至最后（图 6.5）。例如，它对美学的研究始于 2010 年，在"人与场所"（People and Places）的旗帜下，涉及 MORI 民意调查、设菲尔德经验的定性分析、AHRC 资助的符号学分析、一系列委托论文、CABE 第一次（也是最后一次）Facebook 活动和摄影比赛（参见第 9 章）。

CABE 的许多项目规模相对较小，但其作为传播合作伙伴的优势促使其与学术机构和其他机构建立了广泛的关系，并参与了大量外部研究项目咨询小组。在战略层面，CABE 与主要的学术研究资助委员会建立了密切而有影响力的联系，并且随着时间的推移，还为一系列政府部门和其他组织（包括文化、媒体和体育部，及副首相办公室、社区与地方政府部、交通部、卫生部、国家医疗服务机构、社区卫生合作伙伴机构、英国遗产组织、博物馆图书馆和档案理事会、住房公司、英国合作组织、英格兰高等教育拨款委员会、国家审计署、各区域发展机构以及艺术与人文研究委员会）管理与建成环境领域相关的研究。它还与众多行业机构和专业机构进行了合作研究，如英国办公厅、城市蜂鸣组织（Urban Buzz）、纳菲尔德信托公司（Nuffield Trust）、黑人建筑师协会、大众住房论坛、住宅建筑商联合会等。

研究项目人员通常由咨询或指导小组组成，常

由专员主持，并从来自公共、私人和志愿组织以及学界的专家中酌情挑选。CABE 还建立了一个研究参考小组（Research Reference Group），其成员是多元化、跨学科的，负责监督研究计划并提供公正的外部建议。参与者认为，这不仅仅是一个讨论的中心，因为关于如何进行其个别研究项目的详细决策是研究团队与其选定的承包商和项目指导小组共同关注的问题，而关于 CABE 研究方向的战略决策在很大程度上反映了 CABE 资助者的需求，以及 CABE 执行官确定并由委员会批准的战略重点。

例如，在 2003 年，最新的独立研究主题是以新的五年绿地研究计划的形式推出的。在这一领域，城市绿地空间工作组已经制定了初步议程，但随着自身专业知识和知识库的发展，CABE 享有相当大的自由发挥空间。该计划由新成立的"CABE 空间"内部的专业研究和政策团队提出，最终提交了 12 份研究报告和 10 份简报或短评，并为此提供了 CABE 许多活动的证据基础，包括有影响力的"被浪费的空间"（Wasted Space）（参见图 4.8），2003 年发起的全国性运动，旨在寻找英国浪费最严重的空间。"CABE 空间"的研究旨在：首先，应建立绿色空间在经济、环境和社会议程中的价值和贡献的证据；其次，填补长期存在的知识空白，通过提供一系列推动创新、知识共享、最佳实践和技能发展的作品，最终提高对城市绿地的理解。该计划以小见大，反映了 CABE 更大的目标和研究的重要性。154

2）对外部受众的研究

正如绿色空间的例子所示，CABE 的研究也是其交流活动的一部分，已发表的研究报告可以传播信息，发掘优秀设计对于行业、政府和公众中目标受众的重要性作用。随着时间的推移，这项工作在整个设计和建成环境领域建立了广泛的公开证据资源，在整个行业中发挥了重要作用。在 CABE 受委托评估其研究影响的调查中囊括了其证据工具，例

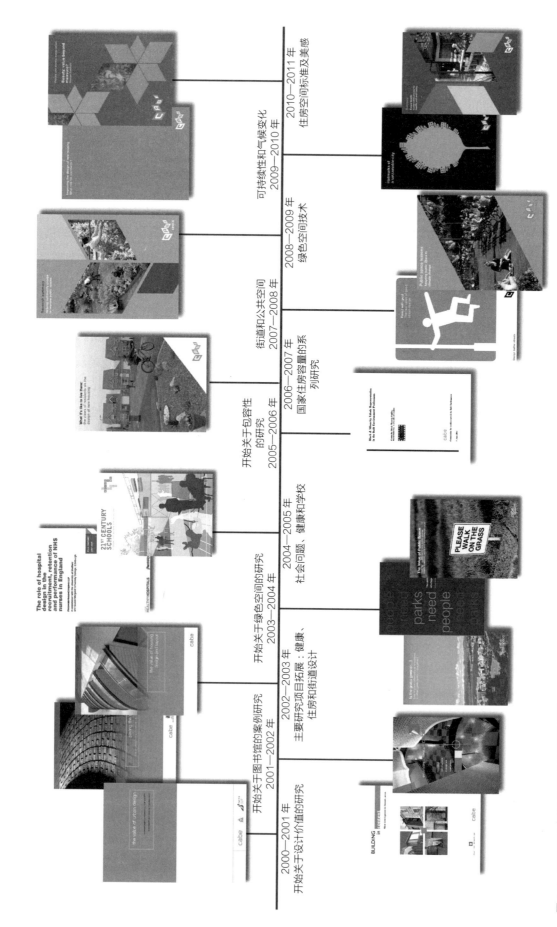

图 6.5 CABE 研究的时间线（见书后彩图）

如 2009 年的 CABE 客户调查显示，1000 名 CABE 利益相关者中，80% 的样本使用了 CABE 的出版物，其中 95% 的受访者认为它们很有用，89% 的人因此改变了他们的工作方式（CABE 2010a）。

然而，不出所料，对于 CABE 研究效果的观点各不相同，已经倾向于 CABE 或为该组织工作的人表达了更多的积极观点，而 CABE 批评者很少表达这类观点。对于一些人来说，研究的作用在于它所提供的证据，这证实了 CABE 传递信息的主旨，并且可以用来说服重要的利益相关者对设计质量进行投资。正如一位城市设计从业者所说："CABE 做了一些研究，表明如果你的住房能俯瞰到一定量（x）的绿色空间，最终会多卖出 6% 的量……我的反应是，'哦，天呐；我们知道这一点，但在这里终于得到了血淋淋的证据'。"他接着说："研究花了相当多的钱，但它确实经过深思熟虑，并且我个人能够使用并展示给规划师……'来吧，这证明我们就应该这样做'。"CABE 的一位董事表示赞同："我们所做的突破性成果之一是'公共空间价值项目'（The Value of Public Space），这是第一次有人以一种非常清晰和漂亮的形式汇集了公共空间的关键价值观以及它对我们生活的作用。然后我们进行了对当前市场的研究分析，因此能够说出当时人们所想和所感……这非常有用。"

其他观点认为，CABE 在其 11 年的历史中对研究的理解和使用发生了变化。正如一位社区与地方政府部的公务员所说，"CABE 最初的研究是强有力、有用的，并且 CABE 有助于为资助部门提供案例，但随着时间的推移，为了组织发展，类似研究的比例不断增长。"他总结说，"最后，大部分都没用，并强化了这些部门中对 CABE，特别是社区与地方政府部的看法，即一种自我痴迷的奢侈品。"

3）CABE 内部的研究

CABE 的研究活动在组织内具有重要的内部目标。其产出旨在为 CABE 其他部分的举措提供信息

和指导，并通过其前线工具充分利用收集到的大量信息和数据，例如通过授权和设计审查。因此，CABE 研究活动的另一维度是作为收集各个地方相关研究知识的中心。正如研究小组的一名成员所解释的那样："我们变得更像是一个知识中心，这在一定程度上是因为我们认为，到 2006 年，我们不仅仅是委托或进行研究……它是关于（人和知识的）聚集，以确保我们能知道发生了什么。"

这些信息收集和反映在 CABE 自身实践中的效用如何，是一个有争议的问题。与许多组织一样，CABE 内的不同董事会倾向于建立自己的团体，他们之间的协作和沟通并不总是顺利的。设计审查是 CABE 最瞩目的活动，这项工作尽管并不总是连贯的，英国范围内进行的评估和设计与开发实践之间的反馈循环被认为是非常重要的。正如 CABE 的一位委员指出的那样："当一个新的建筑类型出现时，以商业超市上盖的住宅为例，你可以开始从不同区域收集证据，进行分析，并可以得出一些结论：'如果你这样做会更好'，'如果你这样做，将会是一场灾难'，然后你将其推广到国内的各个设计审查小组。"

尽管如此，一些人认为设计审查和其他前端活动并不擅于将数据传递给 CABE 的研究团队。很多人都只顾自己这部分，那些做研究的人大多忽略了 CABE 自身产生的丰富信息："我一直认为设计审查是我们关注实际看到的东西，关注发生的事情，然而令人惊讶的是，CABE 的其他部分，比如做出版物的人，往往完全忽视我们所看到的。在我看来，CABE 的不同部门之间存在着一种恶性竞争，阻碍了正常的沟通，并且彼此无法相互支持。"

研究也用于内部评估和反思 CABE 活动的影响，尽管在某些活动中得到的反馈更为连贯一致，研究团队认为其部分作用是让组织的其余部分"针对自己所做的事情获得更多、更好的反馈和回应，因此不仅仅要考虑证据的数量"。CABE 空间作为 CABE

155

的一个较小且更关注领域、更集中的部门，拥有自己的研究团队和领导力，更善于利用研究来指导其战略决策。正如 CABE 的一位研究主管所解释的那样："'CABE 空间'……对于它所做的研究以及如何推进计划，总能有非常认真细致的把握……所以有一个非常好的迭代过程。"而规模更大、部门更多的组织很难做到这一点。

2. 审查

最初的住房审查作为社区与地方政府部资助 CABE 工作计划的一部分，始于 2004 年，并研究了 2001 年至 2003 年期间完成的私人住房计划。最初准备进行英国范围内的研究，最终在三年内实现，2004 年重点聚焦伦敦、英格兰东南部和东部；2005 年聚焦英格兰东北部、西北部、约克郡和亨伯河地区（Yorkshire and Humber）；2006 年聚焦东米德兰（East Midlands）、西米德兰（West Midlands）和英格兰西南部。审查显示伦敦和英格兰东南部的情况略显乐观，但其他地区结果并不够好，最后的审查表明可以被归类为良好或优秀的规划设计不足 18%，而 29% 的设计非常差，甚至当初不应该获得规划许可（CABE 2007e：4）：

> ［审计］客观地展现了对过去五年中建造的新住房质量情况。有太多的开发项目没有达到标准，CABE 与开发商的贸易部门共同制定的标准，很少能做出具有示范性的设计。简而言之，距离建设令人引以为豪的新住房目标，还有很长的路要走。
>
> （CABE 2007e：7）

后来对泰晤士河口（Thames Gateway）⁴ 社会住房和新住房的审计表明了类似的情况。例如，第一次评估了 2004 年至 2007 年间建立的住房项目，有

18% 表现良好或非常好，61% 为平均水平，21% 表现糟糕。这项结果在政府内部引起争议，社区与地方政府部的一些部长认为这对他们影响不好，一度推迟到 2009 年才公布报告。此时，2007 年委托工作的住房公司（Housing Corporation）已归入住房和社区机构（Housing & Communities Agency），因此他们在没有发布或大肆宣传的情况下放弃了研究。

CABE 的审查工作收到了多种资金资助。前三次住房审查由社区与地方政府部核心资金资助，第四次由住房公司资助。国家审计署（National Audit Office）提供的一些资金用于评估学校，作为他们对"为未来建设学校"（BSF）项目的评估工作的补充，而儿童、学校和家庭部（DCSF）资助了儿童中心的审查工作。

随着审查的成功，CABE 和社区与地方政府部之间的资助协议（2010 年至 2011 年）成为代表 CABE 成功的新指标：全英国新住房项目中，住房审计评为"差"的数量，应当从 29% 减少到 15%（CABE 2009d：6）。鉴于 CABE 有时与房屋建筑商之间关系不稳定（参见第 4 章），实现此目标将面临一定的挑战。然而社区与地方政府部在同年便要求 CABE 进行第二轮英国住房审查，尽管当 CABE 失去资助后很快就取消了这项工作，此后政府对房屋设计质量的兴趣也消磨殆尽。

在国家住房审查的三个阶段中，尽管第二次和第三次审查将居民的观点纳入研究过程，但使用的方法是贯彻始终的（专栏 6.2）。每项审查都选择大约 100 个近期住房开发项目（通常是十大批量住宅建筑商建造的混合市场住宅）与生活建筑（BfL）标准进行比较。这种方法附带也有助于证明"生活建筑"的合法性，因此其他组织也开始采用，这包括社区与地方政府部、住房公司、英国合作组织（English Partnerships），以及后来的住房和社区机构。

156

专栏 6.2　第一次住房审查

CABE 主动进行了首次住房审查，评估了 2001 年至 2003 年间在伦敦、英格兰东南部和东部地区住房计划完成建设的质量。正如其中一位委托董事所解释的那样，这个想法源于内部讨论，人们认为住房证据不足，对该组织是否充分研究这一主题而担忧："在 CABE 内部，大多数人都对此信心不足，当人们坐在火车上，盯着窗外思考时想到'天呐，我们过去二十年来建成的都是什么？我们如何能用充分的证据基础去认识它？'"

该举措反映了全国性的住房压力以及说服地方政府提升住房目标的需求，因此住房成为该组织面对的最大问题。一位审查工作的主要顾问建议："如果我们要在未来二十年内迫使地方政府每年交付 20 万套新房，我们同时也需要努力提高这些房屋的质量来扭转局面。"

审查使用生活建筑（BfL）标准作为衡量质量的工具，这一工具（到目前为止）主要用于奖励在 20 个指标中都表现良好的示范项目。因此，第一次审查需要探索使用生活建筑标准作为房屋建筑商和地方政府衡量多方面质量的指标工具的可能性。

正如一位 CABE 研究顾问所解释的那样，"随着时间的推移，我们确实不断调整标准，或调整标准如何应用于评估并进行指导，我们也做了很多工作以确保评估员采用同样的标准进行评估。我们查看得非常仔细，比如记录参观项目当天的天气状况。最后我们发现了在晴天和阴天时候评估的差异，然后我们才能注意平衡这些因素的影响。"第一次审查结果可能不如后两次审查，但团队在过程中不断学习积累经验，之后的效果得益于找到合适的方法。

第一次审查（与其他审计一样）结果显示达到良好或优秀的设计很有限，而且高速公路的发展常以牺牲街道和公共空间为代价（图 6.6）。审查结果成为英国头条新闻，正如 CABE 主任所回忆的那样："最引人关注的是这个国家的住房质量令人震惊，并在这个问题上产生了紧迫感。"行业的最初反应是保守的，正如住宅建筑商联合会（Home Builders Federation，HBF）的一名成员指出的那样，"我认为审查会引起一些争议。行业正在呼吁多建住房，此时 CABE 出现并且说，'这些人是谁？'然后开展了审查工作，得出的结论是很多房屋交易非常粗糙且低质……最终，这让很多人陷入了难堪与困境。"

图 6.6　（i）特丁顿（Teddington）的海军部路（Admiralty Way）[皇后大道（Queens Road）旁]，是一个槽糕的公路设计实例；（ii）庞德巴里·多切斯特（Poundbury Dorchester）因其对高速公路及其步行友好环境的设计而受到称赞

资料来源：马修·卡莫纳

部分问题是住宅建筑行业部分人对 CABE 的看法，以及 CABE 议程与住宅建筑行业大部门的运作方式和商业模式之间的差别。住宅建筑商联合会的这位成员继续说道："CABE 被视为一个新兴的都市化组织，并没有真正反映英国各地的普遍情况，我认为这让一些人开始思考……基本上，他们是新工党（New Labour）的人……并且 CABE 没有让他们获得参与感，他们坚持反对、反对、反对。而其他房屋建筑商更开明，并希望投入其中。"尽管有些已经加入其中（图 6.7），"由于普遍性的保守态度，人们需要很长时间来接受这个想法。"

图 6.7　格林尼治千禧村（Greenwich Millennium Village）一期建成，因其在设计的各个方面的高质量而受到称赞
资料来源：马修·卡莫纳

中学审查分为两部分。第一部分调查了最近建成学校的质量，并收集了 CABE 推动者和客户的反馈意见。第二部分采访了 CABE 推动者，他们对仍在设计阶段的"为未来建设学校"（BSF）项目质量进行了评估。在 2000 年 1 月至 2005 年 9 月期间完成的 124 所学校中，CABE 评估了 52 所。为了进行质量评估，该项工作使用了"学校 DQI"指标，这是 CABE 和建筑业委员会制定的设计质量指标（Design Quality Indicator）中针对学校的专用指标（参见第 9 章）。最终形成了基于 111 个指标的新学校质量评估（SQA）方法，从三方面进行评价：功能、构建质量和影响。每个学校都由一位专家给予总体评分，不考虑用户观点或成本数据。[5] 最终报告"中学设计质量评估"显示，50% 的中学建造质量差，设计糟糕，不能提供鼓舞人心的教育环境（CABE 2006e：4）（图 6.8）。这项结果使 CABE 建立了学

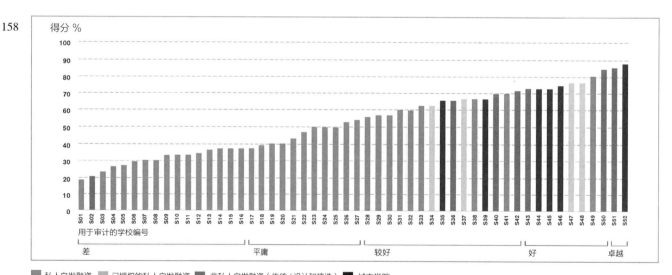

图 6.8　该数据收集了关于学校表现良好或不良，以及设计过程和采购路线的信息。国家审计署（The National Audit Office）（2009）使用这些数据支持其关于"为未来建设学校"项目延伸报告中经济价值的调查结果（见书后彩图）
资料来源：CABE

校设计小组，为新学校的设计提供专业审查服务。

后来进行的儿童中心研究，运用了最大公共部门项目中同类项目的数据再处理（post-occupancy）评估技术，调查了近期完成的 101 个新项目（CABE 2008c），而后来 CABE 的绿色库存覆盖了 11 个类别的 16000 多个绿地空间。由此产生的"城市绿色国家"（Urban Green Nation）系统包含了每个绿地空间的规模和地理位置，并从现有的 70 多个数据来源中提取信息，涵盖数量、质量、用途、可到达性、管理和维护以及对当地人民的价值等方面信息。数据由合作伙伴免费提供，包括国家信托（National Trust）、绿色空间组织（Greenspace）和英格兰体育组织（Sport England）（CABE Space 2010b）。与之前的审查相比，此类工作远程完成，无须现场调研或评估实际方案。在对这种方法的有用性进行全面测试之前，CABE 已经被解散。

虽然审查作为一种工具加入 CABE 工具库的时间相对较晚，但其功能用途迅速拓展，开发了多种大规模审查以及新方法，表明它们在收集提供与设计质量、影响及（在公园案例中的）长期管理问题相关的证据方面，具有高效性和灵活性。审查成果也是未来研究可以比较参照的重要基准。

6.3 什么时候应该使用证据工具？

本章探讨了 CABE 使用的第一个，也是介入度最低的非正式工具——良好设计相关证据的收集。这一类别的核心是研究，重点关注影响建成环境的设计和开发部分，了解问题及过程。第二个工具——审查，关注成果质量的衡量，及其对场地开发的影响（图 6.9）。虽然它并不总能充分发挥其潜力，但在很大程度上，证据为 CABE 其他工具的开发、改进和监控提供了基础。

证据代表了构建知识库的一种手段，可以为政府、开发商、建筑专家和用户提供信息，在内部，

图 6.9 证据工具的类型

它也帮助 CABE 更好地将自己的议程建立在经验证据上。这些工具在组织的整个生命周期中不断发展，并几乎触及建成环境的各个领域，从施工建造到空间规划，从建筑到景观，从产品到过程。这些方法在研究和审查方面得到了发展，并且 CABE 通过资助和授权此类活动，促进知识发展与能力建立，并为英国开展设计研究作出了重大贡献。

尽管 CABE 通过专门研究或自身活动信息收集，编制形成的证据数量在该领域前所未有，但其实际影响不尽相同。与任何参与研究的组织一样，影响的决定因素是与所产生知识的最终用户的联系，对 CABE 来说，这意味着在根据政府的优先事项来定义研究议程、遵循其关于应该产生何种知识的本能，以及了解其研究的最终用户及其被感知和使用的方式之间取得平衡。对一些用户来说，CABE 的研究成果非常宝贵，可以为争取更好的国家、区域或地方的设计提供支持。对于其他人来说，CABE 很快陷入了自己进行的研究活动中，产品越来越多（以实现政府目标并不断展示其相关性），而这种对数量的追求并不总是伴随着对严谨性或质量的同等关注。大多数人都认为，如果没有对于 CABE 建立之初确定的关键证据环节的关注，CABE 的实践效果和影响力将大打折扣，这也是区别该组织与其他组织的关键特征。

将研究和审查工具放在第 1 章定义的设计治理行动领域中（图 6.10），表明 CABE 将审查同时用作开发后期和前期工具：作为重新审视建成项目的

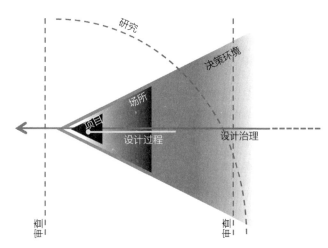

图 6.10　设计治理行动领域中的证据工具（见书后彩图）

手段，对建设项目进行集体评估并评估"现有技术水平"，同时也作为衡量后续干预措施的重要质量基准。相比之下，研究在各个方面都超越了决策环境和质量：从审美、项目，到地点和过程。对于CABE，证据具有为设计治理的各个方面和阶段提供信息的潜力。

注释

1. 前身是残疾人交通咨询委员会（Disabled Persons Transport Advisory Committee，DPTAC）下属的建成环境小组。

2. 参与者说：这两个组织的融合非常糟糕，沟通很少，尽管在 2008 年，IEG 确实成为包容性设计小组（IBD）。

3. http：//webarchive.nationalarchives.gov.uk/20110118095356/，http：//www.cabe.org.uk/research

4. 该审计与申请规划批准需要的 41 条构想（而不是建立构想）和将生活建筑（BfL）标准应用于结果的其他计划不同。

5. 由于大多数学校都是民间主动融资（PFI）项目，因此这些数据具有商业敏感性。

第 7 章
知识工具

CABE 通过各种各样的行动来推广自己，这些行动包括出版实践指南、汇编最佳实践案例研究，以及积极地提供相关教育和培训。这些活动比上一章讨论的收集证据更接近于"实地"干预。本章分为三部分，涵盖 CABE 知识类活动的原因、方式和时间等内容。第一部分讨论了 CABE 为什么使用实践指南、案例研究和教育 / 培训；第二部分讨论了通过这些方式获取和传播知识的过程；第三个讨论了在设计治理行动领域中，这些工具应在何时被使用。

7.1 为什么要从事知识活动？

1. 实践指南

随着 CABE 的发展，其议程和活动变得复杂，与其相关的一系列知识传播活动也愈加复杂。最基本的是，这些活动和出版文件是旨在向从业人员、地方政府、最终用户和其他主要参与者传播 CABE 研究所得的知识。CABE 发布的各种形式的实践指南有许多目的，并包含了多种方法，如从针对特定专业受众的重点技术咨询，到针对非专业群体的更广泛信息指导，再到对 CABE 员工和更宽泛意义上"CABE 系"中的其他人开展活动的指导，包括各种编制设计审查方法指导等。因此，CABE 指引的主要受众包括设计和开发专业人员、负责建筑采购的公务员和最终用户。考虑到不同的受众群

体，CABE 的相关指引也经过精心设计和阐述，以向其潜在的受众提供指导，而用户也开始将这视为"CABE 风格"。

CABE 在其早期开始参与编制《通过设计——规划系统中的城市设计：走向更好的实践》（By Design——Urban Design in the Planning System：Towards Better Practice）（DETR & CABE，2000）时就已经着手编制设计指引了。这是 CABE 出版的第一篇指南。就像 CABE 编写的许多指南一样，这篇指南是一项由环境、运输和地区部（DETR）等相关部门牵头的联合努力完成的工作。虽然这个项目早于 CABE 的成立，而且 CABE 在编制过程中是一个相对次要的合作伙伴，但却在其中发挥了很重要的作用。因为在 CABE 到来之前，政府一直在犹豫不决并拖延出版（参见第 4 章）。随着组织的发展，指引的数量显著增加，特别是在 2002 年至 2004 年期间，涵盖的主题范围（图 7.1）和使用的形式种类也显著增加。例如，在这一时期组织推出了时事通讯作为一种常规交流手段，第一本是《塑造未来的家园》（Shaping Future Homes）（与住房公司合作完成），旨在向住房提供商传播重要的设计信息，在发行了三期后与 2004 年 9 月开始出版的《居住建筑简讯》（Building for Life News Letter）合并。

实践指南的编制有多种目的：填补知识空白、教育关键人群、提供具体技术信息，传播 CABE 的证明信息；而有时候也会简单地阐述 CABE 对特定政策和主张的观点，如 2003 年发表的《商业规划区的

十大品质衡量方法》（Ten Ways to Make Quality Count, Business Planning Zones）。[1] 为了在政府投资类项目中宣传相关知识技术的重要性，CABE 编写了大量实践指南，这些指南直接与学校或绿地等对象中的一个或其他资本支出项目相关。这些项目的指引旨在指导以积极的方式利用资金，加强成果产出，并厘清和制定政策。在更广泛的层面上，这种传播形式也促进了 CABE 的组织、议程被认可，成为 CABE 进行更大规模倡议和更好的设计活动的工具之一。

CABE 的实践指南到底多有效，虽然业界有不同的看法，但普遍的共识是至少其中一些文件将变得非常有影响力，因为它们在从业者的日常工作中发挥了实际作用，例如 CABE 发布的 2007 年指南《设计和方式说明：如何编写、阅读和使用》（Design and access statements：How to write, read and use them）。一位区域建筑和建成环境中心主任评论道："当时，关于如何编写设计和方式说明的文件是所有 CABE 文件中使用最多的，被下载的次数多得难以置信"（图 7.2）。

"CABE 空间"的成果也受到了类似的评价，正如一位城市设计从业者解释的那样，指导文件的有效性与它们所包含知识的即时适用性相关联："我

图 7.2　在 2007 年流行的指南《设计和方式说明：如何编写、阅读和使用》中使用金丝雀码头、朱比利公园的案例来展示如何设计建筑和景观
资料来源：马修·卡莫纳

认为真正有价值的东西是出版物，是那些仍然摆满我们书架的东西。从许多方面来看，这比设计审查甚至是授权更有价值，因为人们只需要这些东西，人们需要讨论，需要被指导如何做事，他们需要这些被汇编起来的知识。"

实践指南也被用作一种竞选工具，尤其是对政府内部的 CABE 支持者说服那些可能不太接受 CABE 内容的人来说。正如文化、媒体和体育部（DCMS）的一位部长在提到 2000 年的报告《更好的公共建筑，未来令人骄傲的遗产》（Better Public Buildings，A Proud Legacy for the Future）[2] 时所说，"我尝试用该出版物代表工党政府发表一份宣言，阐述我们对良好设计的承诺，并动员唐宁街 10 号对财政部和环境、运输和地区部施加影响。"他继续说道，"我起草了一份托尼·布莱尔（时任英国首相）非常乐意签署的文件，他在文件中宣称，这应该是新工党政府致力于良好设计的标志……这既是一种在白厅其他地方获得吸引力的手段，也是向外界宣示政府会致力于支持好的设计。"

实践指南通常会被设计成时尚的、引人注目的出版物，CABE 会积极分发这些册子。然而，对一些人来说，生产这些出版物本身就成了目的，CABE 有时会受到一部分的扩张主义观点的影响。事实上，CABE 出版物（实践指南和研究报告）的数量在该组织成长的岁月里经常是一个招致批评的话题，截至 2011 年，CABE 网站出版了大约 320 份出版物，换句话说，组织成立后平均每月出版 2.5 份。

在其成熟期，CABE 开始对"出版"遭受太多的批评表现得越来越敏感，并越来越多地转向通过网络资源来回应。除了自身的 cabe.org.uk 网站[3] 外，CABE 早在 2002 年就开始尝试通过其他独立网站传播其工作[4]。2009 年 3 月，CABE 开始了其最雄心勃勃的基于网络的项目——可持续发展（sustainablecities.org.uk）。[5] 这是经过两年研究得出的成果，目的是通

163

162

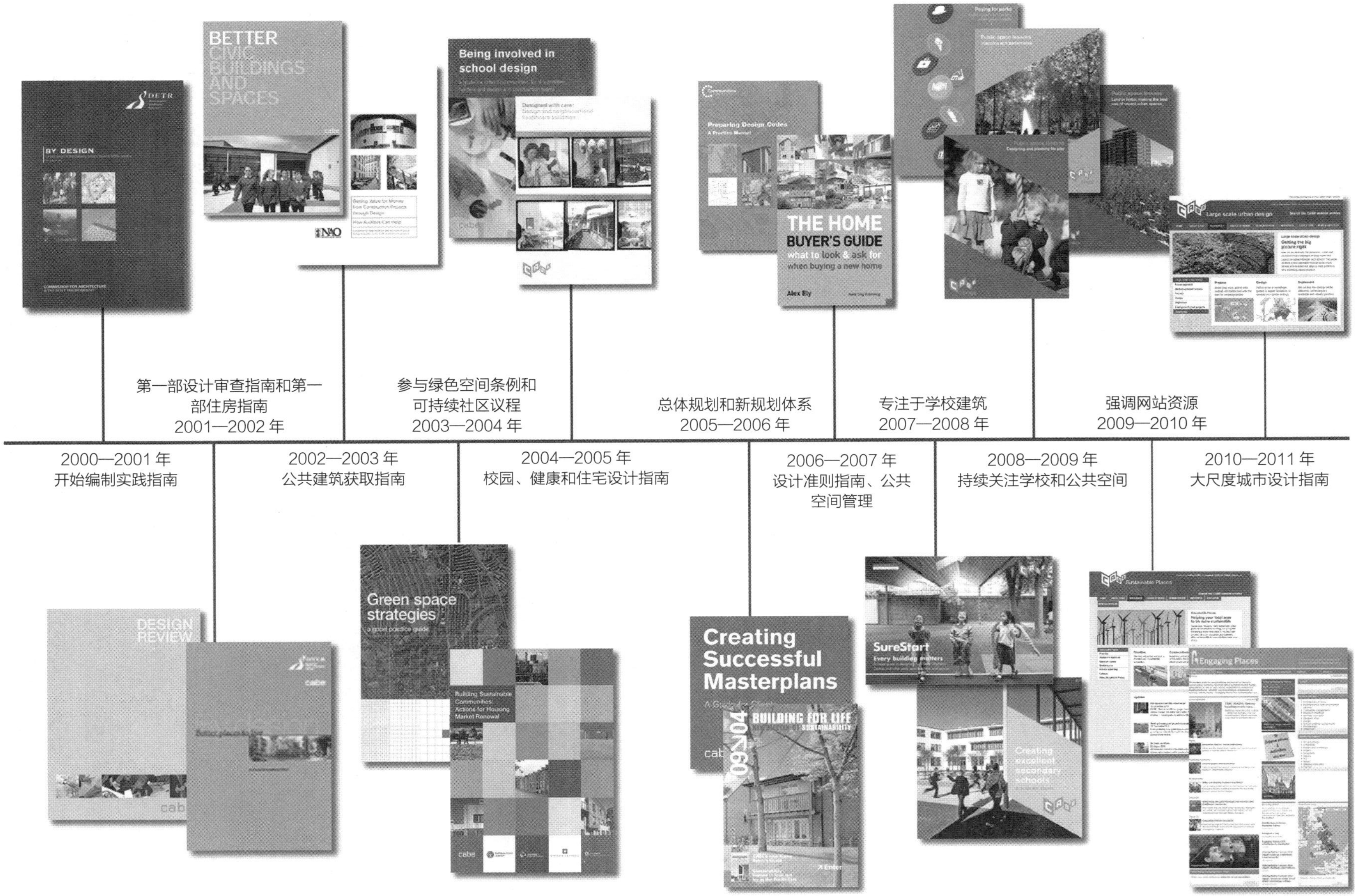

图 7.1 CABE 实践指南的时间轴（见书后彩图）

过考虑可持续设计指导意见的可获取性和全面性，使之汇集在一个地方来弥合可持续发展理念和设计之间的断裂（参见专栏 7.2）。同年，www.engaging-places.org.uk 网站的推出也成为教师将建成环境作为学习资料的一个重要新资料来源（图 7.3），而在 2010 年，CABE 开始编制相关独立指南，如"设计免费学校和学校翻新"等在线网络模式，但不再提供可下载的 PDF 文件。如果 CABE 将这个工作继续下去，那么这些形式的资源和网络虚拟形式的实践指南将会成为该组织在资源被收回之前研究"开源 CABE"模式的关键（参见第 4 章）。

2. 案例研究

　　CABE 的案例研究虽然与实践指南类似，但（在某种程度上）具有命题性，因为它们反映了"最佳实践"的实际例子，而不仅仅是理论上可能导致最佳实践的原则。案例研究的汇编和传播是 CABE 各种举措中的一项核心活动。

　　案例研究在研究项目中得到了显著的应用，例如着眼于英国海滨城镇的城市再生设计的"流沙"（Shifting Sands）案例。在这种情况下，目标不仅仅是简单介绍案例研究材料，还深入分析案例以提出建议（CABE & English Heritage 2003）。许多实践指南还包含案例研究，例如在 2009 年的指南——《改善居住街道的方法指南》（This Way to Better Residential Streets）（图 7.4）中，为了支持特定的主动学习，其深度涵盖从简单的插图到深入的案例介绍等多个层次。具体案例研究还被用来说明为 CABE 编写的简报文件中的最佳做法，目的是向使用者传播关键信息，从而使他们能够在培训课程中使用这些信息，并作为影响因素，为其他项目提供信息。

　　虽然案例研究中所有这些形式都被使用过，但本章主要提到了它们作为知识工具被使用，通过它们从图书馆收集信息，以及其简单、被动的展示作为示范案例。早在 2000 年 1 月，汇编展示最佳实践案例研究的想法就被提出，并迅速以此开发了一

图 7.3　"引人入胜的场所"（Engaging Places）是一项与英国遗产组织合作的倡议，旨在为学校提供教育资源，利用完整的建成环境来帮助学习各种科目
资料来源：CABE

图 7.4　北安普敦的厄普顿（Upton）早期的街道被用在了《改善居住街道的方法指南》中，以展示如何将绿色基础设施融入街道环境，以及如何与周围地区连接
资料来源：马修·卡莫纳

个数字案例研究库，为各种开发类型的高品质设计提供现成案例。最初的目标是利用提交给建筑师的项目或设计审查的数字图像来开发 100 个建筑和城市设计案例研究（CABE 2011g），而主要目标受众被视为"渴望良好设计但不知道其定义或不知如何实现良好设计的客户"。这些想法在两年的时间里为构建一个更全面的数据库提供可能，这包括介绍、描述和评估每个条目的设计优点和设计过程。第一个案例研究于 2002 年 10 月开始，当时向主要接收者发送了 2000 张传单来宣传新资源。[6]

　　住房计划生活建筑数字数据库（CABE 是其中的一个合作伙伴）一直是被独立开发的，以 70 个案例研究为特色，但最终与 CABE 的大数据库（图 7.5）合并。"建成环境"工具包（与英国遗产组织一起）还提供了一系列互不相关的注重遗产保护的案例研究。[7] 在 CABE 的发展周期里，汇编这些案例的目标各不相同，但大体上旨在激励其他人效仿范例（案例研究图书馆的最初目标）、传播最佳实践，并促进高品质的设计。其后的一个目标是将案例研究作为监测和评估未来干预的参数，尽管如何做到这一点从来没有被详细说明，也不可能以任何系统的方式实现。

3. 教育 / 培训

　　城市工作组（1999）认为城市设计工作人员缺乏相关技能，作为回应，CABE 的核心职能之一便是教育；事实上，这一点后来在 2005 年《清洁街区和环境法》（the Clean Neighbourhood and Environment Act）的第 8 部分中有所规定，这也使得 CABE 成为法定机构（参见第 4 章）。CABE 的教育活动有三个具体目标：提高设计技能；促进城市设计成为学生教育的一部分；扩大理解设计的建成环境专业人员的人群范围。这些活动的最终目的都是侧重于培养设计能力，以设计更好的建筑和空间，并且这些

图 7.5　纽霍尔·哈洛（Newhall Harlow）是"生活建筑"项目中图书馆案例的参与者之一，他因作为开明的土地所有者在一项强有力的总体规划中的工作，并与一名城市设计师合作而受到赞扬
资料来源：马修·卡莫纳

活动比实践指导或案例研究更加贴近实际，因为其能直接让"客户"参与学习。对于 CABE 来说，这包括准备和提供教材，组织课程、研讨会和暑期学校，重点关注发展、设计和管理等这些专业人员认为缺乏的特定类型技能。

　　就"CABE 空间"而言，这种对管理和维护相关技能的重视尤为重要，正如其一位董事强调的那样："在公园工作的人非常缺乏技能，非常缺乏动力，技能上也存在巨大问题……但这不仅仅是设计层面的问题，也与管理和维护有关；整件事都是相关的。"CABE 还尝试对一系列专业人员进行城市设计角色作用的培训，并在 2001 年成立了城市设计技能工作组，虽然表面上这是运输、地方政府和地区部的要求，但是这个想法来自 CABE，后来也是 CABE 在负责管理这项活动。城市设计技能工作组提倡"多学科的城市设计培训方法"，并主张"需要考虑如何鼓励地方政府来促进更好的城市设计"（2001：5）。随后，CABE 将重点放在建立一种从建成环境专业角度出发的对城市设计的鉴别标准上，尤其希望在地方政府内部将其加以推广。

城市设计技能工作组工作的另一个目标是让年轻人参与到建成环境设计中来。例如，CABE 最初的教育计划是希望影响国家课程设置[8]，并与学校合作以"释放建成环境作为教育资源的潜力"（CABE 2003e）。这是个值得称赞的长期愿景，即让下一代对建成环境中的设计品质及其影响有更深刻的意识。然而，考虑到 CABE 的资源是有限的，这一计划挑战性相当大，因为其要覆盖英格兰的 24000 所学校，有些人甚至说这很难实现。这一现实也提醒了 CABE，要实现影响国家课程设置的最初目标，首先需要课程本身对建成环境的认可，但随后（在进展不大时），可通过提供材料，利用建成环境作为资源，探索课程中已经存在的交叉主题，如历史、地理、艺术、设计和公民身份。在 2006—2007 年，CABE 制作了其最成功的教育产出之一 ——《场所作用：教师指南》（How Places Work, a Teachers Guide），作为倡议场所作用的一部分。这些活动目的在于鼓励学校参观鼓舞人心的建筑，并且在截至 2008 年的两年内实现了 12000 名学生访问（CABE 2009b）。其展示了可能实现的影响：为教师提供高品质、经过精心准备的资源，并通过本地交付，也能通过建筑中心网络提供支持。

1）在 CABE 之外

尽管 CABE 重视教育，但从一开始，教育在 CABE 结构中的地位就有些混乱。最初，教育活动在年度报告中与研究活动一起被总结报告，但被作为次一级——非主任级责任。直到 2003 年，学习和发展部门才成立。后来，从 2006 年起，这一职权范围被划分为教育活动部门和单独的知识技能部门分别管辖，后者于 2010 年 1 月结束。从 2002 年起，CABE 还创建了"CABE 教育基金会"（或 CABE 教育——专栏 7.1），作为一个慈善机构，开展针对年轻人的教育工作。

对于这个问题，教育议程的很大一部分实际上是通过 CABE 的其他项目来提供的，例如关于生活建筑（BfL）、增强能力培训或使用诸如"空间塑造者"（CABE 开发的评估建成环境质量的工具，参见第 9 章）等相关的项目，并且这项工作通常受到高度重视。正如 CABE 的一名区域代表所描述的："长期建设和'认证评估员'项目运作得非常好，因为 CABE 致力于支持地方部门，目标是每个地方部门至少有一名评估员。因此，项目培训像我这样的人来培训其他人……当地人、感性的人。而如果你是一个努力工作的人，你会被优先培训。"

专栏 7.1　CABE 教育基金会

CABE 教育基金会是独立的，成立的目的是为 CABE 教育项目提供支持，尤其是针对其面向校园的工作。一份 2004 年的 CABE 文件将其定义为"一个注册慈善机构，旨在激励年轻人从他们的建成环境中获得更多"。基金会为教育工作者提供课程资源并运营一个全国性网络。该网络包含 1 份 1 年 3 期的杂志和 1 个专门网站，网站包含了来自英国各地的个人组织项目、资源和活动信息，活动还吸引年轻人参与到建成环境领域中来（CABE 2004i：58）。

作为独立于 CABE 的法律实体，教育基金会的创建反映了教育对于 CABE 创立之初的重要性，也反映了创建这个基金会的战略决定，当时设想是该机构可以获得不同范围的资金，如果成功的话就会成为一个完全独立的机构，致力于建成环境领域的教育。教育基金会由 CABE 委员领导，他们也是受委托的一方，但在很大程度上独立于 CABE。

尽管基金会自己的《360°》杂志为 CABE 在教育工作者中树立了良好的形象（图 7.6），但它实际上从未凭借自身的力量获得过完全成功，也从未筹集到其所希望的外部资金（除了 CABE 提供的资金外）。有关人员认为，这是因为在许多情况下，基金会是与 CABE 本身或其他慈善教育机构竞争资金，而后者被认为是更好的选择，因为它们与已经接受政府资助的公共机构没有联系。

图 7.6　《360°》杂志，面向教师和教育专业人士，是 CABE 新闻报刊中最成功的，从 2003 年持续到 2010 年，共发行了 26 期季刊

虽然 CABE 教育在很大程度上是独立运作的，但其也与 CABE 其他部门合作，例如与 CABE 的研究单位合作探讨"为未来建设学校"的设计工作。这种做法通过提供新学校设计的案例，以及对现有学校进行改造的交互式指南，来征求学生对自身所处环境的意见。此项目需要 CABE 教育部门作出一些努力，说服 CABE 的其他部门留出时间，将经验和知识转化为儿童和年轻人的教育资源。

CABE 教育与英国各地的建筑和建成环境中心（ABECs）之间的关系也很重要，这是为基金会塑造其在国家中的形象并达到满足国家需要的主要途径。然而，这种关系很复杂，尤其是许多建筑和建成环境中心已经在从事教育工作，并将 CABE 教育视为自己区域的竞争对手。此外，作为合作伙伴，基金会只能提供少量的定期资金，而且与 CABE 本身相比，其并不是一个有吸引力的资金来源。正如一位参与教育的 CABE 主管所说，"我们试图与他们（ABECs）合作，这比预期的要困难……他们有一种防御心理，而我则想得太简单了，我并不了解他们的资金状况。他们将 CABE 教育视为竞争者，对任何监管都持怀疑态度。"

当 CABE 快要解散时，CABE 的教育职能被合并到 CABE 本部，随着 CABE 被纳入设计理事会，一些职能就被转移到开放城市（Open-City）——一个倡导在建成环境中追求卓越设计品质的慈善机构。

城市设计暑期学校是 CABE 运营的通用设计质量培训项目。暑期学校、CABE 强调技能的培训项目，都强化了 CABE 作为设计培训和教育中心的观念，这很快吸引到其他潜在客户要求培训。事实上，CABE 大部分的专业培训非常具体，而 CABE 也从未参与或试图影响专业教育领域。甚至城市设计暑期学校也是由外部供应商设计和提供的，这些供应商通常是大学供应商，每年都不同。CABE 提供的培训项目也有很强的区域性，区域建筑和建成环境中心在这方面发挥了重要作用（参见第8章），尽管这些区域的培训偶尔会外包给CABE体系以外的其他组织，如公民信托。

与其他CABE的尝试一样，CABE的教育和培训计划也不乏批评者，最实质性的批评与一些人认为的CABE教育计划的被动有关。当然，与其他一些活动相比，教育在CABE的形象塑造中所起的作用要小得多。就如一名对CABE教育作出重大贡献的ABEC董事评论：

"考虑到CABE曾经拥有的资源，其本可以做的一件事是提高技能，提供一些更实质性的项目。就影响效果而言，你可以说提高实际技能会比提升审查批评数量并给出反馈能产生更大效果。也许有人认为CABE不想涉足教育机构或专业机构，但是我认为其有一套特殊的技能，主要是关于城市设计和制作，其他地方也没有特别涉及……所以我认为这是一次被错失的好机会。"

截至2008年，CABE已经举办了近3800次培训课程，其教育网络中约有1500人（CABE 2008a）。第二年，CABE记录了总共6000次培训课程，包括城市设计暑期学校、"CABE空间"领导者计划，以及如何将良好设计融入规划系统的技能发展培训内容（CABE 2009b）。2007年至2008年的年度报告显示，CABE一年举办了35次培训研讨会；而从2008年8月到2010年，共举办了47次关于空间塑造要素培训的区域"尝试者"会议。截至2010年底，CABE记录显示，它已经培训了503名地方部门专业人员，并在213个地方部门中认证了334名评估员以进行正式的生活建筑评估，并且"有望在70%的地方部门中获得认证评估员"（CABE，2011e）。这是CABE活动的一部分，也推动着CABE整体愿景，直至最后阶段。

7.2 知识活动如何传播？

1. 实践指南

这些指南出版物经常是与伙伴组织一起制作，包括政府部门，特别是环境、运输和地区部、副首相办公室、社区与地方政府部、财政部、教育和技能部以及政府商务办公室；其他政府机构，如国家审计署、审计委员会、地方政府协会、英国遗产组织、英格兰艺术委员会、伦敦公司、苏格兰建筑与设计部、英格兰自然部、可持续发展委员会、资产转让股和住房公司，以及专业团体和福利协会，如地方政府首席建筑师协会、地方政府首席执行官协会、规划官员协会、住宅建筑商联合会和公民信托。通常这些指南依据基础研究进行编写，编写人员是在CABE指导下进行研究的外部顾问。

指南来源分布在整个CABE组织中，每一个前沿委员会都会在某个时候发布某种类型的指南。因此，从来源来看，只有像sustainablecities.org.uk这样非常大的方案（专栏7.2）才可能被确定为预算项目。因此，对这项工作的相关成本进行评估几乎是不可能的。

除了正式的指南，CABE也很快形成了一种惯例——针对核心主题编制"反思性研究"和"简报"，这种做法通常是为了清理年终资金，也是为了启动新的咨询和指南。例如，"CABE空间"在2005年至2010年间委托编写了12份简报，内容涉及分配、性别和公共空间等多种多样的主题。有时这些文章被组合在一起发表，类似于《我们害怕什么？风险在设计公共空间中的价值》（What Are We Scared of? The Valua of Risk in Designing Public Space）；或者被用来编制一个单独的指南，如主要基于委托马修·卡莫纳编写的一篇论文《让设

专栏 7.2　可持续城市 / 地方规划

　　可持续城市 / 地方规划项目是在政府日益关注气候变化的背景下制定的,这引发编制了《2008年气候变化法》(Climate Change Act 2008)和 2009 年 7 月的《能源与气候变化白皮书》(Energy and Climate Change White Paper)。作为国家可持续发展计划的一部分,2007 年社区与地方政府部要求 CABE 从设计的角度来解决这些问题。该项目由 CABE 核心资金资助,但由私营部门发起,包括克雷斯特·尼科尔森(Crest Nicholson)、哈默森人民场所(Hammerson Places for People)、Eon、Dialight、Xeropexy 房地产和能源公司。这项工作由 CABE 专门人员监督,并得到外部咨询小组的支持,与英国核心城市的地方政府开展了密切合作。[9] 在开发过程中,该项目属于 CABE 的研究部门的职责,但在全面运行时被转交给"CABE 空间"负责。

　　整个项目包含两个部分。第一个是 2007 年启动的与气候变化节挂钩的学习计划。这由 CABE 和威斯敏斯特大学(University of Westminster)共同开发,涉及四个城市的住宅课题和"可持续设计工作组",共有来自 66 个地方政府的 127 名人员参加。第二个是 2009 年推出的 sustainablecities. org.uk 网站,提供指导和最佳实践案例。该网站的目的是提供持续更新的关于政策、出版物、咨询和最佳做法示例以及简单易懂的内容。因此,项目被认为是 CABE 的"可持续资源",但是和 CABE 的大部分工作一样,网站并不由 CABE 内部开发,而是外包给专业的网站设计师,内容则委托私人咨询公司"城市从业者"(Urban Practitioners)管理。

　　许多实践者和研究人员也为网站的内容作出了贡献,并对其进行了同行评审,以确保网站健

图 7.7　俄勒冈州波特兰市是可持续发展场所数据库中的国际案例之一,被选为一个鼓励公共交通、步行和骑自行车穿越其高质量公共空间的城市的好例子
资料来源:马修·卡莫纳

康发展。网站利用的案例研究不仅来自英国,也来自世界各地。案例按主题分类:能源、废物、水、运输、地理信息、公共空间;按空间尺度划分:建筑、邻里、区域(图 7.7)。在网站开发过程中,设计人员努力使资源更容易访问、与用户关系更紧密,其资源配置方式发生了变化。正如一位参与创建该网站的人所说:"(一开始)网站很混乱,内容有很多。可持续性是一个宏大的主题,但由于内容在我们推出之前已经积累了两年,而网络技术也发生了变化……我们并没有采用传统网站的子类别和子页面,而是转向了平面结构,所有东西都根据空间尺度和各种主题来分类。"

　　该网站作为一种设计资源,其总体思路是通过将一个大问题分解成子项,并向遇到问题的地方政府提供建议和案例,从而解决复杂的气候变化问题。一位 CABE 内部人员解释说:"以前所有的东西看起来都太宏大了,人们不知道从哪里开始,但是这个网站展示了事情是如何被结合在一起的。以一个大型建筑项目为例,建筑材料通过运河运输,这样做有经济效益,还可以减少卡车运输,减少使用化石燃料,改善空气质量。一

个决定会引发许多不同的结果。因此，这个网站使人们大开眼界。"

因此，编写这些材料是为了满足目标受众的期望，目标受众主要是地方政府领导人、高级工作人员、委员会成员和管理人员，而教育层面的目的则是为了确保目标受众会使用网站。网站上

线后，开始的时候，其案例研究库与 CABE 主网站分开运营，但在 2010 年被合并到名为"可持续发展场所"的主网站。网站在短暂的独立运营期间似乎取得了成功，到 2010 年 12 月，共吸引了超过 12 万的点击量。

计政策发挥作用》（Making Design Policies Work）（CABE 2005e）。这些出版物生产速度快，成本低，预算少于 2000 英镑。[10]

在后期，CABE 会编制一系列关于各方面工作的移交说明，《移交说明 47》是关于绿色空间领域的最佳实践指南。委员会注意到，在 12 个月的资助周期内，CABE 的许多项目都需要印制单独的指南，这一直是一项挑战，尤其是研究人员和作者的质量往往令人失望，这反映出设计技能匮乏，分析技能和服务市场发展不足（CABE 2011h）。为了克服这个问题，CABE 委托了不同的学术、公共和私营部门的研究承包商和专家来承担这些项目。由主要利益相关者组织代表组成的项目指导小组通常也来帮助编制项目简报，以确保产品达到预期的质量水平。这种做法还鼓励在座的组织对项目享有一定程度的所有权，这反过来有助于传播由此产生的指南。

为了传播项目关键信息，CABE 投入了巨大努力，并且每一份出版物都是按照 CABE 风格精心设计的，这种风格之前已经提到过且经常重新改写，以确保受众享有最大限度的访问可能。大多数出版物以传统形式出版，有时则外包出版商出版，但更常见的是由 CABE 自己免费发行，同时在 CABE 网站上以电子文件的形式发行。

在此项服务及案例研究的大力推动下，该网站在 2004 年至 2005 年度的浏览人次约为 72.8 万，而在 2007 年至 2008 年度，浏览人次已增至 200 万，下载次数达 38.4 万（CABE 2005c；CABE 2008a）。

截至 2009 年至 2010 年度，该网站共收录了超过 200 份设计审查的详细资料，每年有 11.6 万人次浏览。而在 2009 年至 2010 年度，最受欢迎的刊物是与学校设计有关的刊物，单页浏览量达 10706 次（CABE 2010a）。同年，网站 www.engagingplaces. org.uk 获得了 86000 次访问，网站 sustainablecities. org.uk 获得了 59750 次独立访问。随着 CABE 结束，它的网站被建成了一个庞大的、无与伦比的在线资源，包含从设计到建成环境的所有方面。可以说，即使它完全依赖 CABE 的所有其他工作来填充其内容并赋予其深度和可信度，CABE 在线业务的影响范围比它做的其他任何事情都要广泛得多。随着 CABE 的逐步结束，有两份重要出版物被制作成网络电子版本，于 2011 年初发布，并纳入 CABE 档案：cabe.org.uk/buildings，在线版《创造优秀建筑，客户指南》（Creating Excellent Buildings，a Guide for Clients）[11]；cabe.org.uk/masterplans，在线版《良好总体规划设计指南》（Creating Successful Masterplans）[12]

多年来，CABE 投入了大量资源来编制实践指南，并在适当的情况下进行更新（图 7.8）。在其十年回顾中，CABE 总结道："随着政策大环境转向支持设计，CABE 已经制作了关于如何进行设计的最新指南……这改变了讨论的角度。现在我们有了一系列的实用指南"（CABE 2009a：18）。这些设计指南直到今天，大多数仍然可以通过 CABE 的档案使用，这是个很难反驳的事实。

171

图 7.8 关键的实践指南持续更新；设计审查指南于 2002 年发布，2006 年更新并重新发布

2.案例研究

案例研究是在线业务取得成功的重要组成部分，像访问网站一样，案例研究的制作很快成为文

化、媒体与体育部为 CABE 建立的绩效衡量体系的一部分（参见第 4 章）。例如，在 2005 年至 2006 年末的报告中，CABE 需要在在线数据库中增加 230 个高品质建筑和城市设计的最佳案例（事实上，最后增加了 233 个）（CABE 2006b）。在 2007 年至 2008 年度，CABE 需要将网站上案例研究部分的访问量增加到每周 21000 次（实际达到了 31000 次）（CABE 2008a：7），这表明网站的这一部分创造了四分之三以上的总访问量（除其他外）。

最终，数字图书馆发展为 398 个案例研究的规模，在 CABE 结束时，案例研究的范围如下[13]：

- 住房（116）
- 公共空间（102）
- 文化与休闲（66）
- 更新（57）
- 商业建筑（52）
- 教育建筑（44）
- 社区（41）
- 可持续发展（41）
- 公园和绿地（36）
- 历史环境（32）
- 健康建筑（29）
- 规划（10）
- 运输和基础设施（9）
- 包容性设计（8）

从地理位置看，30 个案例位于英格兰以外，其余则分布在英格兰（图 7.9），但更偏重于伦敦和英格兰东南部。有些案例类型注重过程（例如可持续发展、更新、规划），而其他案例类型则更注重结果（例如住房、公共空间、包容性设计）。随着时间的推移，案例的优先次序会因（以及为了支持）其他工作方案而有所不同。例如，在 2003 年至 2004 年度，案例研究的重点是初级卫生保健项目；

172

图7.9 案例研究图书馆中的街道重建、公共空间升级和历史建筑翻新项目，帮助将泰恩河畔纽卡斯尔废弃的格兰杰（Grainger）城改造成一个充满活力的混合使用区

资料来源：马修·卡莫纳

2009年，CABE则进行了一项可持续发展研究，以改善案例研究对可持续发展的关注；在2008年至2009年度，增加了小学类型的案例；而包容性设计是2009年至2010年度新增的最后一个类别。

每个案例研究都有固定的标准模式，其中包含案例介绍、设计过程、案例评估、进一步信息以及设计团队标识。案例是从全英国各地选择出来的最佳实践，通常包括CABE参与的项目，例如一些在CABE运作下得以实现的项目。与前面提到的实践指南一样，CABE的案例研究也常常是与合作组织一起构思和编写的。其中包括一系列关于与建造业议会（CIC）合作开发的设计质量指标的影响的案例研究，以及与谢菲尔德大学合作编写的关于研究社区主导设计项目的一系列案例研究。随着在线数据库的发展，CABE对案例研究内容进行了评估和修订，以反映标准的变化、实地发展和新的优先事项。只有在少数情况下，案例研究会从数据库中被删除，这是因为案例的特征要素被证明是有问题的，不再是最佳实践。

制定明确的内部文件有助于简化案例研究过程，这包括准备条目的模板和书写指南，并且经常敦促潜在的组织快速汇编案例研究以清理任何年终未用预算。2003年、2005年和2009年对在线数据库进行了评估，结果证实了数据库在良好运行，网站用户也强调案例图片的重要作用，是一项重要资产（CABE 2011g）。

CABE自己的网站是传播这项业务的最有效工具，一位著名的城市设计从业者说的话也表明了它的价值以及可以通过它评估的案例研究材料的范围："如果我想要一个案例，想了解欧洲学校的情况，或者一个新公园，CABE的网站是我第一个去的地方。每个人都在寻找案例，去旅行和发现。人们甚至把这样做作为一种爱好，例如在周末旅行中寻找荷兰最好的住房发展实例。所以这个网站是非常强大的。"

3. 教育 / 培训

CABE使用的最直接的知识工具是其专业培训研讨会，重点是城市设计的特定方面和不同类型的相关工作，还有研讨会、讲习班和类似的活动。这些包括CABE从2004年开始的城市设计暑期学校，但也包括其他类型的，尤其是在CABE结束前的最后几年的专业培训。

1）培训专业人员

每年暑期学校都在不同的地点举办，为期3—5天，一般会有71—136名代表参加。[14]这些活动涉及实践教学技术，包括设计汇总、现场参观、案例调查和反思性分组会议，通常伴有"现场"调研，例如2009年在布里斯托尔市中心进行的调查。开办暑期学校的费用在一定程度上来自学费或由相关赞助支付，参会人员支付了750—1095英镑的学费，且学费随着时间而上涨。CABE提供实物支持、生产材料、协调和便利服务。CABE还缩小了核心交付成本，以便在预算中为指定的交付合作伙伴创造空间，创新简化流程，尽管这一点在后来有所改变。

前三期暑期学校是与威斯敏斯特大学联合开办

的，除了委托费用外，CABE 还承担了办学费用。CABE 的记录表明，与该大学的合作是卓有成效的。此模式成功实践了这一教育理念，并将暑期学校的招生规模扩大到 100 多名学员。然而，在最初阶段之后，CABE 不得不重新招标以遵守政府的"最佳价值准则"，而新的合作伙伴是由伯明翰城市大学（Birmingham City University）牵头的一个财团，该财团采用类似条款交付了随后三期暑期学校的费用。去年，这些暑期学校被外包给了一个由 MADE [西米德兰兹郡建筑与设计环境机构（the ABEC for the West Midlands）] 牵头的财团，其中包括伯明翰城市大学。该期暑期学校虽然仍被冠以"CABE"的品牌，但没有来自 CABE 的核心支持，而是依赖于各种当地合作伙伴。这些合作伙伴包括私人企业和政府机构，他们可以利用自身的当地资源安排实地考察，并争取赞助商以支付活动费用。

除了暑期学校，CABE 还提供针对许多主题的持续专业发展课程（CPD）。这些课程包括一项关于包容和"包容性空间营造"的全国性活动，为英国各地的规划师们与英国城乡规划协会（TCPA）举办联合工作坊，以及 CABE 与伦敦大型建筑公司的首席执行官们一起举办的一系列"商务早餐"。CABE 还为来自政府部门及其他公共机构的设计优胜者制订培训计划。2009 年至 2010 年度，英国西英格兰大学（University of the West of England）与规划督察部门联合举办了为期两天的"设计冠军"研讨会，他们获得了英国皇家城市规划协会（Royal Town Planning Institute，RTPI）颁发的"终身学习奖"（Lifelong Learning award）。这些活动的举行部分是为了响应国家正在发展的住房设计政策（规划政策声明 3 中）和 CABE 关于提高建设住房品质这一关注点，同时也是为了鼓励规划监察部门在对当时新出现的地方发展框架（Local Development Frameworks，LDFs）[15] 进行公开询问时考虑这些问题。

其他形式的培训侧重于 CABE 自身"产品"的使用。其中一些是针对特定实践指南应用的说明，以及大量关于特定 CABE 工具的说明。这通常是针对特定专业人员的，例如关于政府《街道设计手册》（DoT et al. 2007）应用于农村住区，或如何使用"生活建筑"标准作为评估工具。从 2007 年到 2010 年，CABE 举办了"在环境中建造"研讨会，其重点探讨 CABE 联合英国遗产组织制作的工具包。此外，CABE 还提供空间塑造者培训，重点是使用该工具鼓励青年参与设计审查，17 个不同地点的研讨会共吸引了 509 名人员参加。其他培训则与特定活动相关，例如在 2007 年至 2008 年度的一个关于可持续城市的培训计划，其中就包括对可持续总体规划的见解。

2）教材的编制和提供

CABE 教育工作的一个重要组成部分是为学生提供关于建成环境问题的教育资源，这些资源强调学习当地场所、场所营建、公民身份、设计和建设。其中最引人注目的是各类"旅行指南"。例如，《走出去》（Getting out There）的目标受众是 11 岁至 16 岁的学生，它是一份当地艺术和设计旅行指南，旨在帮助学生以不同的方式学习，开阔孩子们的眼界。其内容是五个推荐的地方之旅，包含地点、路线、空间、建筑和公共艺术，每一个地方之旅都有一个可复印的当地资源表，并为教师提供如何将学习与国家课程的不同方面联系起来的详细指导（图 7.10）。《邻里之旅》（Neighbourhood Journeys）针对的是 7 岁到 11 岁的儿童，并引入了将场所作为人们身份认同的一部分这一概念，将其与识字、舞蹈、算术和地理联系起来。其建议可以利用当地街道作为资源，在这些地区开展创造性活动。同样，《我们的街道》（Our Street）也开展了一些练习，让孩子们分析他们所在地区的街道，判断街道的质量。《场所感》（A Sense of Place）和《创造更好的场所》（Making Better Places）还附有 CD 光盘，这在当时是先进的技术。

174

R　改造街道景观：设计实践

选择你在田野调查中拍摄的街景照片。A4 和 A3 尺寸都适合这一工作

根据照片绘制草图，记录其中的关键要素

照片

分析图

制作两张额外的分析图

在第一张拷贝上添加或改变三项要素来提升城镇品质

在第二张拷贝上添加或改变三项要素来破坏城镇品质

提升城镇的创意

破坏城镇的创意

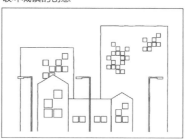

你可能愿意添加或移除要素，改变它们的尺度、颜色或位置，改变视觉与空间关系

图 7.10　表 5 资料来自《走出去，艺术与本地设计漫游指南》（Getting Out There，Art and Design Local Safari Guide）
资料来源：CABE 2006b

175　　　CABE 为这些教育资源准备了简报，然后由 CABE 教育通过宣传、研讨会和更广泛的 CABE"家庭"组织的活动确定的顾问和专家网络进行招聘。然而，由于这一领域专业化较强，要找到合适的专家来完成这项工作并不容易，而且往往需要从 CABE 教育中获得大量的指导来确保交付合适的产品。

其中一些教材仅针对教师，而不是针对课程领域。这反映了这样一种想法，即鼓励教师在课堂上使用建成环境的要点和资源，比提供大量教学材料供学生学习更重要。编制教材本身的过程也被视为一种教育机会，例如，布里斯托尔（Bristol）的《邻里之旅》反映出的创意伙伴关系：来自布里斯托尔两所当地学校和两位当地社区的教师、儿童和相关方一起制作了此教材（CABE Education 2004）。其他教材是与实习教师一起开发的，包括让他们参与内容编写，以及参与学习和开展教学技术试点。

教材是广泛免费派发的，包括大量邮寄《我

们的街道：学习观察》（Our Street：Learning to see，2011），以作为教师教授如何利用建成环境知识的早期指南。这些教材也是定时更新的，直到 2007 年出版了《我们的街道》的最终版本。

3）教育领导者

城市设计技能工作组在 2001 年提交报告后很快解散，取而代之的是从 2002 年起成立的住房设计工作组，这推动建立了一个包括英国各地的研讨会、讲习班和其他教育会议等在内的学习网络。虽然住房设计工作组比早期的小组（官方称之为 CABE 计划）更集中，更容易控制，但这种类型的教育是由 CABE 策划的，而不是由 CABE 领导的。工作组会围绕社区参与、场所营造、可持续性和合作伙伴工作等主题组织活动。CABE 记录显示，每次活动都有大约 50 名参与者，他们大多来自地方政府，他们之间"分享最佳实践，并建立了一个强有力的设计灵感网络，网络中的这些人能够在其组织内倡导设计"（CABE 2011i）。

这个网络会特别关注政府的议程，在成立早期集中于住房市场更新[16]和住房增长[17]区政策。由 CABE 组织这些活动，使主导参与者聚在一起，以学习高品质设计。2003 年至 2005 年，住房品质研讨会共举办了三次，CABE 的 2004 年至 2005 年的年度报告称，该举措有助于推广最佳设计的做法，并将国家机构和当地开发商联系在一起[18]（CABE 2005c）。后来又增加了国际学习活动，包括 2007 年至 2008 年度在荷兰举办的住房设计专题小组代表特别活动，同年，40 名代表参加了为期两天的德国埃姆谢尔公园（Emscher Landschaftspark）考察旅行。CABE 提到埃姆谢尔之旅时称，这"不仅是向鲁尔（Ruhr）学习的机会，也是相互学习的机会，汇集了住房增长和住房市场更新的经验"（CABE 2007f）。

CABE 还为教育领导者提供其他类型的教育活动。例如，在 2001 年至 2002 年度，CABE 为公共部门建筑客户举办了培训班，共举办了 12 次区域"场所营造"活动。从这一年的年度报告中看，"活动非常成功，吸引了近 2000 名当地决策者"（CABE 2002c）。从 2006 年开始，"CABE 空间"领导者年度项目由一家咨询公司引进、设计和运营，该计划得到了英国自然协会（Natural England）及住房和社区机构学院（HCA Academy）（家庭和社区机构的技能部门；参见第 4 章）的支持，CABE 档案网站上的认可表明这些实践活动有助于激励参与者，并给他们信心以思考设计品质。[19] 后来 CABE 甚至开发了"新高管培训计划"（CABE 2008a），包括 2008 年在布里斯托尔举办的战略城市设计大师班。所有这些活动以及更多活动的影响很难量化，但显然起到了不断强化 CABE 信息的作用，并在一系列专业团体中传播有关设计的信息，否则，许多专业团体可能很少考虑这些问题。

7.3 什么时候应该使用知识工具？

176

本章探讨了用于传播 CABE 所获取的知识的工具，这些知识是通过前一章评估过的各种证据收集而来并通过 CABE 主动整理获得的，如授权和设计审查。它们包括针对不同受众的实践指南，尤其是寻求建议来源的专业人士；将最佳实践案例研究数据库，作为参考和基准；通过暑期学校为从业人员、专家和领导者进行培训，并为儿童和青年编写教材。在这方面来说，在教育层面而不是实践能力层面，它们的角色从独立和被动的工具（例如案例研究）演变到更多涉及参与者直接参与的实践和主动工具（例如培训）（图 7.11）。

CABE 在其历史上一直致力于指导教育活动和教材编制，并很早就参与了案例研究。在此期间，CABE 的战略优先事项各不相同，这反映在其知识活动中，其主要的投入来自 CABE 本身，也来自政府机构和合作伙伴。在没有正式干预渠道或权力移

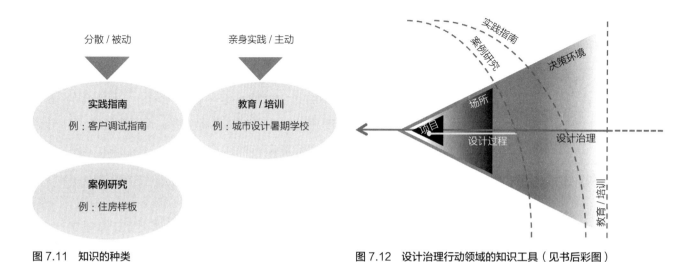

图 7.11　知识的种类

图 7.12　设计治理行动领域的知识工具（见书后彩图）

交方式的情况下，设法对那些拥有这种权力的人进行潜移默化是合乎逻辑的，而最直接的方式是通过创造和传播相关知识来影响他们。

尽管很难对 CABE 知识工具的有效性作出最终判断，但显然构成 CABE 声誉中的很大一部分来自实践指南，许多指南（连同案例研究）在 CABE 结束五年后仍被从业者广泛参考。它们是 CABE 遗产的重要组成部分。虽然保证参加 CABE 培训活动的地方政府特别是公共部门的官员人数，有助于培养足够数量的具有设计意识的从业者，但教育作为一种工具却远没有那么引人注目。然而，这种遗产的作用可能更短暂，因为面对日常现实和实践的压力，关于设计品质及其重要性的微妙经验将很容易丢失。知识工具对学校和下一代的影响可能最难衡量，因为 CABE 的干预可能已经激励了下一代（现在说还为时过早），但是 CABE 的努力可能就像大海捞针，因为它需要接触的学校和学生数量实在太多。如果不持续投资、推广和更新这些教育资源，它们的持续影响可能变得很小。

将第 1 章中的知识工具（图 7.12）置于设计治理行动领域的做法表明，取决于各自的重点领域，实践指南有可能在设计治理大部分领域为相关实践提供信息与指导，从开始帮助建立一个强大的决策

环境，到直接为项目设计和实施流程提供信息。相比之下，案例研究的作用可能更有限，尽管它们也可能影响对决策环境的期望，例如作为政策和指导的参考，通常会被用于指导设计过程本身，为其提供灵感。教育和培训很可能只会对场所、项目或过程的品质产生潜移默化的影响（尤其是针对儿童），因此将主要集中在开发前阶段，以及长期提高设计决策的技能和能力。

注释

1. 这份文件回应了 2001 年规划绿皮书中的一项提议，即重振前保守党政府在 1987 年引入简化规划区（SPZs）的政策。在这项提议中只需要简化形式的规划许可。商业规划区（BPZs）的新提案与之类似，CABE 担心这些区域内的开发质量会很差。尽管政府很快放弃了这个想法，CABE 当时迅速列出了十条原则来保证使用商业规划区时的设计质量（CABE 2003d）。

2. 《更好的公共建筑》由 CABE 准备，起草工作由 CABE 的一名专员保罗·芬奇（Paul Finch）根据更好的公共建筑小组的讨论进行，该小组是一个跨政府部门小组，由法尔科纳（Falconer）勋爵担任主席，成员来自 8 个政府部门，以及 CABE 的代表。它作为英国政府（2000）文件出版。

3. 部分可通过政府网上档案查阅 http : //webarchive. nationalarchives.gov.uk/20110118095356/ ; www.cabe.org.uk/

4. 参见 http : //webarchive.nationalarchives.gov.uk/ 20110118095356/http : www.cabe.org.uk/building–for–life

177

5. 参见 http : //webarchive.nationalarchives.gov.uk/20110118095356/ http : //www.cabe.org.uk/sustainable-places

6. 2006 年制作了 5000 个宣传页，以宣传 CABE 新网站上图书馆案例研究的启动。

7. 在 2015 年有 37 个这样的案例：www.building-in-context. org/casestudies.html

8. 国家规定的通用课程在英格兰的公立学校中教授。

9. 伦敦以外的主要城市：伯明翰、布里斯托尔、利兹、利物浦、曼彻斯特、纽卡斯尔、诺丁汉和设菲尔德。

10. 低于 2000 英镑的项目不需要有竞争力的投标。

11. 参见 http : //webarchive.nationalarchives.gov.uk/20110118095356/http : //www.cabe.org.uk/publications/creating-excellent-buildings

12. 参见 http : //webarchive.nationalarchives.gov.uk/20110118095356/http : //www.cabe.org.uk/resources/masterplans

13. http : //webarchive.nationalarchives.gov.uk/20110107165544/, http : //www.buildingforlife.org/case-studies

14. 2004 年阿什福德（71 名代表）、2005 年东兰开夏郡（100 名代表）、2006 年普利茅斯（103 名代表）、2007 年伯明翰（123 名代表）、2008 年纽卡斯尔（136 名代表）、2009 年布里斯托尔（131 名代表）和 2010 年伯明翰（111 名代表）：http : //webarchive.nationalarchives.gov. uk/20110118095356/http : //www.cabe.org.uk/urban-design-summer-school/history

15. 地方发展基金是地方政府制定的发展计划，现在称为地方计划。

16. 2002 年有九个这样的城市：伯明翰/桑德威尔、东兰开夏、赫尔和东里丁、曼彻斯特/索尔福德、默西赛德、纽卡斯尔/盖茨海德、北斯塔福德郡、奥尔德姆/罗什代尔和南约克。2005 年又增加了三个：西约克郡、西坎布里亚和提斯谷。

17. 泰晤士河河口区、卢顿、阿什福德和剑桥。

18. 住房市场更新领域的伙伴关系。

19. http : //webarchive.nationalarchives.gov.uk/20110118095356/, http : //www.cabe.org.uk/public-space/leaders/2007

第 8 章
促进工具

CABE 的职责是引导良好设计，因此，竞赛活动在 CABE 历史上扮演了重要角色。这包括使用奖项和活动在公众、政府和行业中传播良好设计的概念，并在政府内部倡导影响立法和政策。在许多情况下，伙伴关系工具是促进良好设计的一部分，因为它们使 CABE 能够在空间上或在整个政府和行业范围内扩大其活动范围。本章分为三个部分，分别介绍了 CABE 知识活动的原因、方式和时间。第一部分讨论了这些活动的目的，第二部分讨论了它们是如何交付的，最后的部分则简要讨论这些工具如何作用于设计治理的行动领域。

8.1 为什么要进行促进工作?

1. 奖项

设置奖项的主要目标始终是鼓励良好设计，例如"公共建筑首相奖"是为了"奖励公共部门在设计和采购方面的卓越表现"（CABE 2011c）。然而，奖项还有一个更重要的目标，即扩大设立奖项的行业或组织的知名度，并在其所在领域内鼓励更好的做法。对于 CABE 来说，设立奖项更是推动优秀设计及其益处努力的一部分，尤其是因为它们能够吸引媒体的关注，并提升组织工作的形象。委员会还希望各类奖项将鼓励其他人仿效获奖者所树立的榜样。

CABE 设立的奖项可分为两类。第一类属于一些长期计划的一部分，无论 CABE 是否真的发起了这些计划，在这些计划中 CABE 都占据了关键地位。第二类奖项是特定事件或与短期计划相关的事件性奖项，CABE 需要作为政府优秀设计的倡导者对获奖者给予支持。

1）长期类奖项

长期类奖项的代表为"公共建筑首相奖"，该奖项从 CABE 成立之初就已经设置（甚至延续到 CABE 结束），当时公共部门建筑投资巨大。该奖项适用于英国任何地方、任何规模的公共建筑，设立该奖项的目的是激励政府各部门及负责人努力实现高品质的设计（图 8.1）。一系列连锁效益也被认为有助于更容易和高效地交付公共项目，这反映在该奖项涵盖的广泛标准中：高品质设计；高效采购；经济和社会价值；客户、设计师和承包商之间良好的团队合作；健全的财务管理；全过程的高性价比；客户满意度以及可持续性（HM Government 2000；CABE 2006h）。为了提高对英国日常公共建筑品质的关注度，从一开始，文化、媒体和体育部（Department for Culture，Media and Sport，DCMS）就宣布："在过去几年里，英国受益于一系列新的标志性建筑，其中许多项目的资金来自彩票销售。现在，我们需要用同样的精力和想象力来改善成千上万的日常公共建筑，因为它们在我们的生活中发挥着如此重要的作用"（HM Government 2000）。

这一类别的另一个奖项是"生活建筑奖"，这是更宏观层面上的"生活建筑"（Building for Life，题是学校设计和包容性设计——这是 CABE 的两个核心优先事项，也是在英国面临最大挑战的地方。此奖项表彰那些理解良好设计、有助于有效教学和学习的人，也表彰那些在设计人人都能使用和享受的建筑和场所方面取得的重大进展的人。"[1] 多年来，此奖项表彰了有影响力的公务员、邦瑞住房（Barratt Homes）等大型开发商、埃塞克斯郡议会（Essex County Council）等地方政府、住房协会、建筑师、委托组织、地方领导等，并一直被专业媒体和国家媒体广泛报道，因为这也是他们乐于报道的好消息。

2）事件性或短期类奖项

事件性或短期类奖项包括一次性奖项和旨在持续更长时间，但由于各种原因被缩短的奖项。例如，在包容性设计领域，CABE 赞助了 2007 年 CABE/英国皇家建筑师学会包容性设计奖（CABE/RIBA Inclusive Design Award）（图 8.2）和皇家艺术学院（Royal College of Art，RCA）的未来自我设计奖（Design for Our Future Selves Award），此奖属于皇家艺术学院在 2007 年和 2008 年组织的包容性设计项目的一部分。对这些奖项的赞助体现理查德·西蒙斯（Richard Simmons）就任首席执行官后对包容性设计主题的浓厚兴趣，也有助于将包容性设计的定义从注重实际接触扩大到跨越建成环境中更广泛的社会和经济障碍。

地方政府协会（Local Government Association，LGA）在 CABE 的支持下举办的公园力量奖（Parkforce awards）也属于这一类别，此奖于 2005 年和 2006 年颁布，旨在奖励当地最优秀的公园工作者和公园团队。该奖项补全了当时 "CABE 空间" 在一个关键优先发展领域的空白，即提高公园部门的技能，并加大了要求在公园派驻员工活动的宣传（此活动于 2005 年发起）。同样，在 2008 年和 2009 年，CABE 赞助了 APSE 园艺学徒年度奖（APSE horticultural apprentice of the year award），奖励在绿

图 8.1　2003 年，两个截然不同的曼彻斯特计划入围了首相最佳建筑奖：（ⅰ）北方帝国战争博物馆；（ⅱ）皮卡迪利花园
资料来源：马修·卡莫纳

BfL）计划的一部分。此奖项旨在表彰那些表现出对高设计标准、良好场所营造和可持续发展作出承诺的私人住宅建筑商和住房协会（CABE 2004c）。"生活建筑奖" 基于与 "生活建筑" 认证计划相同的标准（参见第 9 章），但对奖项计划和更宏观层面的 "生活建筑" 计划给予了更多认可。

CABE 唯一直接拥有和管理的奖项是 "节日五奖"（Festive Fives awards），此奖项连续颁发了七年（2001—2007 年），每年的颁奖日期在圣诞节前，旨在表彰 5 个公共部门、5 家私人公司和 5 个人，他们的前瞻性思维和理念被认为推动了更好的建筑和公共空间建设。多年来，这些奖项都各有主题，例如在 2006 年 CABE 的网站上宣布："今年的奖项主

图 8.2　曼斯菲尔德的波特兰学院赢得了 2007 年的英国皇家建筑师学会 /CABE 包容性设计奖
资料来源：夏洛特·伍德（Charlotte Wood）

地设计及其经营方面表现出色的新人，这为促进学徒制提供了榜样。总的来说，这类奖项反映了 CABE 的特定优先级，这些优先级不断变化，与一般的长期类奖项不同，CABE 作为赞助商参与这些更集中的奖项，有助于在特定时间强化关键信息。

2. 活动

CABE 从创建之日起就致力于提高设计品质，其主要目标是提高参与建筑建设和交付的人员对此理念的意识。这一宣传活动的很大一部分精力集中于确保公共部门机构、私人开发商和监管机构将设计品质更突出地纳入他们的流程和决策考虑中。另一个日益重要的部分则是针对建筑和空间的日常使用者，人们认为他们最终需要在建成环境中达到更高的标准。

CABE 在其运作期间推动了一系列广泛的运动和活动。这些活动有些比较正式，持续了数年，涉及其他一些参与者，并与研究和传播方案相关联。"居住建筑""建造未来"和"更好的公共建筑"可能都包括在此类中，为"更好的医院、学校设计"

开展的活动也应该属于此类。另一些则是短期的，与 CABE 的推广及其在普通公众和目标受众中的设计议程有关。工作包括 CABE 出席各种各样主题的活动，在这些活动中 CABE 领导层向专业观众和相关决策者发表了无数次演讲。CABE 的大量出版物，包括其研究结果和最佳实践案例，也是其宣传活动的组成部分，这些出版物的图文制作十分精美，以期扩大其读者群和影响力。

就其主题而言，运动和活动可分为三种类型：

- CABE 自行或与其他感兴趣的组织合作开展的一般性运动和活动，旨在提高设计品质或总体意识，而不针对特定类型的建筑、空间或主题。
- 旨在提高特定类型建筑（尤其是公共部门）或城市空间设计品质的专项活动。这些机构更有条理，通常与其他公共机构和组织合作运营。
- 在各政策领域开展与政府政策计划有关的宣传活动，这些活动本身不一定以建成环境品质为重点，但其结果却包括此项内容。这些活动同时也是有组织和重点的宣传活动，是与政府部门或负责 CABE 有关的政策方案组织合作进行的。

1）一般性活动

第一类活动与大众城市设计品质意识有关，包括由 CABE 领导向重要的民间社会组织介绍：参与有关的讨论小组、论坛和会议，并试图通过与媒体接触来更广泛地传播思想。例如，在 2002 年汇编和出版有关《良好设计价值》（Value of Good Design）的同时，还举办了一些活动，旨在提高人们对该出版物所提出问题的认识。这一努力贯穿 CABE 存在全过程，例如，三年后《物质资本》（Physical Capital）的出版和相关的一系列活动，其目的是关注在建成环境中进行更好的设计所产生的日常公共价值。

有时，这些倡议活动集中于特定群体，例如负责推行城市复兴计划的专业人士，或者从 21 世纪前十年的中期开始的，从事新空间规划系统引入的规划师。另一项针对议会的宣传活动"为什么设计很重要"（Why Design Matters）敦促议员们成为优秀设计的倡导者，其重点关注是 CABE 的作用、CABE 代表着什么，以及政府如何提高选民和相关人士对设计品质的认识。

一些一般性的宣传活动旨在影响公众对设计效用的看法，例如在学生中开展的旨在培养未来最终用户兴趣的宣传活动。与此同时，"建筑景观"（Building Sights）是一项与艺术理事会（Arts Council）联合发起的早期项目，也是建筑业更好地与社区沟通这项更宏大计划的一部分，旨在鼓励公众更深入地思考建筑过程。该计划利用了建筑工地周围的装饰性围板、游客中心和网络摄像头。

2）具体活动

第二种类型的活动侧重于特定类型的建筑或城市空间，一般是为了提高公共部门各部门委托的建筑品质，如"更好的公共建筑运动"。这个活动的一个关键部分（包括已经讨论过的奖项）关注的原则是变更必须由客户主导，这是伊根建筑工作组（Egan Construction Task force）（1998）所建议的。这一理念促成了旨在改善民间主动融资（Private Finance Initiative，PFI）项目设计成果工作，强调有必要确保通过民间主动融资的伙伴关系建设的公共建筑达到预期设计标准。正如一位负责 CABE 事务的政府部长所解释的那样，该倡议"既是一种在白厅其他部门获得支持的手段，也是一种向外界宣布政府致力于支持优秀设计的手段……我们甚至问托尼·布莱尔，他是否愿意在唐宁街 10 号为建筑师和设计师举办一个招待会。他做到了，所以我们确实得到了政府最高层的支持"。附带项目包括针对特定建筑类型的宣传活动，如"更好的公共图书

馆"，这旨在加强图书馆的社会价值，消除过时的设计和糟糕的地理位置对图书馆的使用造成的阻碍作用。

另外的活动重点是住房品质，结合"生活建筑"（审查、案例研究、奖项、认证）下的所有方法推行了一项全面活动，以改善人们普遍认为的住房设计缺陷（CABE 2002j）（图 8.3）。"建造未来"项目（与 RIBA 合作）也是一项类似的举措，旨在根据社会不断变化的需求激发对建成环境的讨论。虽然这在很大程度上是一个面向未来的研究项目，但由此产生的出版物，如《2024 住房未来》（Housing Futures 2024）（CABE 2004b）和相关活动正有力地激发了对影响设计的重大社会、技术、经济、环境、政治和交付因素的广泛讨论。

改善医院和其他医疗建筑的倡议活动是 CABE 的早期关注事项。这项工作在很大程度上是与英国国家医疗服务体系房地产公司（NHS Estates）合作进行的，活动是建立在这样一个假设上的，即更多地关注设计将会改善患者的诊断和预诊体验，且能降低员工流失率（Pricewaterhouse Coopers 2004）。后来，它被扩展应用到反映良好的城市设计和健康的生活方式之间的关系。类似的做法也存在于学校设计中，2003 年，CABE 积极建立了"示范性学校

图 8.3　作为伦敦格林尼治千禧村的一部分，毛雷尔法院（Maurer Court）因其在技术、设计和区位方面的开拓性进步获得了 2005 年的"生活建筑奖"，并随后被列入旨在设计良好的住宅和街区的"生活建筑运动"的最佳住宅设计案例研究中

资料来源：马修·卡莫纳

设计倡议"项目（Exemplar School Designs），后来（更积极地）参与了"学校设计质量计划"项目（Schools Design Quality Programme）（CABE 2007g）。这包括对最近建成的中学进行全面评估，这使得 CABE 发挥了更大的作用，工作重点是向地方政府提供支持，接受政府"为未来建设学校"（Building Schools for the Future，BSF）计划的资金。

提高人们对良好场所品质的认识也是 CABE 早期活动的优先主题，而街道品质活动是 CABE 历史上第一批有组织的活动之一——"最差街道"（专栏 8.1）。这项研究与英国广播公司（BBC）第四频道合作，旨在让公众反思他们所熟悉的街道品质，其中包括直接让公众参与评选（和批评）全英国最好和最差的 5 条街道。与其他领域的 CABE 活动一样，提出和阐明问题的过程推动了进一步的研究和指导，并引发了旨在为特定的地方性问题找到解决方案的有针对性的扶持性活动，包括一些"令人蒙羞"的问题。

专栏 8.1　"最差街道"运动

"最差街道"（Streets of Shame）是在对街道景观品质政策兴趣日益浓厚的背景下构思出来的。2001 年，环境、运输和地区部（DETR）要求 CABE 研究阻碍高品质街道景观建设的体制障碍。这项研究由艾伦·巴克斯特联合公司（Alan Baxter Associates）执行，并在第二年出版了《铺平道路》（Paving the Way）。据这份出版物显示，街道景观品质因死板地应用公路设计标准、缺乏对其设计和专业技能的协调方法、维护水平长期较低以及公用事业公司运营框架不良而受到损害（CABE & ODPM 2002）。

CABE 委托进行的一项 MORI 民意调查显示，超过两倍的人（34%）认为他们所在的区域在过去三年里已经恶化，相比之下，15% 的人认为情况有所好转（CABE 2002k），但是，如果大多数居民知道他们的市政税将被用于改善当地环境，他们将愿意缴纳额外的税。

乔恩·劳斯（Jon Rouse）提出了主要论点："街道是国家的客厅，也是我们所有人感受的晴雨表……其应该是集体自豪感的表达，而不只是匆匆通过的地方"（*Bristol Evening Post* 2002）。CABE 将街道品质问题进行曝光，旨在突出人们喜欢和不喜欢的街道及其整体状况，并提醒人们注意街道设计的最佳实践。CABE 还希望引起地方政府对街道设计、维修和维护工作进行反思。

这一举措成为《卫报》（The Guardian）、《太阳报》（The Sun）、英国广播电台 1 频道（BBC One）等多家媒体以及当地媒体上的头条新闻。而 BBC 广播 4 频道的一项民意调查显示，英国各地有 1500 条不同街道被提名为最佳街道和最差街道。名列最差榜的街道包括：伦敦的斯特里特姆大道（Streatham High Road）、牛津（Oxford）的玉米市场、普利茅斯（Plymouth）的德雷克环岛（Drake's Circus）、诺丁汉的玛丽安女仆路（Maid Marion Way）和萨里（Surrey）的勒海德大道（Leatherhead High Street）。另有 5 条英国最好的街道榜单，其中大部分已经接受了高品质再生计划的改造（图 8.4）。

这项活动成功提高了街道品质问题的知名度，并给了 CABE 和其他机构进行实地干预的有效机会。例如，在斯特里特姆，CABE 利用其专业知识就街道改善规划向当地政府提供咨询意见，该规划随后在伦敦交通局的帮助下付诸实施。在诺里奇（Norwich），市政府官员被调到圣斯蒂芬斯街（St Stephens Street）（被评为东安格利亚（East Anglia）最糟糕的街道）的改造项目中，以

图 8.4　根据 2001 年的民意调查，英国最好和最差的街道分别是：(ⅰ) 纽卡斯尔的格雷街，以其富丽堂皇和优雅而闻名；(ⅱ) 伦敦的斯特里特姆大道，一条繁忙的伦敦交通大动脉
资料来源：马修·卡莫纳

获得资金。在诺丁汉，玛丽安女仆路得到了改造，三年后获得了设计奖。

继"最差街道"之后，一项更为基层的"改变街道"（Changing Streets）运动也旨在通过将当地人、专业人士和政治家聚集在一起，帮助人们管理自己的街道。正如当地一家报纸所说："这场运动的结果是让人们能够而且应该拥有街道所有权的意识"（Groves 2003）。然而，"最差街道"的影响并不都是积极的，尤其是对表现不佳的街道进行品牌宣传所带来的负面影响。据报道，一位当地议员曾就斯特里特姆大道发表评论说，将伦敦一条交通繁忙的主干道与很少或根本没有交通的市区街道进行比较是毫无意义的。他认为："像这样的道路面临着困难的挑战，而且已经多年没有得到所需资金了"（*New Civil Engineer* 2002）。另一个人抱怨说，在批评这条街的时候，"这场运动（以同样的程度）侮辱了社区里那些为这一地区辛勤工作的人，他们面对的是巨大的困难、不妥协的政府资助者，以及不情愿的合作伙伴，比如伦敦交通局"（*South London Press* 2003）。

3）政策宣传

最后一类活动与更广泛层面政府政策和规划对设计品质的影响有关，这些活动涵盖了 21 世纪前十年以建成环境为重点的政策倡议范围。与广泛的可持续社区议程有关的活动（参见第 4 章）完全属于此类，在这类活动中，CABE 被政府直接视为实现其政策目标的关键手段。此时的目的是强调良好的设计在不同类型再生政策中的作用。十年来，这些活动的侧重点各不相同，但在不同时期，这些活动的重点是住房市场更新和住房增长区规划、棕地再利用、社会包容计划以及后来的生态城镇倡议所提出的问题。这是由于在国家政治议程上被重视，可持续发展和气候变化问题也变得更加突出，并在 CABE 的"从灰色到绿色"（Grey to Green）运动中达到高潮，该运动将公共部门内外的组织聚集在一起，宣称一种更符合自然环境的新的城市设计模式。

自然环境是"CABE 空间"的一个核心关注点，"CABE 空间"的创建伴随着旨在改善公共空间设计的活动，这些活动是为了响应政府的"更清洁、更安全、更绿色"倡议，其重点是宜居性以及对绿地空间、公共空间的管理。作为一个专注于倡导公园和公共空间设计的组织，其第一次公共活动"被浪费的空间"（Wasted Space）和"改善公共空间宣言"（Manifesto for Better Public Spaces）旨在提高人们对废弃和未利用空间的认识，以及对公共空间设计品质的普遍认识。由于"CABE 空间"的创意活动集中在公众可以直接和容易联系的部分建成环境中，故人们普遍认为"CABE 空间"富有想象力的活动提升了 CABE 的整体形象，特别是提高了绿地部门的整体形象（参见图 4.8）。

CABE 的一些宣传活动侧重于提高人们对与特定地理位置政策相关的设计问题的认识，比如那些与泰晤士河河口地区（the Thames Gateway）相关的政策。在这种情况下，活动召集了泰晤士河河口地区的主要利益方（政府、地方政府、专业和地方利益团体）举行研讨会和演讲，以提高设计的影响力；鼓励对这一独特景观地区的品质和面临挑战进行更深刻理解；促进创建设计框架以协调该领域的新发展（CABE 2008d）。尽管 CABE 的所有工作最终都与国家政策有着直接或间接的联系，但在这类领域这种联系尤为明显，并日益凸显 CABE 作为政府执行机构的作用。

3. 倡议

"1999 年城市工作小组报告"建议对政府的城市政策执行系统进行大范围的改革，如果政策要提供报告所建议的那种建成环境，这些改革就是必要的。因此从创建开始，CABE 作为优秀设计的倡导者，其作用的一个重要部分就包括倡导政策改革，从而引导设计更好的建筑和公共空间。

1）更大的愿景

"2001 年规划绿皮书"是新工党第一次试图对规划系统进行实质性改革，CABE 对此适时作出了响应："我们知道，经济健康和环境品质依赖于公平、积极和高效的规划系统，这是政府现在必须努力实现的目标。CABE 将随时准备在困难的过渡阶段提供支持和建议"（CABE 2002d）。即使需要继续推动政府做更多工作，CABE 仍积极确保修订后的规划立法和相关指导纳入设计品质考量的内容，并在这些目标上取得了常态化的成功。

关于绿皮书催生的《规划和强制购买法案》（Planning and Compulsory Purchase Bill），CABE 呼吁政府应更加大胆，认为"CABE 非常关注该法案，期待它的成功能够对规划交付过程产生支撑，使其不仅是注重发展速度和可预测性，还注重提供高品质社区环境……然而总体而言，立法上的改变对一个已经不堪重负、缺乏经验的规划系统影响不大……我们需要进一步考虑如何增加规划机构内的资源并提升技能水平"（CABE 2003b）。

CABE 通过随后的宣传工作支持了这一观点，这些宣传涉及对"2004 年规划法"（Planning Act of 2004）附带的国家规划政策声明（Planning Policy Statements，PPSs）的修改。在所有案例中，CABE 旨在强调良好设计在实现经济和社会政策目标方面的作用，并一直强调良好设计是规划政策的组成部分，也是良好规划的一个关键要素。CABE 的做法是让政府尽可能容易地接受其建议，例如，在国家规划政策声明征求意见时，向国家规划政策声明提出新的措施。比如在关键的《PPS1：实现可持续发展》中，CABE 如此评论：

"建议在'国家规划政策声明'中表明建筑及空间设计贯穿各领域目标的重要性，以及良好规划、可持续发展与良好设计之间的相互依存关系。这应在'国家规划政策声明'导言内完成，并在整个文件中加以强调。这可以通过意见书中设计部分的建议来实现，也可以通过在'国家规划政策声明'中对设计策略进行更合理定位来实现。"

（CABE 2004a）

作为政府在建筑、城市设计和公共空间方面的顾问，在 2006 年之后，CABE 以促进建成环境的设计、管理和维护的高标准为己任（参见第 4 章），并向专门委员会提供材料。这些强有力的议会委员会为国家政策提供了信息参考，如 2001 年下议院开放空间设计特别委员会（House of Commons Select Committee on the Design of Open Spaces）、2002 年高层建筑特别委员会（Select Committee on Tall Buildings）和 2003 年课外教育特别委员会（Select Committee on Education Outside the Classroom），也为 CABE 提供了随时为国家政策制定过程提供信息和继续传播信息的机会。

2）项目、计划和出版物

当公众对发展建议展开质询时，委员会要求 CABE 为此提供材料。事实上，CABE 在这方面的工作是受限的，这主要受时间和费用的影响，例如在任命法律代表时。尽管如此，CABE 参与的主要目的是维护特定项目（十分重要）的设计品质，这足以证明 CABE 作出了合理的贡献，尽管 CABE 之前通过其设计审查功能参与过这些项目（CABE 2011b）。因此，即使 CABE 具有明显的专业知识，但它只参与了 5 次公众质询，其中 4 次涉及伦敦的高层建筑，其中 CABE 具有法定咨询资格（CABE 2009a）。在许多其他情况下，CABE 的早期设计审查决定书有效地表现了这一点（图 8.5）。

CABE 还参与了 2010 年伦敦替换计划草案的公开评估，并提交了书面声明，对与设计品质广泛相关的问题（地方特色政策、公共领域、建筑、高层

图 8.5 2007 年，经过 6 次设计审查，CABE 在伦敦芬丘奇街（Fenchurch Street）20 号重建的公众调查中支持了拉斐尔·维诺里（Rafael Vinoly）的"步话机"建筑的设计。在这样做的时候，它与英国遗产组织的意见相左，后者反对这个计划

资料来源：马修·卡莫纳

建筑、建筑密度和住房标准等的特色）进行评论，而其观点也被纳入了草案的修订版。其目的不是参与对英国各地的规划进行评论，而是树立一个在地方规划层面指导建成环境质量标准，其他城镇也可以效仿的先例（CABE 2011b）。

最后，CABE 通过使用证据和知识工具，其倡议工作得以扩展，明确了其在特定问题上的立场（参见第 6 章和第 7 章）。类似于《草地更绿了吗？》（Is the Grass Greener?）这样的出版物，不仅展示了对已确定建成环境问题的集中调查结果，而且还针对特定政策问题倡导以及在其运动和伙伴关系工作等问题提出了解决方案。在这种情况下，很难将这种不太直接的宣传工作同这些工具执行的其他功能分开。

4. 伙伴关系

（CABE 2011a）

作为一个咨询机构，CABE 需要依靠其他机构来实现其目标。除了直接参与各种形式的推广良好设计的努力外，CABE 还与其他组织建立了伙伴关系、非正式的联系和网络，这些被认为可以帮助 CABE 实现提高设计认知和能力的目标。通过这些手段，CABE 可以以最小的成本扩大其影响范围和影响力。在解散之前，CABE 认为：

"CABE 工作方法的特点是运用影响力。CABE 没有要求和强迫的权力，而是通过说服的手段来促进更好的设计。即使是正式的设计审查，也是一个完全自愿的系统。因此，测量 CABE 的影响始终是一项复杂的任务，因为 CABE 并不能直接实现其目标，而是通过影响他人间接实现。"

1）区域及地方级标杆

CABE 的这种做法一部分是为了扩大其在英国地区的影响力，并在此过程中消除了这样一种看法，即 CABE 的理念承载了以伦敦为中心的对建成环境的理解；换句话说，就是在英国范围内建立标杆。为此，作为对文化、媒体和体育部目标的直接响应，CABE 于 2001 年与建筑基金会（Architecture Foundation）建立了伙伴关系，协助其在英国各地创建区域性建筑和建成环境中心（Architecture and Built Environment Centres，ABECs）。在随后的几年里，这种合作关系得到了发展，并增加了合作伙伴数量，包括英国皇家建筑师学会（RIBA）、公民信托（Civic Trust），最终还有建筑中心网络（Architecture Centre Network，ACN）；该举动所促成的各中心网络（专栏 8.2）。

专栏 8.2　建筑中心网络

CABE 与建筑中心网络（ACN）的合作始于 2000 年，当时区域资助计划（RFP）刚开始实施（参见第 10 章）。区域资助计划由一个来自英国九个经济区域的代表组成的委员会领导，其任务是制定 CABE 的区域战略。这是 CABE 和文化、媒体与体育部之间服务级别协议的结果，该协议规定建立一个由地方和区域建成环境中心组成的网络，但是直到副首相办公室（ODPM）从 2003 年左右开始向 CABE 投入资金时，该倡议才真正开始实施。在此之前，投入地方中心的资源非常少。一名 CABE 员工说："我记得'哈克尼探索'组织（Hackney Exploratory）来找过我们，说我们如果不提供资金，它就要倒闭了，而且，我们马上就遇到了这个问题——我们并没有足够的资金，我们被大量的资金请求淹没了。"

许多人认为这是为了抵制 CABE 过于"以伦敦为中心"，区域资助计划承诺在 CABE 最初成立时就已经设想（但没有实现）区域层面，这也是"城市工作组报告"（Urban Task Force Report）所倡导的（参见第 4 章）。在其他事情上，他们的设想是这个网络可以执行区域设计审查功能。

2001 年，在英国艺术理事会（Arts Council England）的资助下，建筑中心网络正式成立，尽管它在布里斯托尔、曼彻斯特和伦敦的中心已经非正式地运作了数年。然而，正是 CABE 的区域融资方案基金将该网络转变为一个真正的全国性角色，通过分享建筑品质和公共领域方面的知识、创新，促进英语地区之间的良好实践交流。建筑中心网络通过宣传、促进公众参与、活动和教育来做到这一点并接收 CABE 的直接资助，例如在 2008 年至 2010 年之间就收到了 15 万英镑。[2]

187

在那年，建筑中心网络代表了 21 个建筑与建成环境中心，其中绝大多数是通过赠款和签署直接公共投资合同创建的，CABE 的赠款通过区域资助计划补充了艺术理事会、区域发展机构、英国遗产组织和其他机构的资金来源。图 8.6 说明了这些投资安排的多样性。这种情况反映了这样一个事实，即各个中心是独立的组织，具有不同的结构和资金状况，这些组织多年来与各公共机构签订了服务协议，以便在区域一级提供核心方案，也包括（某些）设计审查服务与授权，并通过与 CABE 的合同实现。因此，对于 CABE 来说，不仅要支持各个中心，而且要通过建筑中心网络协调它们，以确保它们发展成一个连贯和有效的网络，以便在英国各地提供设计治理指导。

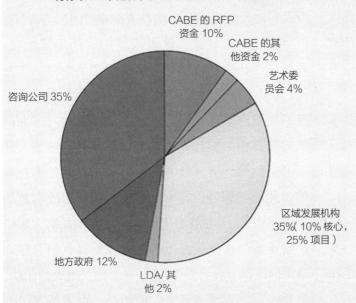

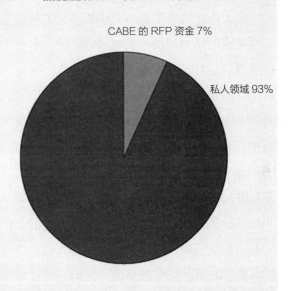

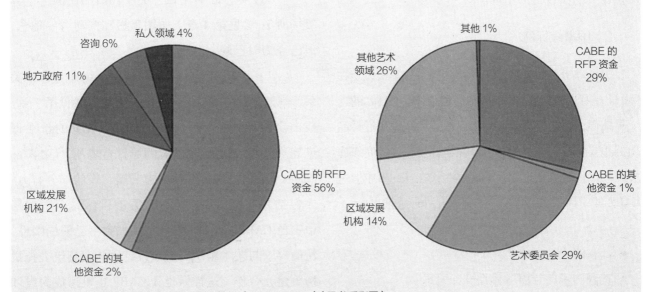

图 8.6　选定建筑与建成环境中的资助来源结构（CABE 2007j）（见书后彩图）

188 　　由于 CABE 没有区域办事处，建筑与建成环境中心有助于提高英国各地对 CABE 的信息和服务的认识和获取，并确保 CABE 的活动符合当地需求。这些中心是独立的、以本地为基础的非营利组织，致力于在英国各地创建品质更好的社区、建筑和公共空间。建筑与建成环境中心致力于参与研究社会包容、城市再生、住房、文化和遗产等领域的事项，与 CABE 共享总体议程，但根据所在领域的政策、环境和受众发展出自身特色。

　　地方一级的组织也与 CABE 建立了伙伴关系以应对特定的地方环境。正如 CABE 的一名员工所解释的那样，"除了建筑中心网络之外，还有其他更具体、更本地化的举措可以完成一项重要的工作。由于需要专业知识，区域代表和建筑中心都无法单独有效地完成这项工作。"东兰开夏磨坊镇（East Lancashire mill towns）规划就是一个例子，该规划具有挑战性的经济和传统背景，在这个背景下，设计品质扮演着重要的角色。这些本地化的合作伙伴关系还有助于加强当地的民间社会力量，并进一步扩大 CABE 信息的传播范围，例如，通过公民信托（Civic Trust）的"开拓者"（Pathfinders）项目，一位受助人将其描述为"对于建立更有效的公民社会而言是一项有价值的培训计划……"

2）国家级标杆

　　另一项极为重要的全国性伙伴关系方案被设定在"设计冠军"（Design Champions）倡议中。CABE 的这一早期倡议旨在提高公共部门 – 试运行组织中设计品质的重要性。它通过招募已经在目标组织内的高级雇员或政治代言人来运作，然后这些人在其同事中促进 CABE 的设计品质议程。该方案以几种形式推出：

- 部长级设计冠军
- 英国国家医疗服务体系设计冠军
- 地方部门设计冠军

- 设计和遗产冠军

　　"设计冠军"并没有实际权力，并且总是存在关于有效性的问题。然而，它们的数量却增长很快，例如在 2002 年政府部门就有了 16 个"部长级设计冠军"部门，包括一些拥有大量资本项目的部门，如教育、卫生和司法部门，以及其他一些规模较小但却引人注目的项目，如外交和联邦事务部（Foreign and Commonwealth Office），其职权范围包括英国驻世界各地大使馆（*Architect's Journal* 2002）。

　　通过大力宣传，该倡议早期就获得了关注，并被广泛认为在传播设计文化方面是有效的。然而，CABE 的承诺逐渐减少，尤其在后来的几年里迅速下降。这在一定程度上是因为政府层面的成功与首相的支持直接相关，而且随着政策关注不可避免地转向其他方向，对冠军企业的支持也是如此。正如一位与 CABE 关系密切的政府部长评论的那样："在战略上，有一个人来提醒大家设计很重要，这似乎是个好主意，所以我们希望在整个白厅都有设计冠军—— 一个部长组成的团队。但是，就个人承诺而言，他们是一群好坏参半的人，我担心在部长这一层级，这一切都将逐渐消失。"2009 年，政府出台了关于场所品质的《世界级场所》（参见第 4 章），试图重振和推动这一理念，但已经为时已晚。

　　CABE 定期与专业机构和其他组织建立合作关系，例如，通过城市设计技能工作组（参见第 7 章）或由副首相办公室（CABE 2005b）资助的旨在促进建成环境专业职业发展的"打造场所"（Making Places）倡议。通过其他渠道开展工作的部分努力，还包括在有能力实现 CABE 关键目标的组织网络中定位 CABE。早期，CABE 认识到自己的局限性，转而寻求与艺术组织、城市设计团体、建筑委托机构等建立合作。这样做也让 CABE 也迅速成为设计和建成环境领域的中心，以及协调和有效的领导者。 189

这不总是一种平等的伙伴关系。

8.2 如何推动促进活动？

1. 奖励

它们本身涉及许多其他活动，因此这些奖项一般来说并不是孤立的，而是更大规模活动的一部分。例如，作为预先存在的英国建筑奖（British Construction Industry Awards）[3]的一个组成部分，"优秀公共建筑首相奖"（Prime Minister's Better Public Buildings Award）将政府和建筑业联系起来。托尼·布莱尔首相在 2000 年颁发了新的奖项，2001 年初颁发了一等奖。CABE 于 2001 年（应 DCMS 的要求）成为该奖项的共同赞助者，并与政府商务办公室（OGC）共同赞助直到 2010 年，以及从 2009 年开始，与商业、创新和技能部（BIS）共同赞助。[4]自始至终，CABE 积极参与该奖项的组织和推广工作，认为这是政府最高层对优秀设计的重要、持续认可。这包括：

- 营销和推广奖项，利用国家、地区和行业媒体对入围和获奖项目进行广泛报道。
- 与奖项相关的高调活动（发布、入围公告、获奖者公告）的推广，邀请政府部长出席。
- 出版宣传该奖项的材料，如《优秀公共建筑》（Better Public Building）、《建筑与空间：为什么设计很重要》（Building and Spaces：Why Design Matters），网站上面有自 2001 年以来所有入围项目的描述和图片。
- 组织入围项目的案例研究（HM Government 2000），并在 2005 年举办巡回展览。

在 2007 年至 2008 年度，CABE 评估了该奖项，以确定其在当时的影响，并决定修订这些奖项的标准，以纳入当时已经被充分使用和完善的生活建筑标准（BfL）。生活建筑标准最早于 2002 年至 2003 年度发布，此后不久该奖项便开始颁发，一直持续到 2010 年。在最初的五年里，这些奖励与认证计划（参见第 9 章）是一起的，直到 2008 年，每年颁发 7 到 14 个。然而，当生活建筑标准开始被公共和后来的私营部门组织采纳，并发展成为独立的认证制度时，就有必要对奖项进行区分了。因此，在最后几年，该奖项被用来表彰那些已经达到生活建筑最高的标准（金奖和银奖）并且对设计品质作出最高承诺的建筑商的优秀项目。在这方面，评奖方式变成更具体的"评审"（例如，通过一个专家小组授予最佳者奖励），而不是通过一套基准标准。因此，从 2008 年起，获得奖项的优秀开发项目数量要少得多（图 8.7）。CABE 作为"生活建筑"伙伴关系的成员，与住宅建筑商联合会、公民信托以及后来的房屋设计公司共同赞助了"生活建筑奖"，而后者获得了协调奖项的合同。

"包容性设计和公园设计奖"（Inclusive Design and the Parkforce Awards）（图 8.8）作为临时工具存在，是与其他已经参与这些具体领域的组织达成的协议的结果，CABE 的赞助有着最直接和重要的权威意义。与此相反，"节日五奖"则侧重于 CABE 关注的通用主题，以提高优秀设计的知名度，而

图 8.7 "混乱中心"是 2010 年最后一次"生活建筑奖"的获奖作品之一

资料来源：马修·卡莫纳

且与所有奖项一样，该奖项首先是一种交流工具。每年在大量可能的项目和实施措施中选择组织和个人，往往与 CABE 的其他活动相联系，并根据 CABE 认为每年应优先考虑的领域进行越来越仔细的选择。然而，归根结底，任何奖励计划，尤其是长期实施的奖励计划，都代表组织承担着时间和资源的重大义务，这或许可以解释为什么在 CABE 相对短暂的存在期间会设立这么多的奖项。

长期奖项也被看作 CABE 及其各种计划的绩效指标，基线数字的确定需要与文化、媒体与体育部达成一致，表明 CABE 在特定的一年中应设立了多少奖项，或者在某些领域应设立了多少超出其控制

范围的奖项。例如，2001 年至 2002 年度报告设定了为英格兰 50 个最贫困地区颁发 14 个英国皇家建筑师学会和公民信托（Civic Trust）建筑和设计获奖计划的目标（CABE 2002c），2002 年至 2003 年度，这一目标被提高到了 27 个（CABE 2003a）。作为衡量 CABE 影响的一个指标，实际上，由于 CABE 既不是委托机构，也不是出资者或设计者，组织在这些方面的无能为力意味着这并不是一个好的指标，在随后的几年中也不再这样做。尽管如此，这也显示了人们对奖项作为成功指标的信任。此后，"优秀公共建筑首相奖"的申请数量（CABE 对该奖项的影响力更大）被包括在内（CABE 2003a），例如，2007 年至 2008 年共收到了 121 份参赛作品，而目标是 70 份，其中 21 份入围（CABE 2008a）。[5]

2. 活动

CABE 的宣传活动涵盖了广泛主题，针对不同类型的受众，专业、政治和公众（图 8.9）。从一次性的研讨会、会议到长期的具有多维结构的活动，这些工作延伸到整个社会，努力扩大对更好的设计品质的支持基础。正如 CABE（2004a）自己在其五年使命中所言："自 1999 年以来，CABE 已成为建筑与建成环境方面的权威公众声音。在最初五年，CABE 产出了超过 5000 篇新闻文章和广播，目前其网站的平均每周访问量为 17000 次。"早在"最差街道"运动（参见专栏 8.1）中，CABE 就变得非常擅长使用快速投票和其他手段，通过接触公众，以及街头视角来捕捉和构建头条新闻，从而赋予 CABE 立场的公允性。[6]

2003 年，一位政策宣传主管被任命推进这项工作，这标志着作为 CABE 宣传任务的一部分的宣传活动将成为其职责中更重要的一部分。[7] 特别是，它利用向更广泛的公众伸出援手的活动（随着时间的推移）在广大民众中建立更好发展的诉求。例

191

图 8.8 （ⅰ）米尔艾德公园（Mile End Park）是在"CABE 空间"运营的"公园力量运动"中宣传的公园员工敬业的案例之一，该运动侧重于彰显公园工作人员的重要性；（ⅱ）该活动包括为地方政府的最佳公园工作人员和公园团队颁发的若干奖项，其中一项由伯明翰日落月明公园（Sunset and Moonlit Parks）的管理员获得，该公园获得的"绿旗奖"的绿色旗帜在这里飘扬（参见第 9 章）
资料来源：马修·卡莫纳

如，2003 年的"被浪费的空间"活动旨在让公众参与到在他们所在地区的废弃或未被充分利用的空间的提名中，由一个评审团从提名名单中选出英国最严重浪费的空间。正如一位 CABE 主管评论的那样，此类活动产生了"大量绝大多数都是正面的新闻报道"，而当这些报道与相关研究和最新的市场研究结合在一起时，"它在传达关键信息方面非常成功。"但这种影响到底有多大还有待商榷。一位委员承认，尽管"电视上不断播放建筑、景观和城市设计的故事……所有人都会引用这个或那个，但我不认为公众知道 CABE 是什么"。提高公众意识和需求始终可能是一个长期和具有挑战性的愿望，很少有人相信 CABE 在其活跃的十年左右时间里，会在这方面取得了任何实质性的进展。

宣传活动本身很少自己终结。相反，它们一方面与研究工作密切相关（设定活动或事件的设计参数），在另一方面与指导或授权活动密切相关（确保设计相关实践的实际变化）。例如，通过对设计价值不断的研究，关于为什么设计品质值得投资的一般性问题逐渐形成，并被 CABE 广泛倡议。在2006 年至 2007 年度，CABE 选了一个新角度，围绕"糟糕设计的成本"展开了一场特定的活动，在一份同名出版物中主张采用新的会计方法来核算成本。同年，CABE 参与了一处非常重要地区的相关工作，即泰晤士河河口地区，这也是当时政府关注的问题（图 8.10）。CABE 的角色集中在提升设计的形象上，尽管像往常一样，其没有权力要求活跃在该地区的众多利益群体实际参与其中。CABE 的解决方案是一系列鼓励各方协调合作举措，包括：2008 年以草案形式出版的《泰晤士河河口设计协议》（Thames Gateway Design Pact），鼓励各方签署协议，为设计品质投资[8]；还包括泰晤士河河口设计工作组及其相关的研讨会；河口地区中的生活建筑设计培训；泰晤士河河口住宅审查（参见第 6 章），以及一项关于特征的研究——"新事物的发生"（参

见图 10.8），其重点在于理解构成河口地区的各个场所的不同特征，并为其未来的规划提供思路。

许多宣传活动以各式各样的形式持续着，并且在 CABE 的存在时期中作用程度各不相同。设计工作的价值、更好的公共建筑（特别是学校、医院和健康建筑）、住房设计运动、规划系统中的设计、各种公共空间管理重点以及空间品质和设计在城市更新中的作用等项目都是例子。在某些年份，其他活动尤其引人注目，反映出政府或合作伙伴对主题兴趣的不断变化，或者这是 CABE 内部方向变化所引起的，这种变化与行政管理的变化有关，例如后来出现了可持续性和社会包容主题。但是，因为宣传活动经常被算作 CABE 的其他活动，所以很难评估这方面工作的资源影响。

宣传活动的基调也各不相同，有些人认为，相比于目标受众是政府决策者的活动，那些针对发展部门的宣传活动更为激进。例如，一名内部人士在回顾开展住房审查活动（参见第 6 章）时评论说：

"围绕着 83% 的新住房品质不够好这一头条新闻，CABE 展开了一场声势浩大的宣传活动……这个行业被彻底颠覆了，我们有大量的媒体报道，而他们完全被逼到了一个角落，这是大约二十年来他们第一次因为他们产品的影响而遭到严重挑战……所以，那里的宣传一开始就很刻意地表现出对抗性，目的是为了给他们一个沉重的打击。"

如果与本章其他工具相比较，这种方法可能会显得弄巧成拙，因为它到处树敌，而不是寻找合作伙伴。但参与其中的人说，让行业处于不利地位会让 CABE 在随后的审查报告发布时更具合作精神。地方政府从来没有采取过对抗的态度，但在住宅设计水平低下的问题上，其也同样应该受到指责。

193

192

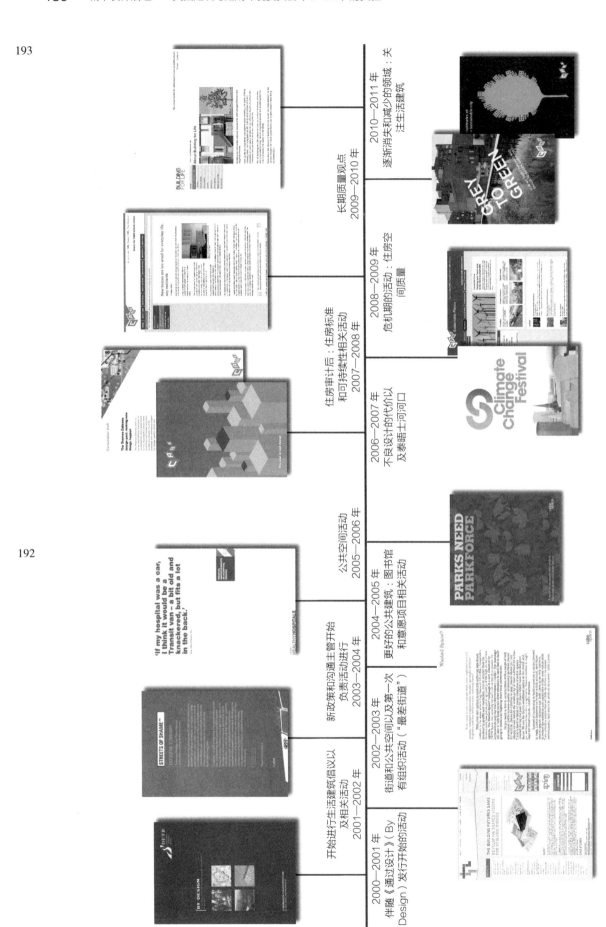

图 8.9　CABE 活动的时间轴（见书后彩图）

图 8.10　21 世纪前十年，泰晤士河河口的住宅设计质量非常差，这越来越令人担忧
资料来源：马修·卡莫纳

3. 倡议

CABE 致力于与政府、业界、学术界、志愿团体及社区团体建立广泛的联系，并通过关系网络以最大限度地发挥其影响力。CABE 在政府内部非常积极地倡导设计，这在英国设计治理中是一种全新的东西，尤其对关注新公共建筑的大型委员会、英国国家医疗服务体系和教育部来说。CABE 在其运行期间运用倡议，2000 年至 2005 年可以说是最高潮的时期。部分因为当时需要做的工作是缩小对设计的理解差距；部分原因是在此期间规划系统和国家规划政策发生了重大变化；部分原因因为斯图尔特·利普顿爵士（Sir Stuart Lipton）特别重视与政府各部门和机构的接触以便传播信息。CABE 的一名早期成员证实了这一点，他表示，在早期许多倡议工作都是由主席和首席执行官利用了他们自己的个人关系和地位直接完成的："斯图尔特作为主席所做的最好的事情之一就是他与政府的合作。他可能很直率……他准备对政府稍施威吓以让他在白厅的形象更加广为人知，他对民间主动融资（PFI）及其缺点提出了严厉批评。他是真正挑战政府的人，他说，'你必须成为建筑冠军'……让不同的财政部人士认识到设计是有价值的东西。我们每个人都有自己的角色，这显然是斯图尔特扮演过的最佳角色。"

最初，这项工作也反映了 CABE 对其在帮助城市工作组制定的良好设计原则方面作用时发表的看法，或者这项工作还是与特定政府部门、公共部门组织、专业机构和倡议团体一起发挥作用的机会。此后（而且越来越多的），CABE 也对新出现的政府计划作出回应，并努力确保关注这些计划中的建成环境品质，例如与可持续社区政策相关的计划。

正如一位政府部长解释的那样，对政府的影响往往既取决于政府高层的支持，也取决于各个部门的态度：

"不同部门对我们的认可程度不同。在我个人看来，第一代民间主动融资资助的医院就是一场设计灾难，但是卫生部（Department of Health）并没有盲目指责，事实上这种做法也对他们有利，确保下一轮民间主动融资资助的医院设计得更好是一种良好的商业做法。大法官部（The Lord Chancellor's Department）对我们尤其支持，所以我们有了新一代的治安法庭，这些部门都非常注重设计。但是这在很大程度上取决于部长们的个人倾向……在某些部门，部长并不愿意出席，他的官员明确地告诉他，要尽可能不作出回应，但我们试图扩大这种（设计）文化的影响力，直到覆盖整个白厅。"

最大的困难似乎是如何改革部门采购制度，以便系统地考虑设计品质变量。一位 CABE 主管认为，这些通常是"极其困难，复杂的影响"，但坚持带来了成功："想想学校建设计划吧，如果你看看第 1 轮和第 2 轮的'为未来建设学校'（Building Schools of the Future）倡议，它们是很糟糕的，建设出来的学校也让人惊愕。但当我们做到第 4 轮时，学校设计小组（School Design Panel）和我们在学校采购方面所做的宣传工作，就已经对着手建设一些很好的学校产生了非常大的影响。"

后来，随着游说国家政府的工作告一段落，CABE 越来越多地将注意力转向早期有些被忽视的房屋建筑商，并做了大量工作（取得了不同程度的成功）让这些关键角色参与到设计计划中来。在某种程度上讲这难度更大，因为尽管 CABE 很少批评政府（为 CABE 提供资金支持），但在 21 世纪头十年中期，其住房审查和其他工作对房屋建筑商来说一直都十分关键。因此，尽管有些人认为对抗是必要的，但其结果无疑是住宅建筑商联合会（尽管它们在生活建筑项目方面是伙伴关系）以及许多成员和 CABE 之间的不信任，CABE 被认为对它们的市场需求漠不关心。尽管如此，这项工作仍在继续，并取得了一些重要的成功（参见第 4 章）。

有关相关政策和立法变化的倡议过程更加直接，通常包括对正式协商过程提出书面答复。与此同时，CABE 的主要人物也发表了公开演讲和文章，CABE 和相关政府部门也进行了私下会谈。对于房屋建筑商等私营部门利益相关方来说，这种方法大同小异。

4. 合作伙伴关系

建立伙伴关系的过程复杂多样，在 2001 年至 2003 年期间，被任命为高级管理团队的短期伙伴关系协调员被撤职后，整个组织集体分担了这一工作。对于不同的合作伙伴，CABE 能够施加的影响程度也各不相同。就建筑与建成环境中心而言，CABE 主要通过 2002 年启动的赠款资助项目直接负责促进 2000—2010 年期间成立的 22 个中心中近三分之二的发展（CABE 2011d）。

从那时起，整个网络就从 8 个互不相连的中心（其中一些中心已经在 CABE 存在了）发展成为一个通过建筑中心网络（Architecture Centre Network，ACN）共享价值、共享活动和协调的大型网络。尽管如此，CABE 并没有平等对待所有的建筑与建成环境中心，有时作为 CABE 区域设计审查小组的主持人却只充当安全角色，导致许多人对 CABE 通过其各种资金渠道（培训、授权、设计审查等）影响他们工作的情况不太满意。正如一位独立设计中心的主管评论的那样："不管你在哪个地区，方法都是一样的，'CABE 提供资金来做生活建筑培训，你们则必须准确地按照我们所说的去做'，或者 CABE 提供资金来做设计审查，提供如何做设计审查的十条原则。我认为他们变得非常专横，以为自己知道一切，我想这也是他们证明自己存在的一种表现吧。"虽然 CABE 与建筑与建成环境中心在很多时候合作富有成效，但是当协议双方不平等时，合作伙伴关系的工作就面临着挑战。

　　相比之下，鼓励设计冠军的过程却性质不同，而且更加独立。从本质上讲，这一举措有赖于说服开始的政府部门、后来的地方政府、房屋建筑公司和其他机构任命一名高管为自己的支持者，此后，此人只会与 CABE 保持并不亲密的关系。2004 年至 2006 年期间，公共机构中的设计冠军人数大幅增加。到该时期结束时，三分之二的地方政府已经任命了一个设计冠军，同时也有 78% 的初级保健信托基金和 93% 的急性医院信托基金任命了自己的设计冠军（CABE 2006c）。在内阁层面，文化部长泰萨·乔维尔（Tessa Jowell）成了政府的设计冠军。此外，政府还推出了建筑行业的冠军企业，11 家主要建筑商中有 6 家指定了冠军企业（CABE 2005a）。

　　CABE 为这些冠军提供了培训，有一段时间里，CABE 在吸引英国遗产组织资助的失败尝试中，将设计冠军与英国遗产组织相关但不协调的倡议联系起来，该倡议在地方政府推广遗产冠军（图 8.11）。2006 年 12 月，CABE 为地方政府的设计冠军举办了一次大型会议，并发布了一份传单，"设计冠军"（Design Champions）项目敦促房屋建筑商任命董事会级别的冠军。然而，这种方法在 CABE 内部从来没有统一做法，作出的保证也不稳定。2007 年，CABE 发起了一项名为"冠军设计"（championing design）的新框架，但最终以失败告终，该框架旨在通过将冠军企业联系在一起来提高效率。因为他们分散、独立，不受 CABE 的约束，而且没有统一来源的不断投入和促进，事实证明维持这种非常松散的伙伴关系是很难的。

　　在 CABE 的发展中，优先事项不断变化，新计划开始、旧计划结束不断上演。推广工具也不例外，但投入到这些活动中的大量精力和创新以及人们普遍认为它们带来的文化变革，仍是 CABE 令人印象深刻的遗产之一。特别是合作伙伴关系，这有时是机会性的，有时则更具战略性，使 CABE 能够极大地扩大其影响范围。最终，在 2011 年 CABE 面临结束的情况下，CABE 选择了一种新的合作形式（与设计委员会合并），希望能挽救它，使它继续运营（参见第 5 章）。

8.3　什么时候应该使用促进工具？

　　本章探讨了一些侧重于宣传 CABE 的信息和观点的工具，其本身基于 CABE 通过前面提到的各类工具收集、传播的知识。对于 CABE 来说，促进包括 4 个工具。第一，两个帮助推广认识的工具：奖励优秀项目与人员，以鼓励那些坚持 CABE 议题的人；有组织的（有时是机会性的）活动来宣传良好设计，并将其纳入公共和私人部门参与者和终端用户的决策框架。第二，以特定受众为重点的宣传活动，包括：倡导形成政府的政策和方案以及关键私人行动者的做法，以及提倡伙伴合作，使 CABE 能够与其他机构合作以更有效地实现其目标。

　　这些都是在 CABE 创建早期出现的活动，并随着时间的推移得到了正式、巩固和持续的投资。这些在很大程度上也是为英国政府提供的全新工具，反映出公共部门不应再袖手旁观，而应积极、公开地提倡好的设计。在这方面，CABE 的工作从 21 世纪以来不断开拓创新，不断发展。

　　与评估其他工具一样，要对这些推广活动的有

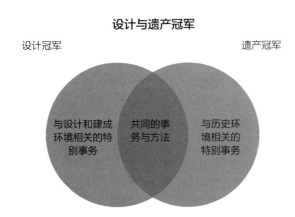

图 8.11　设计与遗产冠军
资料来源：CABE n.d.

设计与遗产冠军

设计冠军　　　　　　　　　　　　遗产冠军

与设计和建成环境相关的特别事务　｜　共同的事务与方法　｜　与历史环境相关的特别事务

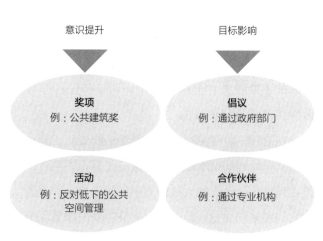

图 8.12 促进的类型

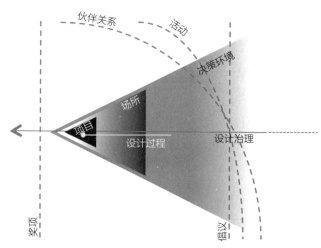

图 8.13 设计治理行动领域的推广工具（见书后彩图）

效性作出判断并不简单。正如这个故事所表明的，促进是 CABE 整体工作的一个组成部分，而现在讨论的工具是一项更宏观尺度上工作内容的组成部分，这项工作包含了 CABE 所做的大部分内容。这些活动被视为 CABE 工具库的重要组成部分，有效而持续地宣传了设计的重要性，将这些重要的信息传达给关键决策者（来自专业和政治、公共和私营领域），并帮助提升 CABE 的形象，使其成为主导力量。虽然这是否显著影响了广大（非专业）人群对良好设计的认识（CABE 的一个关键目标，尤其是在 2003 年之后）值得怀疑（尽管偶尔会有国家媒体关注），但这肯定是一个长期的项目，如果 CABE 当时能继续运行下去的话，项目能否达成目标就不得而知了。

将促进工具（图 8.13）置于在第 1 章中的设计治理行动领域表明，此类工具的优势在于设计治理的早期部分，通过增强意识和论证好的设计来帮助塑造决策环境。这当然是大多数倡议性工作的情况，从根本上来说，这是为了鼓励参与者投入合适的资源、技能和流程，积极参与设计活动。这种情况发生得越早，效果可能就越好。促进活动主要集中在决策环境、论证案例上，以便让参与者参与设计并激发他们的积极性，活动内容和信息集中可以聚焦于设计品质的各个方面。相比之下，最理想的情况是尽早形成伙伴关系并能够持续下去，尽管不同的

伙伴关系可能侧重于设计治理的不同阶段，有些伙伴关系的范围和运作可能远比其他伙伴关系更加受限。最后，奖励有时可能侧重于好的过程，通常关注场所品质和项目质量，回顾某个特定奖项主题，以便对成功的标准作出判断，而这几乎总是在不断发生。然而，通过这样做，CABE 希望它们能影响设计和开发过程的全部阶段，并以此（通过它们的影响）帮助在未来形成更好的决策环境。

注释

1. http：//webarchive.nationalarchives.gov.uk/20110118095356/，http：//www.cabe.org.uk/news/pace-setters-for-2007
2. http：//webarchive.nationalarchives.gov.uk/20110118095356/，http：//www.cabe.org.uk/about/what-we-fund
3. BCIA 自 1998 年以来一直在商业考量的基础上举办英国建筑业奖。
4. 此后，在国际清算银行和内阁办公室的继续赞助下，它们继续基于商业考量由 BCIA 管理。
5. 在一些年度，这一方法被进一步完善为来自特定部门，特别是卫生和教育部门的申请数量（CABE 2004c；2005c；2006）。
6. 这类民意调查通常由 MORI（后来的 Ipsos MORI）进行，其首席执行官本·佩奇（Ben Page）从 2003 年 7 月起担任 CABE 专员。
7. CABE 最初的架构中有一个公共事务局，负责有组织的活动。
8. 同年房地产市场崩溃，社区与地方政府部因地产开发行业的复兴而非其产品的质量而分心，最终版本从未公开。

198

第9章
评价工具

这一章将探索 CABE 最为知名的治理工具，其中最备受关注的就是设计审查。这些工具超越了在本章第三部分中所探讨的治理工具，因为这些评价通常基于现实中的真实项目，并且直接或间接产生了相应的影响作用。根据在本书第 2 章中的定义，这些工具的设置目的是对设计过程进行相对"介入"，CABE 的评价工具包括指标工具、设计审查工具、认证工具和竞赛工具。本章将分为三个部分，分别包含这些评价工具的使用目的（why）、方式（how）和时机（when）。第一部分讨论了这些治理活动的基本原理，第二部分调查每种评价方式的介入过程，第三部分则通过分析以上设计治理工具所适用的行动领域来探讨这些工具介入的时机。

9.1 为什么参与评价活动？

1. 指标

对于一些试图对设计品质进行评价判断的组织而言，首要任务一定是创建相关标准和方式，以便以可靠和客观的方式进行评价。在这项工作中，CABE 主要关注的是住房和公共空间问题，这是政府的优先事项，其致力于完善并调整现有绿色基础设施的开发指标，并应用于国民医疗服务和学校教学课程。

CABE 多样化的指标试图使这些判断的品质和复杂性更加合理化，并利用它们来支持一系列的工具，这些工具可以用来对项目和场所品质进行系统的、可复制的评估。举例而言，当使用其中一项工具——设计质量指标（Design Quality Indicator, DQI）时，CABE 宣称：

"古罗马建筑师维特鲁威（Vitruvius）向我们提供了设计品质的原则，他提出'实用、坚固和美观'是设计良好的建筑的关键要素。然而，他却没有指出我们应当如何客观地、定性地衡量设计。几千年之后设计品质指标终于为我们明确了这样做的途径。"

（CABE 2003a）

然而，这些指标并不是试图对设计品质评价所涉及要素进行最终的整合，而是试图将设计审查的过程系统化，这样不同的参与者就可以参与到活动中去理解、讨论和比较。专栏 9.1 中的工具演示了如何使用第二种指标工具"空间塑造者"来完成这项工作，该工具由专业人员和非专业人士共同评估公共空间的品质。通过这种方式，CABE 希望对品质的参数进行广泛的识别，并确保能够以清晰和简洁的方式进行一致的评估。这一根本目标也体现在由治理工具最终发展而来的各种固定的项目质量认证产品中，例如"生活建筑"认证抑或是支撑设计审查的标准，但是这些得到包装的不同工具方法相比那些简单的指标得到了更长远的发展，接下来在本章中将进一步进行分别解释。

200

专栏 9.1　空间塑造者

2007 年 2 月 "CABE 空间" 联合工业建设委员会（Construction Industry Council, CIC）开发并发布了公共空间指标——"空间塑造者"，该指标基于建筑设计质量指标（DQI）。该工具涵盖了 8 个方面——路径、维护、环境、使用、设计和外观、其他人、社区和使用者自身，人们可以在 "蜘蛛网图" 上进行评分。"空间塑造者" 被应用在对地方区域的提升活动中，流程包含到访场地、数据计算以及围绕最终结果的讨论。对于 CABE 来说，"空间塑造者" 项目很好地融入了已有工具库，用一位项目负责人的话说，"'CABE 空间' 最初是为了尝试提升绿色空间的品质而设立的，但它的使命很快就扩展到了更宏观的公共领域。"

鉴于公众对公共空间问题的兴趣日益浓厚，政府热衷于开发空间设计质量指标（DQI）的想法，社区与地方政府部门（Department for Communities and Local Government, DCLG）资助了 CABE 以支持 "空间塑造者" 项目。与设计质量指标（DQI）项目（通常无须外部资金支持）不同，引进者无须为使用 "空间塑造者" 工具而支付费用，同时最初的人员培训也是免费的。[1]

一个关键的挑战是如何识别和考虑公共空间中不同用户的需求，因为正如一位引进者所描述的那样，"公共空间是人们可能在遛狗、躺着、读书、游戏，抑或是准备进行各种社会活动的地方，它面向所有人以及任何可能的情景，在不同天气、季节、一天内的不同时段中都有着不同的需求。有些人可能从未进入一个空间，但这个空间仍对他们具有相当的价值。"因此，我们的目标是为这类参与者创建一种通用的、直观的语言，

并开发一种简单的计算模型，以便能够快速输入并得到结果，并对生成的蜘蛛网图进行回顾和讨论。

CABE 曾大力推广品牌化的指标集。正如一名工作人员回忆的那样："我们试图做的是找到一些组织，并宣传 '空间塑造者' 是对公共空间进行咨询活动的标准方式。我们实际上为一些关键组织做了大量的工作，如林业委员会（Forestry Commission）和林地信托（Woodland Trust）等机构。"这些早期营销工作取得了成效，各类机构组织纷纷通过 CABE 来进行空间塑造者工作，并委托其培训相关空间品质促进人员。

促进者的作用很重要，重点是利用这项工具让人们愿意交流。由于存在反对意见的可能性很大，因此促进者需要通过与利益攸关方的讨论和良好的包容计划来进行准备。然而，正如一位普通的促进者回忆的那样："将你的注意力集中在一系列标准上，并多在所关注的空间场所行走、观察很容易激发出那些最有用处的信息"，并最终促成共识（图 9.1）。

"空间塑造者" 的批评人士们倾向于把注意力集中在这张图上，通常称它为 "奇怪的蜘蛛网"，

图 9.1　"空间塑造者" 让人们参与评估他们的公共领域，并专注于让人们以小组的形式进行交流

资料来源：设计东南（Design South East）

正如一位园林专业人士所说的："'空间塑造者'是一种内在的、自上而下的、与'本地'建立联系的尝试。"尽管如此，有关的新见解经常被纳入关于未来发展的讨论中，有的甚至会催生在设计和管理问题上的行动。一个很好说明后者的例子是在诺丁汉的雷顿（Lenton）娱乐场，在那里，"公园团队被震惊了，'空间塑造者'让他们明白人们不认为有人在维护公园，因为娱乐场的工作人员穿着深绿色的制服，这意味着市民很难注意到他们。因此他们给公园团队发放了醒目的工作服装。"

2009 年"空间塑造者"的运营转移到了肯特建筑中心（Kent Architecture Centre，原 ABEC 的下属机构，详见第 8 章），之后"设计东南"（Design South East）组织继续为该工具提供相关服务和培训。[2]2010 年 9 月，大约 3500 人参加了"空间塑造者"工作坊，其中 328 人成为经过训练的促进者。

指标也是一种设计改进工具，它鼓励对设计进行更加系统化的讨论，并围绕设计品质的整体概念进行结构优化。其逻辑是，系统的品质评估方法将指导那些通常是"非设计师"的决策者的思维，并影响这些"非设计师"与他人的互动。这些决策者需要与具有影响力的多种利益攸关方在方案的开发、建设或维护上开展合作。在这种情况下，指标是衡量品质的一种标准，可以为寻求共识提供焦点。通过鼓励在地方层面上与关键群体一道对设计进行反思，CABE 希望能提高更广泛参与者的期望，并一致地追求高水准的设计。

2. 设计审查

设计审查是 CABE 最引人注目的服务，它建立在皇家美术委员会自 1924 年以来的实践之上，尽管在那些日子里通常被称为"咨询"而不是"审查"。正如第 2 章中所介绍的，这些过程是非正式的，因为它们不是法定的监管或官方许可过程的一部分，而是以顾问的身份出现。

最终，CABE 希望它的设计审查项目能够提高民众对设计的期望，从而在英国建立一种设计品质文化，正如莱斯·斯帕克斯（Les Sparks，时任设计审查委员会主席）所说的，"CABE 的主要目的是激励人们从建筑和空间中获得更多的需求。我们的设计审查项目是为达成该目所做的关键部分"（CABE 2005a：3）。然而，设计审查工具的更直接的功能是通过提供专家团队的建议来改进个体方案，这些专家的共同经验足以胜任这项工作。就像在《如何进行设计审查》（How to do design review）一书中所写，设计审查"带来了经验的深度与广度，是很多项目团队和规划当局所不具备的；其对于如可持续性这样的复杂问题可以提供更加专业的视角；此外还能拓宽讨论的范畴，为其宏观愿景赢得关注"（CABE 2006g：5）。

CABE 的设计审查旨在影响地方决策环境的背景，所以专家们的判断也应当与地方性和其发展策略相吻合，这种判断的前提是这些现实因素没有对达成良好设计的目标造成过多限制和障碍。正如该组织所证实的，"设计是一种创造性的活动，设计中品质的定义是难以捉摸的。它不能被简化为标准和模式；即使在那些似乎存在标准的领域，比如在古典建筑领域，但是即使在这些领域最好的实践往往也会打破或超越规则"（2002f：3）。因此，设计审查所需的技能范畴非常广泛，需要高度的专业成熟度和技术熟练度。

CABE 有多种不同的工具可以共享高级专业知识，但设计审查的显著特征是它提供的建议是完全

"独立"的；发表建议的专家与接受审查的方案没有关联。其逻辑是通过保持一定"距离"，使得评价可以提供一种新的视角，其可以被认为是值得信赖的或政治中立的。如同在"CABE十年回顾"中提到的，"大多数开发者尊重设计审查是建立在这些建议与项目没有利益往来上的，同时这些评价也建立在来自其他成功项目的大量经验之上"（CABE 2009a：12）。在一些情况开发者和评价者的关系可以更加稳固，可以说是趋向妥协，这种情况通常发生在评价者的独立程度不高时。一位区域官员这样回忆："针对奥林匹克公园，他们聘请了独立的设计审查小组，但在幕后，官员却倾向于向审查者请求帮助，而使这些审查者在一定程度上丧失了独立性。"

设计审查对外在空间也应该是独立的，不依附于任何特定设计的意识形态或美学偏好。CABE有自己的一套设计原则，但将其视为"一套基本客观的标准，强调避免过分强调个人品位的重要性"（CABE 2006g：5）。在实践中，CABE也可能在一些领域会支持特定的观点，尽管这些观点可以根据具体的情况进行调整。例如，一份关于沃辛（Worthing）的六年制学校的设计审查说："作为一个普遍的原则，CABE总是反对将运动场改造成建筑，但这种观点可能会受到地方性因素的影响"（CABE 2002g）。

尽管在设计审查服务中通过了大量千差万别的方案，但CABE对它所看到的大部分内容并不满意，这导致了对设计审查的强烈批评。设计审查的负责人彼得·斯图尔特（Peter Stewart）评论道："我们看到的太多东西都是平庸的，有很多方案都无法接近CABE的标准"（CABE 2003a：8），这暗示CABE的工作往往是在劣中选优。然而，希望仍然存在，通过设计审查后的改进最终会使民众对专业人士和政治家的意识产生更高的期望，并鼓励客户期待更好的设计（图9.2）。在实现这一目标方面

图9.2　设计审查提供了一种独立的声音，鼓励了对重大新开发项目拥有更大的野心，比如新伯明翰图书馆的案例
资料来源：马修·卡莫纳

取得的进展很难得到评估，特别是考虑到与其他治理工具的目标往往相同，但就总体而言，这是很困难的。

3. 认证

认证实际上代表着治理工具走向正规化的又一步，因为它将评估与"官方认可的认证"结合在一起。这些计划与奖励（参见第8章）不同，因为它们承认所有达到一定标准的设计，而且往往更倾向于"正式化"，并有明确的、对外公布的和可衡量的认证标准。正如一位专员所言，"因为CABE不是规划机构，它不能干预私营部门，但它可以与决策者合作，给他们工具和信心，这样他们就可以对一些设计说这还不够好。这可以通过培训来实现，也可以通过诸如'生活建筑'这样的工具来实现，这些工具证明了设计的质量水平。"虽然公布的认证标准可以独立使用，但这些工具是通过自愿提交评估计划来运作的，并在对提交的信息进行评估后进行评估，然后（在被受理的情况下）进行实地考察。[3]

202

CABE 参与了两个主要的认证项目，即"生活建筑"（BfL），以及专注于开放空间的"绿旗奖"。"生活建筑"项目是为了解决国家对房屋建设的需求和对其可能存在的质量方面的担忧而建立的。《生活建筑简讯》的第一版（BfL 2004）明确提出了将认证标准与当时通过国家"可持续社区计划"促进的新的可持续发展愿望联系起来的雄心（参见第 4 章）。此外 CABE 在 2002 年至 2005 年的公司战略中明确表示："'生活建筑'是一场为期三年的运动，旨在为住宅建筑建设寻求更好的设计之道"，正面回应了"英国在未来 25 年里需要近 400 万套新住宅"的目标（CABE 2002b）。同样，"绿旗"计划的推广也被提升为一种提供更好品质公园的手段。就像时任国务大臣伊维特·库伯（Yvette Cooper）在谈到 2003/2004 年度的绿旗奖得主时所说的那样："通过强调良好的实践来提高标准是有益的"（CABE & Civic Trust 2004）。在实践中，它们也被用作一种管理工具和一种鼓励社区参与的方式（图 9.3）。

"生活建筑"认证体系作为一种明确的"品质标志"（CABE 2003a）的核心，在更广泛的相似项目中处于中心位置，该计划的推广者可以持续进行申请。同样，通过一个更广泛的拓展计划并努力提高公众对这一品质标志的认可程度，"绿旗"认证的影响力也得到了提升。其强大的公众认知度意味

着"绿旗"被视为扩展"CABE 空间"品牌并发展其工作的一条良好途径（CABE 2004g）。2003 年至 2006 年担任"CABE 空间"总监的朱莉娅·思里夫特（Julia Thrift），在这方面非常活跃，她早年曾在"绿旗"之上的公民信托（Civic Trust）组织工作过（在 CABE 兼并该组织前），广泛地使用了这个工具来推进 CABE 事业并建立关系（Taylor 2003）。

认证背后的标准为广义或狭义地去界定从设计到管理的项目表现提供了可能。"绿旗"标准涵盖了社会因素、财务因素、可持续性和社区参与，而 20 个具体标准的构建则集中在这四个议题之下，即：环境和社区；特征；街道、停车场和行人专用区；设计和施工。此外"绿旗"存在两个特殊的分支，第一个是"绿旗奖"（Green Pennant Award）（现在被称为"绿旗社区奖"），于 2002 年成立，旨在表彰志愿团体和社区团体在管理绿色空间方面的工作；第二个是"绿色遗产"网站，它于 2003 年在英国遗产组织的赞助下推出。申请认证提交的方案需要有一个保护计划，它们的评判标准包含"绿旗"认证所需满足所有的要求，而不仅仅是历史保护要求。

4. 竞赛

CABE 的大部分工作都旨在提高普遍设计水准，竞赛工具显然是为了在实践中激发更加优秀的设计。其前提是，获胜的团队将会通过设计竞赛达成尽可能高品质的方案，而只有最好的方案才能获胜。例如，在马盖特（Margate）的新特纳当代艺术中心（new Turner Contemporary Arts Centre）的设计竞赛中，CABE 的建议，证明了 CABE 的意图是促进创建达到"国际标准"的范例。其简短的设计要求是："大胆的新建筑应能为英国的海滨小镇树立一种受欢迎的潮流，从前的范例在毕尔巴鄂（Bilbao），现在轮到为马盖特而设计了"（CABE 2002c）（图 9.4）。

CABE 还希望通过使用竞赛的方式让英格兰

203

图 9.3 "CABE 空间"利用"绿旗"来认证公园的卓越性，并认可公园管理和当地参与，以及设计和建造质量
资料来源：*Daily Echo Bornemouth* Online

图9.4　尽管马盖特比赛的获奖设计从未得到实施建设，但也有一些，比如在博斯库姆（Boscombe）的设计大胆且吸引人的海鸥和防风的沙滩小屋已经建成
资料来源：ABIR Architects

图9.5　卡特莱特·皮卡德建筑师事务所（Cartwright Pickard Architects）设计的经济性住宅，是英法设计竞赛中的两项冠军作品之一
资料来源：马修·卡莫纳

得到世界一流的设计，对于赢得竞赛设计进行评估，进而提升更大范围内的设计水准。事实上，与一些国家相比，在英国，竞赛作为一种工具未被充分利用，CABE也很少使用这种方法。事实上，CABE本身也试图向拥有更丰富经验的国家学习，而英法竞赛则是由（Direction de'Architecture et du Patrimoine，DAPA）联合组织的，该组织的职责是支持和促进法国的遗产和建筑保护。在这种情况下"目标是促成国际范围内的最佳实践，提高建筑的经济性和城市设计品质"（CABE 2005g：4），设计竞赛的对象选择在怀特市（White City）和雷纳（Rayners）大道地区（二者都位于伦敦）（图9.5）。然而，最引人注目的是CABE参与了泛欧洲住宅设计大赛，CABE再次利用了在欧洲竞赛中获得的更多经验，同时巩固了自己在国际舞台上的声誉，成为英国在设计和建成环境方面的杰出代表。

CABE通常在使用竞赛这一工具的时候有着更宏远的社会目标，在评判比赛的标准上经常把重点放在提升社会价值上。这扩展到鼓励竞赛参与者对自身和他们的团队结构进行评价，促进"以社会为导向"的标准，以及由设计所带来的社会进步。然而，这样的崇高目标并不总是那么明显，竞赛（不同的性质）时常被用于传播信息或宣传活动，其中摄影竞赛在2010年被作为CABE城市美化研究的一部分用来展示杰出城市之美（参见第6章）。就像美丽的自然区域得到重视和保护一样，这个例子表现出的想法是"想想我们周围的环境。反思环境受到的损害已经如此严重。同时去发掘那些特别的东西，并去好好珍惜"（Etherington 2010）。

更传统的做法是，建筑竞赛的开展是基于政府建设项目推动的，希望这样的参与能够帮助大量的公共资金支出物有所值，换得一项积极的设计遗产。例如，CABE组织了一场围绕"邻里托儿所倡议"的竞赛，该项目对教育和技能部（DfES）的新机会基金进行了回应，该基金的预算为20300万英镑，预计为新幼儿园提供的1亿英镑（2001—2004年）的资金资助。2007年，CABE还同意扮演一类关键角色，即回应政府的生态城镇倡议，为设计原则和过程理念的发展创立概念竞赛并对其进行评价。虽然CABE放弃了这一竞赛，但后来建立一个专门的设计审查小组来评审生态型城镇申请（Hurst & Rogers 2009）。本节最后需要说明竞赛工具的使用存在一定的不确定性，CABE 有时会酌情使用其他技术手段或尝试对其进行替代。

9.2　评价活动如何实现？

1. 指标

CABE 通过逐步建立现有的知识和技术体系来发展它的指标工具。设计质量指标（DQI）是由建筑工业委员会（CIC）在 1999 年发起的[4]，但是，由于它的潜力之大，CABE 参与了它的再开发并于 2000 年发布。CABE 还将有所裨益的设计品质指标写入了英国财政部的《绿皮书》（HM Treasury 2003），这是为中央政府及其执行机构提供的最重要的资金使用规则，其后这些指标被纳入了更多文件，影响了"空间塑造者"工具以及《达成卓越的设计审查工具包》（DH Estates & Facilities 2008），即面向英国国家医疗服务体系版本的设计质量指标。相似的是，通过与社区与地方政府部（DCLG）以及公民信托（Civic Trust）的合作，CABE 于 2008 年发布了结构化的评分体系——"公园与绿色空间自评价导引"（CABE 2008a）。其目的是帮助地方政府建立一套指标来评估自己的公园和绿地管理流程，作为逻辑起点的是由来已久，并被成功应用的"绿旗奖"评奖标准。

此外，CABE 还出品了"绿色基础设施健康检查"，这是一项为地方部门定制的在线指标工具包，不仅将绿色空间本身作为优先考虑对象，还聚焦于面向管理的员工和相应资源。其囊括的 10 个关注焦点集中在绿色基础设施上，同时也给了地方政府管理运营的相关反馈，让他们对自己的表现进行评级，这样他们就能确定从哪里入手进行改进。正如"CABE 空间"总监萨拉·加文塔（Sarah Gaventa）

所解释的那样："'绿色基础设施健康检查'是当地政府确定他们如何认真对待辖区内绿色空间的一种简单方法。如果他们的健康检查分数显示他们需要帮助的话，那么 CABE 网站上就会提供一些有用的技巧，来帮助当地议会实现空间从灰色到绿色的转变"（*Horticulture Week* 2010）。

只要可能，CABE 就会试图将指标工具和"空间塑造者"的所有权赋予他人，例如使其成为房屋社区代理（Homes & Communities Agency）、英国水道（British Waterways）、地基（Groundwork）、河边住房组织（Riverside Housing Association）和建筑网络中心等机构的公共参与工具。通过这样的方式，这些指标被用作关键的日常提升工具，同时也是良好设计治理工具库的组成部分。它们也可以用于教育目的，就像与 Beam[位于韦克菲尔德（Wakefield）的建筑中心] 的使用情况一样，CABE 从儿童、学校和家庭部（Department for Children, Schools and Families）得到 24.5 万英镑的资金用以开发针对 9 岁至 14 岁青少年的"空间塑造者"版本（图 9.6）。最后，它们还可以用于绩效管理，就在 2010 年 5 月选举之前，CABE 与社区与地方政府部（DCLG）制定了一个项目，建立一种"场所品质"指标，作为国家指标的一部分以支持政府的"世界级场所行动计划"（HM Government 2009，参见第 4 章）。尽管在 2010 年的政府支出削减中，CABE 本身也被裁撤了，这样做的目的是为了满足未来的支出需求。

2. 设计审查

各种各样的项目被提交到 CABE，以评估从重建计划和运输到与基础设施有关的公共工程在内的所有发展项目，包括办公（越来越多的评价对象是高层建筑，专栏 9.2）、零售发展、体育建筑、传统或文化用途空间、住宅的发展、酒店和总体

图9.6　"空间塑造者"被用作9岁至14岁青少年的学习资源
资料来源：设计东南

9.7）。还有曼彻斯特的皮卡迪利花园（Piccadilly Gardens）和特拉法加广场（Trafalgar Square）的改善方案，以及诸如康伏伊码头（Convoys Wharf）（伦敦）设计等传统方案。工业计划后来变得更加普遍，特别是针对废物转化为能源的提议方面。

206

规划。英国国家医疗服务体系（NHS）和教育部（Department of Education for nurseries, schools, and university buildings）的建筑成为突出重点，英国内政部（Home Office）的法院和警察局的建筑也是。2002年之后，公共和城市空间评估工作变得更加突出，比如设菲尔德的冬季花园（图

图9.7　设菲尔德的冬季花园是一项早期的、突出的公共领域计划评估
资料来源：马修·卡莫纳

专栏9.2　审查碎片大厦

　　现在矗立在伦敦南岸大桥车站上方的商业大厦从一开始，就打算成为一座雄心勃勃、引人注目的建筑，在修建时它也是西欧最高的建筑（图9.8）。那些参与其中的房地产开发商记得当时场地的拥有者欧文·塞拉（Irvine Sellar），有兴趣投资这样一项雄心勃勃的兼具"名声和信誉"意义的计划，同时建筑师伦佐·皮亚诺（Renzo Piano）很清楚历史的重要性，他以"雷恩教堂的白色石塔和泰晤士河上的船桅"为灵感来源。

　　鉴于该计划的重要性，它在2000年12月到2003年3月间被送至四个审查小组进行评审。对所有人而言第一次会议都令人紧张，当时CABE小心地避免斯图尔特·利普顿（Stuart Lipton）的

图9.8　碎片大厦落成后成为当前伦敦天际线的主要要素之一，从这里可以看到大楼后边的伦敦世界遗产地区
资料来源：马修·卡莫纳

参与，他是一位活跃的开发商，也是CABE的主席。在审查过程中，即使只是他的出现也会令欧文·塞拉感到不适，令汇报团队不安。从CABE

的角度看，这是一项高调的案例并且可能被国家媒体报道，所以 CABE 将早期的机构声誉寄托于对该项目的审查工作。据报道，委员们"特别担心如果 CABE 对设计方案给予全力支持，但结果该计划最终失败，这会损害到 CABE 的声誉"。

此外，设计审查的结果有效地影响了 CABE 与重要组织间的关系，尤其是考虑到它在规划过程中所占的地位。例如，即将上任的伦敦市长肯·利文斯顿（Ken Livingston）表示"他感觉伦敦正处于萧条时期，亟需提振，大量世界级建筑可以吸引外来投资"。

小组成员没有被明星建筑师团队弄得眼花缭乱，他们在四次审查中提出了在其他类似方案中几乎相同的批评。一些特定的关键内容没有在第一次审查中显现，后续的评价解决了这一问题。例如，CABE 建议应当委托编制更大尺度地区的总体规划，会议记录称 CABE 表示"那些来自公共领域意图开发 5 层以下空间的申请最好要包含相应图示；同时我们并不认为当前公共领域高层建筑的申请是令人信服的"（CABE 2000b）。在第二次评价中，市长与碎片大厦设计团队、铁路部门商议后建议萨瑟克区编制总体规划，同时伦佐·皮亚诺（Renzo Piano）已经起草了包含公共领域和公共通道要素的"设计十诫"，并最终成为约束开发商的绑定设计协议的基础。

但是在第三次审查中，汇报内容（同时接受公众质询）不再将建筑置于总体规划的背景中，很大程度上是因为铁路部门对伦敦桥车站的再开发方案落实缓慢，同时不能作出相应的确定承诺作为设计的基础。

在再次也是最终的审查意见中，CABE 提出了进一步的公共领域改进建议，尽管很多要求仍然超出了开发商的能力范围。对他而言，CABE

的审查很大程度上成为规划申请的一部分，为项目完成规划过程提供了持续的重要支撑，尤其是在帮助解决公众调查所收到的对设计的许多反对意见方面，这些反对意见主要来自英国遗产组织（English Heritage）。

一位 CABE 的高级顾问谈到，该机构关注于"方案在整体上与伦敦桥车站的关系、伦敦桥未来的开发、计划如何落地、人群如何流动，以及对风环境的影响"（图 9.9）。这一视角与英国遗产组织的关切不同，英国遗产组织聚焦于议会山上的受保护景观和圣保罗大教堂的背景，是否会受到高耸的碎片大厦的影响。

除了对该计划的直接影响之外，此次评估似乎还在更大范围内提高了大伦敦当局的标准。正如一位内部人士所证实的那样，"由此而来的一件好事是，我们从一种非常简单粗糙的影响评估（拍摄照片并在上面画草图），转向一种非常复杂的方式。"公众对英国遗产组织的不满也在帮助这两个组织（即 CABE 和英国遗产组织）努力寻找共同的目标，其中一项成果便是 2003 年首次发布的《高层建筑联合指南》。

图 9.9　碎片大厦下的地面空间，可能是 CABE 的一个主要关注点
资料来源：马修·卡莫纳

作为一个法定机构（2006 年后），CABE 在规划系统中从来不是"法定顾问"（参见第 4 章）。它有政府的授权，但仍不能强迫人们提交他们的方案以供审查。但是要收到大量的评估计划并不困难。在 2007 年到 2008 年度，该机构共收到 1203 份意见书，为历史最高水平（CABE 2008a）。大多数申请是由建筑师、地方政府和开发商发起的。偶尔会有社区主导的计划，大量由英格兰艺术委员会资助的与艺术相关的计划，以及在后期为特定政府部门提供的重点审查方案。作为回应，CABE 开发了一种高效的服务模式，拥有自己的审查人员和定制流程，并覆盖全英国。

1）管理复杂过程

1999 年，第一个设计审查委员会由三名成员组成，随着时间的推移，团队不断壮大，包括普通员工和签约的小组成员。到 2008 年，有 18 名全职工作人员从事设计审查工作，超过 40 个小组成员，但尽管其壮大如此，CABE 在设计审查上的花费仍远远少于其他项目。例如，如图 9.10 所示，在 2006—2007 年度和 2007—2008 年度的账目记录中，"CABE 空间"、授权和区域服务方面在 CABE 总支出中所占的比例是设计审查的两倍（虽然区域预算包括由 CABE 的区域伙伴进行设计审查的资金）。

在设计审查服务开展的最初几年，高级小组成员在一个国家设计审查小组的指导下完成了所有的

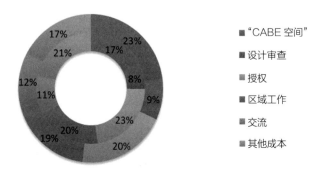

图 9.10　与其他项目相比，设计审查支出的比例相对较低，一般不到 CABE 总成本的 10%（环形图内环为 2006—2007 年度数据，外环为 2007—2008 年度数据）（见书后彩图）

工作（如同 RFAC 所完成的）。随后，他们又任命了一些人员来帮助 CABE 处理特定领域，比如在总体规划、学校设计和可持续性方面，评审专家的构成出于技能平衡的考虑而不断地"更新"。小组成员需要独立、权威，并有实践经验，有时这也会带来挑战。例如，评审专家从小组成员变成汇报者，或者一些资深经验丰富的专业人士进入不同开发公司的董事会，意味着他们必须宣布利益冲突，并让自己退出审查过程，这种情况并不少见。

CABE 有选择案例进行审查的自由，但是协议要求其坚持"重要性"的理念。在 2001 年写给所有首席规划官员的信中，政府表示 CABE 应该审查那些重要的项目，要么是因为它们的规模、用途或位置，要么是因为它们的重要性（Bowden 2001）。没有关于"执行"标准的指导意见，但重要的场所应"具有敏感的影响或其位置会对其场所产生特殊影响"，或是具有区域或地方意义的；或者有重大的公共投资（Hudson 2006）。显著规模项目指的是那些大型建筑或建筑群（公共、商业和混合用途）；大型基础设施项目；主要公共领域工程，以及大型总体规划、政策、设计准则或其他设计引导。到 21 世纪初十年的中期，由于项目规模而进行的审查约占总工作量的四分之一（CABE 2005f）。

由于选择的方案表明这些方案是"重要的"或符合国家利益的，所以 CABE 的工作可能具有一定的政治性。例如，对赌场、健康校园和零售引领城市更新的设计审查都有其批评者和支持者。有时，在筛选案例时会避免这些情况，因为它们的时间安排不允许 CABE 有任何影响，例如，如果开发过程已经被耽搁了，或者仅仅是因为缺乏特色或设计糟糕而没有看点。CABE 一贯认为，越早申请，审查过程就越有效（CABE 2005f：3）。

CABE 有三种主要的审查方式：完整的演示小组审查、内部小组审查和桌面审查。对于更复杂、成本更高、规模更大或知名度更高的方案，方案的

设计人员或开发商需要进行全面演示以供审查，这通常是首选的方式，尽管这可能会令人伤脑筋。一位知名建设方代表回忆道："有一个团队已经日夜工作了几个星期去准备做一项展示汇报；每个人都因为评审会而感到压力，而且这种形式让它有点不寻常。例如，他们会要求你离开房间，然后回来接受裁定。"内部小组由 CABE 小组管理，但桌面审查进行时，不允许申请人出席，只有小组主席或副主席主持评审。一个计划需要重新进行第二次桌面审查是很常见的，但是在 2005 年，这种方式由于过于隔靴搔痒和缺乏透明度而招致了严厉的批评（参见第 4 章）。还有一种存在短暂的形式被称为"展示审查"（pin-up review），这种形式直接给关键小组成员和委员展示方案，而省去了现场汇报的环节。

从 2005 年开始，设立了细分化的专题审查小组，大部分工作从通用的委员会转移到这些更专门的小组。小组的方向包括：建设项目、零售、国家医疗服务、城市更新、总体规划、公共部门工程、能源站、发展框架、文化建筑、区域计划和生态城镇。2006 年，CABE 为伦敦奥运会设立了一个专家小组，2007 年为学校设立了一个专家小组，2008 年为学校设立了交叉（Crossrail）小组，2009 年又设立了两个小组，代表基础设施规划委员会为可持续发展和基础设施领域提供专业知识。

2）审查和信件

在任何审查之前，CABE 会为项目安排一名顾问，并与申请人联系，整理所需材料。在大多数情况下，还要进行现场调研。CABE 提供了很多关于审查材料和内容预期类型的指导，包括关于视觉辅助、图片板、来自可能的用户的叙述，以及审查协议等内容（CABE 2002f）。在实践中，申请可以包括背景分析、场地历史和航拍影像、场地方案、立体图像、模型和计划。但有时获取高质量材料很难，图像经常清晰度不足并且带有误导性（图 9.11）。

图 9.11 诺曼·福斯特（Norman Foster）在金丝雀码头（Canary Wharf）提出的跨铁路车站方案，是该专家小组最初关注的焦点。专家小组得出结论称，这个概念是自信而明智的，但表述不清晰，而且具有误导性
资料来源：马修·卡莫纳

审查过程本身是确保展示者与审查小组之间一定的分隔以便保证客观，每一次审查都包括一次非公开的讨论，以便就审查信中反映的要点达成一致。写这封信还有赖于一位杰出的个人来主持会议。设计审查作为一项长期工作，"在工作中没有好的主席，审查小组就不可能具有活力，所以这有赖于所有小组成员的评价以及记录下会议中的所有信息，并发展成为简明的，但不包含不必要细节争论的最终评审意见。"

设计审查也需务实，因为它需要评估每个案例的优点，考虑到当地的开发环境，平衡优化设计潜力和可行性。例如，对伦敦哈默史密斯路（Hammersmith Road）一项拟议中的开发项目进行的评估记录显示，"在该项目中加入当代元素是完全可以接受的。然而，如果当地政府认为任何开发项目都需要与周围环境更加协调，那么拟议中的立面保留只是个次优的选择"（CABE 2002h）。

因为有时间的限制，意味着只能进行有限数量的全面审查，形成了内部审查和桌面审查形式。对于那些以这种方式进行审查的人来说，存在一种看法，即 CABE 过于"秘密"和"令人沮丧"，因为他们既不能向委员会提出意见，也不能听取或澄清意见。同样，一些评审团主席认为，这种做法错失了向申请人提出问题的机会。这些形式也需要 CABE 工作人员更多的准备时间，因为他们实际上必须代表申请人出席。完整的小组还有一个优势，那就是能让申请者对正式记录了 CABE 建议的最终信函有一个大致的了解——尽管这并不总是奏效，而且如果信函似乎与记忆中的对话不一致，可能会导致失望（或解除）。用一位更高级别的大伦敦当局（London Authority）成员的话来说，"我过去常常在一些会议结束后，怒火中烧……他们怎么这么蠢！就好像愚蠢的声音盖过了理智的声音，然后你收到那封信，你就会想'哦，感谢上帝；那里还有人的头脑是清醒的。'"

咨询信涵盖多方面：专业能力；提供给审查的材料是否充足（在理解物理环境和拟议计划方面）；设计开发过程；设计审查及改进建议，以及实施建议。设计审查的范围可能非常广泛，但通常涉及体量、行人通道等社会问题，以及方案与当地环境的关系，不可避免地涉及规划。还有一些"x 因素"元素，如"生活乐趣""创新"、优雅和风格，审查函件可以在这些元素上给出建议，在适当的时候，设计团队也应该考虑 CABE 实践指导，尤其是对高层建筑的指导。

信件的语气也从皇家艺术委员会继承下来的形式中快速演变而来（参见图 4.11），在对其核心建议保持强有力的声明的同时，它的语言变得越来越婉转并且能够量化。例如，"我们承认我们的意见

会让客户和设计团队失望，他们显然已经在当前的提案中花了很多心思和工作。但是我们的意见是，如果要成功地完成该项目的目标，就需要重新开始。CABE 将乐于就如何做到这一点提供进一步的建议"（CABE 2001d）。

在 2004 年和 2005 年事件之后（参见第 4 章），有人呼吁加强对 CABE 程序的问责制度，特别是在设计审查方面。这是汇集独立专业知识的一种关键手段，并将继续用于 CABE 的大部分审查工作，目前其正在逐步向公众开放审查过程，以增强设计审查过程的透明度（CABE 2006c）。在 2006 年进行的几次评论中，以及在接下来的两年里，"开放访问式审查"制度被试行，要求将设计审查向公众开放或邀请公众观看。到 2008 年，有了"通过继续使适当的群体和个人能够进行参与而提高设计审查的开放性"的绩效指标（CABE 2009b）。然而，这些都是微小的变化，就其进行的方式和该项服务在治理体系中的地位而言，总体设计审查仍然是最直接的并具有一致性的工具。

3）后续

虽然 CABE 没有办法强制执行其建议，但是它通过在行业中的声誉和在建设计划过程中的影响力仍可拥有巨大的力量。更重要的是，它通过在网上发布信件的方式将自己的建议公布于众，这些信件也被抄送至所有相关各方，并发布给媒体；但如计划尚未作为规划申请提交，则不受此限制（在这种情况下，他们只提供给英国遗产组织和有关的地方规划当局）。这些非正式审查权的一个显著例外是 2009 年至 2010 年间在"建设未来学校方案"倡议下建造的学校，倡议正式要求这些学校达到一定的最低设计标准，才能获得资金拨付。这些计划通过专门的学校设计审查小组进行评估。

尽管其权力有限，但从一开始就有证据表明，被退回的提案一般都会采纳 CABE 的意见（CABE

2001a，2001c），其中不乏一些个性显著的高调的案例。例如，发展政策局的利物浦一号零售发展计划（CABE 2001e）（图 9.12），记录其相关影响是审查工作的一个重要组成部分，主要是因为 CABE 必须监督项目中存在的利益冲突，并根据执行目标跟踪其进展（参见第 4 章）。

因为 CABE 不能强制要求一个组织接受它的建议，所以对于重要的建设计划，它反而需要以其他的方式促使他人接纳其意见。简单地重复没有被采纳的审查意见是很难成功的，因此在这种情况下，CABE 寻求对话，特别是当返回的建议被认为比先前审查小组做出的建议更糟糕的时候。CABE 并不回避争议或激烈的批评，只是偶尔不发表意见，例如在一些公共艺术领域，评判永远不能超越主观（CABE 2002i）。在其他一些实例中，CABE 更多秉持的是支持或合作，为其授权提供多种审查或分阶段案例等可能的服务。

CABE 有时会收到关于审查建议如何在同一方案上前后审查意见不一致，或因为评价小组和授权小组不同而不一致的抱怨。大多数情况下，这与小组和授权小组成员之间的意见不一致有关，尽管一位小组主席表达了不成文的原则，即"在第一次审

图 9.12　利物浦一号零售发展项目。这是利物浦市中心的一项变革性再生计划，CABE 热切希望确保其能作为城市的一个组成部分和连接部分发挥作用
资料来源：马修·卡莫纳

查会议上表达的基本观点不能被随后的评论所推翻"。CABE 自己也意识到了这种不一致，并试图通过限制小组主席的数量和监督"违反 CABE 政策"的审查建议来解决这个问题（CABE 2007h）。对学校相关计划的审查采用最严格的一致性标准，2007年，学校审查小组甚至为此目的制定了评分机制。[5] CABE 的授权人员还被告知，他们应该建议客户负责人，成功的授权过程不一定意味着良好的设计审查。

总的来说，CABE 提供的设计审查服务得到了普遍（但并非所有的）尊重，并对英格兰范围内的开发质量和开发中的设计愿景产生了积极影响（图 9.13）。然而，由于工作量极大，国家提供的审查也有局限性，而且 CABE 并不总是具有最适当的专业知识或有关于不同地域的知识，这就解释了 CABE 为何如此热衷于设立负责特定区域小组进行设计审查。虽然监督外部小组评审意见的质量一致性要困难得多，但这些做法既有效又受欢迎，在全英国范围内大大提高了咨询能力（CABE 2010f）。对于主管区域小组的地方建筑与建成环境中心（ABEC）们（参见第 8 章），CABE 就评审小组的设立和管理提供了咨询意见，包括：资金、人员配置和行政、甄选小组成员、利益冲突、主席的作用、培训、实地访问、举行会议、撰写和跟进，以及关于保密和宣传（CABE 2006a），这些都是非常宝贵的。

3. 认证

CABE 从一开始就与外部合作伙伴合作制定了两项认证计划。"生活建筑"认证最初是通过由特里·法雷尔（Terry Farrell）主持的小组来运作的，该小组针对所谓的"生活建筑 20"（BfL 20）标准进行评估，韦恩·海明威（Wayne Hemmingway）于 2003 年接任主席。如第 7 章所述，"生活建筑"最

图 9.13　彩票销售所得资助的艺术和文化项目是 CABE 设计审查的主要内容之一，包括：(ⅰ) 当代诺丁汉项目；(ⅱ) 赫普沃思·韦克菲尔德项目（Hepworth Wakefield）

资料来源：马修·卡莫纳

初是作为一个基于网络的平台来设计的，目的是分享来自英国和国外的住房设计最佳实践案例研究。"生活建筑"的合作伙伴利用这些研究，以及政府在设计及规划制度方面的指引——《通过设计》（By Design）（DETR & CABE 2000）中所承载的目标，以及其他主要城市设计有关文件，来制定判断新住房开发质量的标准。聪明的是，他们将这些问题打包在仅有 20 个问题的压缩包中，为认证计划提供了一种可管理的基础（专栏 9.3）。[6] 在 20 项标准中，所有达到 14 项或以上的计划均能获银质或金质认证（图 9.14）。

图 9.14　"生活建筑"认证标准金质认证

资料来源：马修·卡莫纳

专栏 9.3　生活建筑标准

　　在"公民信托奖"颁发 40 周年之际，考虑到多年来缺乏住房类得主，公民信托的董事迈克·吉利亚姆（Mike Gwilliam）提出了住宅建筑商联合会（HBF）的想法，意图为全社会展示最好的新住房。CABE 很快就参与到讨论中，这个想法演变为寻找潜在的优秀住房案例。特别是，其目的是聚焦高质量但"普通"的计划，这些计划不具备特别优秀之处，比如拥有独特风格，如皇家资助的庞德伯里项目（Poundbury）（当时曾与其合作伙伴进行过很多讨论）。虽然这些案例被迅速收集上来，但它们体现了不同的地方和市场特征。

"生活建筑"联合会的多样性引发了一种新的认证方法。公民信托的参与带来了更多用户主导的评估，CABE 赞赏"它带来了非建筑师的观点，并形成了完整认证过程的基础"。CABE 的贡献是为编写业务案例和编制一篮子案例研究、网站和创建专家小组提供了前期帮助。后来，它招募了自己机构内住房领域的专家作为这项倡议的领导人员，并提供了大量资金，如果没有这些资金，"生活建筑"就无法存在。

虽然建立一套固定的标准在一定程度上存在简化的风险，但它也提供了一种用户友好的工具。对地方政府来说，这也是有用的，因为这种工具建立了讨论的平台，其中许多案例研究是为了向设计专家以外的更广泛受众"展示"而选择的。通过这些方式，人们希望这一倡议能通过其他奖励无法做到的方式对房屋建造者施加压力，他们关注的点是不同的。用一位负责房屋事务的专员的话来说，"政府期望 CABE 有一定的影响力，而'生活建筑'的重要之处在于它寻求加入产业体系作为实现这一目标的一种方式。"因此，重要的是要有住宅建筑商联合会作为一个坚定的合作伙伴，其在住宅设计早期确定相关标准和提供协调方面发挥了重要作用。

虽然"生活建筑"可能很容易使用，但最初推广"生活建筑"则是一场斗争。正如其中一位标准创建者所说："我们只是沟通得不够清楚，事实上设计是有好处的，那就是按照标准建立的方案会将人们在那里生活的不适感降到最低，并拥有更高的潜在价值去转手销售这些建筑。""生活建筑"在奖励方面没有帮助（参见第 8 章），其建立者最初并不打算使其成为建设计划的一部分，而且对奖励与标准（认证）之间的区别也没有被很好地理解。一些奖项评委期待更多优秀的方案，但获奖方案并不总是能明确传达应用"生活建筑"标准的好处。一个很好的例子是，副首相的宣传团队让他在普罗克特（Proctor）和马修斯（Matthews）获得"生活建筑"金奖的住宅设计方案前拍照，正如一名 CABE 员工所描述的那样："之所以我们在那里举办比赛，是因为像普雷斯科特（Prescott）这样的人非常兴奋能在那种一看就不是来自 21 世纪的建筑前接受媒体拍照，并获得大量的新闻关注……但是我们旁边的房子售价为 43 万英镑，实际上建造成本为 45 万英镑——这对于'生活建筑'来说简直是自杀。"

由于对不同的市场环境不太熟悉，以及需要将标准相统一，使得其难以代表大量住房建造者们的计划。引用负责住房事务的 CABE 专员的话，"热情的话语并没有转化为实际行动，尤其是在伦敦以外。"开发商的工作实践构成了最大的挑战，许多参与者承认，公共领域往往没有得到足够的重视，是许多高层计划中最薄弱的部分。'生活建筑'处于两头落空的边缘，对于市场价值和社会价值的回应都是不足的。

尽管在创建有意义的标准类别和向所有参与者传达"生活建筑"的价值方面存在挑战，但该计划获仍得了大量支持，一个简化版本"生活建筑 12"至今仍在使用（参见第 5 章）。

CABE 大力推广"生活建筑"。到 2005 年，"生活建筑"应用已经超过服务水平目标，有 60 个应用，而不是预期的 25 个，这导致需要培训更多的评估员，并确保评估具有广泛可比性（参见第 7 章）。通过这些方式，"生活建筑"很快被大量房屋建筑商、住房协会和规划部门认可为行业标准。因此，虽然"生活建筑"最初是一个完全自愿的计划，到 2005 年，它已经开始被公共和私人组织作为标准，并被纳入了大约 85 个地方当局的发展规划。2007 年，住房公司开始使用"生活建筑"作为其筹资标准的一部分，并将其批发纳入其设计和质量标准。2008 年，对标准进行了更新（反映出住房审计中设计表现不佳），政府要求地方当局通过其发展计划年度监测报告来报告设计质量[7]，并将其作为向社区与地方政府部汇报的强制性程序中核心产出指标的一部分。尽管英国住房市场下滑，但这将该计划推向了一个新的高度。

"绿旗"认证计划的领先地位持续得更久，从 20 世纪 90 年代开始由公民信托管理，1997 年获得第一个奖项。2003 年，"CABE 空间"成为其主要供资伙伴，并开始寻求增加其用途，这与英国对该计划的大力政治支持相伴相随，推动了地方当局对该计划的更多了解。1997 年，只有 7 个地点符合该标准，但 7 年后，其已经颁发了 182 项"绿旗"奖。像"生活建筑"一样，随着"绿旗"计划的发展，它需要由 CABE 提供大量的评估员，尽管这导致难以确保标准的一致性。正如一份关于这一主题的报告所指出的那样："鉴于新评估者的涌入，已导致出现了裁定分数下降的迹象，CABE 最好设置一些检查内容，并由一两名有经验的评估者进行监督，以确保这一有限体系下的非正式检查能够保持应有的一致性"（Wood 2004）。

大约在 2006 年，"CABE 空间"的领导层进行了更替 [由莎拉·加文塔（Sarah Gaventa）执掌]，同时，"CABE 空间"的工作重心也发生了变化，从几乎完全关注公园转向了街道和其他公共空间。正如加文塔所说："我被任命将'CABE 空间'带入更广阔的公共领域。CABE 的焦点将不再是公园"（Appleby 2006），至少不仅仅是在公园里。但是，CABE 会继续支持和扩大'绿旗'工作。到 2007 年，CABE 报告写道："十个地方当局中有七个以上在管理其绿地时采用了国家认可的'绿旗'标准"（CABE 2007b）。CABE 保持了对该计划的持续参与，

直到公民信托（2009）和保持英国整洁运动（Keep Britain Tidy campaign）接管该计划的时候才结束。

认证项目需要对质量作出强有力的说明，当理解和认同这些原则是专业实践的一部分时，才会发觉质量是最有力的说明。对于"生活建筑"来说，这些标准代表了一种更广泛的治理工具的核心部分，这类治理工具中的其他工具借鉴了认证方案，特别是奖项、案例研究库、导则、活动等工具。值得注意的是，这些奖项为媒体报道提供了现成的首要资料来源，而高级别的活动则侧重于项目在设计方面的成就。

在 CABE 的 2003—2004 年度，获得至少一个"绿旗奖"被很多地方政府列为考核指标（CABE 2004d），并在第二年，考核指标要求包含了获得"绿旗奖"的总数，以及使用"绿旗"作为管理工具的地方政府数量。此外接受"生活建筑"标准评估的项目数量也被加入考核指标中（CABE 2005c）。"绿旗"作为一项管理工具直到 2007—2008 年度仍然只包含"绿旗"指标[8]，而"生活建筑"指标则变为了大量地方政府在受理规划申请中签约使用的参考标准，并在次年培训了大量的"生活建筑"标准的评审员（CABE 2008a，2009b）。这两个计划显然对 CABE 至关重要，但对于它们是否成功（以及 CABE 的成功）的判断仍然应是动态的。

4. 竞赛

在最初的几年里，竞赛工具关注重新思考在特定场景中的特定发展方式。在成立之年，关于邻里护理系列倡议（2001 年 4 月发起）的初步工作最终催生了布里（Bury）、设菲尔德和贝克斯利（Bexley）三地的概念性设计。2002 年，"民主设计呼吁"要求参赛者"改造"市政厅，重点是布拉德福德（Bradford）、斯托克波特（Stockport）和莱奇沃思（Letchworth）市政厅[9]；2003 年，教育和技能

部要求 CABE 组织一个国际竞赛和发展简报程序，委托多学科设计小组为六所中学和六所小学开发示范性学校设计；同时在 2005 年，英法住房倡议（见上文）已经启动。截至 2005 年，CABE 还定期参与特定网站的竞赛，作为其推广功能的一部分（参见第 10 章），并继续与理事会和艺术组织合作。2007 年 12 月，CABE 甚至在"新伦敦建筑"（NLA）举办了一个名为"竞赛作品"的展览，展示其推广工作的一面。在该网站上，CABE 指出：

> "竞赛吸引了敏锐的设计团队，并能在大型建筑实践中挖掘未被充分发现的人才。在欧洲，竞赛通常用于规模较小的日常项目；而在英国，它们往往被用于里程碑式的大型项目。因此获得各种尺度的高品质设计的机会，无论尺度大小，都可能被错过。"[10]

然而，尽管有这种表面上的热情，但在后来的几年里，其工作的这一方面在公众眼中从来都不是很突出，甚至有些不受欢迎。CABE 对竞赛的兴趣不断下降，最突出的表现是它加入了"欧洲视觉"，一项面向 40 岁以下建筑师的两年一次的竞赛，旨在推动欧洲各地创新住房方案的设计；其中的一个主要特点是项目会被实际建设出来。CABE 在比赛已经进行了 16 年之后，第一次参加了"欧洲视觉 8"（Europan 8）（2005）。然而，在社区与地方政府部（DCLG）、英国合作组织和住房公司的支持下，CABE 在 2005 年为参与者确定了三个英国场地，随后在 2007 年又为"欧洲视觉 9"（Europan 9）确定了三个场地。然而，尽管竞赛工具在欧洲大陆取得了成功，2007 年只有两项英国参赛场地被选中，一项获得了成功，但竞赛工具仍难以在英国站稳脚跟。在 CABE 参与的时候，项目实际上得到了规划许可。虽然 CABE 仍然正式参与其中，但它没有为"欧洲视觉 10"（Europan 10）提供任何场地，CABE 被指

责缺乏提供场地的热情，并在"欧洲视觉 11"（Europan 11）之前完全退出（*Architects' Journal* 2010）。这标志着 CABE 最后一次对竞赛工具的重要参与。

在使用竞赛工具时，CABE 的参与通常有助于揭开竞赛过程的神秘面纱，而竞赛过程当时被视为鼓励增加设计采购透明度和处理司法公正的有用手段，否则可能会显得主观。在更一般的情况下，授权角色可能会使 CABE 员工在选择不同团队设计方案时处于尴尬的地位（参见第 10 章），在这种情况下，竞赛提供了一条出路。当他们构建一种可证明的设计质量阈值时，客户团队可以事先咨询并与 CABE 达成共识。例如，关于"加拿大滨水总体规划"，CABE 无法根据提交的方案对选择哪个开发小组作出判断。CABE 的授权者创造性地向伦敦南华区（London Borough of Southwark）提议，他们"将 12 份意见书减少到 8 份，并增加了一项新的要求，即每个联合体都需要证明他们的设计方法符合公认的标准"[11]。这导致了一场专门设计的竞赛来进一步选择团队，旨在通过设计提供清晰性和可比性（图 9.15）。

在实践中，竞赛可能需要几轮的选择，通常从通过基本团队要求对参赛者进行选择开始，以节省参赛与评审双方的时间和精力。例如，民主设计竞赛有两个阶段。在第一个案例中，由建筑师领导的

图 9.15 加拿大滨水图书馆，是最终总体规划的一个重要组成部分
资料来源：马修·卡莫纳

设计团队的简短表达兴趣被评估，而目标是创建"无障碍和受欢迎的城市场所"，如公共会议室和辩论空间。从第一阶段开始，成功的申请人便会被组织起来，一同为下一阶段的参与提供更全面的设计建议。

在全英国范围内，竞赛在 CABE 的时代仍然是一项很少使用的工具，而在英格兰从事竞赛工作的促进者必须花费大量的时间让非设计领域的合作伙伴们加快理解他们的作用、效用和不足。与此同时，CABE 在国际（欧洲）的工作人员发现了其中关系的困难和复杂以及整个过程的拖延，这两种经验在一定程度上解释了为什么竞赛存在于 CABE 工具箱中，工具从未真正获得显著的吸引力。事实上，随着 CABE 实验的展开，竞赛是唯一被使用得更少而不是更多的工具。

9.3 何时使用评价工具？

尽管 CABE 的评价工具在很大程度上仍然是"非正式的"（参见第 2 章），但它们提供了一系列系统化的方法来评估设计质量，他们认为，评估的范围是客观、稳健和全面的，因此值得信任。因为与以前的工具相比，评价是针对实际发展的，它也将设计治理引入了更多领域，对实际项目和场所产生了直接和切实的影响。实际上，这些工具导致了对设计命题的判断，可能是好的，也可能是坏的，同时也间接地对负责它们的团队的表现作出了判断，无论是对是错，这有时会引起不可避免的反对和争议。此外，它以多种方式做到了这一点：有时是过程性的，为设计过程提供信息；有时是总结性的，评估设计的输出（图 9.16）。

CABE 最出名的是它的评价工具，可以说这些工具帮助 CABE 建立了声誉，而且，特别是在设计审查的情况下，对 CABE 持不同意见的人认为，在没有诉诸民主程序或质疑决定的明显手段的情况

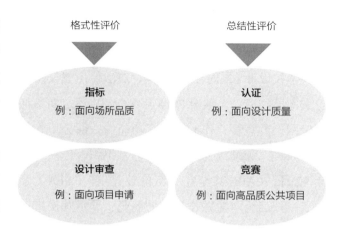

图 9.16 评价类型

下，"官方"对设计的判断总是有问题的（参见第 4 章）。当然，这些担忧并不新鲜，尽管 CABE 在其存在的整个过程中继续进行设计审查，作为其"标志性"服务，本章还演示了它是如何通过其他途径进行的。通过使用指标、认证和竞赛，（可以说）以一种较少的对抗性、更鼓舞人心和更有抱负的方式来评估设计。

通过这些多种手段，CABE 开发了自己独特的混合方法，在这种方法中，评估不仅是衡量绩效的手段，而且也是塑造国家范围内城市设计的一种方式，并且常常是从不同方向处理设计治理的更大工具包的一部分。在 CABE 的工具库中，竞赛仍然是一个相对不足的工具，也许是因为 CABE 本身的定位并不是项目专员，也因为这些进程有关的联系指标所包含的不可避免的成本和不确定性，特别是认证工具被严重依赖。它们是该组织可以表达其设计愿望的关键手段，也是 CABE 可以与相关组织找到共同目标的既定手段。

将评价工具（图 9.17）放在第 1 章中的设计治理行动领域中，显示评价工具主要集中于在设计过程中或在过程之后立即进行的评价场景。例外是指标工具，其标准可用于影响设计过程，但也像"空间塑造者"，以更好地理解设计发生的背景。非正式的设计审查可以在设计过程的不同阶段进行，但是可以说最能发挥作用的时段，应该是在评价的结

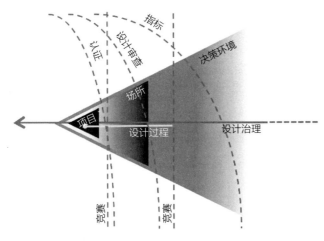

图 9.17　设计治理行动领域中的评价工具（见书后彩图）

果仍然可以被利用的早期和时间发生对设计的发展施加影响。然而，评价可能而且经常发生在稍后阶段，作为确定规划审查正式过程中的非正式材料。相比之下，认证则需要在设计确定之后才能进行，并且可以根据其优点和是否符合认证要求作出最终判断。这甚至可能发生在完工后。最后，竞赛的本质发生在设计过程的开始阶段，尽管这可能是一个更大尺度上的城市设计过程的开始（例如，总体规划），或者专注于某一特定项目（通常是建筑），或者两者兼而有之。

注释

1. 一旦 CABE 有了足够数量的受过培训的用户，一次性 300 英镑的费用就被注入，培训计划也就放慢了。

2. 详见 www.designsoutheast.org/supporting–skills/spaceshaper–facilitator–training/

3. 并不是所有的认证计划都是这样，它们通常只根据提交的材料来运作（参见第 2 章）。

4. 在撰写本报告时，它仍在使用中：www.dqi.org.uk/ [2015 年 4 月 24 日最后访问]。

5. 每名小组成员可给予 0 至 4 分，10 名小组成员共得 40 分：优秀（36—40 分），好（30—35 分），还不够好（25—29 分），平庸（25—29 分），差（0—15 分）。2009 至 2010 年度有一个修订的评分系统，新的评级为"非常好""一般""不满意"和"差"。

6. 虽然简短的问题集是一种方便的简化工具，但在实践中，标准需要被扩展和解释，CABE 借助了生活建筑指南（CABE 2005g）。这充分说明了准则及其适用性，并参考了相关的政府政策，使指南具有更大的合法性。分发了 20000 份数字版本和印刷版本。

7. 年度监测报告是 2004 年"规划和强制采购法"对地方政府提出的一项要求。

8. 不久之后，CABE"工具箱"中出现了"绿旗"。

9. 这项比赛是与设计理事会合办的，是两家机构在 2011 年合并之前的极少数合作项目之一。

10. http：//webarchive.nationalarchives.gov.uk/20110118095356/，http：//www.cabe.org.uk/news/new–exhibition–for–design–competitions

11. CABE 授权的项目说明，2002 年 9 月。

第 10 章
辅助工具

CABE 提供的直接辅助也许是其行动中最直接体现"干涉主义"的方面，因此也是最直接的影响来源，但也是最小的一个。众所周知，直接辅助（可以说）是被低估的业务部分。在英国设计治理的背景下，这项工作使该组织与以往从国家层面上影响设计质量的尝试截然不同。这里包括两种关键工具：第一，通过赠款直接提供资金辅助和直接为地方设计治理活动提供资源；第二，直接参与地方的设计和设计治理进程。本章分为三个部分，分别介绍了辅助的原因、方式和时间，也就是这些工具的用途、交付过程以及在设计治理行动领域中的应用。

10.1 为什么要参与辅助活动?

1. 资金辅助

根据所提供的财政辅助的性质，发展目标有两个方面：第一，促进在英国各地实施符合当地需要的设计治理进程；第二，（尽管次数少得多）直接资助特定的设计主导的开发或城市更新进程。

1）资源组织

以前者为例，通过为其他机构的工作提供相关议程，CABE 可以扩展到英国各地，开发更深层次的网络和参与设计，否则不可能在英国范围内施加影响。这项活动的主要重点是通过区域供资方案建立一个地方和区域建设环境中心网络，旨在"最大限度地扩大公众参与应对建成环境有关问题的机会"（CABE 2003c）。已在第 8 章讨论过，通过区域资助计划（RFP）方式，CABE 能够向英国各地的机构提供大量的金融支持，尤其是非营利性建筑和建成环境中心（ABECs）。此外还有一些有国家职权的组织，特别是负责协调建筑与建成环境中心和英国皇家建筑师学会信托基金的建筑中心网络（ACN）。

如区域资助申请指南所述，CABE 区域政策的目标是"确保 CABE 的努力将使整个英国地区的建成环境设计得到显著改善"，这将由"充满活力和自信的地方政府领导，在我们所有城镇的公众辩论中蓬勃发展，并由熟练的当地专业人员提供"（CABE 2002c）。为此，CABE 表示，它"不打算建立自己的区域办事处网络来实现这一目标。相反，我们与其他机构合作"（CABE 2003c）。因此，CABE 将有限的资源用于现有的当地或区域组织，并且只有在没有任何已有组织的情况下，才资助和支持新的企业。

不仅是对缺乏资源的务实反应，CABE 还认为这种形式的外联工作可以通过更接近其合作伙伴所处的地方而更有效地开展工作。以比 CABE 建立自身分支低得多的成本建立自己的区域基础设施。事实上，到 2010 年，CABE 可以声称"到目前为止，我们的区域资助计划已惠及 60 多万人，平均费用为 2.65 英镑"（CABE 2010a：11）。此外，由于大部分资金是长期的，它有可能促进更长期和更有成效的关系。CABE 的地区协调员安妮·霍洛蓬（Annie

Hollobone）在一份新闻稿中描述了这一使命："我们希望每个人都知道建筑中心是容易进入、提供有趣和享受的地方。各种各样的活动发生在他们的家门口。"

区域基金赠款还使 CABE 能够通过利用他人的工作来提供"快速成功"。这项工作通常是非常特别的，包括教育工作坊、展览、讲座、研讨项目、访问建筑和场所项目、出版（包括网络资源）、生产教育资源，以及社区工作坊等方式。在 CABE 提供相应资金的情况下，新的活动领域可以很容易地启动，需要 CABE 进行的内部准备工作要少得多，并可以加快具有确定性举措的实施进程，同时打破地域的限制（CABE 2007i；Annabel Jackson Associates 2007）。

2）对项目的捐赠

在实现第二个资金辅助目标时，一个最终但极其重要的资助计划"海洋变化"关注于直接作用于项目本身。从 2008 年到 2011 年的三年里，"海洋变化"计划动用了 4500 万英镑的来自文化、媒体与体育部（DCMS）的资金，用于向海滨度假胜地提供资本赠款，同时重视通过文化项目促进城市更新。CABE 管理了这一每年 1500 万英镑的投资，引导它开展活动，以帮助这些地区制定更广泛的城市更新方案。正如"CABE 空间"项目负责人萨拉·加文塔（Sarah Gaventa）所解释的那样，"我们喜欢碳足迹较小和可持续的东西（对于海洋变化补助），它能唤醒每个人，振奋精神，鼓励更多的投资"（Christiansen 2010）。事实上，CABE 的作用比简单的资金分配更具战略性，包括提供咨询意见、管理决策过程、寻求伙伴关系和其他资金来源，以补充这一倡议并进一步支持选定地区的更广泛的再开发。

虽然 CABE 没有交付甚至没有参与任何项目设计本身，但该计划标志着 CABE 在其规模上的重大偏离（大于 CABE 的年度预算），也是因为这样的

做法使 CABE 处于直接资助实际干预行动的地位（图 10.1）。例如，与住房和社区机构（HCA）或英国遗产组织相比，CABE 通常与这类的资助机构不同，这是 CABE 唯一一次直接参与资助项目。然而，它表明了一种比资助第三方组织更直接的干预型资金辅助的潜力，这是 CABE 的正常做法。

2. 授权

除了直接资助项目之外，授权是 CABE"非正式"工具箱中最直接的工具，因为它将资源直接用于特定的发展项目或者场所营造中。未出版的授权手册（CABE 2005i：5）列出了五个主要咨询领域：

①帮助客户建立他们在设计和功能方面的愿望。

②确保任命顾问和合作伙伴为设计概要的编写提供公平竞争的过程。

③参与协助建筑师、设计团队或私营部门合作伙伴的选择过程。

④讨论设计采购途径的影响，例如民间主动融资（PFI）、伙伴关系和其他途径。

图 10.1　"海洋变化"项目拨款 100 万英镑用于贝克斯希尔（Bexhill）海岸的一系列项目，包括建造一系列新的海滨庇护所和改善德拉沃尔（De La Warr）展馆周围的环境
资料来源：阿拉斯泰尔·哈泽尔（Alastair Hazell）

⑤在简要介绍设计团队中发挥持续作用，并根据简要介绍回顾设计提案的进度。

事实上，CABE 授权者在发展的所有战略、管理、业务和技术方面提供了协助，从财务安排到投标程序、征聘、分期实施计划、简报草案、创造艺术网络、汇报演示，以及指导和监督设计工作和地方设计治理活动等。

CABE 经常将这项工作描述为"技术指导"或"支持"，有专员和工作人员提供专门知识，以及更多作为签约授权者的高级专业人员在需要时可以提供专业知识。他们共同提供了大量的经验和"对缺乏经验的客户的指导之手"（CABE 2001a），最重要的目标是提高这些部门的技能，增强决策能力，重点是提供高质量的设计。

授权计划存在于公共部门进行大量资本投资的时代，往往是通过民间主动融资合同进行的，其内在挑战在于那些意在传达设计品质的群体（参见第3章和第4章）。例如，2006 年以前 CABE 被授权参与的 12 个主要医院（总价值为 308.6 万英镑）的项目。[1] 这些公共投资的规模意味着该计划主要是针对公共部门的举措（图 10.2），虽然有时 CABE 也参与私营部门的项目（CABE 2002a）。它还与落实政府议程，特别是社区与地方政府部（DCLG）雄心勃勃的发展目标密切相关。用 CABE 首席执行官理查德·西蒙斯（Richard Simmons）的话来说，"在未来 5 年里，我们至少需要 1000 名能够领导可持续社区项目的熟练专业人员"（Housebuilder 2005）。

1）支持好客户

特别是，授权者的目标在于提高客户角色人员的绩效，即那些"购买"或"拥有"开发项目的人。在公共部门客户成为中心重点的同时，私营部门也作为发展建议的关键参与者，项目的设计和交付使用被授权。正如一位授权者就托基（Torquay）港的

图 10.2　在 2001 年至 2010 年期间，CABE 为 40 个敏锐的社区和精神健康信托公司提供了 100 项基本项目的客户咨询意见。包括与刘易舍姆（Lewisham）初级保健信托基金合作，为万花筒（Kaleido-scope）儿童和青年中心举办设计竞赛
资料来源：马修·卡莫纳

一座新桥所指出的："我选择支持 LDA[2] 和英国遗产组织，因为他们喜欢并不突兀的结构。我也能够增加 CABE 的权重，因为当地需要高质量的适当细节，并期望这将符合和补充公共领域的新兴设计策略。"[3]

CABE 提供了广泛的授权，但在授权的接受者应该是谁的问题上也有一些说明。特别是委员会寻求的目标是，在尽管存在隔阂的情况下，它认为仍有可能与有关组织建立长期的共同谅解。它建议："项目授权小组应为那些渴望质量但需要帮助的客户提供建议"（CABE 2002a：7），因此，如果合适的建议者或顾问已经存在，CABE 将无法提供授权。客户的技能和态度对于授权工作的成功至关重要。

在这些范围内，授权为一系列令人印象深刻的项目提供了定制的建议，从较小的一次性建筑方案，如儿童图书中心，到泰恩河畔的纽卡斯尔（Newcastle upon Tyne）的战略规划和空间规划，与多个规划当局的合作。后一种更具战略性的授权辅助形式包括：

- 就如何确保区域和地方政策加强和提供质量提供咨询意见。

- 协助地方政府和其他交付途径 [例如，住房市场更新开拓者（专栏 10.1）、城市发展公司、城市更新公司]。伴随设计品质的发展，以及人们对品质的期望及其在实地交付设计品质的

能力的提升。

- 建议如何与开发伙伴合作，以确保高品质设计的交付。

- 通过管理论坛来探讨和传播最佳实践方式。

专栏 10.1　授权：北斯塔福德郡住房市场更新

　　在北斯塔福德郡（North Staffordshire）启用住房市场更新（HMR）的经验表明，CABE 参与政府项目设计中的复杂性和深刻性。2002 年，住房市场更新开拓者倡议责成通过伙伴关系[4]在当地进行城市更新，并向英格兰的 9 个地区拨款 2500 万英镑（ODPM 2002）。有人认为[5]，中部地区需要解决因当地经济衰退而产生的衰败和使用不足的住房存量问题（图 10.3i）。北斯塔福德郡面临的具体挑战是"如何补救土地和财产以及回收利用……重建曾经的工业场所"。

　　在北斯塔福德郡，对城市更新的投资是非常受欢迎的，但是当地的设计师们对"中心"的干预很担心，认为整体的住房市场更新战略是糟糕的判断，并不能应对当地复杂的实际需求。特别是，关于该地区住房供应过剩的一般假设并不总是正确的，因为当地对住房市场更新方案的特点迅速产生了怀疑。该计划作为管理衰退、拆除住房和消除当地社区的一种手段，而不应只是投资于这些社区。

　　不考虑当地的政治因素，北斯塔福德郡的空间发展形式也是极为分散的。用一位中部地区的建筑师的话说，"你可以清楚地看到零星的拆除工作，这些工作显然没有得到协调，当然也没有明显的后续策略。"这些根深蒂固的担忧使得当

图 10.3 （ⅰ）特伦特河畔的斯托克市的破旧和废弃的特拉弗斯（Travers）街；（ⅱ）邻近的港口街，以其独特的特色，植根于历史悠久的当地陶器工业，为城市再生工作奠定了重要基础

资料来源：马修·卡莫纳

地合作伙伴变得很警觉，过分专注于"自己的地盘"，而不是更大的潜力。人们担心的是，完好或具有当地价值的房产可能会被不必要地拆除，而所有的社区都将被抹去。

为了概括介绍住房市场更新的大致情况，CABE 组建了一个由一名项目经理和若干顾问组成的工作人员团队，其中一名顾问的任务是协调和派遣合适的授权辅助者直接与北斯塔福德郡的当地相关主体开展合作。CABE 工作的要素各不相同，但为了有效地提供援助，重要的第一步是制定住房市场更新活动的战略方法，并在"探路者"中分享。这其中的一个关键因素是鼓励联合工作，这在北斯塔福德郡意味着指导授权团队与莱姆河畔的纽卡斯尔（Newcastle-under-Lyme）和特伦特河畔的斯托克（Stoke-on-Trent）两个委员会以及当地的建筑与建成环境中心——城市愿景密切合作。

这一网络化任务包括将人们与其他"探路者"领域以及"探路者"团队联系起来，CABE 举办了一次研讨会，并对德国的一个类似的后工业区埃姆舍尔（Emsher）公园进行了海外访问。这两次活动为围绕这些问题的思考提供了新的思路，城市

愿景在 CABE 和"探路者"团队之间扮演了当地中介伙伴的重要角色，在双方工作当中都有参与。

在 CABE 的推动下，这一更密切的工作产生了共同的战略，如米德尔波特（Middleport）和伯斯勒姆（Burslem）地区的总体规划，并产生了共同的指导方针，例如发展报告。为独立地点做出的规划，包括恢复港口街（Port Street）的活力等（图 10.3ii）。通过这些手段，专家技能以更加协调和有针对性的方式被加入进来，CABE 成功地为冲突的当地各方的谈判提供了空间，创造一个共同的愿景和良好的连续度。并使其对城市设计的价值产生了更大的认识。正如一名地方政府官员评论的那样，"CABE 创造的氛围确保了在任何时候，我的工作人员中都保持有两名城市设计师的参与。"

这种成功对于 CABE 来说至关重要，因为它已经通过与一个不被信任的政府项目相关联而将声誉置于危险之中。然而，尽管 CABE 的作用在参与者中受到广泛赞赏，要想达成最终胜利是非常漫长的过程。但自 2010 年以来，国家取消了对许多城市更新活动的支持，该倡议从未充分发挥其潜力。

然而，CABE 授权者通常会帮助客户确定关键的城市设计优先事项，并考虑关键因素，如投资项目前所需的技能范围。与设计审查一样，授权旨在在开发过程的早期帮助客户，但是与设计审查不同，这通常先于任何实际方案的产生，并且经常集中作用于其过程中。例如，英国艺术议会资助曼彻斯特中国艺术中心的促成者记录了参与关键早期工作的情况，"确定支出的优先次序，包括寻求成本效益"。[6]

2）鼓励文化变革

CABE 的授权辅助不仅仅是让客户进行"执

行"。更根本的是，通过磨炼负责人的技能，使人们有希望在建成环境中更好地管理开发和设计。授权者被期望"鼓励项目团队提高他们的视野，让客户团队有信心拒绝只有最低共识的解决方案"（CABE 2006c：2）。它旨在引导客户的心理和他们的思想走向长期的设计主导的发展方式："激发兴趣和雄心、激发新的思维方式，并促进变革的积极利益。"正如一位授权经理解释的那样，"授权者和授权团队的角色通常是具有挑战的，需要提供不同的观点、新的思维方式和工作方式，这些工作甚至要在设计之前就要开始"（CABE 2006f）。

考虑到这项任务是面向公众的，且具有联系各方关系的作用和传播影响的作用，故授权者的角色与其他承包商的角色有很大不同。从技术上讲，授权者不是合资企业中的雇员、代理人或合作伙伴，也不代表 CABE 或公共部门客户行事（CABE 2010b）。相反，他们是 CABE 的独立顾问。正如授权者手册记录的那样："任何建议和支持都应根据 CABE 的目标，在公正的基础上提供，授权者直接向授权给予方负责"（CABE 2002a：13）。促成者的角色不仅在费用方面不同于咨询工作（CABE 为免费服务客户的授权者支付标准化费率[7]），而且还因为它涉及对目标明确的干预措施，旨在将相关技能转移给相关组织用于基本决策。这是一次短暂且有时间限制的专业知识注入，希望这将留下值得信任的遗产，这样客户（或至少团队）就不需要求助 CABE 来再次授权辅助。从 CABE 的角度来看，这也有助于为 CABE 的其他服务开辟一条渠道。

授权对于 CABE 更广泛的使命也很有价值。通过授权，CABE 扩大了其集体技能集，授权工作揭示了可以分享的经验教训，并有助于制定其他方案。在其 2002—2005 年公司战略中，委员会指出，"CABE 将巩固其授权方案头两年的经验教训，并广泛传播这些经验教训"（CABE 2002b：7），例如，通过其公布的案例研究，其中许多来源于授权工作（参见第 7 章）。因此，授权成为委员会的一项重要工具，加深了委员会对当前做法的理解，"我们可以了解项目或流程的程度，以在未来帮助其他客户"（CABE 2006f），同时 CABE 根据基层的经验，对国家优先事项提出有根据的看法。

10.2　辅助活动是如何开展的？

1. 资金辅助

早期，CABE 的资金辅助主要针对与艺术相关的活动，如皇家艺术学会（RSA）的建筑艺术展览。从那时起，捐助逐渐扩大到范围更广的特设项目，区域预算于 2002 年制定，从而使 CABE 的资金辅助更加结构化，以支持在英国范围内建立一个地方活动、技能、网络和能力的雄心。与此同时，CABE 也强调通过建筑和建成环境中心实现全面的地域覆盖（CABE 2008e），在 CABE 的成长岁月里，资金逐年增加，正是基于这种资金的延伸潜力，其影响力才能一直深入当地社区的层面（CABE 2004h）。

在区域资助计划的头两年，CABE 提供了 120 万英镑赠款，帮助建立 13 个中心（CABE 2003c），在 2004—2005 年度和 2005—2006 年度期间，这一数字增加到 145 万。2006—2007 年度和 2007—2008 年度，CABE 总共资助了 186 万英镑，资助了 19 家建筑和建成环境中心机构（包括建筑中心网络机构）。从这一捐助的历史高点开始，2008—2009 年度至 2009—2010 年度（图 10.4）支出了相同的金额，但现在的捐助数量是 22 个组织（CABE 2011d）。在 2010—2011 年度，资金下降到 1271015 英镑，而第二年一切（与 CABE 一起）都消失了。然而，在此之前，CABE 的外部合作伙伴资金来源的稳步增长是由文化、媒体与体育部的热情推动的，文化、媒体与体育部不断推动了一项资金更充裕、覆盖面更广的项目。

每年总值 20000—80000 英镑的赠款被分配在两年内支出，这是基于一种评分系统，用于选择优先考虑有共同赞助者的组织的申请。例如，2002 年，相关指南明确指出，CABE 正在寻找匹配的资金，其中融资比例至少为 20%，实物赞助比例至少为 30%（CABE 2002e）。通过这种方式，CABE 可以使其有限的资源，进一步在由此产生的一系列伙伴关系结构中发挥作用。

建筑和建成环境中心们本身拥有各种各样的经验，人员构成上包括了董事会和工作人员、会计师、

机构	地区	资助（英镑）
肯特建筑中心	东南部	110000
索伦特建筑和设计中心	东南部	105000
布里斯托尔建筑中心	西南部	100000
德文和康沃尔建筑中心	西南部	100000
塑造东部	英格兰东部	110000
创造 MKSM	英格兰东南部、东部和东米德兰	80000
Opun	东米德兰	105000
MADE	西米德兰	105000
斯塔福德郡北部城市愿景	西米德兰	110000
Arc	约克郡和亨伯郡	110000
beam	约克郡和亨伯郡	90000
唐卡斯特设计中心	约克郡和亨伯郡	25000
设计利物浦	西北部	40000
重要场所!	西北部	40000
北部建筑	东北部	110000
建筑基金会	伦敦	45000
建筑探索	伦敦	115000
基础	伦敦	80000
新伦敦建筑	伦敦	25000
开放房子	伦敦	45000
伦敦城市设计组织	伦敦	60000
建筑中心网络	全英国	150000
	总计	1860000

图 10.4　CABE 对建筑与建成环境中心在 2008—2010 年度的捐助情况（CABE 2011f）

建筑师、艺术家、社区发展专业人员、文化专业人员、开发者、工程师、环境专业人员、筹资者、教育工作者和研究人员、律师、地方政府成员和官员、营销和媒体专业人员、城市更新管理人员、测量员和城市规划者。在两个例子中，CABE 直接协助创建了新的建筑和建成环境中心，尽管它发现这个过程在政治上是很棘手的。一个很有启发性的例子是确定"创造 MKSM"的位置，这是米尔顿凯恩斯（Milton Keynes）和南米德兰地区的一处建筑与建成环境中心，CABE 在跨越三个区域发展机构的相关住房增长区的背景下支持它的建立（图 10.5）。在该建筑和建成环境中心成立阶段的谈判中，CABE 明确表示，鉴于增长主要集中在牛津北部和东部地区，牛津（Oxford）（提议的地点）并不合适。因此，尽管 CABE 不希望将自己的观点强加给这个刚刚起步的组织，但在这一点上，它必须利用自己的影响力来确保其在米尔顿凯恩斯有一个合适的位置。

1）资助引导而非资助供养

区域资金的拨款要求地方合作伙伴在结构上是独立的，但在战略上与 CABE 保持一致，例如，CABE 拒绝资助目标相似但也为咨询部门工作的组织。一旦一个组织收到资助，CABE 将持续关注其工作，在整个资助期内经常举行面对面的会议。运营讨论并不罕见，例如在人事问题上，CABE 负责确保其资源以负责任的方式使用，这也保证了资助

图 10.5　创建 MKSM 所能影响到的区域包含了对新住房需求很高，但设计与承诺却有很大差异的地区，如（ⅰ）纽霍尔（Newhall）和（ⅱ）艾尔斯伯里（Aylesbury）

资料来源：马修·卡莫纳

的物有所值。因此，需要一个庞大的系统来监测如此庞大和系统化的工作流。

时间表是在赠款期开始时商定的，每季度跟踪检查一次，一般来说，所有活动都在这些时间表下进行了说明。这一过程相当统一，相关目标和工作计划基于最初筹资指导方针的主题，例如与技能发展、公共建筑质量、对城市设计重要性的认识、发展地方枢纽和促进公众参与等。资助持有人需要记录活动并提交进度报告如：巡回再生计划、持续专业发展研讨会、建筑周活动、网站工作、营销、当地合作伙伴关系和讲座。

赠款由 CABE 工作人员在内部管理，他们就运营事宜与赠款受助人联络，并监控目标和账户。这种结构与其他工具非常不同，因为它需要一个集中的"枢纽"和多个"代言人"，尽管在 CABE 的资产负债表上看起来具有财务效率，但在某种程度上隐藏了社区与地方政府部管理 CABE、CABE 管理建筑和建成环境中心及建筑与建成环境中心管理项目的责任科层关系。此外 CABE 还遇到了其他挑战，其中最重要的是，相关捐助计划下的受助方并没有与 CABE 的其他计划之间产生预期的互动。举例来说，CABE 的一些部门本来希望与资助合作伙伴进行更多的交流，但是种种安排令其不可能实现而令人感到沮丧。会议记录显示，设计审查和"CABE 空间"团队尤其感到他们没有足够的联系，并"希望建筑与建成环境中心能融入更广泛的 CABE 大家庭中，以便他们能参与其他工作"（CABE 2007i）。

一个关键挑战是保持 CABE 影响力和授权持有者独立性之间的平衡。CABE 希望避免产生对投资者依赖的文化，并提倡所谓的"资助引导，而不是资助供养"的伙伴关系。然而，密切的监督尽管可能会导致较小决策的冲突，有时还可能导致赠款持有人和他们强大的捐助者之间更大的斗争。这方面的一个很好的例子是，更新和监控表格显示了赠款持有人在寻找"合适"的员工时面临的困难，以及 CABE 对任何妥协性候选人的抵制。有时在所有权方面也有麻烦，例如赠款持有者生产的工具的权属问题。这要求 CABE 不断努力与赠款持有人达成明晰的共识，在大多数情况下，这种做法效果良好。

实际上，CABE 设定的时间表很难可靠地监控，而且常常无法实现。一些给捐助者的信件记录了 CABE 重申需要监控时间表的诉求，"因为这是监控进度和发放付款的手段"，但是在这类情况下，CABE 更愿意协商时间的修订，而不是扣留款项。这种放松态度带来的影响尚不清楚，但由于它是这些关系中一直存在的一种特征，所以它可以被解释为实现所需"平衡"的一部分。

2）不可避免的紧张但最终成功

226　多年来，有迹象表明 CABE 和一些建筑和建成环境中心之间的关系越来越紧张，CABE 工作人员当时表示，"有时有人认为 CABE 是'摇钱树'"（Annabel Jackson Associates 2007）。很难知道这些看法有多普遍，但它们肯定是被曲解的。即使资助处于最高水平时，建筑和建成环境中心的资金也远无法只依赖 CABE，只有大约 15% 来自 CABE，另外 85% 的资金来源根据不同机构则大不相同（图 10.6）。然而，CABE 的钱对建筑和建成环境中心来说特别有价值，因为它是可以信赖的。用一位中心经理的话来说，"对于一个小组织来说，你需要一点核心资金，以便有时间投标所有其他项目。"

CABE 进行的一项未公布的员工调查显示，在与 CABE 的关系方面，"大多数建筑和建成环境中心表现得非常积极、友好和主动"（CABE 2007c）。尽管如此，CABE 基本上被认为是一种高压手段，它以伦敦为中心，正如一个北方中心的负责人所说："当我们感到有 30 或 40 名专业人士正在为我们腾出时间来做这件事时，伦敦人试图告诉我们如何进行设计审查，这让我们非常恼火，这些专业人士实

际上和他们的社区关系很好。"双方关系中一个根本的挑战是如何避免扼杀自主创新意识，同时保持清晰的客户—承包商关系。举例来说，CABE 能够对其资助持有者的工作进行联合品牌宣传，这在实际上和象征意义上都很重要。尽管作为对不信任的回应（相反），一些承包商对 CABE 对他们的工作进行品牌宣传感到不满（参见第 6 章），但这并不总是发生。

总体而言，CABE 通过谈判成功解决了这些和其他业务问题，2007 年对该方案进行的外部评估显示，总体而言，该方案达到了目标（Annabel Jackson Associates 2007）。从根本上来说，它这样做是为了确保其支配的公共资金有效地用于有益于社会的目标，并且建立了一个真正的本地设计网络，将伦敦的关键 CABE 项目（尤其是授权和设计审查）传播开来。它资助的大多数建筑与建成环境中心如今仍在运营（尽管不稳定），并且在 CABE 支持和投资的年度中有着良好的记录和丰富的经验。对于 CABE 来说，尽管它有时觉得建筑和建成环境中心网络的持续扩张带来了资金"过于分散"的危险（CABE 2007i），但它始终坚持着。因此，当 CABE 在最后几年面临节省预算的压力时，它尽一切努力在最高级别节约层面成本，总部运营成本的节省有助于支持这一目标（CABE 2010a）。

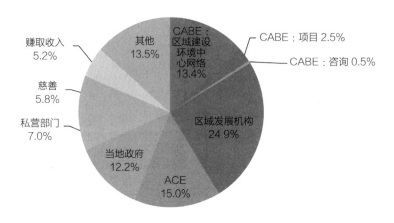

图 10.6　2004/2005—2006/2007 **年度建筑与建成环境中心资金来源**（CABE 2007i）（**见书后彩图**）

虽然在某种程度上,"海洋变化"是一项未完成的事业,同时也遇到了自治方面的紧张局势,但人们普遍认为"海洋变化"是成功的,对于直接受益的海滨城镇来说,这无疑是一个重大的福音。正如《每日电讯报》上的一篇文章所证实的那样,"它留下了丰富的遗产,并有益于提醒人们,城市更新必须包含比仅仅扩大零售空间或基本设施更具启发性的东西"(Christiansen 2010)。BOP 咨询公司对该倡议的官方评估(2011:6—10)同样是积极的,通过一系列重建和更新文化和遗产场所以及公共艺术的干预措施,该倡议希望通过每 1 英镑公共资金就能吸引筹集 1.66 英镑,其提高了相关地方政府的技能水平,创造了 700 个就业机会,并改善了 30 多个海滨小镇的公共文化介入情况,并创造或改善了总面积 133000 平方米的公共空间。评估人员得出结论认为,所资助项目的创新水平并不总是能达到最初设想的水平。

> "但是'海洋变化'是一个有效管理的方案,显示了与国家伙伴之间的出色合作。CABE 团队还将该方案设计得轻巧灵活,以便于执行,与其他一些筹资方案相比,财务负担较小。"
>
> (BOP Consulting 2011:6)

尽管来得太迟,无法影响 CABE 的未来,但这成功表明 CABE 已成为一家极其有效的传播机构。因此,尽管一些人认为这一举措和其他举措分散了该组织的核心使命,但这种能力在历史上一直在政府内部供不应求,是一种非常稀缺的能力。在持续的过程中,从相关文件上看,"海洋变化"的预算将 CABE 的"核心"资金水平提升到了一个新的高度(增加了一倍多),尽管事实上资金被严格限制,并且很快被分配来支持 CABE 传播伙伴的工作。事实上,CABE 对该方案的管理只占很低的 2%(CABE 2011f),因此剩余的"海洋变化"收入(98%)不包括在第 5 章所示的 CABE 资金细目中。

2. 授权

在其最初几年,CABE 直接通过其专员提供授权服务,但迅速着手制定了一项实质性方案,最终将覆盖英国各地的地方和区域政府,包括一些具有挑战性的领域。事实上,到 2002 年,授权辅助工作已经超过了绩效目标,即 50% 的授权活动都集中在城市更新或重建领域(达到 60%,CABE 2002c:17)。向所有类型的项目提供设计技能和经验的目标是英国设计治理的一个新的起点,越来越多的主要是公共部门的客户接受了这一提议,大规模项目越来越普遍,从单个建筑和总体规划扩展到重要的建筑项目和战略规划。通过这种方式,授权的项目总数从最初两年的 80 个增加到了 2009 年的 652 个(CABE 2009a:18),无论如何,设计技能和专业知识在那些原本没有优先考虑设计质量的地方得到了加强。

1)及时的行动

该项目于 2000 年开始,最初由英国艺术理事会(Arts Council England)的艺术资本项目推动,CABE 为此提供了"管理资本项目早期阶段的培训"(CABE 2002a)。授权辅助行动立即开展,项目数量迅速变得更加多样化,遍及英格兰的每个地区。为了促进这一点,辅助的项目库也迅速扩大,到 2000/2001 财政年度结束时有 11 个,一年后有 102 个(CABE 2001a,2002c),对象包括了"建筑师、城市设计师、规划者、总体规划者、景观设计师、项目经理、工程师、财产和规模评估员以及资本项目客户本身"(CABE 2002a)。2009 年,这个数字增长到 323(CABE 2009a:50)。CABE 主要支持地方政府,但也支持其他国家机构(如 NHS)、社区组织(建筑的特定设计方面)以及区域、次区域和地方范围的其他机构。通常情况下,这些工作包括和其他机构员工坐在一起的实地工作,或者更远距离地对他们的工作进行回顾和建议,但偶尔也会将

CABE 的人员完全借调到另一个组织。

从 2002 年起，CABE 扩大了授权辅助领域，并扩大了住房市场更新工作。卫生部的重点主要放在初级保健和急性保健的国家医疗体系的建筑上，并设立了专门小组来处理公共建筑、总体规划和公共空间。定期地，一些特定的建筑项目出现在公众面前，包括来自工作和养老金部（DWP）的早期简报，以加强就业中心，以及来自大法官部的另一份简报，以重新审视该国的法院建筑。

后来，"公共建筑"小组的工作范围扩大到包括"为未来建设学校"（BSF）项目下的中学、通过"可靠起步"计划设计的托儿所（专栏 10.2）、通过地方改善融资信托基金（LIFT）的医疗保健建筑，以及对医院、警察局、消防站和社区建筑的一系列投资。一个城市设计和家园授权团队从总体规划小组中成长出来，专注于公共领域的项目而成为一项规模非常庞大的工作。

一系列重要的倡议要么通过授权辅助出现，

专栏 10.2　授权："可靠起步"授权

从 2003 年到 2008 年，CABE 参与了一项重要的工作方案，在项目早期辅助公共部门客户的建筑设计和建造，称为"可靠起步"（Sure Start）建筑方案；正如托尼·布莱尔（2001b）所说，新工党对更大承诺中的一部分是"教育、教育、教育"。1998 年，政府宣布为"可靠起步"计划的前三年提供 4.5 亿英镑的资金；到 2004 年，这已成为 3500 个新儿童中心的十年期发展战略。

通过其战略建议，CABE 与教育和技能部（DfES）建立了成功的工作关系，这使得 CABE 专员能够与理查德·菲尔登（Richard Feilden）一起提出良好设计的理由。作为从资本投资中创造社会价值的一种手段，菲尔登是 CABE 在这一领域的先锋，他在游说提高早期建筑设计质量方面特别有发言权。尽管教育和技能部本身有雄心和一定的设计能力，但它仍然需要确保英国各地地方政府的绩效，CABE 成为实现这一目标的工具。

支持者必须按照要求的议程工作，让客户跟上这一新活动领域的步伐。他们向校长和其他地方教育机构客户提供直接辅助，帮助他们实施从单个建筑到多达 40 栋建筑的项目组合，以及包括服务孕妇和新母亲设施、医疗服务和就业培训的综合项目（CABE 2006c：18）。特别是，他们就如何达成计划或选择建筑师以及更广泛的采购选择提供了建议。

"可靠起步"和儿童中心项目的作用期限很长，客户们经常努力缩短两年的资助时间表，他们 50% 的资金将在第一年年底前用完。因此，CABE 需要尽早参与，并向同时承受交付压力的客户证明其价值。为了促进这一点，授权辅助者提供了与客户沟通的技术，包括一种预先准备好的模式，以帮助强调 CABE 有能力提供"与有经验的建筑师一对一合作"的服务。

也许是因为时间紧迫的关系，"可靠起步"的授权者发现很难与 CABE 的内部管理结构合作，例如，没有像 CABE 希望的那样系统地记录案例信息。因为授权工作通常在施工开始前很久就已经完成，所以这种反馈也很少提供关于建议是否有效的数据。2008 年，政府部分地填补了这一空白，委托 CABE 对"可靠起步"资本项目进行了入住后评估，这也为 CABE 提供了测试设计的关键信息是否已经传达给客户的机会。

这项研究使用评级系统对 101 栋最近竣工的建筑进行了评估，该系统的评价对象包括来自使用这些建筑的非专业人员和家长的问卷数据，以及一组接受过职业分析培训的设计专业人员在现场收集的数据。评价显示"大多数新的'可靠起步'儿童中心表现良好，并实现了政府为学龄前儿童提供最佳生活开端的目标。然而，对地方政府来说，两年的周转时间被证明是非常具有挑战性的……（同时）这也对设计产生了影响"（CABE 2008e：2）。

该报告为儿童中心的设计者和专员提供了广泛的改进建议，最明显的是围绕着良好设计和所有相关方的适当参与所需的时间要求。它还揭示了中心工作人员和家长之间认知上的巨大差距，其中 78 人将他们的中心评为优秀（图 10.7i），而授权者仅将 8 人评为最高级别，将四分之一的中立者评为不可接受（图 10.7ii）（CABE 2008e：5—6）。虽然该报告没有具体说明 CABE 授权辅助的作用，但对于参与"可靠起步"的授权者来说，时间限制显然会影响结果以及客户目标的达成。这体现在专业评级中，可以说专业评级更多地反映了"可能会是什么"，而非专业评级，其在很大程度上不会进行项目优势的比较。经验表明，当其运行的基本系统受到威胁时，授权是有局限性的。但如果没有授权辅助，结果可能会更糟。

229

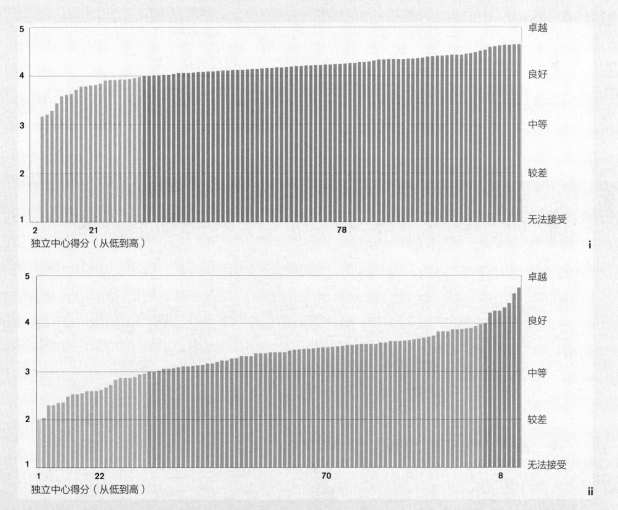

图 10.7 （ⅰ）使用者观点对比；（ⅱ）授权者对"可靠起步"计划中建筑建设质量的观点对比（CABE 2008c）（见书后彩图）

230

要么通过授权辅助进行评价，包括 21 世纪前十年中期的设计准则试点方案（参见第 4 章），例如旨在长期改造极度贫困地区的混合社区倡议，致力于泰晤士河河口更新项目，并最终试行新的战略性城市设计（StrUD）方法。在这种情况下，授权小组的各种专门知识被用来讨论和辩论特定问题、分享经验，并最终通过授权进程在实地试用新的方法。例如，以泰晤士河河口为例，CABE 进行了对重点住房的评估（参见第 6 章），在泰晤士河河口区域启动了终身建筑培训，举办了一系列特色和场所营造研讨会，制定了泰晤士河河口设计协议，或许最重要的是，制作了《新的事情正在发生：未来泰晤士河河口区域指南》。在一个治理安排极其分散、建筑和自然环境更加支离破碎和复杂的区域中，上述工作旨在提供一份区域特征和特色地图，并提出一些想法来支持地方政策。换句话说，它给混乱注入了一些协调和战略思维（图 10.8）。

随着授权辅助工作的成功为地方带来了持续的增长，问题却围绕着工作的边界开始增长。正如一位著名的景观设计师所说，"有时他们从事的工作，我认为应该由私人顾问承担，而不是政府机构来完成。"还有人担心与其他政府机构的职能交叉，最明显的是与强大的新住房和社区机构（HCA）的交叉。该机构是在前住房公司、英国合伙组织和可持续社区学院合并后成立的，目的是帮助推动城市更新和住房的交付，其法定目标包括"实现良好的设计"。[8] CABE 尤其关注确保这一法定目标得到认真对待，同时是 CABE 而不是住房和社区机构，仍然是国家领导设计的重要抓手。解决办法是通过新的大型机构的授权团队寻求与该机构建立工作关系的方法，该团队在 2008 年报告中称："我们正在进行强有力的对话……定义住房和社区机构需要做什么才能将设计质量嵌入他们的项目中，并确定 CABE 如何通过其所有项目支持他们实现这一目标"（CABE 2008f：15）。除了一些小问题，比如对社会

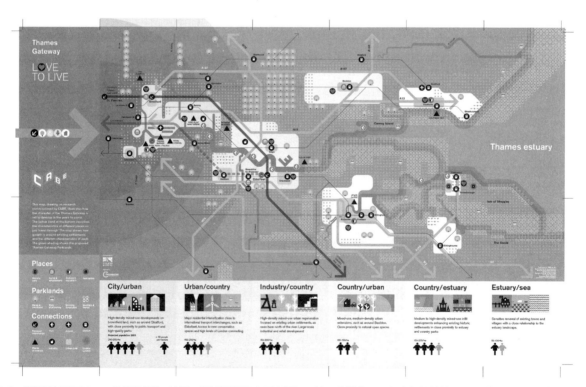

图 10.8 《泰晤士河河口——热爱生活》，这是一部试图捕捉泰晤士河河口地区多样化和不断变化的特性的作品（见书后彩图）
资料来源：CABE

住房的审查（参见第 6 章），这种关系之后变得非常积极。

231　　在该项目的最后几年，行业媒体对授权项目成本的担忧变得明显起来，理查德·西蒙斯（Richard Simmons）和乔恩·索雷尔（Jon Sorrell）越来越多地公开陈述其价值。一篇文章警告说 CABE 需要"与时俱进"，并特别批评了对 40 名新授权者的任命，其日薪为 400 英镑，有先见之明地认为"其影响力使其成本高昂，缺乏节约措施，并将整个计划置于危险的境地"。西蒙斯反驳说，成本增加并不是因为服务的扩展，而是因为技能的积累。他还提到了为 CABE 提供的优惠利率，并争辩道："这些人以最低的成本工作，因为我们对创造美妙的建筑和场所有着共同的兴趣。在短时间内（几个月内的一些日子里），授权者会帮助塑造一位有能力的客户，并改善价值数百万英镑的项目采购项目"（Simmons 2009a）。尽管 CABE 运营的十年中的大部分时间都在幕后进行着有效工作，而且基本上不在"公众"的视线之内，但在接近尾声时，这项服务却受到了更严格的评估。

2）授权辅助的过程

CABE 在一系列授权活动中发挥了支持辅助的作用，对开发工作的设计方面有直接的投入，但不控制或主导任何项目，并严格地将自身定位保持在建议者的范围内。授权辅助计划通常极其复杂，作为设计治理的一个新领域，CABE 必须随着它的发展进一步完善其流程。特别是，为了保持该工作的一致性，CABE 编写了大量内部指导和简报文件。这为 2004 年和 2006 年通过两轮重要的授权小组招聘和中间阶段的"更新"提供了一个共同的参考和考虑依据，并进一步提升了大量授权者的工作能力。在这两个阶段，现有技能库与实际工作的相关性被评估，并提供了升级授权者技能的培训。

与项目客户直接和持续的授权联系是该工具的一个关键方面，与设计审查相反，授权辅助建议通常是由 CABE 直接提供给项目客户的，并且随时保持对项目跟进。授权者可以访问客户办公室、会见项目团队或进行现场访问，然后提供"实际、灵活、反应迅速的建议，这些建议可以采取各种适当的形式包括工作坊、研讨会或一对一的建议"（CABE 2010g）。因此，它总是根据客户或项目的需求因地制宜开展工作。例如，在设计审查中，尽管同一方案可以被评审几次，但它总是处于一种非常结构化的过程中，在该项目的重要发展环节进行介入。相比之下，授权辅助更多的是一种过程，可能会在一系列时间范围内发生。"这可能涉及项目全生命周期中某个时刻的短暂参与，也可能是长达几年的一项辅助计划"（CABE 2010g）。

授权辅助者的工作还需要大量的文书工作，这可能涉及阅读项目简介、评估投标项目工作的顾问简历或对提案提出意见，但个人接触至关重要，特别是在任务敏感的情况下，如与预算谈判或关键人事决定有关的任务。在这类问题上，以及在帮助发展客户长期所需的管理技能方面需要大量的信任。据报道，在支持艺术中心项目方面存在困难就证明了这一点。在这种情况下，授权者希望鼓励能力建设，以提供预期的艺术推广方案，并指出，"我认为她相信我对此的判断，并得到这样的印象，即今天的一系列会议有助于强调她正在承担任务的规模。"[9]

CABE 鼓励设计采购和交付过程中的整体参与和建议，并希望从一开始就参与项目，有时甚至是整个项目期间，例如古斯塔夫森·波特（Gustafson Porter）的诺丁汉市议会旧市场广场翻新项目（图 10.9）。与此同时，CABE 强调了公正性和独立性的必要性，与设计审查服务不同的是，授权者不得对竞争承包商发表评论。因此，利益冲突总是被标记给客户并记录下来，尽管也许是因为对已建立

图 10.9 2004 年由古斯塔夫森·波特设计的诺丁汉旧市场广场。该广场的竞标是由 CABE 促成的，获胜的设计由 CABE 专员莱斯·斯帕克斯（Les Sparks）主持的小组选出
资料来源：马修·卡莫纳

232 的关系的信任，这些冲突并不会自动结束授权者对项目的参与。相比，如果所需的工作关系从未得到发展，或者当客户对授权建议没有反应时，授权者被允许撤回服务："如果在设计或流程方面没有可能对最终结果产生影响，我们通常不会坚持下去"（CABE 2005j）。

规模较小的项目往往涉及更技术层面的辅助。在这种情况下，特别是对于那些以前没有城市设计经验的较小组织来说，授权援助是一种非常重要的资源。CABE 可以就项目的所有方面提供指导，特别是采购承包商（如建筑师）的细节，并帮助评估新设计的质量。正如一位授权管理经理所描述的那样，在这种规模下，"典型的辅助可能包括：编写摘要、选择标准、提交书评估、设计咨询、设计指导、采购过程中的支持、交付和评估设计质量的机制、培训和能力建设"（CABE 2006f）。

更大规模的工作，如与总体规划、更新项目和区域战略制定相关的工作，CABE 的合作伙伴层次越来越多（图 10.10）。在这种规模下，与客户的良好关系至关重要，同时需要敏锐的政治和人际技能。因为这一过程往往需要多年的参与，这可能会有助于缓解与现有行为者之间紧张的政治关系。将参与

主体聚集在一起的最常见的过程是与相关人员一起举办研讨会，这些活动有时被宣传为技能发展活动，但是与第 7 章中描述的教育工具不同，它们涉及共同学习作为开发特定项目的一种手段。例如，2009年，西北政府办公室主办了一次研讨会，由独立专业专家组成的小组与沃林顿（Warrington）区议会官员讨论了地方发展战略的挑战和未来方向。

在最广的范围内，包括区域和国家层面，CABE 大量辅助了与部长级别官员、政府部门、非政府部门和第三部门机构的合作。它提供的支持类型并不是直接的，而是更类似于第 8 章讨论的那种倡议工作，因为它涉及支持其他主体将设计层面的考虑注入他们正在制定的政策和方案。CABE 认识到建立关系将决定服务的潜在影响，并为授权者提供指导。每个授权者都必须参加授权团队和上岗培训的"方法"指导，这些培训试图定义客户和授权者的关系界限，并设定具有共识的流程（图 10.11）。

3）管控复杂性

因此，授权辅助是一项定制的、复杂的服务，提供给各种规模的不同主体，因为每一次服务都是不同的，CABE 必须处理运营的模糊边界以及跨治理层的管理。因此，管控授权计划远非简单的外包和监测工作，而是很快成为 CABE 的主要工作流程。

就他们而言，该项目中的授权者主要是以两年框架合同的形式与 CABE 签约，允许多个项目的工作，这项合同可以书面续签。他们是根据自己的技能被挑选出来的，目的是保持与案件数量相匹配的平衡，并根据服务的不同主题进行组织。在 CABE 的运营中期，每 12 个月召开一次全体授权员工会议，还有专题小组的临时会议。授权者被分配给不同项目，任务和时间表被预先设定，在实践中，随着项目的发展，大量的联络和谈判是必要的。在开始工作之前，他们会见 CABE 项目官员，并听取客户的 234

233

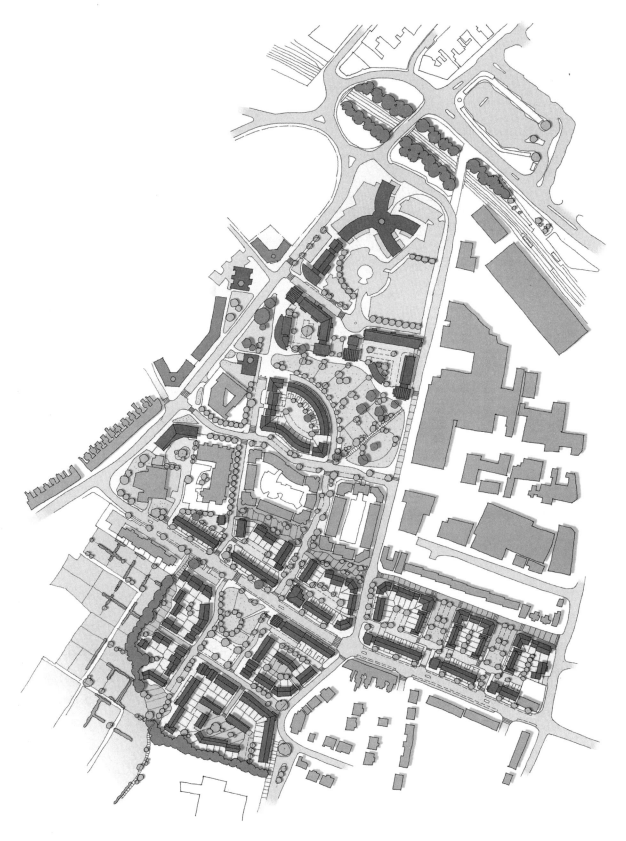

图 10.10 蒂伯尔德（Tibbalds）受桑佩尔（Sandwell）委员会委托制定的林德（Lyng）房地产总体规划，遵循 CABE 授权的流程，旨在提高这一贫困地区的设计质量（见书后彩图）

资料来源：桑佩尔委员会 / 蒂伯尔德规划和城市设计

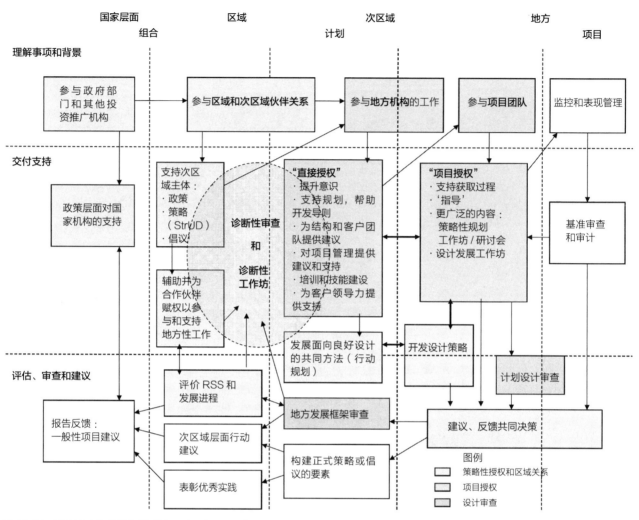

图 10.11　跨尺度参与的授权辅助流程（见书后彩图）
资料来源：CABE 2011j

情况介绍。授权者随后会保持与该官员的联系，每月正式向 CABE 报告项目进展情况，并就特定情况所需的时间进行协商。授权者还能够通过一个"外联网"或成员专用网站与 CABE 进行远程通信，在那里他们可以从 CABE 获取关于该案例的信息以及最佳实践的相关资料。

　　由于工作时间可能很长，CABE 的定期授权记录了更新的进展（通常是渐进并艰苦的）。最终授权者在任何情况下的参与都有结束的一天，由于没有固定的退出或终止程序，授权者只能主观判断这项工作是否已经"完成"。为了提供帮助，CABE 提供了一个评估和监控案例工作的平台，并最终控制

了何时、如何以及在多长时间内授权者可以参与进来。授权服务咨询文档解释道："通过相对较少的投资，可以实现很多工作，但前提是管理得当。我们还知道，授权时长尽管可能很长，但有可能并不会对最终效果产生任何影响，因此始终需要以深思熟虑的方式选择项目和分配支持，并监测和评估服务的有效性"（CABE 2007d）。

　　在内部，授权辅助服务有时给委员会带来挑战。例如，虽然授权者可能会给出具体的设计建议，但是他们的角色不同于设计审查，并且授权辅助的案例并不总是（在之后）得到很好的评估结果（参见第 9 章）。这不可避免地导致 CABE 的授权与其

235

他工作存在不协调。这可能会导致对外部授权范围的误解，以及对该角色是补充、冲突还是只是重复其他服务的误解。[10] 例如，在 2005 年肯辛顿（Kennington，位于伦敦）的一个授权项目中，有记录显示，"设计审查似乎是在不知道该项目是否有 CABE 授权者的情况下进行的。也许，确保在进行设计审查时，能够得到授权者的报告会有所帮助。"[11]

CABE 在授权工作方面的立场性质也可能被误解。例如，关于 2004 年就总体规划提出的建议，地方政府要求 CABE "签署"项目，而授权者需要回复 CABE 以确认这是否合适。[12] 针对这些误解，CABE 为其设计审查和授权小组的任命提供了更清晰的工作说明，并且在出现不协调的项目中，CABE 越来越多地寻求协调其授权和设计审查服务的活动，例如为北安普敦郡西部城市发展公司在 2007 年提供的战略方案。

授权行动得到了核心资金的支持，核心资金在 CABE 的各个方案之间分配，到第三个运营年度，这一数字略低于 50 万英镑。此外，CABE 与核心供资部门分别订立了单项启用工作的服务级别协议，例如泰晤士河河口项目中的社区与地方政府部和医院授权项目中的卫生部。英格兰艺术委员会在 CABE 保持运营时一直是授权工作的主要来源，后来英国合伙组织、内政部、教育和技能部和英国遗产组织都开始对授权服务大量投入，铁路机构[13] 和奥林匹克交付管理局（有自己的专门小组）在最后几年也是如此。与其他工具一样，授权工作的预算增长迅速，在 2007 / 2008 年度达到 280 万英镑的峰值，占 CABE 总支出的 20%。这些费用几乎完全用于支付工作人员的时间成本，要么是合同授权服务时间，要么是内部工作人员行政费用，大部分内部工作人员时间都用于征聘授权人员和与授权人员联络。对于授权者来说，一项工作的典型时间长度估计为 10 天用以授权辅助一个标准项目，如果工作量增加到超过 20 天，CABE 就认为客户应该招聘自己的顾问（CABE 2007d）。就行政时间和支付给授权者的费用而言，培训天数意味额外的费用。

4）影响

虽然很难直接量化授权辅助的影响，但毫无疑问的是它肯定代表着巨大的商业价值，除非有特别的原因，否则高级专业人员的薪酬是每天 400 英镑，而时间通常用于服务增值最大、项目最具挑战性、知识转移最大的领域。授权辅助计划肯定受到了非常积极的欢迎，许多未发表的报告证实了这一点，这些报告来自那些接受授权服务的人，在其他地方，该服务经常被挑选出来加以表扬（DCLG 2010：103）。CABE 独立于地方政治之外的立场尤其受到重视，因为它提供了一个中立的思考空间。例如，在伦敦纪念花园（Jubilee Gardens）的改造中，当地业主团体的一名代表回忆说："CABE 与每个利益相关者交谈，并充当一面'镜子'，让人们意识到有多少共识，其发挥的作用让我们感到震惊"（Lipman 2003）（图 10.12）。地方政府，以及在某些情况下的社区（Bishop 2009）和开发商（Hallewell 2005）也赞赏 CABE

图 10.12　伦敦纪念花园，由 CABE 授权辅助进行更新的公共空间
资料来源：马修·卡莫纳

236

的外部咨询地位，认为这是决策过程中质量保证和确定性的来源。

授权者的早期参与推动了采购选择，并增强信心和形成良好实践。例如，在什罗普郡（Shropshire），一位地方政府的发展主任评论道："CABE 的承诺令我们兴奋，因为他们对战略项目的早期阶段特别感兴趣，尤其是那些将对当地环境产生重大影响或为未来发展制定标准的项目"（*South Shropshire Journal* 2004）。在雷德卡（Redcar），一位"可靠起步"项目的经理报告说，这一项目鼓励他们"邀请五名建筑师向整个社区展示他们的计划……[这个] 从一开始就创造了一种作为主角的意识"（Christie 2005）。当然，并非所有的经验都是正面的，有经验的从业人员就计划提供咨询的成果，有时会因他们缺乏当地知识而减弱。例如，在大雅茅斯（Great Yarmouth）的一个计划中，资金经理争辩道："CABE 来了，他们更加强调质量，但这是有代价的"（Smithard 2006）；这意味着所带来的可能是当地环境无法承受的成本。

最后，授权工作是 CABE 其他部分（以及日常工作外的）工作的重要支持和建议来源，尤其是在制作实践指南方面（参见第 7 章），或者仅仅是向组织提供关键建筑类型的最新情报。它还使其他机构（即建筑和建成环境中心）能够建立自己的授权辅助方案，分享成功授权服务运行过程中的经验教训，并帮助培训他们的授权者。

10.3　何时应使用辅助工具？

通过其辅助活动，CABE 直接在实地开展工作，并介入现场项目工作和地方设计治理过程。这些工具比任何其他工具都更加突出了 CABE 与之前相比的独特之处，体现在该组织的雄心壮志以及其治理方式在英国的渗透。这些工具使 CABE 能够越来越多地参与开发过程的战略方面，塑造许

多组织的决策环境，这些组织本身直接影响或实际上塑造设计结果，并影响（开发过程早期）对开发作出的基本选择。它们可能是最复杂的治理工具，允许 CABE 形成一种定制的直接干预形式，但实际上没有直接设计、开发或监管的权力。参与的人一致认为它们是 CABE 最有效的设计治理工具之一。

CABE 通过资金辅助和授权两种工具提供辅助。CABE 通过组织支持和项目赠款提供的资金辅助，其最终取决于委员会之外的其他机构实现这些方案的目标；但是 CABE 设法小心翼翼地利用这种情况，以便在有限的可用资源努力下推动地方议程的制定。授权的形式是通过一批专家或"授权者"对不同规模的项目进行直接指导，因此取决于外部技能基础和更广泛世界中扶持者建立的关系（图 10.13）。正因为如此，该计划有时似乎存在于 CABE 之外的领域，但实际上是从 CABE 内部构建和精心指导的，并成为该组织其他部门学习和发展的重要来源，以及英国范围内的有效知识转让方案。

将辅助工具置于第 1 章的设计治理行动领域中（图 10.14），表明资金辅助被用于两种用途。首先，在设计治理过程开始时，支持和塑造建筑与建成环境中心以及其他人的工作，从而最大限度地发挥积极设计决策环境的潜力。其次，其后通过资助特定的设计和开发项目，特别是通过 CABE 的"海洋变化"项目。相比之下，授权作用在设计治理的几乎整个领域，从围绕政策框架的非常战略性的工作，到在

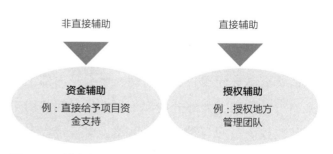

图 10.13　辅助类型

设计交付过程中帮助简要写作和提升客户水平，都可以通过授权来实现。正因为如此，也因为它的定制性质，授权成为 CABE 工具中最通用和灵活的工具之一。

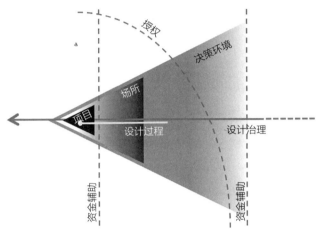

图 10.14 **设计治理行动领域中的辅助工具（见书后彩图）**

注释

1. 未出版的授权记录，2006 年 10 月。

2. LDA 设计，景观设计师。

3. 未出版的授权工作笔记，2002 年 3 月。

4. "2~5 个地方政府组成的伙伴关系，与公共和私营部门的伙伴合作，包括政府办公室、区域发展机构、地方战略伙伴关系、住房公司、警察局、战略卫生局和主要开发商"（下议院公共账户委员会，2008 : 7）。

5. 副首相办公室的战略基于"英格兰北部和中部部分地区的低需求和废弃情况"背景（ODPM 2002 : 13）。

6. 未出版的授权工作笔记，2002 年 11 月。

7. 在 2010 年取消的合同中，这一数字为每天 400 英镑，或每小时 53.33 英镑（CABE 2010a）。

8. 如 2008 年《住房和更新法》所列。

9. 未出版的授权工作笔记，2004 年 4 月。

10. 未出版的授权工作笔记，2005 年 12 月。

11. 未出版的授权工作笔记，2005 年 3 月。

12. 未出版的授权工作笔记，2004 年 10 月。

13. 伦敦和英格兰东南部新高速铁路项目的运载工具。

后记　设计治理的影响与正当性

英国在 CABE 运营的年度中为国家主导的设计治理定义了一种特殊的方法。它在作用范围、野心和影响上在全球都独一无二，然而，正如第 3 章至第 5 章所揭示的那样，即使在英国，这个时代也可能被视为一种反常现象，与设计治理的正常业务不同，后者通常更加自由放任。由于它的特殊性质，我们或许可以认为这种经历是不正常的，应该被忽略，但是这本书已经表明这么做是错误的。相反，研究 CABE 的实验揭示了设计治理的形象和概念性教训，这些教训可能的影响远远超出了英国本土。

其中许多工作，例如那些与设计治理的个别工具相关的工作，已经被包括在本书第一至第三部分的实质性章节中，这里不打算重复它们。相反，在这个后记中，我们借此机会反思这项研究，并以两种方式评估设计的治理。首先，从 CABE 的影响和遗产的狭义角度来看：什么有效，什么无效；我们可以从设计治理的实验中学到什么，什么可以为未来的设计治理提供参考。其次，经验告诉我们，跨政府规模的设计治理的性质和目的，以及政府在这个最"邪恶"的政策领域中的作用和正当性是什么？

11.1　国家主导设计治理的影响

1. CABE 的实验

CABE 是其时代的产物，反映了更宏观的政治经济中固有的趋势。第一是"政府主义者"相信政府有能力解决公共政策的关键领域；在英国，这反映了一种权力向中心转移的历史趋势。通过这些过程，政府制定了新的（或大大扩展的）政策领域，并为其提供了治理基础设施，以实现相关的新定义的公共政策目标。1997 年至 2010 年新工党政府对设计的处理可以说是这方面的最好例子。这一经验表明，公共政策在一个领域有了显著的扩展，政府以前曾竭尽全力避免卷入其中，相反，更倾向于将设计作为一种地方事务，或者是在皇家美术委员会（RFAC）烟雾弥漫的房间中进行处理。

作为这一过程的一部分，这一时期的治理方法大量借鉴了当时在国家行政实践中日益占据主导地位"管理"方法（参见第 1 章）；这不仅仅是制定目标来推动绩效（CABE 是目标），而且反映了从 20 世纪 80 年代开始，在新自由主义国家中，使用具有私营部门特征的专门中介机构的趋势正在扩大。因此，CABE 负责成为政府在建成环境设计问题上的代言人，这一角色要求它对好的设计意味着什么做出明确的价值判断，并"拥有"在这个政策领域的主导权。这是以巨大的能量推动的，并很快主导（有人会说是统治）了整个领域。

尽管 CABE 是这些方法的产物，但它也在工作中运用了那些方法，不仅是以管理"CABE 家族"的方式，还相信影响始于理解；也就是说，通过理解设计和开发的过程，可以得出通用的原则，可以用来改善该行业的参与，无论是面向开发商、监管者、投资者（公共和私人），还是设计师。这以

CABE 方法的核心，因为没有其自身的法定权力，它不得不依赖于本书第三部分中展示的各种非正式工具。在那里，证据、知识、推广、评估和辅助的关键要素都是间接的，主要集中在塑造设计及其治理的决策环境。

最后，正如当时的中间路线政治倾向所反映的，CABE 可能被视为将"大众主义"和"实用主义"结合起来的一种尝试。换句话说，构建不会疏远关键利益的政策解决方案，并强调什么有效，而不是在某种形式的政治中独断专行的规定。可以说在 21 世纪，新的设计重点并没有成为政府的优先事项，仅仅因为更好的设计被认为是一件好事。相反，良好的基于本地特征的设计被视为一种手段。首先，在社区反抗日益加剧的时候，作为一种手段来倡导高设计质量（或者至少是美化）这个国家需要的大量新住房，因为对占主导地位的发展质量普遍低下的反应。其次，良好的设计被视为对城市进行务实再投资的必要先决条件，如果要扭转城市扩张的历史趋势，在保护乡村的同时在城市地区实现复兴，就必须进行这种再投资。本质上，这是城市工作组的核心论点，政府与 CABE 一起签署了该协议（参见第 4 章）。

1）CABE 的视角

虽然其中一些趋势的诞生早于新工党的执政时期，尤其是在政府中设计重要性的日益增长的兴趣，但它们强烈地为 CABE 的工作设定了背景，并反映在该组织如何看待自己和角色，其他人如何看待它，以及它是否有效。在这方面，需要强调的一点是，CABE 似乎并不是普遍受欢迎的。事实上，从一开始，该组织就经常遭到不同参与者的攻击：有时是建筑师（在设计审查中表现不佳），有时是国家层面的政治家（其政策似乎因设计原因而受到质疑），有时是专业机构（他们觉得 CABE 正在侵占他们的地盘），有时是开发商（他们不再有这么大的自主权）。

事实上，正如一位评论员所暗示的，部分只是开玩笑地说"到最后 CABE 几乎疏远了所有人，这也许解释了它的灭亡。"

这当然大大夸大了这一情况，因为支撑这些紧张关系的是一个清晰而看似受欢迎的议程，追求设计质量（美学、项目、地点和过程，参见第 1 章），CABE 以极大的精力、主动性、领导力和（通常）专注追求了十多年。因此，尽管许多人批评了 CABE 活动的一些方面（例如，过于严厉和傲慢，不代表其行业，或者缺乏独立性，仅仅是政府的工具），但证据表明 CABE 的大部分工作得到了压倒性的支持，并表明该组织在改变英格兰和英国其他地区设计质量的重要性和实际交付方面发挥了非常重要的作用。然而，作为一个组织，CABE 从其规模和范围以及与政府的关系来看，从来没有得到很好的理解，对其工作的许多最严厉的批评似乎来自这个简单的事实。

虽然外部的印象通常看似一块"顽石"，吞噬了大量纳税人的钱来进行设计审查，但事实上，该组织在其鼎盛时期的实力从来没有进入过半官方组织的 120 强（以政府半官方组织标准来看，规模很小），只有大约五分之一的员工致力于设计审查，而大部分头条新闻（以及周期性的争议）都来自设计审查。其余的工作重点是低调但通常受到高度重视和有效的方案，如地方政府的授权辅助工作、研究方案、公共空间和公园工作、生活建筑倡议或各种教育企业。事实上，尽管 CABE 在其鼎盛时期拥有约 1160 万英镑的年度预算，但其中越来越大的一部分是用于交付特定政府项目的年度项目资金，而不是 CABE 的核心服务，其中大部分集中在将新工党庞大的资本支出项目注入急需改善的设计质量层面。

2）CABE 的过去和未来

尽管 CABE 在早期政权的工作中嵌入了许多治

理趋势，但其历史意味着 CABE 将永远与新工党联系在一起。然而，由于与政府的关系，CABE 发现自己在某种程度上陷入了困境。因此，尽管政府将 CABE 视为一个高度称职的政策传达组织，并越来越多地向其委托要实现的"项目"，但这使得该组织容易受到部长们的突发奇想、年度公共支出上的反复、CABE 变得软弱的看法的影响，而且可以说，这也转移了其对自身设计领导角色的注意力和精力。此外，尽管获得了相当大的权力，实际上是政府的设计部门，但其 100% 的生存依赖于公共资金，这使得 CABE 至少部分被堵住了口，不再能够声称真正的独立。事实上，当新工党后期越来越有控制意识的部长们发现政府政策并不总是得到 CABE 项目的充分支持时，该组织的影响力曾几次被狠狠打了一巴掌。

尽管如此，CABE 关注的主题——建成环境中更好的设计，近年来已经成为一个基本上不涉及政治的问题。因此，正如第 1 章所讨论的，虽然一些人认为追求更好的设计是精英主义的关注，并将其监管与政治权利联系在一起；但另一些人将通过政府行动纠正市场失灵的尝试与左翼论调混为一谈，认为试图控制设计领域的尝试是对自由市场内变革

和创新强加的非必要障碍。在这两种情况下，设计往往被等同于对"美学"的狭隘关注，而不是成为 CABE 设计议程中功能性、可居住性、可持续性、经济可行性和社会公平等更基本的问题。

在当代英国，通过公共政策积极解决建成环境中设计问题的努力（CABE 作为其中一部分），始于 20 世纪 90 年代的最后一届保守党政府执政期间。部分是基于个人利益，但也面临着与住房增长相关的类似问题，以及后来新工党面临的问题，当时的环境事务大臣约翰·格默（John Gummer）改变了与设计相关的政策环境（参见第 3 章）。在他的领导下，设计相关事务被纳入了政府公共干预的范围，城市设计的思维取代了单纯的美学控制理念。这一举动为新工党执政时期同样决定性的设计提升提供了坚实的基础，也驳斥了 CABE 必然是左派项目的说法。

比较 1924 年以来在英国部署的不同国家主导的设计治理模式（图 A.1），在许多方面 CABE 经验可以被视为一种中间方式。因此，尽管皇家美术委员会在观点上是意识形态的，在建议上也常常毫不妥协，CABE 的行为尽管可能在伦敦的梅费尔（Mayfair）地区会被漠视，但后 CABE 紧缩时期的设计治理情景却提供了一种不同类型的范式和观点

	皇家美术委员会时期	CABE 时期	紧缩时期
运行	理想化	理想化也实际化	管理理念
权利	集中	中央集权与下方权利	分散的
权力	公共导向 / 被动	公共导向 / 主动	市场导向（存在壁垒）

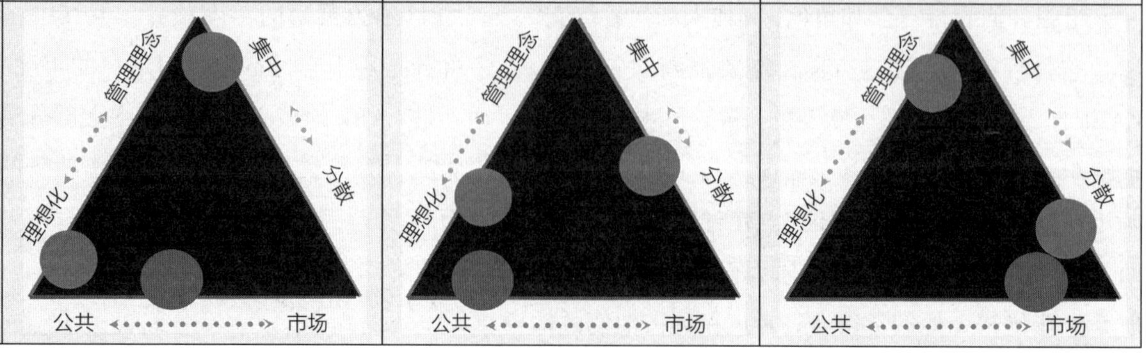

图 A.1　国家设计治理方式比较（见书后彩图）

（或者根本没有），其与皇家美术委员会的做法没有共性或协调性。相比之下，CABE 提供了明确的国家领导，但这是对其运作环境（政治和地理）多样性的回应，并通过一个遍及全英国的设计治理提供者的连贯区域网络进行协调。此外，虽然皇家美术委员会和 CABE 都有一个共同点，即它们承担了国家的公共职能，明确面向公共部门，与 CABE 后几年主导的市场主导方式和自愿主义形成对比，但它们也享有中央资金，因此容易受到政治变革的影响。CABE 发展时期与后 CABE 时代有一个共同点，即它非常积极地倡导设计，并充分利用了它可以利用的一系列工具。同样，市场在销售它现在提供的服务方面非常活跃，在任何可以找到的地方灵活地寻找业务，这得到了自发行为的补充，这些行动几乎没有或根本没有资源来填补空白。

2. CABE 的影响

从它的工作方式转向它的成就，本书记录的这项研究的许多受访者评论说，影响是一个特别难处理的问题，更难衡量。这部分可能是因为 CABE 的许多影响是如此分散，集中于影响设计的决策环境（质量过程），而不是在项目或地方进行具体和有形的干预。因此，与更加专注的组织相比[1]，人们很容易看到 CABE 的成本，但并不总是看到好处，从而有助于解释建成环境专业人员对 CABE 的规模和成本的普遍负面看法。

尽管如此，对 CABE 的工作和遗产的详细研究揭示了许多深刻而具体的影响，因此，尽管 CABE 的使命被缩减了，但在 CABE 取消后五年，许多被归类为图 A.2 中的这些影响仍然很明显。

作为一个小型组织（按照政府标准），CABE 无疑超越了其能力范围，在这个过程中展示了这样一个组织，尽管其规模较小，却可以在政府内部和跨政府运作。但是 CABE 也必须定期为其存

在和"增加的价值"辩护，正如一份未发表的关于该主题的交付说明（CABE 2011a）所揭示的那样，CABE 在其存在期间被评估了大约 20 次[2]，最显著的是作为 2004 年、2007 年和 2010 年综合支出评估的反馈。

在其最后也是最全面的自我检查——陈述事件中，CABE 向文化、媒体与体育部（DCMS）提交了一份 50000 字的报告，用它自己的话来说，"CABE 的影响是一项令人信服的案例"（CABE 2010e）。证据确实广泛多样，从量化的评估（如 CABE 的设计审查服务导致用户受益于市场价值为每年 684450 英镑的专业知识，公共财政仅支付 163800 英镑）到无法量化的评估（如 CABE 的工作对接触 CABE 教材的数千名学童的生活选择的影响）。例如，满意度调查显示 88% 的用户认为 CABE 的授权建议有用，84% 的用户认为授权建议改变了他们的行为，产生了无形的影响，例如 CABE 与 180 个理事会合作制定的绿色空间战略对这些工具的最终影响。在这份文件和其他文件中，CABE 经常和广泛地利用自己的研究以及其他人（国际）进行的研究，证明更好的设计可以对健康、教育、福祉、经济、安全、犯罪水平和环境可持续性等因素产生积极影响。

只要政客们致力于支持 CABE，并且对 CABE 定期提出的案例持开放态度，这些证据就仍然令人信服。然而，历史表明当资源短缺时，政治上的权宜之计只会使证据被忽视（参见第 4 章）。

3. 多重重叠非正式工具的使用和对事业的承诺

CABE 之前和之后的显著不同之处在于其所允许的重大公共资金活动在规模上的绝对主导，并且随着时间的推移，该组织有能力主动重塑英格兰设计治理的景观。不管喜不喜欢，CABE 无疑产生了巨大的影响，如果对照其提高建成环境设计

标准的核心目标来衡量，大多数人认为这种影响是积极的。正如一位内部人士评论的那样，"CABE没有过着挥霍的生活，它的资金相对紧张，其消耗的金额是有意义的，产生了超出人们所看到的单个计划的影响"，累积起来（一个项目接着一个项目，在更大的地方），也可以影响更宏观的国家对更好设计的需求，正如政治优先事项所概括的那样。

在早期，CABE有时被称为政府内部的非常规组织，由政府资助，但不采用政府模式。相反，它能够鼓动、创新和颠覆事物，并通常利用不与公共部门相关的策略来影响那些以前不接受或不感兴趣其关于设计重要性的信息的人。尽管随着该组织的成长和成熟，其演变中的"变化"阶段已经结束（事实上必须结束），CABE仍然是一个非常坚定的单位，在应对不断变化的政治环境方

242	CABE 的影响	CABE 的影响途径	这些影响之外
	政治	说服国民政府的一代政治家认识到设计的重要性，特别是设计并非都是主观和无关紧要的，而是可以客观地评估和交付的，可以对经济和社会产生真正的积极影响	在说服反对派政客方面，CABE 花费的时间比它应该花的时间少，这些政客（当他们掌权时）没有充分相信 CABE 的价值，无法在公共资金日益减少的情况下支持 CABE
	专业技能	在先前将建成环境专业结合在一起的努力的基础上，一段时间以来，他们为设计的重要性，尤其是城市设计共同发声	CABE 未能解决第 1 章中描述的"专制"，也未能解决一旦 CABE 不复存在，建成环境专业回归其成员的类型和狭隘职业桎梏的趋势
	公众	通过其宣传活动和宣传机器，成功地将建成环境提升到国家意识上	CABE 未能改变对国家文化的辩论，设计很快又重新陷入少数人的专业关注或那些被低质量发展提案困扰的人的暂时关注之中
	政策	它对政策产生了非常重要的影响，特别是规划和更新政策（以及后来的高速公路政策），在这些政策中，设计成为了政府指导的一个重要主题，直接影响了当地的实践	CABE 中有些人认为 CABE 太容易随波逐流，太热衷于参与每一个最新的政策潮流，并且由于失去焦点，设计永远不会真正改变，成为政策焦点本身，而不是其他东西的附属品
	公共建筑	积极塑造贯穿 21 世纪的一系列公共建筑项目，并成功确保设计质量成为其中许多项目的核心考虑因素	CABE 在将这些变化制度化方面不太成功，其中大部分是临时的，因此当金融危机到来时，像"未来建筑学校"这样的项目很快被斥为过于昂贵，因为它们提倡定制的设计解决方案
	私人开发商	积极影响私人开发商对设计价值的认识，虽然这种影响对房屋建筑商的影响姗姗来迟，而且变化很大，但该组织在说服一些人认识设计的重要性方面取得了重大成功，这种影响至今依然存在	一些较大的开发商被 CABE 及其方法疏远了，并且从未改变其思维方式
	技能与能力	它的工作涉及专业技能和能力，关心其知识和辅助工具。众所周知，这种影响在围绕设计的重要性和优先地位广泛改变地方文化方面发挥了重要作用，特别是在全英国各地的地方政府	当紧缩措施开始奏效时，这些技能很快就被掏空了，类似 CABE 这样从未参与专业教育，也没有影响其专业领域的持续组织
	下一代	准备供教师和学生使用的各种创新资源，由于其参与性和创造性以及大量使用这些资源的人，将至少会对某些职业选择产生长期影响	考虑到 CABE 需要接触的儿童数量和教育领域的复杂性，类似 CABE 这样规模的组织所面临的挑战显然不利于它产生非暂时性的影响
	特定项目和场所	根据 CABE（2010d）的数据，它的设计审查小组对项目和地方有着直接而又实际的影响。在其生命周期中，有超过 3000 个计划，81% 的计划因此而改变。通过这样做，CABE 将设计审查从一个边缘的国家性活动转变为一个重要的国家、地区和地方性活动，这比任何其他工具都更能经受住（尽管是分散的）公共支出的削减	像皇家美术委员会一样，通过如此公开和敌对的过程，最终导致了 CABE 的灭亡，因为它制造了敌人，在组织最需要朋友的时候，朋友也随之消失了
243	思想领导	其大量的研究和倡议工作，并成为该领域思想领袖的自然焦点，这一角色甚至延伸到国际范围，CABE 越来越被视为创新和最佳实践的中心	最终，CABE 更多地依赖于它的产量，而不是单个产品的质量，这些产品偶尔会有深度、严谨性和原创性，以此来定义这个领域，或者说服怀疑者，比如财政部，让他们相信设计的真正价值

图 A.2 CABE 的影响

243

CABE 的影响	CABE 的影响途径	这些影响之外
日常实践	它的许多实践指南、案例研究、调研研究、审查、网站和工具包，使得所有类型的从业者，即使他们没有与 CABE 联系，也可以在日常实践中利用这些指南来帮助完成特定的任务或帮助为设计作准备	其出版材料的数量之多常常是被投诉的原因，从业者感到被他们很少有时间消化的材料所淹没
主流设计	扭转设计文化，使追求设计质量越来越被视为规划和发展的主流愿望，（各种类型的）建成环境专业人员以及政治家和开发商越来越多地对此打消疑问	CABE 的影响力在所有地方并不相同，其发现它的影响力很难延展到距离伦敦遥远的地域，包括那些地理和文化上离伦敦很远的地方，以及那些经济和社会挑战占主导地位的地方
一般设计标准	随着 CABE 影响下的成功计划的逐步改进，为以后的计划树立了先例，而不符合质量的计划往往由于 CABE 的影响而被直接或间接抛弃。有时，这些变化规模小，而且是附加性的。例如，住房设计的改进通过"生活建筑"工具或通过增强信心和能力以应对当地设计挑战的授权工作逐渐显现出来。有时它们是戏剧性的，比如 CABE 在 2012 年伦敦奥运会上的表现及其对伦敦东部的激励作用。最终的影响既在于我们看到了什么，也在于我们没有看到什么	CABE 不能把所有功劳都归到自己头上，因为早在 20 世纪 90 年代中期 CABE 出现之前，政策转向设计就已经开始了。政府政策和非政府倡议，如城市设计联盟（UDAL），也有相当的影响力
CABE 家族	它对作为员工通过该组织的人产生了持久的影响，其中许多人仍在英国工作并塑造着这个领域。正如一名 CABE 官员评论的那样："CABE 的确聚集了一批最优秀、最有奉献精神的人……对于年轻员工来说，CABE 是最令人惊叹的跳板工作，这仍然在提高标准。"	CABE 的消亡和随之而来的经济紧缩迫使许多 CABE 的前员工在建成环境领域之外或海外工作
创造今日的设计治理市场	它对 CABE 支持的区域合作伙伴产生了影响，这些合作伙伴继续与设计理事会 CABE 一起生存（尽管是面对面的），CABE 是作为最终行动成立的设计理事会，在经历了一些非常困难的时期后，作为设计审查服务的优质供应商，这种影响正在增强。所有这些参与者（以及其他私人和公共参与者）现在都在 CABE 通过其增长（创造需求）和突然消亡（创造机会）促进的市场中运作	CABE 在 21 世纪的主导地位也导致了无意的负面影响，因为正式且有影响力的非政府组织，如城市设计联盟和公民信托，被边缘化并最终消亡。参见第 5 章

图 A.2　CABE 的影响（续）

面非常有效。

　　这在一定程度上似乎是因为一种强调持续学习和创新的文化的持续存在，以及其知识和实践对组织应对的一系列挑战的灵活应用。这也反映了这样一个事实，即它所掌握的各种"非正式"工具特别适用于那些不受法规定义或政府政策限制的僵化限制。它的工具也可以组合使用，以便能够根据需要从不同的角度和不同的证据、知识、宣传、评价和辅助的组合来讨论特定的具有挑战性的问题，例如批量建造房屋的设计。

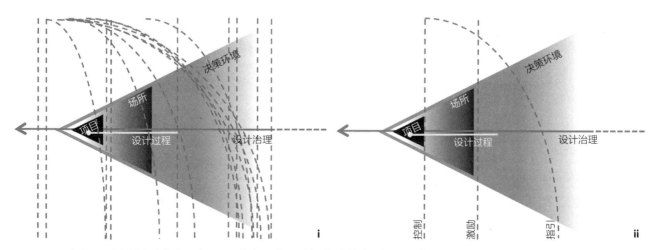

图 A.3　设计治理行动领域内（ⅰ）非正式工具和（ⅱ）正式工具的图解比较（见书后彩图）

因此，CABE 的一个关键教训是，尽管它独自的权力有限，但它能够在多条战线上传播信息，并通过多样化和不断变化的工具包，成为一个非常有效的组织。正如 CABE 之前和之后的时期所揭示的（参见第 3 章和第 5 章），过度依赖单一工具（即设计审查）只会产生有限的影响，最终，正如皇家美术委员会一样，这些限制将会定义（并破坏）治理设计的整个过程。相反，CABE 实验有力地证明，多个重叠的非正式设计治理工具不仅比正式工具（图 A.3）更全面地覆盖设计治理行动领域（因为它们的灵活性），而且最终可以决定性地塑造正式工具运作的决策环境，进而使它们能够更有效地运作。

245　## 11.2　设计治理的正当性

1. 设计治理难题

如果不回到第 1 章中提出的关于设计治理的更宏观的正当性难题，本书将是不完整的。有人问："国家对建成环境设计过程的干预能积极影响设计过程和结果吗？如果能，如何影响？"

在本书的结尾，在花了几年时间研究 CABE 的经验后，这个问题的第一部分的最终结论必须是肯定的，国家在干预建成环境的设计中有潜在的宝贵作用，CABE 通过提升各种各样的场所品质效益，证明了其存在期间使用政府资金的合理性。除此之外，明智而坚定地使用干预手段（就像 CABE 通常所做的那样），在足够大的战略规模上（例如，在英国范围内），设计治理过程可以对决策环境产生巨大的影响；在决策环境中，对建成环境作出决策，从而开始出现一种更好的地方决策文化，而不是单独的设计。

新工党做出的是一项务实的实验，沉浸在"如果可行，就支持它"的"第三条道路"哲学中（参见第 4 章），而不是基于教条主义的信仰体系（也许解释了为什么它过去被，现在仍然被许多人鄙

视）。从其自身纯粹的务实角度来看，CABE 实验必须被视为是成功的：国家投资相当于英国建筑业经济体量的 0.02%（Carmona 2011b），对英国的发展文化和实践以及当地的设计治理过程产生了非常重大的影响，导致了对设计的新的敏感性和兴趣。

转到难题的第二部分——"如果是，如何解决？"CABE 实验非常清楚地代表了国家主导设计治理的一种方法，它的成功不应该意味着这种方法在任何地方都适用，也不应该意味着政府及其机构对设计的所有（其他）形式的干预必然是有效的。第 1 章展示了情况远非如此，不良的设计治理往往和完全没有设计治理一样糟糕，甚至更糟。此外，CABE 接触的并非所有东西都是成功的。一些工具，如设计竞赛的使用，从未获得任何动力，而其他工具，尤其是设计审查尽管最终产生了显著的积极影响，但经常陷入争议。

因此，对于如何进行设计治理的问题，答案相当不明确，即"它取决于"：它取决于进行治理的背景、规模、主体、意图和资源。然而，无论在什么环境下进行，对 CABE 实验的分析都有力地揭示了负责人们应该充分接受非正式和正式的设计治理模式，并且应该将这些过程视为长期和必要的社会投资的一部分（图 A.4）。

1）五花八门的批评

第 1 章阐述了设计及其治理的一系列理论问题，CABE 在其存在过程中被指控存在所有这些（以及更多）问题。在本书所基于的研究中，这些五花八门的批评，其中许多是相互矛盾的，经常被强制性地重述。综上所述，对 CABE 的批评如下：

● 一种新自由主义的促进发展工具：简单地给那些对整个社会没有什么好处的、不愉快和不公平的项目增加投入——"他们只是非常关注这样一个信息，即任何与建成环境和绿地相关的

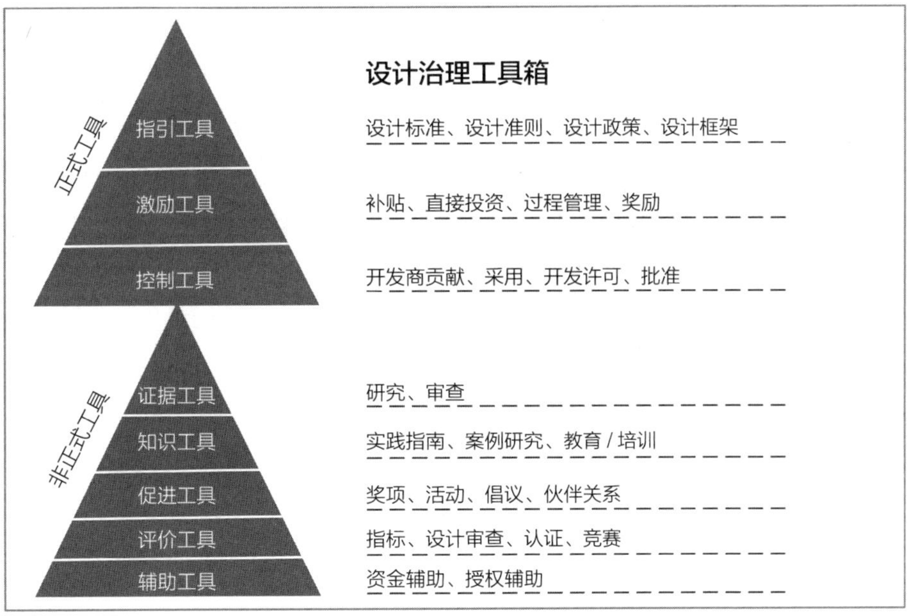

图 A.4　完整的设计治理工具箱（正式和非正式）

工作都应该增加利润。"

- 中央政府的看门狗：过于担心惹恼赞助方，因此在必要时缺乏对抗政府的能力——"帮助政府做一些事情，是政府的小玩具，而这些事情在与政府保持距离的情况下更容易做到。"

- 以伦敦为中心：因为那是金钱、政治和最大项目的所在地——"很明显，他们是伦敦的密友小圈子，从议程到工作清单，其兴趣所在都是伦敦，他们对英国其他地方不感兴趣。"

- 专注于"闪亮的城市主义"：回顾"城市复兴"的配方和大都市对"淀粉类产品"的迷恋，而不是最想居住的英格兰郊区的挑战——"城市拥挤、高密度、混合使用、禁止汽车、咖啡馆文化以及罗杰斯勋爵（Lord Rogers）强加给人们的所有愿景，这是他们的议程。"

- 过于没有重点：过于容易地扩展到不同的议程中，并且偏离了核心使命——"CABE 如此紧密地为政府提供这些服务级别协议；我们看不到重点，我们做得太多了。"

- 精英主义有多种方式：组织上的精英主义（假设 CABE 应该领先，其他人也会跟随）；专业

精英主义者（因为建筑设计不可避免地如此）；排斥性（只积极参与那些已经在集团中的人，也就是"CABE 家族"）；精英主义者在其过程中（尤其是设计审查的"黑箱"）——"精英主义者是亲爱的上帝，他们将制定标准和指南，我们其他人将不得不遵循这些标准和指南。"

- 还不够精英化：未能将强大的建筑机构纳入该组织的关键支持者之列——"他们应该有一个更深入伦敦市中心喋喋不休的建筑师阶层的人，他认识那些可以和他们交谈的人。"

- 害怕美学：决心从纯粹客观的角度来看待设计，而事实上它不能。"有时候，一些东西会进入设计审查，没有人会说'这太丑了'，因为一切都是基于事实和数字，以避免设计被视为品位的问题。"

- 风格偏好：固有的对当代设计和传统建筑的偏见，"它肯定是亲现代主义的……他们认为任何可能是经典设计的东西基本上都是仿制品，因此成为无法处理的是垃圾。"

- 其建议不一致：因为很多都是无形的，不是所有的事情或者每个人都可以归结为一套简单的

客观标准，"有一些 CABE 委员的完全相反的观点。如果你在委员会中选错了人，那你就知道你有麻烦了。"

- 太强大了，破坏了自由：通过强加一种国家认可的设计观点，这种观点经常涉及细节问题（美学和功能），这理应是项目发起人的事情——"你可能会发现 CABE 扼杀了它鼓励的那么多好建筑，他们是谁，或者我们是谁，最终来判断这些建筑是好还是坏？"

- 太弱了：因为它是通过影响而不是直接开展工作的，因此影响了那些希望听到信息的人，而不是那些不希望听到信息的人——"如果他们曾经找到一种方法，让房屋建筑者真正得到管制，那很好，但他们没有。

- 对专业责任漠不关心：没有考虑到它想要建议的人的专业地位和观点——"你花了七年时间在培训上，然后花了很多时间获得经验，事实上，这应该足够了，然后像 CABE 这样的外部组织就不再承担建筑师的责任……如果你喜欢逃避责任。"

- 对市场不敏感：缺乏市场理性，因为它经常与提供建议的来自不同市场的商业关注脱节——"当你在伦敦西部富裕地区考虑一项计划，又在城市更新地区作一项计划时，你必须从不同的角度看待事情……因此，相应地'量体裁衣'是非常重要的，CABE 对此并不十分理解。"

- 傲慢自大：在没有给予足够信任的情况下窃取他人的工作和倡议，对其处理的人不够支持和过于屈尊——"就像你在学校一样……你知道，那种学校'老师'的事情'我最了解，停止说话、闭嘴、听我说的话，不要质疑。'"

- 过于冗长：发声太多，产生的指导太多——"最终，你只能读到这么多的指导——只能束之高阁。"

- 痴迷于沟通：相信被倾听比所说的更重要——

"他们沟通了许多与建成环境无关的[人]，他们对媒体输出越来越感兴趣，而不是真正严肃、恰当的信息和指导。"

- 过于松弛和过度管理：管理人员太多而员工不足，规模太大——"CABE 变得越来越大，越来越官僚。"

- 受利益冲突的影响：冲突更多地被认为是真实的，但在关键时刻会损害 CABE 的信誉及其在行业中的地位——"当时的常务秘书告诉我们……CABE 在开发者的口袋里，不是吗？"

在研究过程中接受采访的人通常对 CABE 持积极或消极的态度。值得注意的是，那些批评该组织的人倾向于全盘否定（有时是尖酸刻薄），而那些持积极态度的人（绝大多数）更愿意在许多批评中接受一定程度的真实性，因为他们认识到 CABE 远不是一个完美的组织。

后一类人大多乐观地认为，这种批评是理所当然的，对类似领域的任何其他组织也会提出同样的批评，只是略有不同。[3] 正如一位委员总结的那样："如果我可以这样说，当你崭新闪亮的时候，想象这种辉煌岁月会持续下去，那将是非常天真的。这没有什么不可预料的，也没有什么不寻常的。在这个世界上，你不会找到一个公共机构，或者行政机关，人们不会说它太这样或那样，太大、太小、太强大或者太弱，这和领域的不同是一致的。"

2）一个简单的干预案例

因此，鉴于批评的必然性及其部分正当性，在这个领域继续干预的道德和社会理由是什么？最终，这将是一个政治判断。实际上，CABE 的实验显示了广泛、有形和积极的结果，带来了比以往更好的项目、场所和过程的长期遗产，并对英格兰各地的当地人口、环境和整个社会产生了积极影响（参见图 A.2）。作为代价，无论以什么标准来衡量，这都是一个非常小的国家在这个领域的投资，正如一位受访者描述的那样，这几乎是一个政府术语中的"会计错误"。

248　　然而，这需要与其他成本进行对比，首先是私人或公共行为者通过简单地参与设计治理服务，比如 CABE 提供的那些服务，进行未知但肯定要大得多的投资。例如，通过参与授权、参加培训活动、参加设计审查以及随后修改计划的过程。此外，除了财务，还有其他成本，尤其是那些设计自由（好的或坏的）被这种过程限制的人，或者那些脆弱的专业人士，他们甚至很难接受建设性的批评。最后，在错误中会有代价，即使是设计治理中最复杂、运行最仔细的过程也不可避免地会犯这些错误（图 A.5）。

在道德上，政治家需要决定他们的优先事项。CABE 实验表明，尽管成本高昂，但该案例非常倾向于通过全方位的设计治理工具进行明智的轻触式干预。当我们知道好的设计意味着什么以及它带来的好处，当我们知道如何设计好的地方以及如何促进这些过程时，政治家们将不得不解释为什么我们仍然没有这样做，以及为什么他们不愿意吸取教训

图 A.5　CABE 一个被参与者广泛诟病的错误，正如一位有影响力的内部人士评论的那样，"不管你信不信，'步话机'大厦更优雅，这是 CABE 对它的评论，但是很明显，总会有这样的项目，我们可以也应该做更多。"（参见第 8 章）

并扭转局面。

2. 忘记历史（并不断提醒自己）

在议会通过正式解散 CABE 的法定文书后，签署该命令的旅游和遗产部长约翰·彭罗斯（John Penrose）在下议院评论道：

> "CABE 做了大量出色的工作，其中大部分将继续在不同的地方进行。根据该命令，该组织可能即将结束，但它的工作及其体现的原则将继续下去。我希望并期待公共部门也将继续致力于在我们的建成环境中进行良好的设计。"[4]

CABE 的一名员工表示："我们经常开玩笑说 CABE 正在走向灭亡，主题将会如此主流化，以至于不再有必要，而且可能已经实现了……它仍然存在，它的信息、它的教训、它的教导、它的理想在一定程度上仍然在运转。"同样，可以说 CABE 没有充分说明设计的理由，因此，在面临削减支出的选择时，2010 年到 2015 年联合政府决定削减 CABE 的开支。对其他人来说，CABE 消亡的种子是在 CABE 成为法定组织并"进入主流"时播下的。正如一名专员所说，"如果你把恐怖分子带出组织，你就可以消除这种不安，当你消除这种不安时，很容易就消灭了整个组织。"另一位争辩道："批评要么指责 CABE 做得不够，要么是指责做得太多，这恰恰可能表明 CABE 做得对。"

CABE 消失后的情况还显示，作为一个国家，我们很快忘记了 CABE 带来的改变，而集中精力使国家干预从政治基础最薄弱的领域撤出（反对声音最少），同时也是国家所承担法定义务最少的领域。这些服务包括与设计相关的自主服务。同样，这也可以说是 CABE 的失败（尽管 CABE 有明确的意图）；除了已经被说服的建成环境专业人员之外，未能充　249

分接触到更大的群体，也未能在广大民众中产生对良好设计的需求。此外，CABE 也未能利用随之而来的机会，以正式和法定的身份证明其活动（尤其是设计审查）的基础，而这种身份会将他们与国家的非自由裁量机制联系在一起。当它存在的时候，CABE 无疑改变了设计文化，并在推动国家和地方的政治议程中发挥了关键作用。但这是一个建立在沙子上的文化变革，当 CABE 不再提醒我们优秀设计的重要性时，我们很快就忘记了。

2011 年后的情况表明，与健康、国防或教育不同，建成环境的质量只是我们需要不断提醒自己其价值的领域之一，却应该是国家的首要关切。在英国，糟糕设计的成本越来越高，我们迟早需要记住。当我们这样做的时候，我们希望本书收集的证据将有助于我们以及世界上其他许多人知晓这一过程，尽管他们在 CABE 存在的短暂时间里，没有享受到 CABE 这一独特、创新和有影响力的组织的好处。

注释

1. 例如遗产彩票基金。
2. 有时在外部，有时在内部，但不包括自己的年度报告。
3. 例如关于艺术委员会或英国遗产组织。
4. www.gov.uk/government/news/commission-for-architecture-and-the-built-environment

附录 研究方法

12.1 启动阶段——面向分析框架

CABE 认识到了在参与 CABE 实验的人失去资源、证据和集体记忆之前抓住时机的重要性，在 CABE 存在的最后几个月，CABE 资助了一个快速启动项目，以 i) 探索更大规模研究的可能性；ii) 如果可行，协助向英国的一个研究委员会提出研究申请。在此期间，加利福尼亚大学洛杉矶分校的一名研究人员在 CABE 工作了 25 天，并且史无前例地接触了 CABE 的人员和档案。这一阶段的目的是：

- 与英国国家档案馆的一个团队合作，以识别和保护关键资源，作为后续研究证据基础的一部分。
- 在组织关闭和集体记忆丢失之前，开始绘制关键项目、产出、人员和责任的流程。
- 开始与塑造 CABE 实验的关键利益相关者对话，他们的经验需要作为证据库的一部分。

这项工作的性质是快速和探索性的，主要侧重于通过建立联系、保护证据和构建研究提案的分析框架草案，确保 CABE 实验的后续深入评估既具有可行性又有成效。这一阶段于 2011 年 4 月完成，11 月提交了一份研究申请，9 个月后获得批准。

12.2 实质性研究阶段——多维归纳分析

由艺术和人文研究理事会资助的实质性研究阶段从 2013 年 1 月持续至 2014 年 8 月，随着本书的出版而结束。它采用了归纳研究方法，试图从实践的细节中学习并将其应用到设计治理的综合理论中。这种方法的实质是对 CABE 工作的多维影响分析，允许应用丰富的经验证据，并与本书前言中提出的研究问题相关联。

5 个研究阶段如下：

1. 分析框架

项目的这一阶段侧重于建立对国际设计治理文献的全面理解，特别侧重于：

- 了解公共政策、发展、房地产市场和政治背景，以及更广泛的城市政策中的设计动态。
- 追踪专业 / 学术文献和报刊上的 CABE 报道（以及 RFAC 的报道）（例如，回顾超过十年的新闻剪报），追踪国际上任何相关组织的方法和影响的证据。
- 开发和深化分析框架（本章讨论的工具框架），以此作为构建 CABE 经验分析的一种手段，通过准备一套协调一致的研究工具来解决基础研究问题。

251 2. 组织调查

根据使用 NVivo 软件的文件分析（2868 份来源文件），第二阶段包括深入评估 CABE（及其赞助政府部门）编制的所有关键政策、方案、项目和绩效管理文件，以及该组织定期外部评估编制的文件。目的是了解 CABE 体验的驱动因素和障碍，并对照更广泛的政治和城市政策背景追溯 CABE 的历史。主要产出包括：

- 一系列工作组织图，展示 CABE 如何在其历史上发展，以及其工作如何应对外部政治优先事项和压力来源。
- 对 CABE 工具、项目、项目、人员和关系范围的第一次全面描述。
- 全面评估 CABE 各种方案的主要产出，并尽可能与专用于不同工作流的资源进行比较。
- 了解组织本身的运作方式，确定优先事项、分配资源、衡量成功等的标准。

3. 第一手意见

利用第二阶段的调查结果，对两个方面的受众进行了一系列深度结构化访谈（总共 39 次）。首先，来自 CABE 内外（包括政府部门）的人都集中参与了组织及其方法的建立和发展，并最终见证了组织的消失。这包括专业和政治角色。其次，对记录在案的关键意见形成者的采访，作为对 CABE 历史不同阶段的支持和批评。目的是：

- 测试第二阶段得到结论的准确性。
- 了解 CABE 的政治、组织、资源、专业和实际驱动因素和障碍；深入组织内部，感受那些曾经深度参与组织运转者的体会。
- 了解对 CABE 及其项目的常见批评，以及这些

批评是如何随着时间发展的。
- 识别 CABE 工作中的关键事件，以便在第 4 阶段进行潜在的进一步分析。

4. 还原

对 CABE 11 年来的工作和工具的充分理解，使得能够在每个工具中选择一系列关键事件进行进一步分析。这个阶段关注的不是每个工具的所有方面，而是特定的活动，例如，与总体规划相关的设计审查；注重价值论证的研究项目；在公园部门的授权辅助等等。通过比较相关的工作事件，使人们能够更好地理解过程、问题和影响，而不是试图从每一个不同的事件中得出结论。所选的"片段"代表了 CABE 对设计领域的广泛参与，也代表了第三阶段利益相关者对他们如何塑造（积极或消极）设计议程的最重要的评价。在这方面，重要的是要了解更广泛的情况，什么有效，什么无效，还要了解详细的做法。

其目的是跟踪在建造项目或设计提案中的过程、影响和更广泛的影响方面，并尽可能了解 CABE 使用的工具范围。该阶段包括一系列小规模的研讨会——"还原"将 CABE 内部、其伙伴组织以及其工作的接收者中参与每一集的关键利益相关者 / 主角聚集在一起；随后根据需要进行更有针对性的个人访谈。"还原"（总共 24 个事件）是通过考虑每个事件的愿望、过程和结果来组织的。各方之间自由和公开的讨论被记录下来，随后在得出结论之前被转录出来，这些结论涉及关键方案和工具的有效性，以及在 CABE 消失后的世界中如何重新解释或不重新解释这些方案和工具。

5. 综合

有了多种分析技术，在尝试对基础研究问题进行全面综合和评估之前，仔细和单独记录研究

252 的每个阶段是很重要的。数据经过了缩减、显示、分析和推断的标准定性技术处理，分析框架（在研究过程中完善）通过设计一系列相关形式来构建这一过程，通过这些形式进行分析，随后总结和显示数据。在对证据进行定位，作为得出共同发现的一种手段之前，不同的方法是分开编写的。多种多样的方法有助于克服每一种方法已知的潜在弱点，以便揭示关于CABE实验的更全面和连贯的观点。

最后一个阶段包括讲述CABE的故事（本书），以及在使用分析重新建立设计治理理论的过程中，使用实证研究作为对设计治理的价值、手段和目的进行根本性和批判性评估的基础。在这方面，这项研究既有前瞻性，也有回顾性，希望为继续在英格兰、英国和国际上推行设计议程的各种组织提供经验教训。

Adams D & Tiesdell S (2013) *Shaping Places: Urban Planning, Design and Development*, London, Routledge.

Al Waer H (2013) "Improving Contemporary Approaches to the Masterplanning Process", *Proceedings of the ICE—Planning and Urban Design*, 167(1): 25–34.

Annabel Jackson Associates (2007) CABE ABEC Evaluation, Bath, Annabel Jackson Associates Ltd.

Appleby M (2006) "CABE Space Director to Focus on Streets Rather than Parks", Horticulture Week, 14 September, www.hortweek.com/cabe-space-director-focus-streets-rather-parks/article/791767.

Architect's Journal (2001) "School Sheds Out as CABE Seeks Better Class from PFI", 25 October, www.architectsjournal.co.uk/home/school-sheds-out-as-cabe-seeks-better-class-from-pfi/184935.article.

Architects' Journal (2002) "Ministerial Design Champions Set Goals for Public Buildings", 24 January, www.architectsjournal.co.uk/home/ministerial-design-champions-set-goals-for-public-buildings/172750.article.

Architects' Journal (2010) "Europan Faces Axe in UK as CABE Withdraws Backing" Architects' Journal, 5 March, www.architectsjournal.co.uk/home/-europan-faces-axe-in-uk-as-cabe-withdraws-backing/5215043.fullarticle.

Arnold D (2009) "CABE at Ten: Is It Doing Too Much" *Architects' Journal*, 11 September, www.architectsjournal.co.uk/news/daily-news/-cabe-at-10-is-it-doing-too-much/5207922.article.

Australian Public Service Commission (2009) Smarter Policy: Choosing Policy Instruments and Working with Others to Influence Behaviour, Attorney-General's Department, Barton ACT.

Baer W (2011) "Customs, Norms, Rules, Regulations and Standards in Design Practice 1" in Banerjee T & Loukaitou-Sideris A (Eds) *Companion to Urban Design*, London, Routledge.

Baldock H (1998) "Architecture Commission Set to Replace RFAC", Building, CCLXIII(49): 11.

Ballieu A (1993) "Architecture: The Mandarins Meet Their Match: When the Royal Fine Art Commission Decrees, Governments Defer. But in Paternoster Square It Is Being Spurned", *The Independent*, 3 February, www.independent.co.uk/arts-entertainment/art/news/architecture-the-mandarins-meet-their-match-when-the-royal-fine-art-commission-decrees-governments-defer-but-in-paternoster-square-it-is-being-spurned-corrected-1470519.html.

Banerjee T & Loukaitou-Sideris A (Eds) (2011) *Companion to Urban Design*, London, Routledge.

Barker K (2004) "Review of Housing Supply, Delivering Stability, Securing Our Future Housing Needs", http://webarchive.nationalarchives.gov.uk/20080107210803/http://www.hm-treasury.gov.uk/consultations_and_legislation/barker/consult_barker_index.cfm.

Barnett J (1974) *Urban Design as Public Policy, Practical Methods for Improving Cities*, New York, Architectural Record.

Barnett J (2011) "How Codes Shaped Development in the United States, and Why They Should Be Changed" in Marshall S (Ed) *Urban Coding and Planning*, London, Routledge.

Baumeister M (2012) "Development Charges across Canada, an Underutilized Growth Management Tool", IMFG Papers on Municipal Finance and Governance, www.munkschool.utoronto.ca/imfg/uploads/201/imfg_no.9_online_june25.pdf.

Beckford J (2002) *Quality*, London, Routledge.

Ben-Joseph E (2005a) *The Code of the City: Standards and the Hidden Language of Place Making*, Cambridge, MA, MIT Press.

Ben-Joseph E (2005b) "Facing Subdivision Regulations" in Ben-Joseph E & Szold T (Eds) *Regulating Place, Standards and the Shaping of Urban America*, New York, Routledge.

254 Bentley I (1999) *Urban Transformations: Power, People and Urban Design*, London, Routledge.

Biddulph M (1998) "Choices in the Design Control Process, Learning from Stoke", *Town Planning Review*, 69(1): 23–48.

Biddulph M, Hooper A, & Punter J (2006) "Awards, Patronage and Design Preference: An Analysis of English Awards for Housing Design", *Urban Design International*, 11(1): 49–61.

Bishop D (2009) "Someone to Watch Over Me", *New Start*, 1 June.

Bishop P (2011) *The Bishop Review, the Future of Design in the Built Environment*, London, Design Council.

Blackler Z (2004) "Bias Allegation Hits CABE", *Architects' Journal*, 18 March, www.architectsjournal.co.uk/home/bias-allegation-hits-cabe/656648.article.

Blair T (2001a) "Address Groundwork Seminar", 24 April, Croydon.

Blair T (2001b) Full Text of Tony Blair's Speech on Education, 23 May, www.theguardian.com/politics/2001/may/23/labour.tonyblair.

Booth P (1999) "Discretion in Planning versus Zoning" in Cullingworth B (Ed) *British Planning, 50 Years of Urban and Regional Policy*, London, The Athlone Press.

BOP Consulting (2011) "Sea Change Evaluation, Final Report", www.integreatplus.com/sites/default/files/sea_change_evaluation.pdf.

Bowden C (2001) "Letter to Chief Planning Officers from Christopher Bowden, Head of Division, Addition of Commission for Architecture and the Built Environment to the List of Non-statutory Consultees", 15 May, London, DETR, www.publications.parliament.uk/pa/cm200304/cmselect/cmodpm/1117/1117we03.htm.

Bristol Evening Post (South Gloucestershire), Monday, 23 September 2002, p. 18

Brown P (2004) "Architecture Body Chief Quits Ahead of Report", *The Guardian*, 17 June, www.theguardian.com/society/2004/jun/17/urbandesign.arts.

Building Design (2013) "Anonymous Comment Posted about Lee Mallett (2013) 'The Planner as Urban Visionary'", 18 December, www.bdonline.co.uk.

Building for Life (2004) Building for Life, Newsletter 01 Sustainability, September, London, CABE.

CABE & Civic Trust (2004) Green Flag Award Winners 2003/4, London, CABE.

CABE (2000a) Commission for Architecture and the Built Environment, Financial Statements for the Period Ended 31 March 2000, London, CABE.

CABE (2000b) Minutes of the Design Review Committee, 20 December, London, CABE.

CABE (2001a) CABE Annual Report and Accounts 2001, London, CABE.

CABE (2001b) *The Value of Urban Design*, London, Thomas Telford.

CABE (2001c) Minutes of the Design Review Committee, 12 November, London, CABE.

CABE (2001d) Minutes of the Design Review Committee, 7 November, London, CABE.

CABE (2001e) Minutes of the Design Review Committee, 25 July, London, CABE.

CABE (2002a) CABE Enabling Handbook (Unpublished), London, CABE.

CABE (2002b) Corporate Strategy 2002–2005, London, CABE.

CABE (2002c) CABE Annual Report and Accounts 2001/2002, Sense of Place, London, CABE.

CABE (2002d) Design and Planning: Response to the Planning Green Paper and Associated Consultation Papers, London, CABE.

CABE (2002e) Regional Programme Funding Guidelines 2002–04, London, CABE.

CABE (2002f) Design Review: Guidance on How CABE Evaluates Quality in Architecture and Urban Design, London, CABE.

CABE (2002g) Minutes of Sift Meeting, 17 May, London, CABE.

CABE (2002h) Minutes of Sift Meeting, 30 April, London, CABE.

CABE (2002i) Minutes of Sift Meeting, 14 June, London, CABE.

CABE (2002j) *Building for Life: An Introduction*, London, CABE, HBF and The Civic Trust.

CABE (2002k) Streets of Shame: Executive Summary, London, CABE.

CABE (2003a) CABE Annual Report and Accounts 2003, London, CABE.

255 CABE (2003b) Planning & Compulsory Purchase Bill: Outline of CABE's Position, London, CABE.

CABE (2003c) Regional Funding Programme Guidelines for the 2004–6 Round of RFP (Unpublished), London, CABE.

CABE (2003d) *Ten Ways to Make Quality Count, Business Planning Zones*, London, CABE.

CABE (2003e) *360° Magazine*, September 2003, London, CABE.

CABE (2004a) Draft PPS 1 Creating Sustainable Communities: Response to Consultation Draft by Commission for Architecture and the Built Environment, London, CABE.

CABE (2004b) *Housing Futures 2024: A Provocative Look at Future Trends in Housing*, London, CABE and RIBA.

CABE (2004c) Building for Life Newsletter 01 Sustainability, September 2004.

CABE (2004d) CABE Annual Report & Accounts 2004: Our Buildings, Our Spaces, Our Lives, London, CABE.

CABE (2004e) *Creating Successful Masterplans: A Guide for Clients*, London, CABE.

CABE (2004f) Architecture and Race: A Study of Minority Ethnic Students in the Professions. Executive Summary: Research Outcomes 6, London, CABE.

CABE (2004g) *Corporate Strategy for 2004–2007: Transforming Neighbourhoods*, London, CABE.

CABE (2004h) "CABE Announces New Investment in Architecture Centres", CABE Extra Newsletter 10, 9 February.

CABE (2004i) *Being Involved in School Design: A Guide for School Communities, Local Authorities, Funders and Design and Construction Teams*, London, CABE.

CABE (2005a) *Design Champions*, London, CABE.

CABE (2005b) *Making Places: Careers Which Shape Our Cities Towns and Villages*, London, CABE.

CABE (2005c) Whose Place Is It Anyway, CABE Annual Report & Accounts 2005, London, CABE.

CABE (2005d) *Housing Audit: Assessing the Design Quality of New Homes in the North East, North West and Yorkshire & Humber*, London, CABE.

CABE (2005e) *Making Design Policy Work: How to Deliver Good Design through Your Local Development Framework*, London, CABE.

CABE (2005f) *Design Reviewed*, Issue 2, London, CABE.

CABE (2005g) *Winning Housing Designs: Lessons from an Anglo-French Housing Initiative*, London, CABE.

CABE (2005h) *Delivering Great Places to Live: 20 Questions You Need to Answer*, London, CABE.

CABE (2005i) CABE Enabling Handbook (Unpublished), London, CABE.

CABE (2005j) Appraisal of CABE Enabling Panel by Enabling Programme Officer, December.

CABE (2006a) *Design Review, How CABE Evaluated Quality in Architecture and Urban Design*, London, CABE.

CABE (2006b) *Getting Out There, Art and Design Local Safari Guide, a Teachers Guide to Using the Local Built Environment at Key State 3 and 4*, London, CABE.

CABE (2006c) *CABE Works, Here's How, Annual Review 2005/06*, London, CABE.

CABE (2006d) *The Principles of Inclusive Design. (They Include You)*, London, CABE.

CABE (2006e) Assessing Secondary School Design Quality: Research Report, London, CABE.

CABE (2006f) Responses to the Enabling Panel Manager Questionnaire 'Appraisal of Existing Panels' (Unpublished), London, CABE.

CABE (2006g) *How to do Design Review: Creating and Running a Successful Panel*, CABE, London.

CABE (2006h) *Better Public Building, London*, CABE.

CABE (2007a) *Design and Access Statements, How to Write, Read and Use Them*, London, CABE.

CABE (2007b) *CABE Annual Report 2006/07, Financial Statements and Accounts*, London, CABE.

CABE (2007c) Staff Survey 2007 (Unpublished), London, CABE.

CABE (2007d) How to Set up an Enabling Panel (Unpublished), London, CABE.

CABE (2007e) *Housing Audit: Assessing the Design Quality of New Housing in the East Midlands, West Midlands and the South West*, London, CABE.

CABE (2007f) *Design Task Group Report Design Task Group—Emscher Landschaftspark 30 September–2 October 2007*, London, CABE.

256 CABE (2007g) *CABE Schools Design Quality Programme: Building Schools for the Future*, London, CABE.

CABE (2007h) *Minutes of CABE Operations Committee, 4 May*, London, CABE.

CABE (2007i) *Evaluation of Architecture and Built Environment Centres (ABECs) Funded under CABE Regional Funding Programme 2006/8*, London, CABE.

CABE (2007j) Commission Paper, 18th July, London, CABE

CABE (2008a) CABE *Annual Report 2007/08, Financial Statements and Accounts*, London, CABE.

CABE (2008b) "Memorandum Submitted by CABE", www.publications.parliament.uk/pa/cm200809/cmselect/cmberr/89/89we32.htm.

CABE (2008c) *Sure Start Children's Centres: A Post-occupancy Evaluation*, London, CABE.

CABE (2008d) *The Thames Gateway Design Pact: Making New Things Happen*, London, CABE.

CABE (2008e) CABE Commission Paper, 18 July (Unpublished), London, CABE.

CABE (2008f) Urban Design & Homes Annual Review 2008 (Unpublished), London, CABE.

CABE (2009a) *CABE Ten Year Review*, London, CABE.

CABE (2009b) CABE *Annual Report 2008–09: Financial Statements and Accounts*, London, CABE.

CABE (2009c) "Better Buildings and Spaces Improve Quality of Life Says the Public", http://webarchive.nationalarchives.gov.uk/20110118095356/http://www.cabe.org.uk/news/better-buildings-and-spaces-improve-quality-of-lifeCABE.

CABE (2009d) *Shape the Future: Corporate Strategy 2008/09–2010/11*, London, CABE.

CABE (2010a) *CABE Annual Report and Accounts 2009/10*, London, CABE.

CABE (2010b) Enabling Framework Call-off Contract Template (Unpublished), London, CABE.

CABE (2010c) CABE and the Public Bodies Review (Unpublished), London, CABE.

CABE (2010d) *People and Places, Public Attitudes to Beauty*, London, CABE.

CABE (2010e) Making the Case, Unpublished Evidence Submitted by CABE to the 2010 DCMS 'Value for Money' Assessment of Its NDPBs (Unpublished), London, CABE.

CABE (2010f) *Helping Local People Choose Good Design, Design Review Network Annual Report 2009/10*, London, CABE.

CABE (2010g) How to Set up an Enabling Panel (Unpublished, Revised Version), London, CABE.

CABE (2011a) Handover Note 10: CABE Evaluation (Unpublished), London, CABE.

CABE (2011b) Handover Note: Local Policy, CABE Submission to Examination in Public (EiP) of the Mayor of London's Draft Replacement London Plan (Unpublished), London, CABE.

CABE (2011c) Handover Note 76: Prime Minister's Better Public Building Award (Unpublished), London, CABE.

CABE (2011d) Handover Note 32: Innovation, Creativity and Learning. Regional Funding Programme for Architecture and Built Environment Centres (Unpublished), London, CABE.

CABE (2011e) Handover Note 56: Building for Life (Unpublished), London, CABE.

CABE (2011f) *Annual Report and Accounts 2010/11*, London, The Stationery Office.

CABE (2011g) Handover Note 66: Case Studies, Case Study Library (Unpublished), London, CABE.

CABE (2011h) Handover Note 47: Green Space Best Practice Guides, Management and Skills Team (Unpublished), London, CABE.

CABE (2011i) Handover Note 20: Design Task Group (Unpublished), London, CABE.

CABE (2011j) What Is Enabling (Unpublished), London, CABE.

CABE (n.d.) *Local Authority Design Champions*, London, CABE.

CABE & DTLR (2001) *Better Places to Live by Design: A Companion Guide to PPG3*, London, DTLR.

CABE Education (2004) *Neighbourhood Journeys: Making the Ordinary Extraordinary*, London, CABE Education Foundation and Creative Partnerships Bristol.

CABE & English Heritage (2003) *Shifting Sands: Design and the Changing Image of English Seaside Towns*, London, English Heritage and CABE.

CABE & ODPM (2002) *Paving the Way: How We Achieve Clean Safe and Attractive Streets*, Tonbridge, Thomas Telford.

257 CABE Space (2004) *Is the Grass Greener . . . ? Learning from International Innovations in Urban Green Space Management*, London, CABE.

CABE Space (2007) *Paved with Gold: The Real Value of Good Street Design*, London, CABE.

CABE Space (2009) *Helping Community Groups to Improve Public Spaces*, London, CABE.

CABE Space (2010a) *Not So Green and Pleasant? Measuring and Mapping the State of English Urban Greens Space*, London, CABE.

CABE Space (2010b) *Urban Green Nation: Building the Evidence Base*, London, CABE.

Cabinet Office (1999) *Modernising Government*, London, Her Majesty's Stationary Office.

Campbell & Cowan (2002) *Re:Urbanism: Challenge to the Urban Summit*, London, Urban Management Initiatives.

Cantacuzino S (1994) *What Makes a Good Building? An Inquiry by the Royal Fine Art Commission*, London, RFAC.

Carmona M (1996) "Controlling Urban Design—Part 1: A Possible Renaissance", *Journal of Urban Design*, 1(1): 47–73.

Carmona M (1999) "Reinventing Residential Urban Design", *Town and Country Planning*, 68(2): 54–57.

Carmona M (2001) *Housing Design Quality, through Policy, Guidance and Review*, London, Spon Press.

Carmona M (2009a) "The Isle of Dogs: Four Waves, Twelve Plans, 35 Years, and a Renaissance . . . Of Sorts", *Progress in Planning*, 71(3): 87–151.

Carmona M (2009b) "Design Coding and the Creative, Market and Regulatory Tyrannies of Practice", *Urban Studies*, 46(12): 2643–2667.

Carmona M (2009c) "Sustainable Urban Design: Definitions and Delivery", *International Journal for Sustainable Development*, 12(1): 48–77.

Carmona M (2010) "Decoding Design Coding" in Clemente C and De Matteis F (Eds) *Housing for Europe, Strategies for Quality in Urban Space, Excellence in Design, Performance in Building*, Rome, Tipographia Del Genio Civile.

Carmona M (2011a) "Decoding Design Guidance" in Banerjee T & Loukaitou-Sideris A (Eds) *Companion to Urban Design*, London, Routledge.

Carmona M (2011b) "CABE R.I.P. . . . Long Live CABE", Town & Country Planning, 80(5): 236–239.

Carmona M (2011c) "Shaping Local London", *Urban Design*, 18: 32–35.

Carmona M (2011d) "Design and the NPPF", *Town & Country Planning*, 80(10): 456–458.

Carmona M (2012) "As-of-Right—Is the Time Right?", *Town & Country Planning*, 81(2): 104–107.

Carmona M (2013a) "Planning, Beirut-style", *Journal of Space Syntax*, 4(1): 123–129.

Carmona M (2013b) "The Design Dimension of Planning (20 Years On)", www.bartlett.ucl.ac.uk/planning/centenary-news-events-repository/urban-design-matthew-carmona.

Carmona M (2014a) "'Our Future in Place'—Or Is It?", www.bartlett.ucl.ac.uk/cross-faculty-initiatives/urban-design/urban-design-matters/farrell-review-urban-design-matters.

Carmona M (2014b) "The Place-shaping Continuum: A Theory of Urban Design Process", *Journal of Urban Design*, 19(1): 2–36.

Carmona M (2014c) "Investigating Urban Design" in Carmona M (Ed) *Explorations in Urban Design, An Urban Design Research Primer*, London, Ashgate.

Carmona M (2014d) "London's Local High Streets, The Problems, Potentials and Complexities of Mixed Street Corridors", *Progress in Planning*, www.sciencedirect.com/science/article/pii/S0305900614000439.

Carmona M (2014e) "Towards a Place (Leadership) Council for England", www.bartlett.ucl.ac.uk/cross-faculty-initiatives/urban-design/urban-design-matters/Urban-Design-Matters-43.

Carmona M (2014f) *Explorations in Urban Design, An Urban Design Research Primer*, London, Ashgate.

Carmona M, Carmona S & Gallent N (2003) *Delivering New Homes: Processes, Planners and Providers*, London, Routledge.

Carmona M & Dann J (2006) *Design Coding in Practice, An Evaluation*, London, Department for Communities and Local Government.

Carmona M, de Magalhães C & Edwards M (2002) "What Value Urban Design?", *Urban Design International*, 7: 63–81.

Carmona M & Giordano V (2013) "Design Coding, Diffusion of Practice in England", www.udg.org.uk/publications/udg-publication/design-coding-diffusion-practice-england.

258 Carmona M, Marshall S & Stevens Q (2006) "Design Codes, their Use and Potential", *Progress in Planning*, 65(4): 201–290.

Carmona M & Sakai A (2014) "Designing the Japanese City—An Individual Aesthetic and a Collective Neglect", *Urban Design International*, 19(3): 186–198.

Carmona M & Sieh L (2004) *Measuring Quality in Planning, Managing the Performance Process*, London, Spon Press.

Carmona M, Tiesdell S, Heath T, & Oc T (2010) *Public Places Urban Spaces, the Dimensions of Urban Design*, Oxford, Architectural Press.

Carmona M & Wunderlich F (2012) *Capital Spaces, the Multiple Complex Public Spaces of a Global City*, London, Routledge.

Case Scheer B (1994) "Introduction: The Debate on Design Review" in Case Scheer B & Preiser W (Eds) *Design Review, Challenging Urban Aesthetic Control*, London, Chapman & Hall.

Chipperfield G (1994) *Financial Management and Policy Review of the Royal Fine Art Commission by Sir Geoffrey Chipperfield*, London, Department of National Heritage.

Christiansen R (2010) "Sea Change: Tide of Change That Has Swept Our Seaside Towns", *The Telegraph*, 6 September, www.telegraph.co.uk/culture/art/architecture/7984338/Sea-Change-tide-of-change-that-has-swept-our-seaside-towns.html.

Christie S (2005) "The Building Blocks of Success", *Community Practitioner*, October.

Clover C (2004) "Quango 'Wanted to Destroy Listed Buildings'", *The Telegraph*, 21 June, www.telegraph.co.uk/news/uknews/1465035/Quango-wanted-to-destroy-listed-buildings.html.

Committee on Standards in Public Life (2005) "Getting the Balance Right, Implementing Standards of Conduct in Public Life", www.gov.uk/government/uploads/system/uploads/attachment_data/file/336897/10thFullReport.pdf.

Conservatives (2010) *Open Source Green Paper*, London, The Conservative Party.

Construction Task Force (1998) *Rethinking Construction (the Egan Report)*, London, Department for Trade and Industry.

Cullen G (1961) *Townscape*, London, Architectural Press.

Cullingworth B (1997) *Planning in the USA: Policies, Issues and Processes*, Routledge, London.

Cuthbert A (2006) *The Form of Cities*, Malden, MA, Blackwell Publishing.

Cuthbert A (2011) *Understanding Cities, Methods in Urban Design*, London, Routledge.

DCLG (2004) *Living Places: Caring for Quality*, London, RIBA Enterprises.

DCLG (2006a) *Circular 01/2006: Guidance on Changes to the Development Control System*, London, DCLG.

DCLG (2006b) *Preparing Design Codes, Practice Manual*, London, DCLG.

DCLG (2007) *Homes for the Future, More Affordable, More Sustainable*, London, DCLG.

DCLG (2008) *Trees in Towns II, A New Survey of Urban Trees in England and their Condition and Management*, London, DCLG.

DCLG (2010) "Evaluation of the Mixed Communities Initiative Demonstration Projects", Final Report, www.gov.uk/government/uploads/system/uploads/attachment_data/file/6360/1775216.pdf.

DCLG (2015a) "Starter Homes Design", www.gov.uk/government/uploads/system/uploads/attachment_data/file/419212/150330_-_Starter_Homes_Design_FINAL_bc_lh_pdf.pdf.

DCLG (2015b) "Notes on Neighbourhood Planning", Edition 17, www.gov.uk/government/uploads/system/uploads/attachment_data/file/488024/15121_Notes_on_Neighbourhood_Planning_II.pdf.

DCMS (2004) Press Notice 162/04, Clean Neighbourhoods and Environment Bill: CABE to Become a Statutory Body, 8 December, London, DCMS.

Delafons J (1994) "Democracy and Design" in Case Scheer B & Preiser W (Eds) *Design Review: Challenging Urban Aesthetic Control*, New York, Chapman & Hall.

Derbyshire B (2012) "Building for Life 12, A Smarter Approach", Building, 8 October, www.building.co.uk/building-for-life-12-a-smarter-approach/5043907.article.

Design Council (2014) *Design Council Annual Report and Accounts, for the Year Ending 31 March 2014*, London, Design Council.

Design Council (2015) *Design Council Annual Report and Accounts 2014–2015, for the Year Ending*

259 *31 March 2015, We Improve People's Lives through the Use of Design*, London, Design Council.

Design Council CABE (2013) *Design Review, Principles and Practice*, London, Design Council.

DETR & CABE (2000) By Design, Urban Design in the Planning System, Towards Better Practice, London, DETR

DH Estates & Facilities (2008) "Achieving Excellence Design Evaluation Toolkit (AEDET Evolution)", http://webarchive.nationalarchives. gov.uk/20130107105354/http://www.dh.gov.uk/prod_consum_dh/groups/dh_digitalassets/@dh/@en/documents/digitalasset/dh_082086.pdf.

Dittmar H (2012) "Design Council CABE Stalls at the Lights", Building, 22 May, www.building.co.uk/design-council-cabe-stalls-at-the-lights/5043745.article.

DNH—Department of National Heritage (1996) *Financial Management and Policy Review of the Royal Fine Art Commission, Summary of Conclusions and the Department's Response*, London, Department of National Heritage.

Dobbins M (2009) *Urban Design and People*, Hoboken, NJ, Wiley.

DoE—Department of the Environment (1987) *Circular 8/87, Historic Buildings and Conservation Areas—Policy and Procedures*, London, HMSO.

DoE—Department of the Environment (1997) *PPG1, General Policy and Principles*, London, the Stationary Office.

Doern G B & Phidd R (1983) *Canadian Public Policy: Ideas, Structure, Process*, Toronto, Methuen.

Donnelly M (2012) "CABE Confirms Latest Redundancies", 27 March, www.planningresource. co.uk/article/1176393/cabe-confirms-latest-redundancies.

DoT, DCLG & Welsh Assembly (2007) *Manual for Streets*, London, Thomas Telford Publishing.

Egan J (2004) *The Egan Review, Skills for Sustainable Communities*, London, ODPM.

Elkin S (1986) "Regulation and Regime, a Comparative Analysis", *Journal of Public Policy*, 6: 49–72.

Ellin N (2006) *Integral Urbanism*, London, Routledge.

English Heritage & CABE (2002) "Building in Context, New Development in Historic Areas", http://web archive.nationalarchives.gov.uk/20110118095356/ http://www.cabe.org.uk/publications/building-in-context.

English Heritage & CABE (2007) *Guidance on Tall Buildings*, London, CABE.

Etherington R (2010) "Areas of Outstanding Urban Beauty Photographic Competition", *Dezeen Magazine*, 6 September, www.dezeen. com/2010/09/06/areas-of-outstanding-urban-beauty-photography-competition/.

Fairs M (1998) "Rogers Blasts RFAC", *Building Design*, 2 October, 1367: 2.

Fairs M & Lewis J (1998) "Architecture Council Begins to Take Shape", *Building Design*, 22 January, 1379: 6

Falk N (2011) "Masterplanning and Infrastructure in New Communities in Europe" in Tiesdell S & Adams D (Eds) *Urban Design in the Real Estate Development Process*, Chichester, Wiley-Blackwell.

Farrell T (2008) "Twelve Challenges for Edinburgh", *Prospect*, 130: 2–43.

Farrell T (2014) "The Farrell Review of Architecture + The Built Environment, Our Future in Place", London, www.farrellreview.co.uk/downloads/The Farrell Review.pdf?t=1454326593.

Ferris H (1929) *The Metropolis of Tomorrow*, New York, Ives Washburn.

Fischer J & Guy S (2009) "Re-interpreting Regulations: Architects as Intermediaries for Low-carbon Buildings", *Urban Studies*, 46(12): 2577–2594.

Fisher J (1998) "Architecture: The Country's Architectural Enforcer", *The Independent*, 21 August, www.independent.co.uk/arts-entertainment/architecture-the-countrys-architectural-enforcer-1173032.html.

Flint A (2014) "Braving the New World of Performance Based Zoning", www.citylab.com/housing/2014/08/braving-the-new-world-of-performance-based-zoning/375926/.

Fulcher M (2012) "Architecture Centres 'Abandoned' as Umbrella Organisation Shuts Down", *Architects' Journal*, 19 April, http://m.architectsjournal. co.uk/8629258.article.

Fulcher M (2013) "Resurrected Architecture Centre Network to be UK-wide", *Architects' Journal*, 3 January, www.architectsjournal.co.uk/news/daily-news/resurrected-architecture-centre-network-to-be-uk-wide/8640696.article.

260 Garreau J (1991) *Edge City: Life on the New Frontier*, London, Doubleday.

George R V (1997) "A Procedural Explanation for Contemporary Urban Design", *Journal of Urban Design*, 2(2): 143–161.

Gordon P, Beito D & Tabarrok A (2005) "The Voluntary City, Choice, Community and Civil Society" in Ben-Joseph E & Szold T (Eds) *Regulating Place, Standards and the Shaping of Urban America*, New York, Routledge.

Grover P (2003) *Local Authority Conservation Provision in England, Research Project into Staffing, Casework and Resources*, Oxford, Oxford Brookes University.

Groves P, *Birmingham Post*, Tuesday, 21 January 2003, p. 11.

Gummer J (1994) DoE Press Release 713: More Quality in Town and Country, 12 December, London, Department of the Environment.

Hall AC (1996) *Design Control, towards a New Approach*, London, Butterworth.

Hall P (2014) *Good Cities, Better Lives, How Europe Discovered the Lost Art of Urbanism*, London, Routledge.

Hall S (2003) "New Labour Has Picked Up Where Thatcherism Left Off", *The Guardian*, 6 August, www.guardian.co.uk/politics/2003/aug/06/society.labour.

Hall T (2007) *Turning a Town Around*, Oxford, Blackwell Publishing.

Hallewell B (2005) "Initiative Looks into Home Plan", *East Anglia Daily Times*, 12 January.

Hansen B (2006) *The National Economy*, Westport, CT, Greenwood Press.

Held D, McGrew A, Goldblatt D, & Perraton J (1999) *Global Transformations: Politics Economics Culture*, Cambridge, Polity.

Hester R (1999) "A Refrain with a View", *Places*, 12(2): 12–25.

HM Government (2000) *Better Public Buildings, A Proud Legacy for the Future*, London, DCMS.

HM Government (2009) *World Class Places, the Government's Strategy for Improving Quality of Place*, London, DCLG.

HM Treasury (2003) *The Green Book: Appraisal and Evaluation in Central Government*, London: TSO www.gov.uk/government/uploads/system/uploads/attachment_data/file/220541/green_book_complete.pdf.

Hood C (1983) *The Tools of Government*, Chattham, Chatham House Publishers.

Hopkirk E (2012) "Design Council CABE Appoints New Director", 19 January, www.bdonline.co.uk/design-council-cabe-appoints-new-director/5030745.article.

Hopkirk E (2013) "Design Network Rises from Ashes of Architecture Centre Network", *Building Design*, 2 January, www.bdonline.co.uk/design-network-rises-from-ashes-of-architecture-centre-network/5048115.article.

Hopkirk E (2015) "Government's Starter Home Exemplars Dismissed as 'Missed Opportunity'", 31 March, www.bdonline.co.uk/governments-starter-home-exemplars-dismissed-as-missed-opportunity/5074690.article.

Horticulture Week (2010) "Green Infrastructure 'Health Check' Launched by CABE", *Horticulture Week*, 28 January, www.hortweek.com/green-infrastructure-health-check-launched-cabe/article/980142.

Hou J (2011) "Citizen Design, Participation and Beyond" in Banerjee T & Loukaitou-Sideris A (Eds) *Companion to Urban Design*, London, Routledge.

Housebuilder (2005) "CABE Expands Advisory Team to Boost Quality", *Housebuilder*, January/February.

House of Commons Committee of Public Accounts (2008) *Housing Market Renewal: Pathfinders, Thirty-fifth Report of Session 2007/08*, London, The Stationery Office.

House of Commons Library (2005) *The Clean Neighbourhoods and Environment Bill (Bill 11 of 2004–05)*, London, House of Commons.

House of Lords (2016) *Building Better Places, House of Lords Select Committee on National Policy for the Built Environment*, London, House of Lords.

Housing & Communities Agency (2009) *Affordable Housing Survey: A Review of the Quality of Affordable Housing in England*, London, DCLG.

Hubbard P (1994) "Professional vs. Lay Tastes in Design Control—An Empirical Investigation", *Planning Practice and Research*, 9(4): 271–287.

Hudson P (2006) "Planning Applications: Arrangements for Consulting Commission for Architecture and the Built Environment as a Non-statutory Consultee", www.gov.uk/government/uploads/system/uploads/attachment_data/file/7978/

261   061206-Letter_to_Chief_Planning_Officers-_Arrangements_for_Consulting_CABE_as_a_Non-Statutory_Consultee.pdf.

Hurst W & Rogers D (2009) "Design Competition for Eco-Towns Mothballed", *Building Design*, 24 July, www.bdonline.co.uk/design-competition-for-eco-towns-mothballed/3145561.article.

Imrie R & Street E (2006) "The Codification and Regulation of Architects' Practices", Project Paper 3, in *The Attitudes of Architects Towards Planning Regulation and Control*, London, Kings College London.

Imrie R & Street E (2009) "Regulating Design: Practices of Architecture, Governance and Control", *Urban Studies*, 46(12): 2507–2518

Imrie R & Street E (2011) *Architectural Design and Regulation*, Chichester, Wiley-Blackwell.

Kavanagh D (2012) "Lord St-John of Fawsley: Flamboyant Politician Who Fell Foul of Margaret Thatcher", www.independent.co.uk/news/obituaries/lord-stjohn-of-fawsley-flamboyant-politician-who-fell-foul-of-margaret-thatcher-7537625.html.

Kayden J, New York City Department of City Planning & Municipal Art Society of New York (2000) *Privately Owned Public Space, the New York Experience*, New York, John Wiley & Sons.

Kent E (n.d.) "Toward Place Governance: What If We Reinvented Civic Infrastructure around Placemaking?", www.pps.org/reference/toward-place-governance-civic-infrastructure-placemaking/.

Kropf K (2011) "Coding in the French Planning System: From Building Line to Morphological Zoning" in Marshall S (Ed) *Urban Coding and Planning*, London, Routledge.

Lang J (1996) "Implementing Urban Design in America: Project Types and Methodological Implications", *Journal of Urban Design*, 1(1): 7–22.

Lang J (2005) *Urban Design—A Typology of Procedures and Products*, Oxford, Architectural Press.

Lascoumes P & Le Gales P (2007) "Introduction: Understanding Public Policy through Its Instruments—From the Nature of Instruments to the Sociology of Public Policy Instrumentation", *Governance: An International Journal of Policy, Administration, and Institutions*, 20(1): 1–21.

Lees L (2003) "Visions of 'Urban Renaissance': The Urban Task Force Report and the Urban White Paper" in Imrie R & Raco M (Eds) *Urban Renaissance? New Labour, Community and Urban Policy*, Bristol, Policy Press.

Lehrer U (2011) "Urban Design Competitions" in Banerjee T & Loukaitou-Sideris A (Eds) *Companion to Urban Design*, London, Routledge.

Leinberger (2008) *The Option of Urbanism, Investing in a New American Dream*, Washington, DC, Island Press.

Levitt R (2013) "Why Tsars and So Popular with this Government", www.theguardian.com/society/2013/oct/15/why-tsars-popular-government.

Lewis J & Blackman D (1998) "New Body Replaces Arts Commission", *Planning*, 18 December, 1299: 4.

Lewis J & Fairs M (1998) "Architects Need Not Apply", *Building Design*, 18 December, 1377: 1–2.

Linder S & Peters G (1989) "Instruments of Government, Perceptions and Contexts", *Journal of Public Policy*, 9(1): 35–58.

Lipman C (2003) "No Cause for Jubilation", *New Start*, 14 February.

Lock D (2009) "Rules for the design police" Town & Country Planning, July/August, 308–9.

Lonsdale S (2004) "Urban Chic Finds a New Home in the Countryside", *The Telegraph*, 27 March, www.telegraph.co.uk/finance/property/new-homes/3323279/Urban-chic-finds-a-home-in-the-countryside.html.

Loukaitou-Sideris A & Banerjee T (1998) *Urban Design Downtown: Poetics and Politics of Form*, Berkeley, University of California Press.

Lung-Amam W (2013) "That 'Monster House' Is My Home: The Social and Cultural Politics of Design Reviews and Regulations", *Journal of Urban Design*, 18(2): 220–41.

Lynch K (1976) *Managing the Sense of a Region*, Cambridge, MA, MIT Press.

Mantownhuman (2008) "Manifesto, towards a New Humanism in Architecture", www.mantownhuman.org/manifesto.html.

Marshall S (2011) *Urban Coding and Planning*, London, Routledge.

Mayor of London & Newham London (2011) *Royal Docks Spatial Principles*, London, Mayor of London.

McDonnell L & Elmore R (1987) "Getting the Job Done: Alternative Policy Instruments", *Educational Evaluation and Policy Analysis*, 9(2): 133–152.

262 Ministry for the Environment (2005) "The Value of Urban Design, The Economic, Environmental and Social Benefits of Urban Design", www.mfe.govt.nz/publications/towns-and-cities/value-urban-design-economic-environmental-and-social-benefits-urban.

Ministry for the Environment (2006) "Urban Design Toolkit, Third Edition", www.mfe.govt.nz/publications/towns-and-cities/urban-design-toolkit-third-edition.

Nasar J (1999) *Design by Competition: Making Design Competitions Work*, Cambridge, Cambridge University Press.

Natarajan L (2015) 'Socio-spatial learning: A case study of community knowledge in participatory spatial planning', *Progress in Planning*.

National Audit Office (2009) *The Building Schools for the Future Programme: Renewing the Secondary School Estate*, London, The Stationery Office.

New Civil Engineer, Thursday 26 September 2002, p. 7.

Office of the Deputy Prime Minister (ODPM) (2002) *Living Places: Cleaner, Safer, Greener*, London, ODPM.

Office of the Deputy Prime Minister (ODPM) (2003) *Sustainable Communities, Building for the Future*, London, ODPM.

Office of the Deputy Prime Minister (ODPM) (2005) *Government Response to the ODPM Housing, Planning and Local Government and the Regions Committee Report on the Role and Effectiveness of CABE*, London, The Stationary Office.

Parnaby R & Short M (2008) "CABE, Light Touch Review", http://webarchive.nationalarchives.gov.uk/+/http://www.culture.gov.uk/reference_library/publications/5787.aspx/.

Paterson E (2012) "Urban Design and the National Planning Policy Framework for England", *Urban Design International*, 12(2): 144–155.

Pierre J (1999) "Models of Urban Governance: The Institutional Dimension of Urban Politics", *Urban Affairs Review*, 34(3): 372–396.

Place Alliance (2014a) "Our Purpose", www.bartlett.ucl.ac.uk/placealliance/pa-content/vision.

Place Alliance (2014b) Place Matters, friendly, fair, flourishing, fun & free, http://placealliance.org.uk/wp-content/uploads/2016/02/Place-Matters.pdf.

Plater-Zyberk E (1994) "Foreword" in Case Scheer B & Preiser W (Eds) *Design Review, Challenging Urban Aesthetic Control*, London, Chapman & Hall.

PricewaterhouseCoopers (2004) *The Role of Hospital Design in the Recruitment, Retention and Performance of NHS Nurses in England*, London, CABE.

Punter J (1986) "A History of Aesthetic Control: Part 1–1909–1953, the Control of the External Appearance of Development in England and Wales", *Town Planning Review*, 57(4): 29–62.

Punter J (1987) "A History of Aesthetic Control: Part 2–1953–1985, the Control of the External Appearance of Development in England and Wales", *Town Planning Review*, 58(1): 351–81.

Punter J (1999) *Design Guidelines in American Cities, a Review of Design Policies and Guidance in Five West Coast Cities*, Liverpool, Liverpool University Press.

Punter J (2003) "From Design Advice to Peer Review: The Role of the Urban Design Panel in Vancouver", *Journal of Urban Design*, 8(2): 113–35.

Punter J (2007) "Developing Urban Design as Public Policy: Best Practice Principles for Design Review and Development Management", *Journal of Urban Design*, 12(2): 167–202.

Punter J (2010) "Reflecting on Urban Design Achievements in a Decade of Urban Renaissance" in Punter J (Ed) *Urban Design and the British Urban Renaissance*, London, Routledge.

Punter J (2011) "Design Review—An Effective Means of Raising Design Quality?" in Tiesdell S & Adams D (Eds) *Urban Design in the Real Estate Development Process*, Chichester, Wiley-Blackwell.

Punter J & Carmona M (1997) *The Design Dimension of Planning, Theory, Content and Best Practice for Design Policies*, London, E & FN Spon.

Reade E (1987) *British Town and Country Planning*, Milton Keynes, Open University Press.

Richards JM (1980) *Memoirs of an Unjust Fella*, London, Weidenfeld & Nicolson.

Roger Evans Associates (2007) *Delivering Quality Places, Urban Design Compendium 2*, London, English Partnerships & Housing Corporation.

Rogers D (2010) "Government to Wind Up Sea Change Programme: Building Design", 23 July, www.bdonline.co.uk/government-to-wind-up-sea-change-programme/5003113.article.

263 Rogers D (2012) "Axed Director Predicts End of CABE", *Building Design*, 7 December, www.bdonline.co.uk/axed-director-predicts-end-of-cabe/5047081.article.

Rogers D (2015) "Design Council on Hunt for Architecture Deputy", *Building Design*, 8 May, www.bdonline.co.uk/design-council-on-hunt-for-architecture-deputy/5075315.article.

Rogers D & Klettner A (2012) "CABE Prepared to Become Self-funding Consultancy", *Building Design*, 7 March, www.bdonline.co.uk/cabe-prepares-to-become-self-funding-consultancy/5033049.article.

Rowley, A (1994) 'Definitions of Urban Design: The Nature and Concerns of Urban Design', *Planning Practice & Research*, 9(3) 179–97.

Rowley A (1998) "Private-Property Decision Makers and the Quality of Urban Design", *Journal of Urban Design*, 3(2): 151–73.

Royal Fine Art Commission (1924a) Minutes of the Fine Art Commission, 22 February, London, RFAC.

Royal Fine Art Commission (1924b) Minutes of the Fine Art Commission, 8 February, London, RFAC.

Royal Fine Art Commission (1924c) Minutes of the Fine Art Commission, 4 April, London, RFAC.

Royal Fine Art Commission (1924d) Minutes of the Fine Art Commission, 1 May, London, RFAC.

Royal Fine Art Commission (1924e) Minutes of the Fine Art Commission, 5 June, London, RFAC.

Royal Fine Art Commission (1926) The Royal Fine Art Commission Second Report, London, HMSO.

Royal Fine Art Commission (1928) The Royal Fine Art Commission Third Report, London, HMSO.

Royal Fine Art Commission (1943a) Minutes of the Fine Art Commission, 19 May, London, RFAC.

Royal Fine Art Commission (1943b) Minutes of the Fine Art Commission, 11 August, London, RFAC.

Royal Fine Art Commission (1943c) Minutes of the Fine Art Commission, 15 September, London, RFAC.

Royal Fine Art Commission (1945) Observations on the City of London's Report on Post-war Reconstruction, London, HMSO.

Royal Fine Art Commission (1950) The Royal Fine Art Commission Tenth Report, London, HMSO.

Royal Fine Art Commission (1951) Minutes of the Fine Art Commission, 11 April, London, RFAC.

Royal Fine Art Commission (1952) The Royal Fine Art Commission Eleventh Report, London, HMSO.

Royal Fine Art Commission (1958) The Royal Fine Art Commission Sixteenth Report, London, HMSO.

Royal Fine Art Commission (1962a) The Royal Fine Art Commission Eighteenth Report, London, HMSO.

Royal Fine Art Commission (1962b) Minutes of the Fine Art Commission, 11 April, London, RFAC.

Royal Fine Art Commission (1962c) Minutes of the Fine Art Commission, 14 November, London, RFAC.

Royal Fine Art Commission (1968) Minutes of the Fine Art Commission, 9 October, London, RFAC.

Royal Fine Art Commission (1971) The Royal Fine Art Commission Twenty-First Report, London, HMSO.

Royal Fine Art Commission (1980) Building in Context, London, RFAC.

Royal Fine Art Commission (1985) The Royal Fine Art Commission Twenty-Second Report, London, HMSO.

Royal Fine Art Commission (1986) The Royal Fine Art Commission Twenty-Third Report, London, HMSO.

Royal Fine Art Commission (1990) Planning for Beauty: The Case for Design Guidelines, London, HMSO.

Royal Fine Art Commission (1994a) What Makes a Good Building? An Inquiry by the Royal Fine Art Commission, London, RFAC.

Royal Fine Art Commission (1994b) The Royal Fine Art Commission Thirty-Second Report, London, HMSO.

Royal Fine Art Commission (1995) The Royal Fine Art Commission Thirty-Third Report, London, HMSO.

Royal Fine Art Commission (1996) The Royal Fine Art Commission Thirty-Fourth Report, London, HMSO

Royal Town Planning Institute (RTPI) (2014) *Making Better Decisions for Places, Why Where We Make Decisions Will Be Critical in the Twenty-First Century*, London, RTPI.

Rybczynski W (1994) "Epilogue" in Scheer BC & Preiser W (Eds) *Design Review: Challenging Urban Aesthetic Control*, New York, Chapman & Hall.

264 Salamon L (2000) "The New Governance and the Tools of Public Action, an Introduction", *Fordham Urban Law Journal*, 28(5): 1611–1674.

Salamon L (Ed) (2002) *The Tools of Government, a Guide to the New Governance*, Oxford, Oxford University Press.

Schneider A & Ingram H (1990) "Behavioral Assumptions of Policy Tools", *Journal of Politics*, 52(2): 510–529.

Schuster M (2005) "Substituting Information for Regulation, in Search of an Alternative Approach to Shaping Urban Design" in Ben-Joseph E & Szold T (Eds) *Regulating Place, Standards and the Shaping of Urban America*, New York, Routledge.

Schuster M, de Monchaux J & Riley C (Eds) (1997) *Preserving the Built Heritage: Tools for Implementation*, Hanover, NH, Salzburg Seminar/ University Press of New England.

Select Committee on Office of the Deputy Prime Minister: Housing, Planning, Local Government and the Regions (2005) "Fifth Report", www.publications.parliament.uk/pa/cm200405/cmselect/cmodpm/59/5903.htm.

Serota N (2010) "A Blitzkrieg on the Arts" *The Guardian*, 4 October, www.theguardian.com/commentisfree/2010/oct/04/blitzkrieg-on-the-arts.

Sherman (2003) "Prescott Wants £500 Million Facelift for Slums and Curbs on Landlords", *The Times*, 27 January, www.thetimes.co.uk/tto/news/uk/article1905732.ece.

Siegan B (2005) "The Benefits of Non-Zoning" in Ben-Joseph E & Szold T (Eds) *Regulating Place, Standards and the Shaping of Urban America*, New York, Routledge.

Simmons R (2009a) "Rules for Achieving Design Standards", *Town & Country Planning*, 78(9): 349.

Simmons R (2009b) "No Duplication", *Building*, 15 May, www.building.co.uk/no-duplication/3140548.article.

Simmons R (2015) "Constraints on Evidence-based Policy: Insights from Government Practices", *Building Research & Information*, 43(4): 407–19.

Slack E & Côté A (2014) "Comparative Urban Governance, Future of Cities: Working Paper", www.gov.uk/government/uploads/system/uploads/attachment_data/file/360420/14–810-urban-governance.pdf.

Slocock C (2015) "Whose Society, The Final Big Society Audit", www.civilexchange.org.uk/wp-content/uploads/2015/01/Whose-Society_The-Final-Big-Society-Audit_final.pdf.

Smithard T (2006) "Red Tape Blame over Facelift", *Great Yarmouth Mercury*, 13 January.

Solesbury W (2001) *Evidence Based Policy: Whence It Came and Where It's Going: Working Paper 1* London, Centre for Evidence Based Policy and Practice.

Sorrell J (2008) "Time to Leave the Comfort Zone", http://news.bbc.co.uk/1/hi/sci/tech/7410305.stm.

South London Press (Friday), Councillor Brian Palmer, Friday, 14 February 2003, p12.

South Shropshire Journal (2004) "Chance to Have Say on Home Design", 30 January.

Stamp G (1982) "Official Aesthetics", *The Spectator*, 13 November: 28–30.

Stewart D (2008) "CABE 'Light Touch' Review Finally Launched", www.building.co.uk/cabe-%E2%80%9A%C3%84%C3%B2light-touch%E2%80%9A%C3%84%C3%B4-review-finally-launched/3112575.article.

Stille K (2007) "The B-plan in Germany", *Urban Design*, 101: 24–6.

Syms P (2002) *Land, Development & Design*, Oxford, Blackwell Publishing.

Szold T (2005) "Afterword, the Changing Regulatory Template" in Ben-Joseph E & Szold T (Eds) *Regulating Place, Standards and the Shaping of Urban America*, New York, Routledge.

Talen E (2011) "Form-based Codes vs. Conventional Zoning" in Banerjee T & Loukaitou-Sideris A (Eds) *Companion to Urban Design*, London, Routledge.

Talen E (2012) *City Rules, How Regulations Affect Urban Form*, Washington, DC, Island Press.

Tang Y (2014) "A Review of Large-scale Urban Design in China", *Urban Design and Planning*, 167(DP5): 209–20.

Taylor D (2003) "Park Life", November, www.architectsjournal.co.uk/home/park-life/147167.article.

The Herald (1949) "Royal Fine Art Commission", *The Herald*, 31 December, https://news.google.com/newspapers?nid=2507&dat=19421230&id=OQ01AAAAIBAJ&sjid=m6ULAAAAIBAJ&pg=4201,6373543&hl=en.

265 Tibbalds F (1991) "Planning—An Architect's View—Grasping the 'Nettle' of Design", *The Planner TCPSS Proceedings*, 13 December, 71–4.

Tiesdell S & Adams D (2004) "Design Matters: Major House Builders and the Design Challenge of Brownfield Development Contexts", *Journal of Urban Design*, 9(1): 23–45.

Tiesdell S & Adams D (2011) "Real Estate Development, Urban Design and the Tools Approach to Public Policy" in Tiesdell S & Adams D (Eds) *Urban Design in the Real Estate Development Process*, Chichester, Wiley-Blackwell.

Tiesdell S & Allmendinger P (2005) "Planning Tools and Markets: Towards an Extended Conceptualisation" in Adams D, Watkins C & White M (Eds) *Planning, Public Policy and Property Markets*, Oxford, Blackwell Publishing.

Tolson S (2011) "Competitions as a Component of Design-Led Development (Place) Procurement" in Tiesdell S & Adams D (Eds) *Urban Design in the Real Estate Development Process*, Chichester, Wiley-Blackwell.

TSO (2008) "Housing Market Pathfinders Report to the House of Commons Committee of Public Accounts", 9 June 2008 www.publications.parliament.uk/pa/cm200708/cmselect/cmpubacc/106/106.pdf.

UN Habitat (2010) State of the World's Cities 2010/11: *Bridging the Urban Divide*, London, Earthscan.

Urban Design London (2015) "UDL's Design Review Survey Report January 2015", www.urbandesignlondon.com/wordpress/wp-content/uploads/UDLs-Design-Review-Survey-2014–2–2.pdf.

Urban Design Skills Working Group (2001) "Report to the Minister of Housing, Planning & Regeneration DTLR", http://webarchive.nationalarchives.gov.uk/20110118095356/http://www.cabe.org.uk/files/urban-design-skills-working-group.pdf.

Urban Greenspaces Taskforce (2002) *Green Spaces, Better Places*, London, DTLR.

Urban Task Force (1999) *Towards an Urban Renaissance*, London, Spon Press.

Vabo S & Røisland A (2009) *Tools of Government in Governance—The Case of Norwegian Urban Government*, Madrid, EURA Conference.

Van Doren P (2005) "The Political Economy of Urban Design Standards" in Ben-Joseph E & Szold T (Eds) *Regulating Place, Standards and the Shaping of Urban America*, London, Routledge.

Vedung E (1998) "Policy Instruments: Typologies and Theories" in Bemelmans-Videc M, Rist R, & Vedung E (Eds) *Carrots, Sticks & Sermons, Policy Instruments and Their Evaluation*, New Brunswick, Transaction Publishers.

Vedung E & Van der Doelen F (1998) "The Sermon: Information Programs in the Public Policy Process—Choice, Effects and Evaluation" in Bemelmans-Videc M, Rist R & Vedung E (Eds) *Carrots, Sticks & Sermons, Policy Instruments and Their Evaluation*, New Brunswick, Transaction Publishers.

Vischer J & Cooper Marcus C (1986) "Evaluating Evaluation: Analysis of a Housing Design Awards Program", *Places*, 3(1): 66–85.

Waite R (2010) "Spending Review, CABE Closed Down"*Architects' Journal*, 20 October, www.architectsjournal.co.uk/news/daily-news/spending-review-cabe-closed-down/8607174.article.

Walters D (2007) *Designing Community, Charettes, Masterplans and Form-Based Codes*, Oxford, Architectural Press.

Wates N (2014) *The Community Planning Handbook: How People Can Shape Their Cities, Towns & Villages in Any Part of the World*, London, Routledge.

Webster C (2007) "Property Rights, Public Space and Urban Design", *Town Planning Review*, 78(1): 81–101.

Wood A (2014) *Interview: The Contribution of Urban Design Panels to Auckland's Urban Story*, Auckland, Beatnik Publishing.

Wood M (2004) *Trend Analysis Report for the Civic Trust on The Green Flag Award Scheme in England*, London, Heawood Research Limited.

Young Foundation (2010) *Innovation and Value, New Tools for Local Government in Tough Times*, www.youngfoundation.org/wp-content/uploads/2012/10/Innovation-and-value-new-tools-for-local-government-in-tough-times-March-2010.pdf.

Youngson A (1990) *Urban Development and the Royal Fine Art Commissions*, Edinburgh, Edinburgh University Press.

http://en.wikipedia.org/wiki/Design_Council

http://hansard.millbanksystems.com/commons/1936/dec/08/royal-fine-art-commission

http://planningguidance.planningportal gov.uk/blog/policy/achieving-sustainable-development/delivering-sustainable-development/7-requiring-good-design/

http://planningjungle.com/consolidated-versions-of-legislation/

http://webarchive.nationalarchives.gov.uk/20110118095356/http://www.cabe.org.uk/buildings

http://webarchive.nationalarchives.gov.uk/20110118095356/http://www.cabe.org.uk/design-review/advice

http://webarchive.nationalarchives.gov.uk/20110118095356/http://www.cabe.org.uk/masterplans

http://webarchive.nationalarchives.gov.uk/20110118095356/http:/www.cabe.org.uk/news/stronger-support-for-public-sector-clients

http://webarchive.nationalarchives.gov.uk/20110118095356/http:/www.cabe.org.uk/files/response-improving-engagement.pdf

www.academyofurbanism.org.uk/awards/great-places/

www.building.co.uk/sir-stuart-lipton-loses-case/3048444.article

www.builtforlifehomes.org/go/about/faqs~7#faq-ans-7

www.designcouncil.org.uk/our-services/built-environment-cabe

www.designreviewpanel.co.uk/#!locations/c24vq

www.dtpli.vic.gov.au/planning/urban-design-and-development/design-case-studies

www.engagingplaces.org.uk/home

www.ifs.org.uk/budgets/gb2012/12chap6.pdf

www.gov.uk/government/collections/planning-applications-statistics

www.gov.uk/government/uploads/system/uploads/attachment_data/file/39821/taylor_review.pdf

www.legislation.gov.uk/ukpga/2005/16/part/8

www.local.gov.uk/media-releases/-/journal_content/56/10180/6172733/NEWS

www.local.gov.uk/publications/-/journal_content/56/10180/3626323/PUBLICATION-Local Government Association funding outlook for councils

http://londonist.com/2012/05/londons-top-brutalist-buildings-London's top Brutalist buildings

www.open-city.org.uk/education/index.html

www.oxford.gov.uk/Library/Documents/Planning/Oxford%20Design%20Panel%20Details%20of%20the%20Service.pdf

www.parliament.uk/business/publications/research/briefing-papers/SN05687/local-authorities-the-general-power-of-competence

www.placecheck.info

www.planningportal.gov.uk/planning/planningpolicyandlegislation/currentlegislation/acts

www.planningresource.co.uk/article/445624/cabe-audit-recommends-shake-up

www.pps.org/reference/what_is_placemaking/

www.pps.org/training/

www.princes-foundation.org/content/enquiry-design-neighbourhood-planning

www.publications.parliament.uk/pa/cm200304/cmselect/cmodpm/1117/1117we31.htm

www.rudi.net/books/11431

www.telegraph.co.uk/news/obituaries/9124613/Lord-St-John-of-Fawsley.html

索引

（以下页码为英文原书页码，见页缘标注）

译后记

传统以政府为单一管理核心的城市设计运作，常常因为管控尺度、利益协调、技术应对及评判标准等挑战而面临一系列实施困境。为此，全球不同国家和地区的政府机构、学者与技术工作者等，都在尝试从不同角度切入探寻解决路径和办法创新，近年在英国兴起的"设计治理"理念与实践便是其中之一。

早在20世纪80年代，著名学者、城市设计专家乔纳森·巴内特（Jonathan Barnett）就指出城市设计最终会通过私人投资与政府、专家和决策者之间合作关系的建立真正得以良好运作，明确了多元角色参与下的城市设计实践理念。基于此，"设计治理"作为更加系统化的研究领域由英国著名城市设计学者马修·卡莫纳于2017年前后提出，其核心在于建立由政府、专家、投资者、市民等多元主体构成的行动与决策体系，利用各种"正式"与"非正式"治理工具来处理城市设计运作这一颇存争议的复杂系统。中国读者对长期执教于伦敦大学学院（UCL）的马修·卡莫纳教授或许并不陌生，他的著作《城市设计的维度：公共场所——城市空间》《城市设计读本》《公共空间：管理的维度》等都是广为传播的城市设计必读书目，而本书作为他的近期力作，对英国设计治理的做法与经验等进行了最为全面的总结与呈现。

2018年我们初读这本书时，深感其原创的理论和对英国实践的翔实总结对于我国城市设计运作及制度发展具有很强的借鉴意义。因此本书译者清华大学唐燕副教授在赴伦敦大学学院学术交流期间与马修·卡莫纳教授进行了深入沟通，确定了将这一理论和著作引入中国的构想。随后经由中国建筑工业出版社与版权方取得联系，中文版翻译工作正式提上日程。这本书共三部分，由10个主要章节构成。翻译初稿由张璐负责第1、2、5章，邵旭涛负责第3、4章节，于睿智负责第6、7、8章节，祝贺负责第9、10两章。唐燕、祝贺、蔡智承担了全书的统稿与校对工作，对译稿进行了多轮的整合、审读、核查和修改，全力打磨和提升中文成果。

值此成书之际，回想起两年筹划与翻译工作中的种种，特别要谢谢卡莫纳教授的不吝赐教和持续帮助，让我们可以更加准确地把握和处理中英文语言转换中的各种歧义。译者祝贺也为此书之故，专赴伦敦大学学院开展博士研究期间的访学，得幸能师从卡莫纳教授进行当面学习。感谢中国建筑工业出版社董苏华和孙书妍两位编辑对我们的长期支持，她们认真负责的专业精神是本书质量的根本保障；谢谢诸多专业人士和专家学者们对本书翻译提出的宝贵意见和寄予的殷切期许。虽然我们倾尽所能，希望能将原著准确无误地呈现给读者，但受制于有限的能力和时间，译著还有很多不足之处，敬请大家指正。

译者

2020年2月于清华园

彩色插图

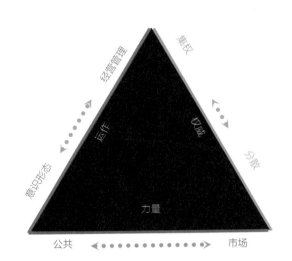

图 1.7　城市治理的三大基本特征

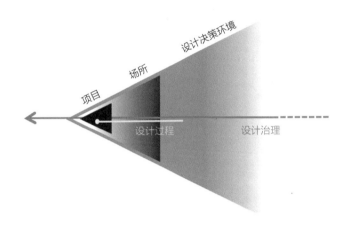

图 1.11　设计治理行动领域

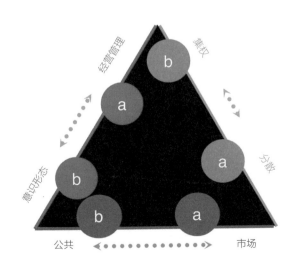

图 1.13　对比开发过程及其城市治理

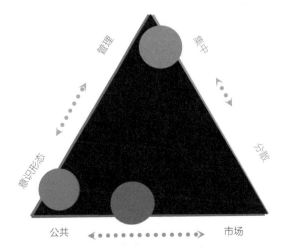

图 3.9　皇家美术委员会的设计治理模型

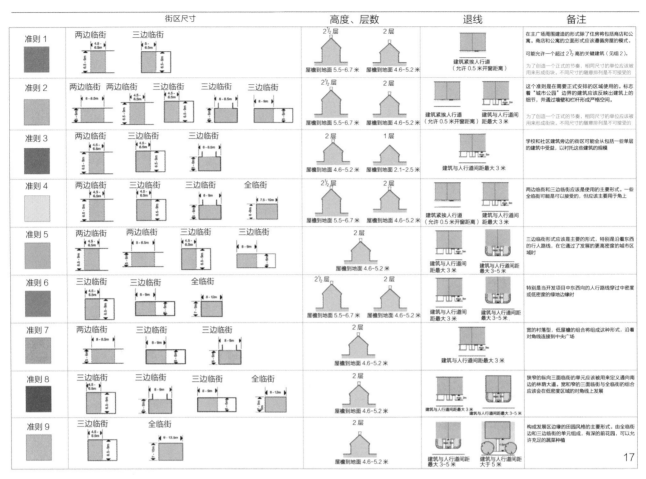

图 2.5　贝德福德郡费尔菲尔德公园（Fairfield Park, Bedfordshire）设计准则
资料来源：思莱夫建筑师事务所（Thrive Architects）

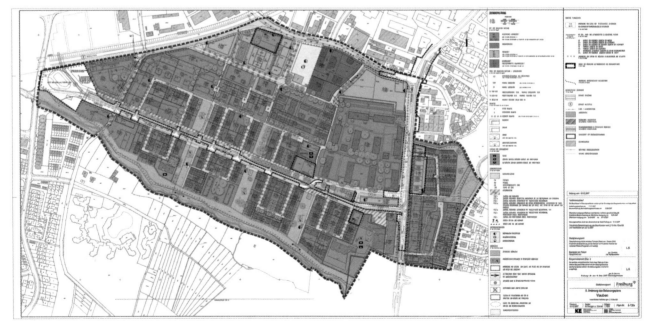

图 2.8　部分"B-规划"内容和关键点，弗赖堡的沃邦（Vauban）项目
资料来源：弗赖堡市规划部门

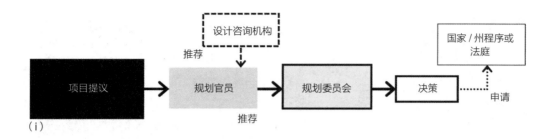

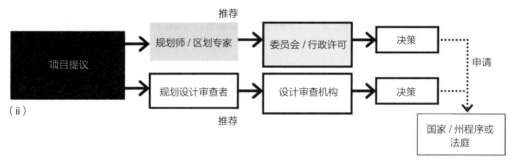

图 2.14 （ⅰ）规划和设计的整合考虑；（ⅱ）规划 / 区划和设计审查分开（改编自 Carmona et al. 2010）

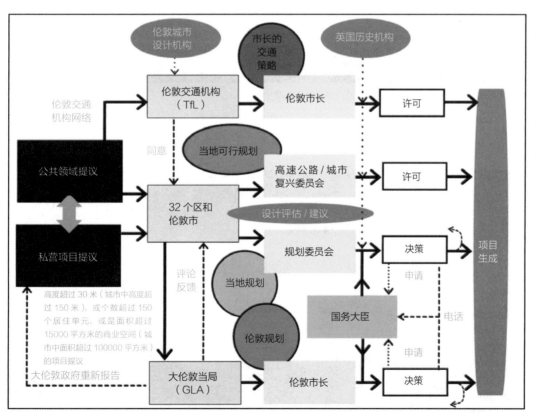

图 2.15 伦敦控制设计品质的复杂过程

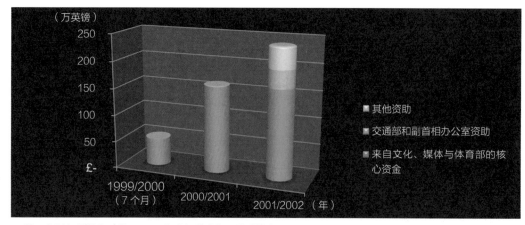

图 4.1　CABE 前三个财年的收入（从 CABE 年度报告中提取的数据）

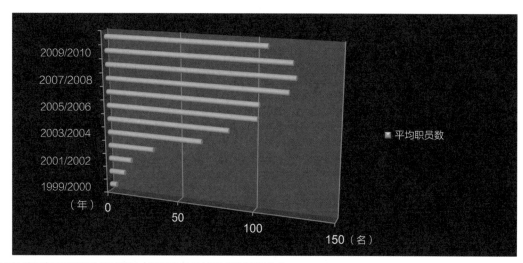

图 4.5　CABE 的逐年员工数量水平变化（数据来自 CABE 各年度报告）

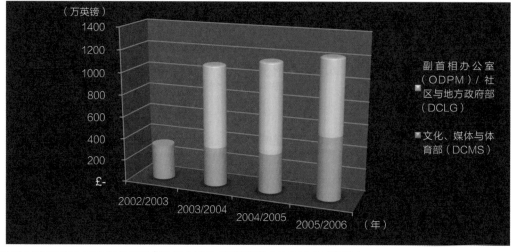

图 4.6　2002 年 3 月至 2005 年 6 月 CABE 核心资金变化（数据来自 CABE 各年度报告）

图例

准则适用范围（准则 1/02）
特色区域边界（准则 1/03）
道路中心线
可调整道路中心线
允许占用的活跃临街面（准则 1/F.01, 1/BL01）
允许占用的半活跃临街面（准则 1/F.03）
封闭的临街面（准则 1/F.05）
马车房临街面参考线（准则 2/S.09.2a）
退线临街面（准则 1F/.02, 1/F.04）
额外道路通道的潜在地点
可变建筑边界 100%-75%（准则 1/BL.02）
可变建筑边界 74%-50%（准则 1/BL.03）
可变建筑边界 49%-30%（准则 1/BL.04）
马车房中的可变建筑边界（准则 1/BL.05）
最大变化的建筑边界
地块序列
车辆 / 环岛区域（准则 1/04.1）
共享区域（准则 1/04.1）　公共高速路（准则 1/04）
人行区域（准则 1/04.1）
可能的马车房（准则 2/S.09.2, 2/S.09.2a）
特别公共领域设计区域（准则 3/PR.01）
现状建筑
河流或船坞
河堤
* 地标（准则 3/B.01）
* 市场建筑（准则 3/B.02）
ꜛ 角落建筑（准则 3/B.03）
◁ 出入口（准则 3/B.04）
1:30 ▷ 大致的街道斜坡位置
③ 房脊或屋檐高度

控制性规划同样根据议会要求
采用 1：500（A0）比例

图 4.10　设计准则试点，罗瑟勒姆市中心河道走廊调节计划（未实现）
资料来源：REAL 工作室

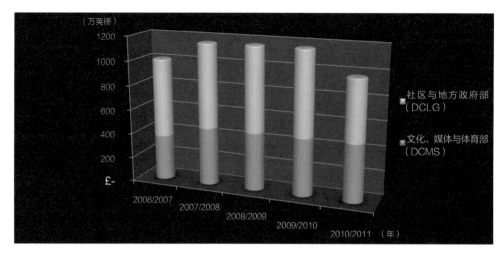

图 4.16 2006 年至 2007 年度—2010 年至 2011 年度 CABE 的核心资金 [41]（数据来自 CABE 年度报告）

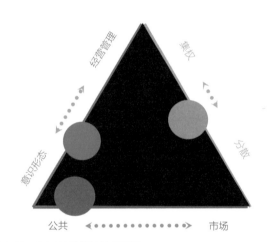

图 4.17 CABE 的设计治理模型

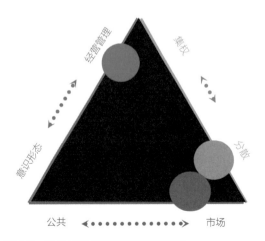

图 5.9 后 CABE 时期的设计治理模型

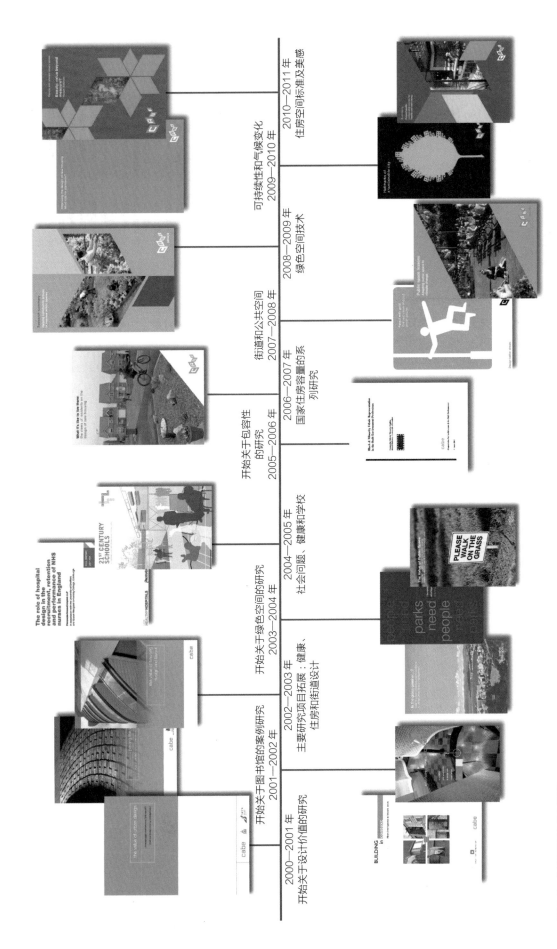

图 6.5 CABE 研究的时间线

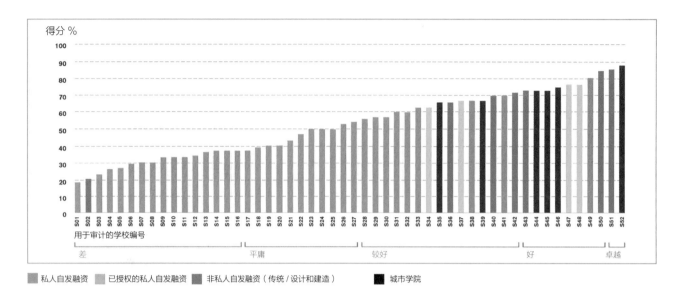

图 6.8　该数据收集了关于学校表现良好或不良，以及设计过程和采购路线的信息。国家审计署（The National Audit Office）（2009）使用这些数据支持其关于"为未来建设学校"项目延伸报告中经济价值的调查结果
资料来源：CABE

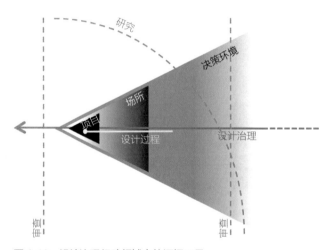

图 6.10　设计治理行动领域中的证据工具

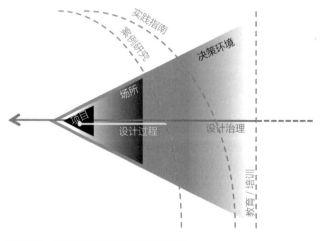

图 7.12　设计治理行动领域的知识工具

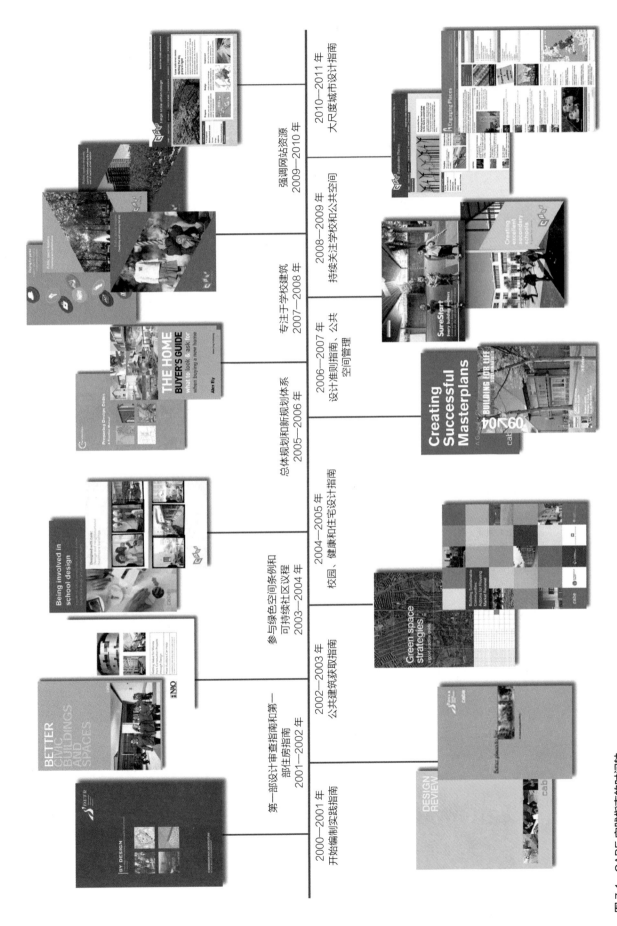

图 7.1 CABE 实践指南的时间轴

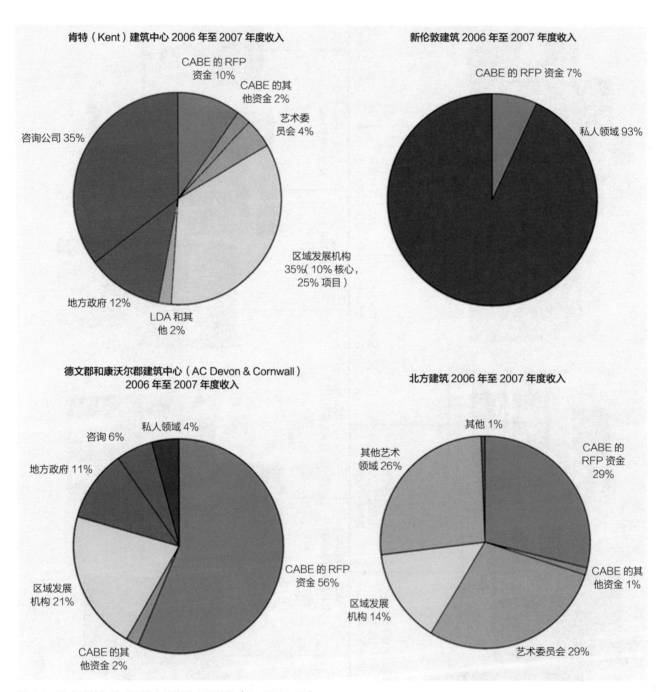

图 8.6　选定建筑与建成环境中的资助来源结构（CABE 2007j）

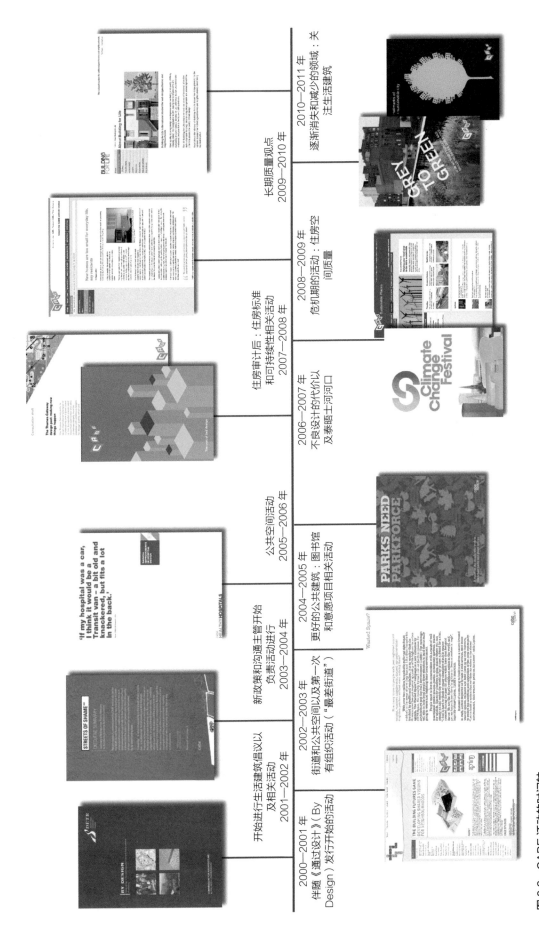

图 8.9 CABE 活动的时间轴

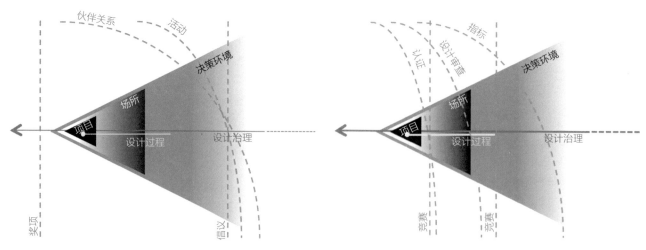

图 8.13　设计治理行动领域的推广工具

图 9.17　设计治理领域中的评价工具

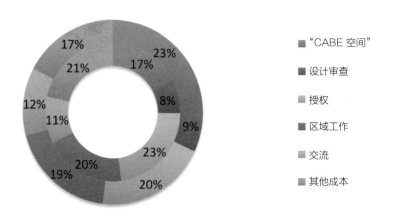

图 9.10　与其他项目相比，设计支出评估的比例相对较低，一般不到 CABE 总成本的 10%（环形图内环为 2006—2007 年度数据，外环为 2007—2008 年度数据）

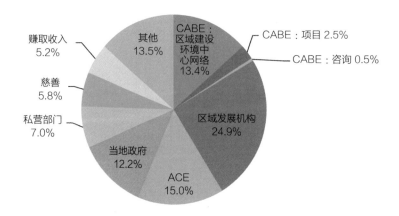

图 10.6　2004/2005—2006/2007 年度建筑与建成环境中心资金来源（CABE 2007i）

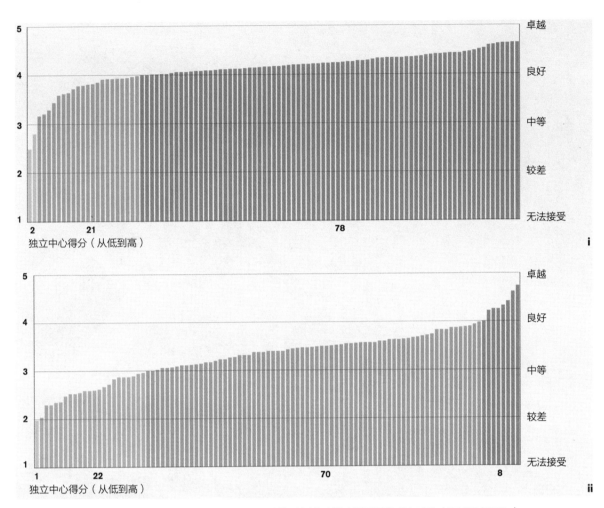

图 10.7 （i）使用者观点对比；（ii）授权者对"可靠起步"计划中建筑建设质量的观点对比（CABE 2008c）

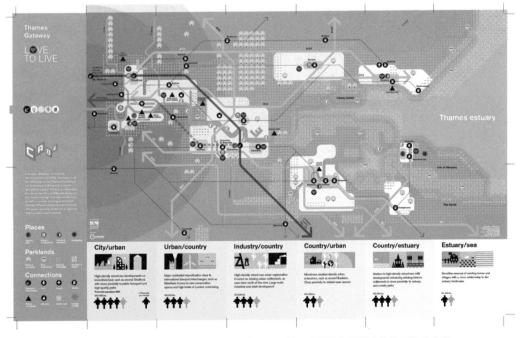

图 10.8 《泰晤士河河口——热爱生活》，这是一部试图捕捉泰晤士河河口地区多样化和不断变化的特性的作品

资料来源：CABE

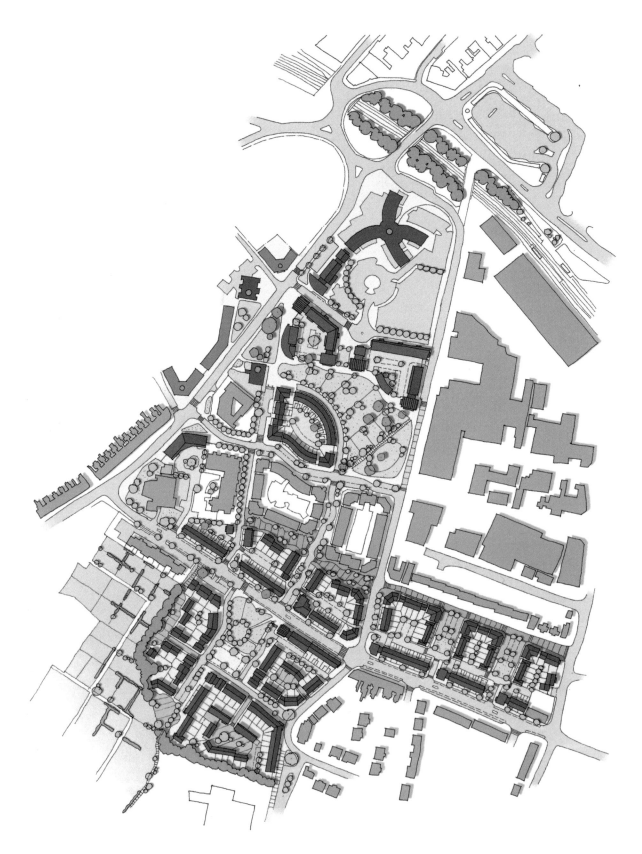

图 10.10 蒂伯尔德（Tibbalds）受桑佩尔（Sandwell）委员会委托制定的林德（Lyng）房地产总体规划，遵循 CABE 授权的流程，旨在提高这一贫困地区的设计质量

资料来源：桑佩尔委员会 / 蒂伯尔德规划和城市设计

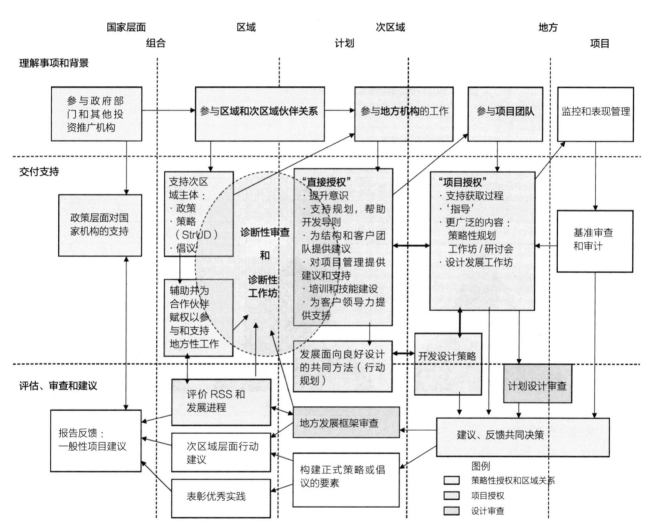

图 10.11　跨尺度参与的授权辅助流程
资料来源：CABE 2011j

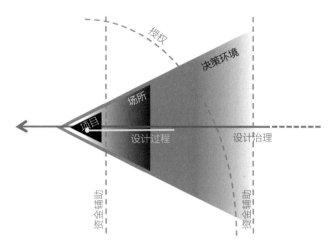

图 10.14 设计治理行动领域中的辅助工具

	皇家美术委员会时期	CABE 时期	紧缩时期
运行	理想化	理想化也实际化	管理理念
权利	集中	中央集权与下方权利	分散的
权力	公共导向 / 被动	公共导向 / 主动	市场导向（存在壁垒）

图 A.1 国家设计治理方式比较

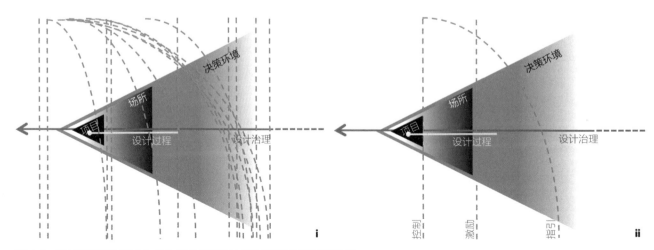

图 A.3 设计治理行动领域内（ⅰ）非正式工具和（ⅱ）正式工具的图解比较